교양으로 읽는 조선공학

NAVAL ARCHITECTURE FOR NON-NAVAL ARCHITECTS

교양으로 읽는 조선공학

초판 3쇄 발행일 2024년 02월 20일
초판 1쇄 발행일 2014년 09월 18일

지은이 해리 벤포드 옮긴이 이신형·김효철
펴낸이 이원중

펴낸곳 지성사 출판등록일 1993년 12월 9일 등록번호 제10-916호
주소 (03458) 서울시 은평구 진흥로 68, 2층
전화 (02) 335-5494 팩스 (02) 335-5496
홈페이지 www.jisungsa.co.kr 이메일 jisungsa@hanmail.net

ISBN 978-89-7889-288-9(93550)

잘못된 책은 바꾸어드립니다. 책값은 뒤표지에 있습니다.

교양으로 읽는 조선공학

해리 벤포드 지음
이신형 · 김효철 옮김

지성사

저자의 말

이 책은 미국조선학회(SNAME) 산하 교육위원회의 요청을 받아 저술한 것으로, 작고한 윌리엄 E. 지미(William E. Zimmie)가 교육위원회 위원장으로 재임하고 있을 때 이러한 책의 필요성을 인식한 데서 출판을 계획하게 되었다. 교육위원회는 많은 사람들이 직업적으로 또는 취미로 바다와 관련된 일을 접한다는 것을 인지하고 있었다. 그들은 조선공학의 전문 지식을 모두 알 필요는 없지만, 조선공학에 관한 개념을 이해한다면 크게 도움이 되리라 생각한다.

그런 까닭에 이 책은 선박을 포함하는 부유 구조물과 그에 관련된 기술적 지식이 필요한 해양학자나 과학자 또는 공학자 등의 전문인들에게 도움이 되기 위한 목적으로 집필하였다. 기타 관심을 가질 만한 독자들로는 조선공학자의 배우자일 수도 있고, 요트를 즐기려는 젊은이들이나 크루즈를 즐기려 승선한 여객이 될 수도 있다. 더 나아가서는 해상 보험업자, 해사법 변호사 또는 장차 해사 관련 분야를 전공하고자 하는 고등학생들도 그 대상이 될 수 있을 것이다. 마지막으로 해양에 매료돼 있어서 선박이나 보트가 어떻게 그런 형태가 되었는지에 관해 지적인 의문을 가지는 다양한 계층의 독자들도 많을 것으로 생각한다.

만약 선박이나 부유 구조물에 관련된 업무에 종사하거나 취미를 갖고 있는 독자라면 선박의 성능과 한계에 대해 알 필요가 있을 것이다. 그런 경우에는 조선공학자에게 질문하고 싶어질 수도 있을 것이다. 이 책은 그런 사람들을 돕기 위해 만들어졌다. 즉 독자가 전문 용어와 기본적인 기술 요소를 이해하고, 조선 분야의 종사자들과 의견을 나눌 수 있도록 하는 것을 목표로 하였다.

조선공학자는 창의적 설계, 해석, 관리, 생산, 선단 운용 등 광범위한 활동에 종사하게 된다. 좀 더 엄밀하게 말한다면 조선공학자는 모든 형태의 부유 구조물을 창의적으로 설계하며, 나아가 그 설계 업무에 관련된 기계류와 기타 장비에 관련된 사항까지 포함하여 매우 폭넓은 분야에서 활동을 할 수 있다. 조선공학은 예술과 과학이 혼합된 학문이다. 초기의 개념 설계는 예술에 가깝고, 그것을 해석하고 다듬는 것은 과학적 원리에 입각한 기술을 엄격하게 적용해야 하기 때문이다. 이 책에서는 선박의 설계와 해석이라는 2가지 관점에 초점을 맞추려 노력하였다. 그런데 예술적인 요소에는 직관적인 요소가 많고 말로 설명하기 어렵기 때문에, 이 책에서는 주로 해석에 관한 것을 다루었다. 구체적으로 다루고자 한 내용은 설계하려는 선박의 내항성, 구조적 완성도, 소요동력 그리고 기능별 성능 등에 관한 것이다.

독자들은 저자가 이 책에서 다루려는 모든 내용의 초점이 통상적인 선박에 맞춰져 있으며, 해양 플랫폼, 수중익선, 공기 부양선 등 비전통적인 형상에 관해서는 아주 가볍게 다루었음을 바로 알 수 있을 것이다.

본문의 거의 모든 기술적인 설명은 정량적이기보다는 정성적으로 다뤄졌다. 무엇보다도 저자가 밝히고 싶은 것은 고등학교 수준의 물리와 수학 지식을 가진 독자라면 대부분 쉽게 이해할 수 있도록 기술하려 했다는 것이다. 장마다 마지막에는 보다 상세한 지식을 독자들이 찾아볼 수 있도록 참고 문헌을 소개하였으며, 책의 뒷부분에는 익숙하지 않으리라 생각되는 용어들을 정의해놓은 용어집을 수록하였다. 부디 이 책을 통해 조선공학에 대해 조금이나마 이해할 수 있는 기회가 되었으면 좋겠다.

감사의 글 Acknowledgments

이런 종류의 책을 쓴다는 것은 결코 쉬운 일이 아니다. 무엇보다도 독자들의 시각을 가늠하기가 어렵다는 건데, 필자는 세 명의 조선공학 비전공자에게 초고의 검토를 부탁하고 도움을 받았다. 이 책이 다행히도 독자들에게 이해할 만한 책이라고 인정을 받는다면, 그 세 명(Carolyn Churchill, Lorelle Meadows, Russell Moll)의 덕택이라고 할 수 있다. 또한 필자의 아내인 Betty도 충실한 교정자로 도움을 주었다.

두 번째로 어려웠던 점은 실제 조선 현장에서 일하는 실무자들의 관행을 잘못 전할 수 있다는 것이다. 이런 가능성을 배제하기 위해서 필자는 여러 현장 실무자들의 도움을 부탁했다. 각각 한두 개의 장을 읽고 검토의견을 달라고 부탁했으며, 다행히도 모두 열정적으로 도와주었다. 이들 중 일부는 학생 시절 필자에게 배웠던 제자들로서 기술적인 내용만 아니라 문법상의 오류까지도 지적하면서 은근히 즐거워하기도 하였다. 이 자리를 빌려 Noel Bassett, Jay Benford, John Boylston, Joseph Fischer, Peter Fisher, Bruce Foss, Timothy Graul, William Guild, Roy Harrington의 뛰어난 전문적 지원에 고마움을 표시하고자 한다.

이들에 더하여 William Hunley, Miklos Kossa, Barbara Lamb, Naresh Maniar, Richards Miller, George Plude, Donald Roseman, Richard Suehrstedt에게도 감사를 표한다.

동료 교수인 Robert Beck, William Vorus, John Woodward도 각각의 전문분야에서 끊임없이 조언해주었다.

이외에도 다양한 형태의 도움을 제공한 Anne S. Benninghoff, Francis Cagliari, John Daidola, John Flipse, Meade Gougeon, William Hickman, Ken Lo, Thomas

Mackey, James Nivin, Horst Nowacki, Lester Rosenblatt, Gregory Stewart, Charles Wilson, Eileen Zimmie에게도 감사의 마음을 전한다.

필자의 옆에서 늘 즐거운 자세로 지원을 아끼지 않았던 행정실 직원들 Mary Gibbons, Virginia Konz, Luella Miller, Lisa Payton, Karen Trevino에게도 감사의 뜻을 전하고 싶다.

책자에 사용된 원그림의 작성은 Rodney Hill이 맡아주었다. 끊임없는 수정요구에도 인내심을 가지고 수고해준 훌륭한 작업에 깊이 감사드린다.

끝으로 미국조선학회 교육위원회에서 행정적 지원을 맡아준 Michael Parsons의 도움과 격려에 진심으로 감사드린다. 또한 미국조선학회에서 등대처럼 필자를 이끌어 주고 이 도서가 출간되기까지 꾸준하고 세심하게 노력해준 Susan Evans에게 심심한 감사를 드린다.

역자의 말

선박은 과학 지식만 가지고는 설계할 수 없으며, 예술적 감각만으로 그 모양을 만들 수도 없다. 조선공학은 과학과 예술이 보기 좋게 융합된 학문으로, 이 중간에서 어떤 타협점을 찾는가의 중용이 필요한 멋진 학문이다. 그래서 조선공학자들은 기본적인 과학과 공학 지식에 더해 예술적인 심미안과 중용을 배워가면서 성장하게 된다.

이 책은 제목 그대로 비전공자들에게 조선공학을 소개하는 것이 목적이다. 저자는 미시간대학교 조선공학과에서 오랫동안 선박 설계를 가르치다가 은퇴한 저명한 학자로, 다년간의 교육 경험을 바탕으로 보통 사람들도 쉽게 이해할 수 있는 책을 써냈다. 사실 전공 학생들이나 전문가들이 아닌 보통 사람들을 위한 소개서가 집필하기 훨씬 더 어려운 것임을 독자들도 잘 알고 있으리라 생각한다. 때문에 번역 작업에서도 일반적인 전공 서적보다 어려움이 있었고, 시간도 더 많이 소비되었다.

우리나라는 이제 그 누구도 넘볼 수 없는 조선산업 부문 세계 1위 국가이다. 전후방 산업을 포함해 수십만에 이르는 국민들이 조선산업에 관련돼 있다. 모쪼록 이 책이 조선 및 주변 산업에 종사하는 비전공자들이 조선공학에 관한 기초 지식을 얻을 수 있는 교양으로 읽는 조선공학 도서가 되었으면 좋겠다.

끝으로 이 책의 번역서 발간을 맡아준 대한조선학회와 번역을 허가해준 미국조선학회(SNAME)에 감사의 말을 전한다. 또한 번역하는 과정에서 궂은일도 마다않고 도와준 서울대학교 대학원 조선해양공학과의 서정화 군과 임태구 군에게도 고마움을 표한다.

2014년 7월 관악산에서

이신형(서울대학교 조선해양공학과 교수)

김효철(서울대학교 조선해양공학과 명예교수)

약어표

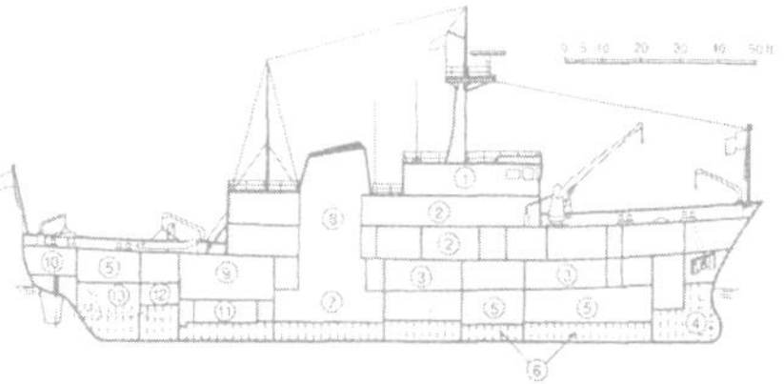

A_x : 수면하부 선체의 최대 횡단 면적

$A_{\boxtimes}$: 선체 중앙부에서 수면 하부 선체의 횡단 면적

a : 작은 면적

AAC : 연평균 비용

AC : 교류

AP : 선미 수선

Asst : 보조

A_{wp} : 수선면의 면적

B : 폭 또는 부심의 위치

B' : 부심의 이동 후위치

$B/2$: 반폭

BHP : 제동마력

BM : 메타센터 반경

Btu : 영국식 열량 단위

Cab : 캐비넷

C_B : 방형계수

C_x : 최대 단면적 계수

$C_{\boxtimes}$: 중앙 단면적 계수

cm : 센티미터

CN : 체적 계수

C_p : 주형 계수

C_{wp} : 수선면적 계수

CP : 가변 피치

D : 선체의 깊이 또는 프로펠러의 직경

d : 거리

DC : 직류

DCF : 자본이익률

Dept : 과 또는 부서

Dn : 아래

DWL : 설계 수선

EHP : 유효마력

engr : 기술 또는 기술자

F : 화씨온도

FN : 프루드 수

FP : 선수 수선

ft : 피트

G : 중심 위치

g : 중력가속도

GM : 메타센터 높이

GRP : 유리 섬유 강화 플라스틱

GZ : 부력과 중량 중심의 수평 방향으로 떨어진 거리. 복원암의 크기가 된다.

I : 관성 모멘트

I-beam : 영문 대문자I와 비슷한 모양의 단면 형상으로 만들어진 구조부재

I/y : 단면계수

K : 용골 즉 기선의 위치, 또는 횡 방향 관성 반지름

KB : 기선 위로 부심의 높이

kg : 킬로그램
kJ : 킬로줄
KM : 기선 위로 메타센터의 높이
KP : 킹포스트
L : 길이(어느 것이든)
Lav : 화장실
LBP : 수선 간 길이
LCB : 종부심
LCC : 라이프사이클 비용
LCF : 종부심
LOA : 전장
LWL : 수선상 길이
M : 메타센터, 또는 굽힘 모멘트
m : 미터
MTC : 트림 모멘트
M_L : 종 메타센터
NA : 중립축
NPV : 순현재가치
P : 프로펠러 피치
psi : 평방인치당 파운드
r : 반지름
Recr : 레크리에이션
R_f : 실선 스케일 마찰저항
r_f : 모형선 마찰저항
R_r : 실선 스케일 잉여저항
r_r : 모형선 잉여저항
R_t : 실선 스케일 전저항
r_t : 모형선 전저항
RFR : 최소 운임율
RM : 복원 모멘트
Rm : 방
S : 스테이션 간격, 또는 단면계수
s : 응력
SHP : 축마력
SI : 국제단위계
sin : 사인
SM : 심프슨 계수
Sta : 스테이션
T : 흘수 또는 주기
tan : 탄젠트
T&S : 변기가 딸린 샤워실
V : 배수용적
V_k : 속도(단위 : 노트)
v : 속도(단위 : 초당 피트)
$V_k/\sqrt{L}$: 속장비(길이 단위 : 피트)
VCB : 수직부심
W : 무게(어느 것이든)
WC : 화장실
WS : 침수표면
y : 오프셋(어느 것이든)

기호 및 그리스 문자

℄(B) : 기선
℄ : 중심선
Δ : 배수량

$\dfrac{\Delta}{\left(\dfrac{L}{100}\right)^3}$: 배수량 - 길이 비

⊗ : 선체 중앙부

⊗ $\dfrac{L}{2}$: 선체 중앙부로부터 전후로 반선장(半船長)

θ : 횡 경사각
$: 맞대기 용접이음
∠ : 철재 형강

차례 Contents

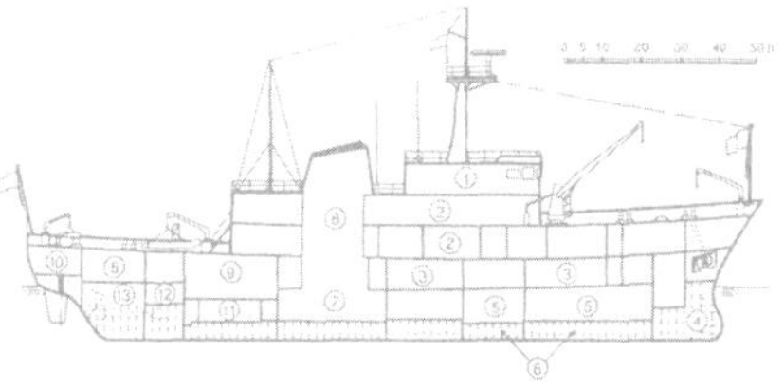

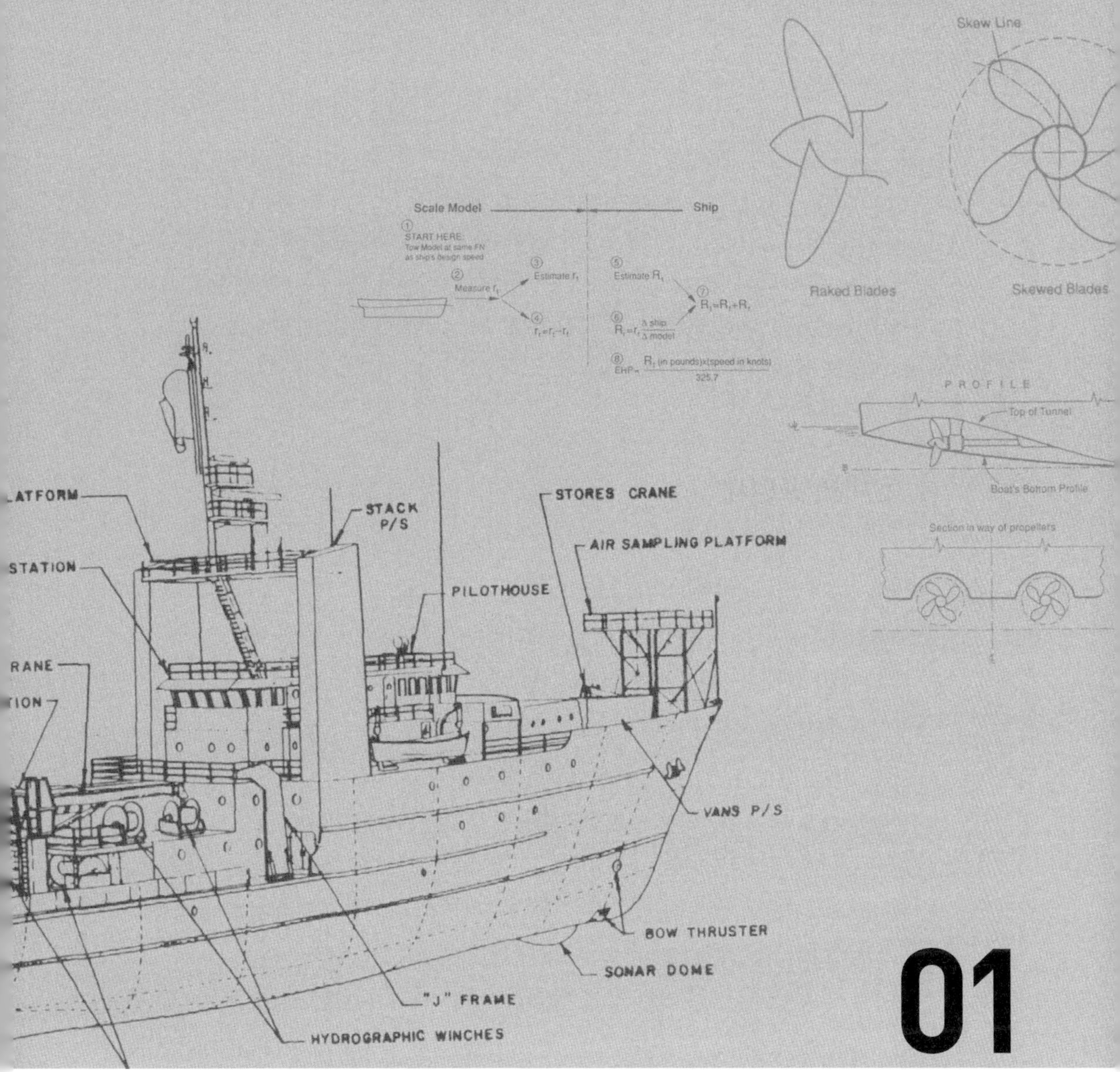

01

읽기에 앞서

1. 선박의 쓰임새

2. 기본적인 요구 사항

3. 기본적인 정의

필자의 경우 서문을 읽지 않고 바로 본문을 읽는 나쁜 버릇이 있기에 혹시 독자들도 그렇지 않을까 생각해 서문 읽어보기를 권하고 싶다. 서문에는 필자가 독자들에게 어떤 입장에서 무엇을 전달하고자 했는지를 담고 있기 때문에 이를 아는 것이 필자의 의도를 바르게 이해하는 데 큰 도움이 되리라 생각한다. 혹시 서문을 읽지 않고 바로 이 페이지를 펼쳤다면 다시 앞으로 가 서문을 읽고 오길 바란다.

1. 선박의 쓰임새

선박은 기능에 따라 다음과 같이 분류할 수 있다.

- 화물이나 승객 등을 수송하기 위해 건조된 선박
- 레크리에이션에 사용하기 위해 건조된 선박
- 군사적 목적으로 사용하기 위해 건조된 선박
- 다른 선박의 기능을 지원하기 위해 건조된 선박
- 과학 탐사 및 연구 활동의 기반 시설로 활용하기 위해 건조된 선박

2. 기본적인 요구 사항

저자의 말에서 조선공학은 예술과 과학이 융합되는 학문이라고 했다. 어떤 종류의 선박이든 설계 과정을 살펴보면 여러 가지 상충되는 요구들을 절충시켜 조화를 이루도록 하고 있으며, 그 과정에는 가히 예술의 경지에까지 비유될 수 있는 설계자의 주관적 판단들이 필요하기 때문이다. 무엇보다도 선박은 물에 띄워놓을 수 있는 건조 가능한 구조물이어야 한다. 또한 경제적으로 적절한 범위 안에서 건조하거나 운용할 수 있어야 하며 직관적으로 친밀감을 줄 수 있어야 한다. 끝으로 가장 중요한 것은 선박이 취역하게 될 수역에서 운용을 담당할 숙련된 승조원들이 손쉽게 다룰 수 있는 내항성능

이 있어야 한다는 것이다.

내항성능을 결정하는 요인을 살펴보면 서로 상충되는 요소들이 영향을 주고 있음을 알 수 있다. 내항성능이 있는 선박은 쉽게 전복되지 않고 안정적이어야 하기 때문에 폭이 넓어야 한다. 그러나 내항성능이 이미 확보된 선박이라면 선박의 폭이 좁아질수록 경제성 면에서 유리하다. 내항성능이 우수한 선박은 선체 강도를 갖추어야 하지만, 선체 강도를 지나치게 강조하면 선체 구조 중량이 과중하게 되어 경제성을 잃어버리게 된다. 거친 환경에서도 선박을 운항할 수 있으려면 선체의 형상이 적정해야 할 뿐 아니라 치수의 비율도 적정한 범위 내에 있어야 한다. 다시 말하면 선박은 기상 상태가 나쁠 때에도 과도한 운동이 일어나거나 갑판에 침수가 일어나지 않으면서 운항이 가능하여야 한다.

선박은 운항 기간 중 외부로부터 보급을 받지 않더라도 독자적으로 기능을 유지할 수 있어야 한다. 즉 운항 기간에 필요한 충분한 연료, 식료품, 신선한 물을 운반할 수 있어야 한다. 운항 기간은 강을 건너는 페리선일 때는 불과 몇 분일 수 있으나 함정일 때는 몇 달이 될 수도 있다. 또한 일단 운항에 나서면 외부로부터 수리 지원을 받기 어렵기 때문에 선박의 모든 구성 요소들은 높은 신뢰성이 보장되어야 한다.

선박은 운항 중에 속도와 진행 방향을 수시로 조절할 수 있어야 한다. 이를 담당하게 되는 승조원들은 선박에서 장기간 생활하며 운항 업무를 교대로 분담 수행한다. 따라서 선박은 승조원들의 일상생활뿐 아니라 휴식을 위한 시설도 함께 갖춰져야 한다. 승조원들의 쾌적한 근무와 생활을 위해 공간은 모두 소음과 진동으로부터 격리되는 것이 바람직하며, 선체 동요는 적정 수준 이내에 들어야 하고, 극심한 외기 온도에서도 견딜 수 있도록 하는 장치가 필요하다. 또한 모든 공간은 효율적으로 운용되도록 배치해야 하며 승조원이 사용하기에 적합한 조종 및 운항 감시 장비가 갖춰져야만 한다.

그러나 무엇보다도 가장 중요한 것은 선박의 안전성이다. 특히 승객이 탑승하는 선박인 여객선에는 안전성이 더욱더 요구된다. 그러므로 선박은 운항 중 화재, 폭발, 폭풍, 충돌, 좌초 등으로 인한 피해 발생 가능성을 최소화하는 방법이 갖춰져야만 한다. 선박에서는 이런 사고들이 언제든지 일어날 수 있으므로, 선박이 완전히 손상되지 않도록 대비하는 기능들이 있어야 한다. 혹시 이 같은 피해 예방에 실패해서 선박 자체를 상실하게 되더라도, 인명 안전만큼은 보장할 수 있는 다양한 구명 장비들이 반드시 구비돼 있어야 한다.

조선공학자들은 건조하려는 선박의 핵심적 기능을 염두에 두고, 선박의 다양한 상충적 요소들이 성공적으로 조화를 이루도록 하는 것이 그들의 주요 임무이다. 대양 항해용으로 설계 건조된 대형 요트를 예로 든다면, 이런 요트는 무엇보다도 선주와 승객들이 편안하게 거주할 수 있는 공간이 확보돼 있어야 한다. 즉 너무 혼잡하지 않은 개인 선실과 승객 응접용 공간, 그리고 연회 준비에 적합한 주방 공간과 이를 위한 적절한 규모의 자급자족 능력이 있어야 한다. 이외에도 다양한 조건들을 고려해야 하겠으나 최종적으로 상충되는 요소들의 타협안을 마련함에 있어서는 승객의 편안함과 자급자족 조건을 충족시키는 것이 가장 우선된다.

3. 기본적인 정의

본문에 들어가기에 앞서 조선공학에 특별한 지식이 없는 사람이 조선공학자와 이야기할 때 미리 알아둘 필요가 있는 몇 가지 기술 용어들을 설명하고자 한다. 아울러 책의 뒷부분에 다양한 기술 용어들에 대한 간단한 용어집도 수록했으니 참고하길 바란다. 그런데 이들 설명은 비전문가가 쉽게 이해할 수 있도록 단순화한 경우가 많아서 법적인 정의에는 미치지 못하는 경우가 많다. 따라서 전문적인 기술 용어에 관해서는 대한조선학회의 용어 사전 또는 국제기구의 정의를 확인할 필요가 있다.

영어에서 배를 지칭하는 대표적 어휘로 'ship'은 큰 배를 뜻하므로 우리말의 '선박(船舶)'에 해당된다. 또 다른 어휘 'boat'는 우리말로도 '보트'로 통용되지만 '주정(舟艇)'에 해당된다. 그러나 정확한 기준이 없이 관습적으로 사용되고 있어서 미국 오대호 지역에서 사용되는 '1000피트 선박'으로 불리는 길이 300미터급 광석 운반선은 ore boat라 불린다. 영어의 vessel은 크기에 관계없이 사용되므로 우리말의 '배' 또는

'선' 에 해당된다. craft는 대체로 작은 배를 뜻하기 때문에 '주정' 에 해당된다고 볼 수 있다. 다만 영어에서 craft는 복수형으로도 craft이므로, 혹시 어떤 문서에 'crafts' 라는 표기가 있다면 '수공업 제품' 을 뜻한다는 점에 주의할 필요가 있다.

선박의 앞쪽 끝을 통상 '선수' 라고 부른다. 함정일 때는 '함수' 라고 칭하기도 하며 순우리말로는 '이물' 이라 한다. 마찬가지로 선박의 뒤쪽 끝을 '선미' 라고 부르는데, 함정일 때는 '함미' 로 부르기도 하며 순우리말로는 '고물' 이라 한다. 승선자를 기준으로 전방(forward)은 선수 방향을 뜻하고, 후방(aft)은 선미 방향을 의미한다. 선수를 영어로 stem이라고도 하는데, 이는 과거의 선박에서는 선수재가 외판이 합쳐지는 근간이 되었기 때문에 형성된 어휘이다. 드물게는 항공기의 기수를 뜻하는 prow라는 어휘를 빌려서 선수를 나타내는 문학적 표현으로 사용하기도 한다.

선박에서는 선수를 바라보며 왼쪽 현을 좌현(port)이라 하고, 오른쪽 현을 우현(starboard)이라고 정의한다. 이는 승선자들이 서로 대면해 대화할 때 좌측과 우측 또는 왼쪽과 오른쪽이라는 단어를 사용했을 때 나타날 수 있는 혼동을 피하기 위해 정해진 어휘이다. 영어권에서도 좌현과 우현이 선박의 왼쪽과 오른쪽을 뜻하는 것을 기억하기 위해 좌현과 왼쪽(left)을 똑같이 각각 네 글자로 연상하는 것을 요령으로 삼는다.

선박에서 사용되는 흘수(draft)란 수면으로부터 가장 깊게 잠기는 선체의 제일 낮은 지점까지의 수직 거리이다. 이에 대해 깊이(depth)란 선체 길이의 중간 지점에서 앞뒤로 연속된 갑판(deck)의 가장 높은 지점으로부터 선체 바닥 끝까지의 연직 거리이다. 건현(freeboard)이란 선체 길이의 중앙 부분에서 수면으로부터 연속된 갑판까지의 연직 거리를 뜻하며, 대체로 깊이와 흘수의 차이에 해당하지만 엄밀하게는 기준 위치의 차이에 따라 달라진다.

갑판은 선체를 덮어주는 평평한 지붕에 해당되는 동시에 위쪽에 설치되는 선체 구조물의 바닥을 이루는 연속된 구조물을 뜻한다. 비슷하게 격벽(bulkhead)은 선체 구조의 칸막이를 이루는 벽을 뜻한다. 선각(shell)이란 선박의 바닥과 옆을 둘러싸며 선박 안으로 물이 들어가지 못하도록 차단하는 금속 외판(plating)을 의미한다. 내저판(inner bottom)은 외판과 좁은 간격으로 분리된 바닥으로 수밀 구조로 돼 있다. 외판과 내저판 사이의 좁은 공간은 건축물의 배관이나 배선에 사용되는 마루 밑 공간에 해당하며, 이들은 선박의 이중저(double bottom)를 형성한다.

선박에서는 중량에 대한 몇 가지 정의가 혼용되고 있으므로 이에 대한 주의가 필요하다. 국제적으로 사용되는 톤(tone)은 1000킬로그램으로 2205파운드에 해당한다. 미국이나 유럽에서는 일반적으로 2240파운드를 1톤으로 정의하며, 이를 흔히 영톤(long ton)이라 하고 1016킬로그램에 해당한다. 예외적으로 오대호를 중심으로 발달된 내수면 항로에서는 2000파운드를 1톤으로 정의하는데, 이를 미톤(short ton)이라 하며 907.2킬로그램에 해당한다. 영어권에서는 '턴'이라고 발음하는데 종종 조선공학자들 사이에서는 영톤과 구분하기 위해서 '터니'라고 발음하기도 한다. 그런데 선박에서 2240파운드와 같은 비논리적인 수로 영톤을 정의하게 된 것은, 단순하게도 15세기에 영국으로 수입되던 포도주가 대형 술통에 담겨 도착했을 때의 기준 중량이 2240파운드였기 때문이다.

경하 중량은 예비 부품 등 최소한의 장비만 포함한 공선 상태의 선박의 중량이다. 적재 중량(deadweight)은 선박에 탑재할 수 있는 최대 중량(lifting capacity)으로 화물, 연료, 식수, 승조원, 승객들과 그들의 소지품, 음식, 기타 소모품 등으로 구성된다. 배수량(displacement)은 선박의 최대 중량으로 경하 중량과 적재 중량의 합과 같다.

해군 함정에서 사용되는 유효 탑재량(payload)은 만재 배수량과 무기, 탐지 장치, 통신 장비 등을 제외한 비무장 경하 중량과의 차이를 말한다. 법적으로는 등록 톤수로 선박의 크기를 정의하는데, 선박의 치수를 기준으로 정의되는 총톤수(gross tonnage)와 화물창 용적을 나타내는 순톤수(net tonnage)가 사용된다. 이때는 중량을 기준으로 하는 것이 아니라 용적을 기준으로 하며, 3.53세제곱미터를 1톤으로 정의하며, 미국이나 유럽에서는 100세제곱피트를 1톤으로 정의한다.

선박의 속도는 1시간에 1해리를 항해할 수 있는 속도를 뜻하는 노트(knot)라는 단위로 표시한다. 해리(nautical mile)는 적도를 따라 그린 지구의 둘레를 4만 킬로미터로 정의한 뒤, 적도상에서 경도 1분 차이로 나타내는 해면의 길이를 말한다. 1해리는 1.8519킬로미터로서 약 6080피트에 해당된다. 미국이나 유럽에서 사용하는 육상마일

(statute mile : 5280피트)보다 15퍼센트 정도 긴 거리이다.

선박의 특정한 부분을 정하지 않고 일반적인 구조 단면의 특성을 구조 치수(scantling)라는 단어로 표시하기도 한다. 이는 선박을 건조하는 데 쓰는 자재 치수를 말할 때도 사용하는 일반적인 단어다. 선박의 구조 치수라 할 때는 선박 구조 단면의 특성을 정의할 뿐이고 부재의 치수나 부재가 굽었는지 직선인지는 규정하지 않는다. 다만 선박의 부재의 상관관계 등을 설명할 때 경우에 따라 '~과 어우러지게' 또는 '~에 인접해', '~에 교차하며' 등의 표현을 쓴다.

선급(classification society)은 선박의 설계 및 건조는 물론, 선체와 기관, 장비 등의 항해 성능 유지와 관련해 선주들이 자문을 구할 수 있는 법인체이다. 통상적으로 선주들은 선급이 판정한 선박 등급 증명에 근거해 선박 보험에 든다. 선박의 승조원은 사관과 승조원으로 나뉘며, 함정에서는 장교와 수병으로 나뉜다.

이제 이 책을 읽는 데 필요한 최소한의 어휘에 대한 설명을 마쳤다. 하지만 선박을 이해하는 데 도움이 될 수 있는 해양문화에 관련된 이야기를 몇 가지만 더 소개하겠다. 미국이나 유럽에서는 특정한 선박을 지칭할 때 she라는 대명사를 사용하고 소유격으로 her를 사용하므로, 선박은 여성 명사라고 볼 수 있다. 하지만 기술적 사항을 논하는 경우나 집합 명사로 사용하는 경우에는 주로 중성으로 취급해 it 또는 its라고 부른다.

조선학적 지식이 없는 일반인들은 흔히 선미 뒤쪽으로 이어지는 파도들의 집합체를 '반류(wake)'라고 생각한다. 하지만 조선학에서는 선박이 물을 헤치고 나갈 때 마찰의 영향을 받은 큰 물 덩어리를 지칭하는 단어로서 물 덩어리를 관측하는 사람이 선박 밖에 있을 때에는 물이 선박을 따라서 움직이므로 반류라고 하지만, 관측자가 선상에 있을 때에는 물이 선박 뒤쪽으로 멀어지는 것으로 관측되므로 '후류'라고 부른다.

경우에 따라서 선박을 쉽게 가라앉히기 위해 바다와 연결되는 큰 밸브를 '해수 콕' 또는 '해수 밸브'라 지칭했으나, 현재는 일부 군함에만 장착될 뿐이며 선박이 등장하는 소설 속에서나 찾아볼 수 있다.

영국의 시인 메이스필드(Masefield)가 자신의 시에 'windjammer'라 불리던 대형 범선을 'tall ship'이라고 썼던 것을 여러 작가들이 답습해, 그 뒤부터는 tall ship이 큰 범선을 뜻하는 상투적 표현으로 쓰이고 있다. 조선학자들은 대형 범선을 지칭할 때 문학적 표현보다는 용도에 따라 '훈련선' 으로 부르거나 돛의 형상에 따라 '사각 범선' 이라고 부른다.

선박은 층으로 나뉘는 것이 아니라 갑판으로 나뉘어 '아래층으로 간다.' 라고 하지 않고 '내려간다.' 라고 말한다. 서양에서는 부두, 특히 평행하게 배치된 부두를 '독(dock)' 이라고 부르는 경우가 많다. 이때 독이나 선대는 부두 사이의 수역을 뜻한다. 해안을 따라 선박을 댈 수 있도록 축조한 구조물을 '안벽' 이라고 부르며, 부두나 안벽을 모두 '선창' 이라 부르기도 한다.

참고 문헌

Lewis, Edward V. and O'Brien, Robert, *Ships*, Life Science Library, Time, Inc., New York, 1965.

Haws, Duncan, and Hurst, Alex A., *The Maritime History of the World*, Teredo Books, Ltd., Brighton, U.K., 1985.

Haws, Duncan, *Ships and the Sea: A Chronological Review*, Thomas Y. Crowell and Company, Inc., New York, 1975.

Casson, Lionel, *Illustrated History* of *Ships and Boats*, Doubleday and Company, INC., Garden City, N.Y., 1964.

사진 1.1 소방정
길이 78피트인 이 선박은 일리노이 주 Grafton 소재 Grafton 조선소에서 매사추세츠 항만청을 위해 건조된 것이다. 이 선박의 펌프 용량은 분당 6800갤런이며, 항만과 공항에서 함께 사용하도록 설계됐다. (자료 제공 : John W. Gilbert Associates, Inc.)

사진 1.2 여러 가지 크기의 선박

왼쪽 위 : 마이애미에서 매주 운항하는 유람선 Sovereign of Seas호 (자료 제공 : Royal Caribbean Cruise Line)

오른쪽 위 : W.E. Zimmie의 요트 Endless Summer호 (자료 제공 : Eileen Zimmie)

왼쪽 아래 : 트롤선 Victor호 (자료 제공 : John W. Gilbert Associates, Inc.)

오른쪽 아래 : 뉴펀들랜드의 그랜드 뱅크에서 조업하는 선미 트롤선 Ranger호의 진수 (자료 제공 : John W. Gilbert Associates, Inc.)

사진 1.3 함정

위 : 1986년 10월에 시행된 항공모함 CVN 71급 Teddy Roosevelt호의 해상 시운전 (자료 제공 : Curtis Woolard, Jr., Newport News Shipbuilding and Dry Dock Co. 사진 촬영 : Stu Gilman)

아래 : 잠수함 SSN 750급의 해상 시운전 (자료 제공 : Curtis Woolard, Jr., Newport News Shipbuilding and Dry Dock Co. 사진 촬영 : Caroline Kiehner)

사진 1.4 2종의 강력한 선박
위 : 고속 컨테이너선. 컨테이너를 갑판 아래쪽과 위쪽에 적재하고 운반한다. (자료 제공 : C. R. Cushing and Co., Inc.)
아래 : 4중 추진기를 장착한 하천용 예인선. 이 천수용 선박은 소함대라고 부르는 여러 척의 바지선을 결박된 상태에서 미는 선박으로 설계된 것이다. (사진 촬영 : St. Louis Post Dispatch)

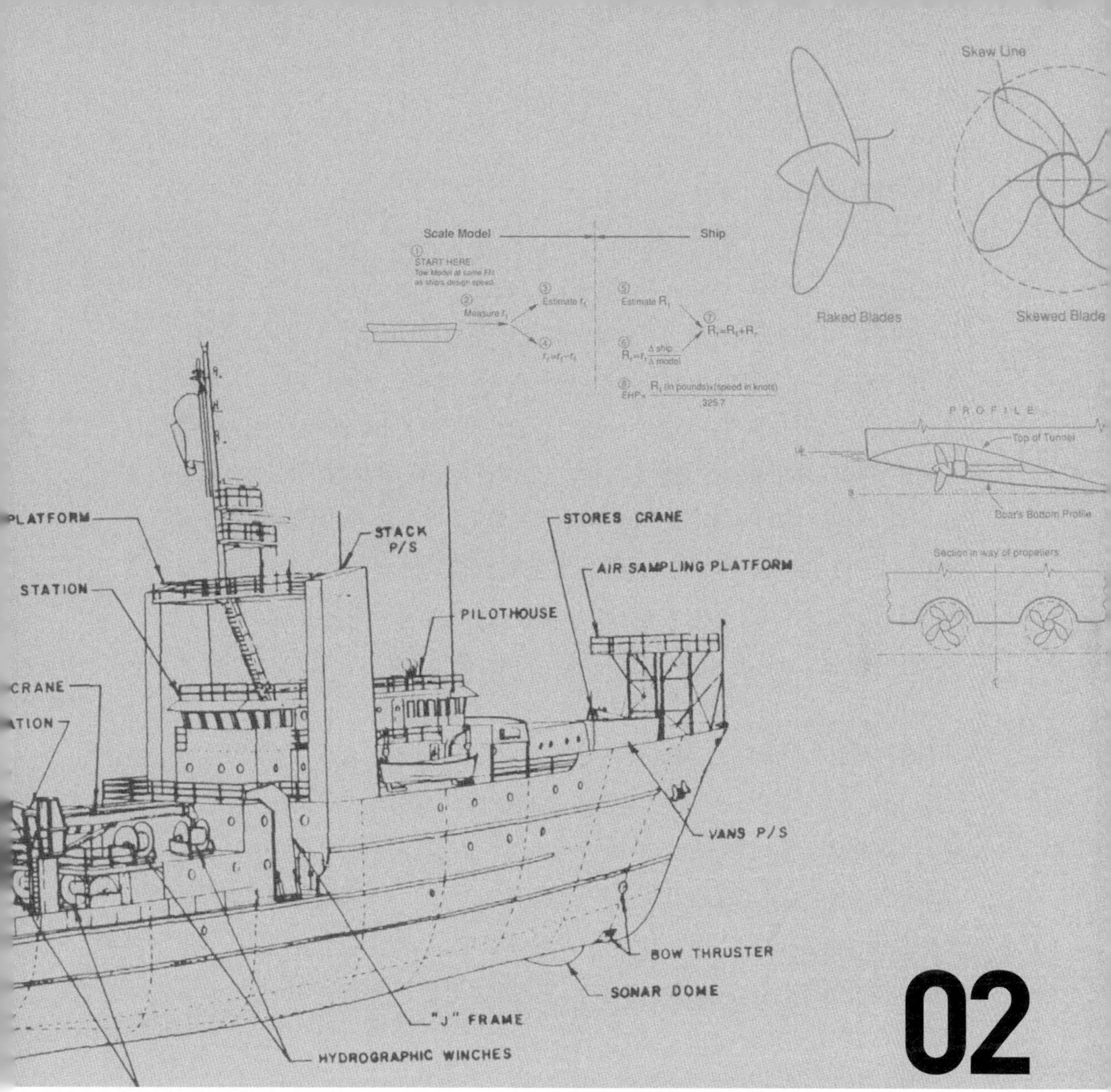

02

일반 배치

1. 기본 원칙

2. 선박의 형상 설명도

1. 기본 원칙

큰 선박이든 또는 작은 보트이든 일반 배치(一般配置 : 선박을 구성하는 다양한 요소의 배치)를 결정할 때 조선공학자가 고려해야 하는 상식적인 규범이 있다. 일반 배치에서는 반드시 상충되는 요소들이 나타나기 때문이다. 소형 동력 추진 요트의 일반 배치를 예로 들면, 엔진은 항상 거주구 중앙의 상당한 공간을 차지할 수밖에 없어서 선실 배치를 어렵게 만든다. 따라서 일반 배치의 우선순위를 정하고 그에 따라 절충안들을 마련해야 한다. 조선공학자가 화물선의 일반 배치에 적용하는 우선순위와 요트에서의 적용 순위는 다르다. 또한 우선순위의 결정에는 항상 주관적인 판단이 요구되므로 2명의 설계자가 같은 설계를 내놓는 일은 있을 수가 없다. 조선공학에서는 다른 일들도 마찬가지지만, 구성 요소들의 배치는 과학일 뿐 아니라 예술적인 요소까지 포함된다. 이런 예술적인 특징이 일반 배치를 매력적으로 보이게 하는 요소가 된다.

컴퓨터 알고리즘이나 그래픽 표현 기법은 개략적인 일반 배치 계획을 세우는 데 큰 도움이 되지만, 실제적인 최종 결정은 결국 조선공학자의 몫이다. 다음의 원칙들은 일반 배치에서 선박이나 보트의 어느 위치에 어떤 것을 둘 것인가를 결정할 때 반드시 명심해야 할 요소들이다. 조선공학자는 이 원칙들을 지키면서 한 번에 하나씩이 아니라 모든 요구 사항을 동시에 만족시키도록 노력해야 한다. 그러나 독창적인 결과를 얻기 위한 최종 분석에서 조선공학자의 경험과 천부적인 재능을 대체할 수 있는 수단은 없다.

1. 상충되는 요소를 배치할 때 선박의 가장 중요한 기능을 잊어서는 안 된다.

2. 건조하려는 선박의 가장 중요한 기능을 성공적으로 지원하는 요소들을 배치에서 우선 고려해야 한다.

이를테면 전문적 어선을 설계할 때는 어로 장비의 선정과 배치를 우선 생각해야 한다. 화물선을 설계할 때는 운반할 화물이 어떤 형태로 운반되는지를 먼저 알아야 한다. 그 다음에 화물을 싣고 내리는 방법과 운반 경로, 선내의 적재 위치를 결정해야 한다. 이런 핵심 사항들을 우선적으로 결정한 후 이를 바탕으로 나머지 일반 배치를 결정한다. 다른 종류의 선박에 대한 일반 배치를 결정해야 할 때도 조선공학자는 같은 방식으로 우선 고려할 핵심 사항을 스스로 판단해 결정한다.

3. 불가피한 요소를 거스르는 것은 도움이 되지 못한다.

선수 격벽이나 선수창은 당연히 선수 끝에 위치해야 한다. 이런 결정은 아주 쉽다.

4. 주어진 기능에 적합한 선체 형상이 뒷받침되는 위치를 찾는 것이 유리하다.

예컨대 액체는 자투리 공간에라도 선적할 수 있으나 화물 컨테이너는 불가능하다.

5. 큰 요소들을 우선 배치해야 한다.

휴가를 가기 위해 차에 물건을 실을 때, 큰 물건들을 먼저 싣고 작은 물건들로 남는 공간을 채우는 것이 상식이다. 선내의 공간을 배치할 때도 같은 논리가 적용된다.

6. 승객과 승조원이 편안하고 만족하도록 하는 데 우선순위를 높게 두어야 한다.

승객의 만족이 우선임에는 이론의 여지가 없을 것이다. 승조원의 복지에 우선순위를 두는 것은 선박을 효과적으로 운용하고 설계에 대해 좋은 평판이 널리 알려지도록 하는 데 유리하다.

7. 어떤 경우이든 안정성과 트림을 항상 염두에 두어야 한다.

항해 중에 연료를 다 써버리면 안정성과 트림은 어떻게 될 것인가, 적재할 화물이 없을 때 안전한 항해를 위해 충분한 밸러스트를 실었는가를 생각해야 한다.

8. 기능적으로 함께 있어야 유리한 것들은 가능한 한 집중 배치하는 것이 좋다.

조리실은 식당 옆에 위치해야 하고 식품 창고와도 가깝게 배치해야 한다. 거주 구획은 배관, 배선, 환기 덕트 등의 길이를 최소화하기 위해 되도록 기계실 가까이에 배치한다. 실제로 대형 선박에서는 거주 구획을 통상적으로 기계실 바로 위쪽에 배치한다. 인접한 선실의 욕실이나 화장실은 배관을 최소화하기 위해 서로 등을 지고 배치하는 것이 좋다.

9. 상충되는 기능의 요소들은 격리시켜야 한다.

시끄러운 계선 윈치는 위쪽의 어느 선실에도 영향을 주지 않아야 한다. 도서관은 무도장으로부터 되도록 멀리 떨어져야 한다.

10. 주요 구조의 부재는 일반 배치를 구성하는 요소의 하나로 취급돼야 한다.

복도 한가운데에 기둥을 배치하였다면 그것은 당연히 나쁜 배치의 예가 된다.

11. 기관실에는 수리를 위한 여유 공간이 반드시 필요하다는 것을 명심해야 한다.

기관실 배치에서는 대형 디젤 엔진일지라도 기관 위쪽으로 박용 기관 정비공이 피스톤을 빼낼 수 있을 만큼 충분한 수직 방향의 여유 공간을 두어야 한다. 마찬가지로 열교환기 위쪽으로도 관다발을 뽑아낼 수 있을 정도의 여유 공간이 필요하다. 또한 사람이 렌치나 드라이버 등의 공구를 가지고 작업을 할 수 있을 만한 공간이 있어야 한다.

12. 기본적인 배치는 선박 안쪽으로부터 바깥쪽으로 계획되어야 한다.

일반적으로 조선공학자들은 선박의 겉모양이 어떻게 될 것인가를 걱정하기에 앞서 선내 배치도에 배치하여야 할 요소들을 우선 배치하게 된다. 물론 요트나 여객선을 설계할 때는 그와 반대로 접근하는 경우도 있을 수 있다.

13. 설계자는 선박과 그 구성 요소들이 실제로 어떻게 쓰이는지 항상 생각해야 한다.

승조원들이 평상시에는 어떻게 선박을 운용할 것인가, 거친 해상 상태와 비바람이 심할 때 선박의 횡 동요와 종 동요는 어떤 상태일 것인가와 같은 경우를 항상 염두에 두어야 한다.

2. 선박의 형상 설명도

그 특성이 완연하게 다른 다섯 가지 보트 및 선박의 측면 배치도를 그림 2.1부터 2.5까지 제시했다. 그림 2.6은 앞에서 제시된 다섯 가지 선박의 상대적인 크기를 쉽게 이해할 수 있도록 같은 축척으로 그린 실루엣이다. 모든 선박은 선수가 오른쪽에 놓이도록 나타낸 것을 확인할 수 있는데, 이는 선박 제도에서 관습적으로 지켜지고 있는 표기 방법이다. 그림 2.7은 해양 조사선의 외부 배치도로서 해양 탐사 활동에 매우 다양한 갑판 기계류가 필요하다는 것을 생각할 수 있도록 예시한 것이다.

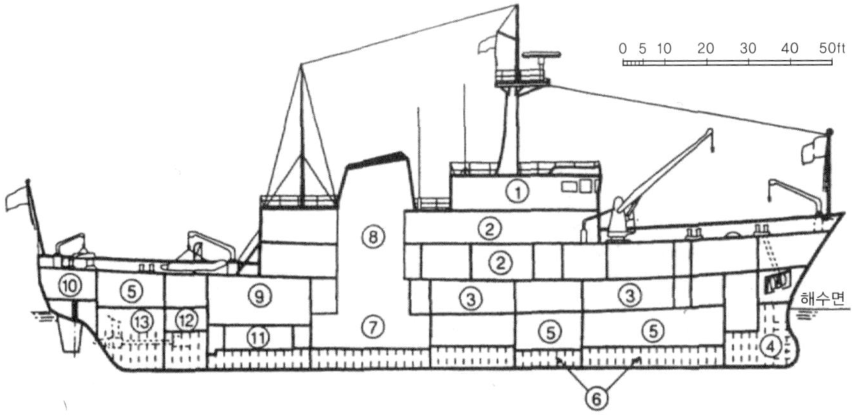

1. 선교루
2. 공용실, 식당, 과학 장비 등
3. 선실
4. 선수 밸러스트 탱크
5. 창고
6. 이중저 연료 탱크
7. 기관실
8. 기관실 케이싱, 배기 장치, 접근 통로, 기관실과 선실의 냉난방관로
9. 보조 기관실, 발전기 등
10. 조타 기계실
11. 연료 탱크
12. 식수 탱크
13. 선미 밸러스트 탱크

그림 2.1 해양 조사선

이 소형 선박은 연안 탐사용으로 사용됐다. 선박의 길이는 190피트(58미터) 미만이고, 선속은 12노트이다.

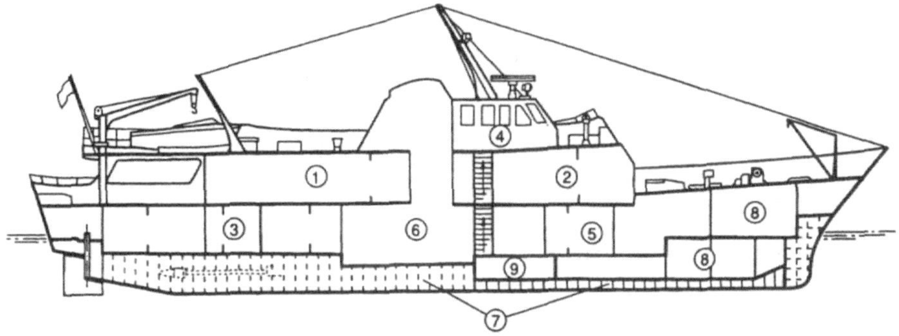

1. 라운지, 식당과 주방
2. 선주 선실
3. 내빈 선실
4. 선교류
5. 승조원 선실
6. 기관실
7. 이중저 연료 탱크
8. 창고
9. 식수 탱크

그림 2.2 모터 요트

이 요트는 호화 요트로서 원양까지 13.5노트로 항해하도록 설계됐다. 연료와 보급을 받지 않은 상태에서 3600마일의 항속 거리를 유지할 수 있다.

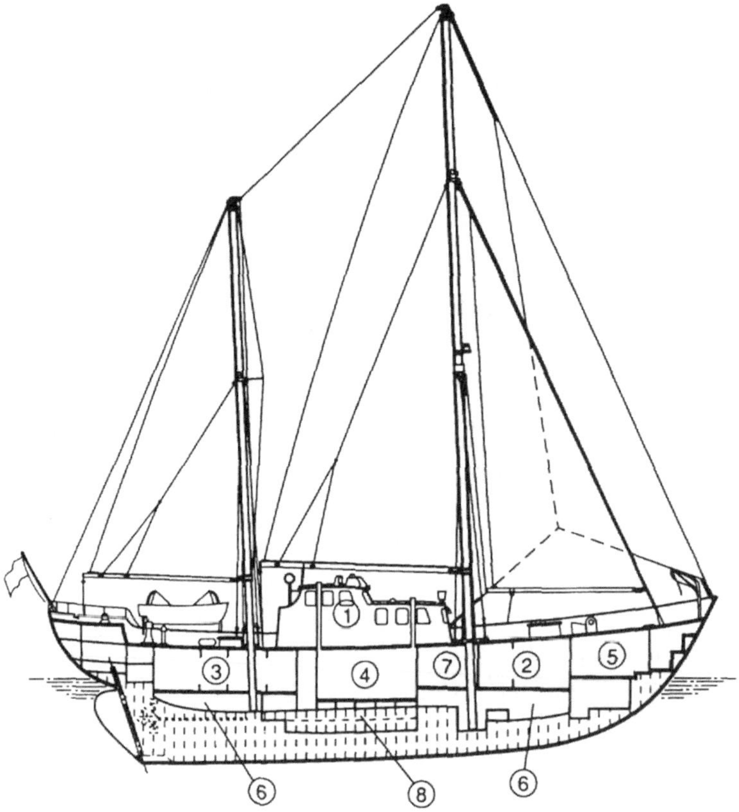

1. 라운지, 식당 및 항해실
2. 선주 선실
3. 내빈 선실
4. 기관실
5. 승조원 선실
6. 창고
7. 주방 및 식료품 창고
8. 연료 탱크

그림 2.3 범장 요트

길이 110피트(34미터)급 케치형의 이 범장 요트는 쌍축 추진 디젤 기관이 보조 추진 장치이다.

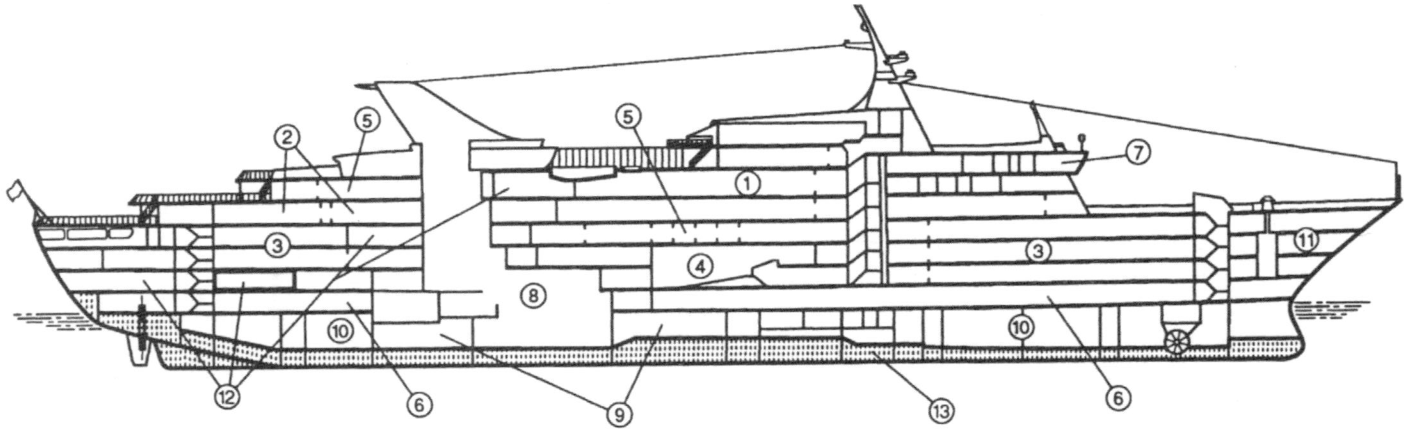

1. 공용 공간 : 라운지, 바 식당 등
2. 주방
3. 여객용 선실
4. 공연장
5. 상가 및 미용실 등
6. 승조원 선실
7. 선교루
8. 주기관실
9. 보조기계실
10. 청수 탱크
11. 갑판 창고
12. 식료 창고
13. 이중저 연료 탱크

그림 2.4 유람선

길이가 525피트(160미터)인 이 유람선은 떠다니는 호텔로서 700명의 여객을 2개의 갑판에 분산 수용할 수 있다.

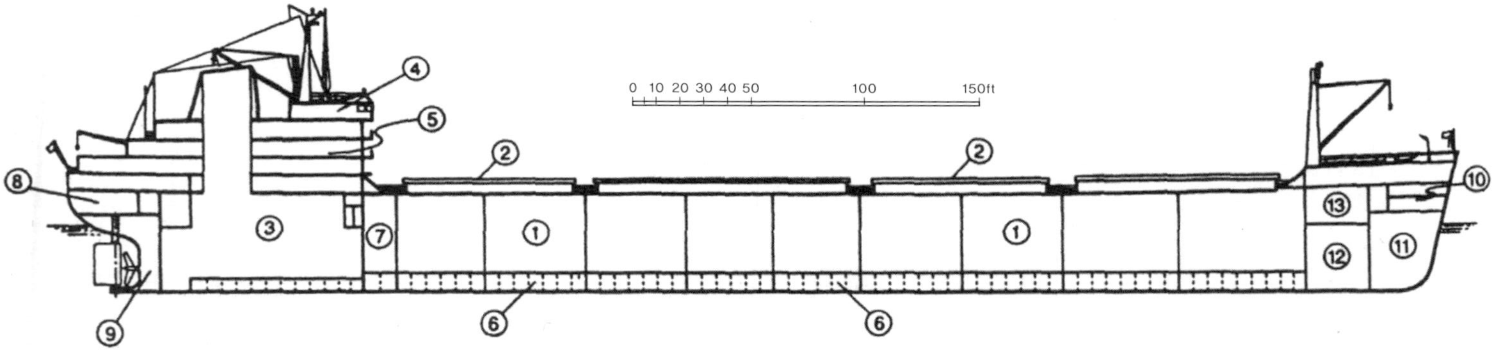

1. 화물창
2. 대형 화물 창구 덮개
3. 주기관실
4. 선교루
5. 선실
6. 이중저 연료 탱크
7. 연료 또는 청수용 탱크
8. 조타기계실
9. 선미 밸러스트 탱크
10. 갑판용품 창고
11. 선수 밸러스트 탱크
12. 빈 공간(트림 조절용)
13. 소형 화물창

그림 2.5 벌크 화물선

이 벌크 화물선은 2만 7000톤의 곡물이나 철광석을 적재하고 14노트의 속력으로 항해할 수 있다.

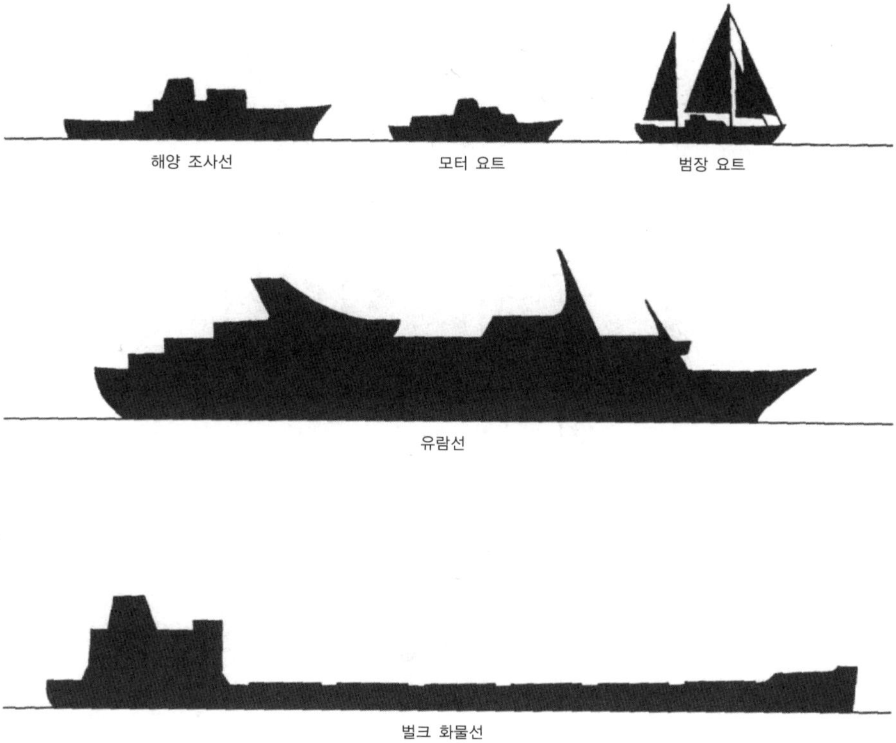

그림 2.6 선박의 크기 비교
이 그림은 선박의 크기를 한눈에 비교할 수 있도록 그린 것이다.

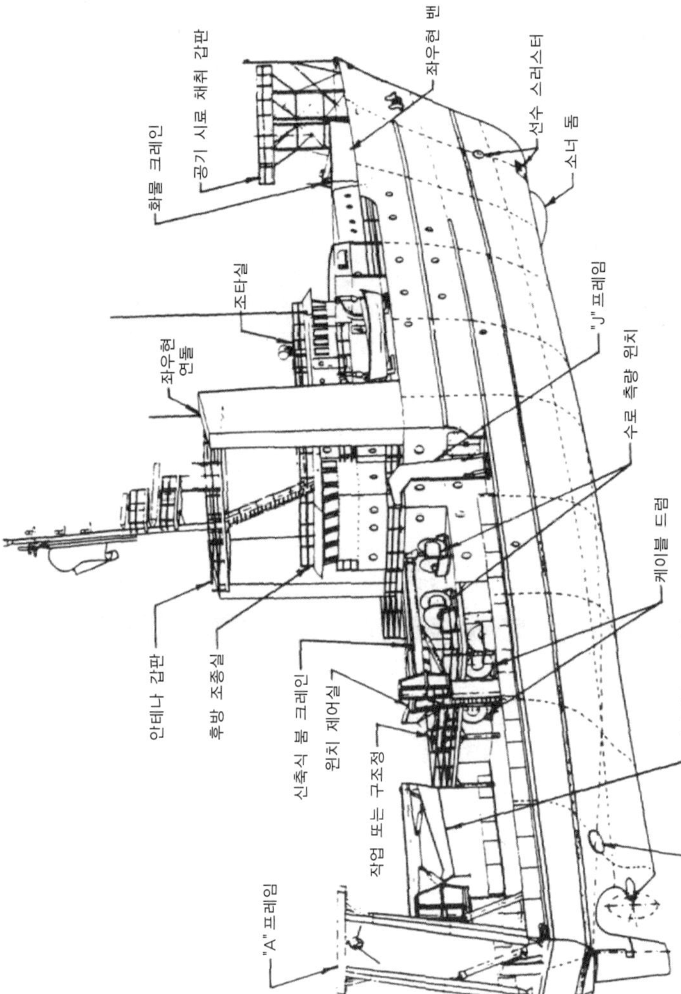

그림 2.7 해양 조사선의 갑판 배치
(자료 제공 : M. Rosenblatt and Son)

참고 문헌

Kiss, Ronald K.,"Mission Analysis and Basic Design," Chapter I in *Ship Design and Construction*, Robert Taggart, Ed., Society of Naval Architects and Marine Engineers, Jersey City, N.J., 1980.

Michel, Walter H., "Mission Impact on Vessel Design," Chapter II in *Ship Design and Construction*, Robert Taggart, Ed., Society of Naval Architects and Marine Engineers, Jersey City, N.J., 1980.

Tapscott, Robert J., "General Arrangement," Chapter III in *Ship Design and Construction*, Robert Taggart, Ed., Society of Naval Architects and Marine Engineers, Jersey City, N.J., 1980.

Baxter, Brian, *Naval Architecture: Examples and Theory*, Charles Griffin & Company, Ltd., London, 1967.

Munro-Smith, R., *Elements of Ship Design*, Marine Media Management, Ltd., London, 1975.

사진 2.1 연안 여객선 Provincetown호

길이 185피트인 이 선박은 뉴욕의 Oyster 만에 있는 Jakobson 조선소에서 1979년에 건조됐다.

사진 2.2 2종의 벌크 화물선

위 : 중량톤(DWT) 38만 1000톤인 유조선 ESSO Le Harvre호. 이 유조선은 1981년에 수에즈 운하를 통항할 수 있는 최초의 초대형 유조선으로 건조됐다. (자료 제공 : R. F. Klausner, Exxon Company, International)

아래 : 자체 하역 설비를 갖춘 오대호 지역의 대표적인 석탄 운반선 St. Clair호 (사진 촬영 : Harmann Studios, Sturgeon Bay, Wisconsin)

사진 2.3 선미 트롤선 Huntress호

길이 104피트인 이 어선은 미국 메인 주의 East Boothbay에 소재한 Edward Gamage 조선소에서 건조됐다.

(자료 제공 : John W. Gilbert Associates, Inc.)

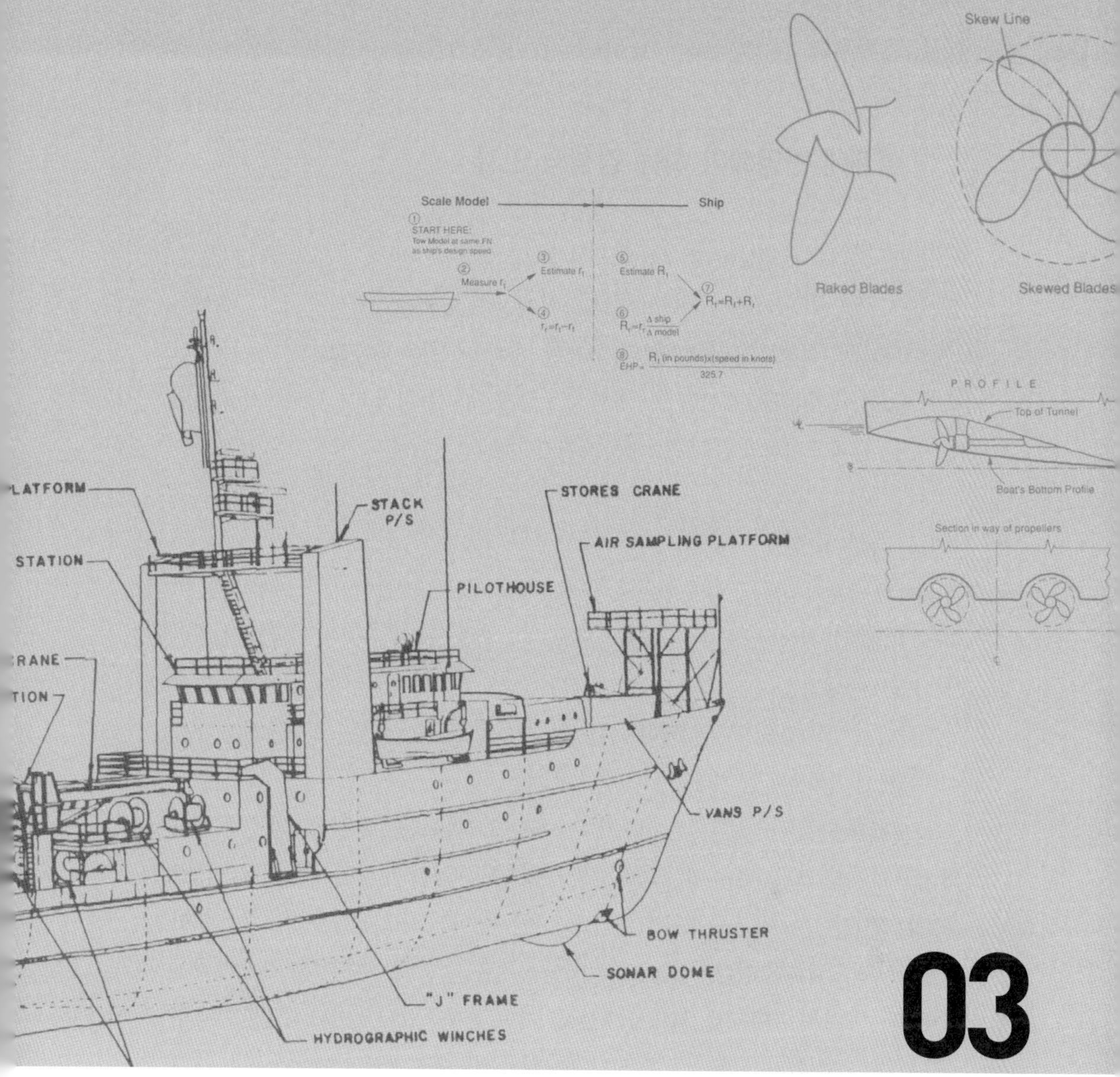

03

작업 공간과 거주 구역

1. 설계에 반영해야 하는 감성적 인자
2. 작업 공간
3. 거주 구역
4. 통로

1. 설계에 반영해야 하는 감성적 인자

선박은 크기와 상관없이 탈 사람을 우선적으로 생각해야 한다. 승조원들이 가장 효율적으로 일할 수 있어야 할 뿐만 아니라, 그들이 다음 항해에도 기꺼이 나서도록 여러 가지 요소들을 신중히 고려해야 한다. 요트나 여객선에서는 이런 감성적 요소들이 더욱더 중요하다. 따라서 세심한 조선공학자는 설계 요소를 결정하는 단계에서 감성적 인자들을 함께 모아놓고 검토하는 과정을 거친다.

1.1 기본 규정

선박의 종류와 선주에 따라 반드시 지켜야 하는 기본 규정들이 있다. 예를 들면 미국 국적의 화물선에 관해서는 승조원의 최소수와 거주 구획의 표준이 미국 해안 경비대 법률로 정해져 있다. 승조원 노동조합과의 협약도 지켜야 한다. 설계자는 이런 기본 규정들의 규제 사항을 모두 이해해야 하지만 최소 요구 조건 이상으로 적용하는 것을 설계에서 배제해서는 안 된다.

초기 설계 단계에서 설계자는 선주가 요구하는 2교대 또는 3교대 작업과 같은 선박의 기본적 작업 조건과 특수한 사회적 규범에 대해서 가능한 한 많은 것을 알아내야 한다. 휴식 시간 중에 간부 승조원과 일반 승조원들은 어느 정도 공간을 공유하는 것이 적당할지도 생각해야 한다. 식당은 분리 사용하기를 원하지만 수영장은 기꺼이 같이 쓰려 할 수도 있기 때문이다. 따라서 조선공학자는 설계에 앞서 얼마나 다양한 계층의 승조원들이 승선하고, 어떤 일을 할 것인지를 알고 선박을 설계해야 한다.

1.2 사회적 · 심리적 고려 사항

선박에서의 생활에는 많은 제약 요인이 있기 때문에 승조원들은 다양한 인간관계로 인해 문제를 일으키기 쉽다. 따라서 조선공학자는 설계 과정에서부터 이런 점들을 고려해야 한다. 예를 들어 선박을 너무 적은 수의 승조원으로 운항할 수 있도록 설계하면 승조원들의 외로움이 큰 문제로 나타난다. 이런 경우에는 거주 구역을 설계할 때 승조원들이 이동 중에 자연스럽게 마주치도록 배치하는 것이 바람직하다.

1.3 자동화

임금 수준이 높은 지역에서는 적은 수의 승조원으로도 안전하고 효과적으로 운항할 수 있도록 해 승조원의 생산성을 높이는 것이 경제적으로 유익하다. 이런 방향의 개발은 대개 선상의 자동화와 연관된다. 그러나 선상 자동화 이외에도 대등한 경제적 효과가 있는 여러 가지 수단과 방법이 있을 수 있다. 선박의 유지 · 보수를 육상 작업으로 하거나, 순회 수리 전문 업체에 맡기는 것이 유리할 수도 있다. 부품 선택에서 내구성이나 신뢰성이 강조된 부품을 선정할 수도 있으며, 부식에 강한 재료를 선택하는 것도 좋은 예가 될 수 있다. 무엇보다도 중요한 것은 기관이나 갑판 장비 등에 문제가 생기더라도 승조원들이 능숙하게 일을 처리할 수 있도록 작업 구조를 잘 구성하는 것이다.

사람과 관련된 이런 모든 문제는 작업 공간과 거주 구역 설계에 앞서 반드시 그리고 분명하게 파악하고 있어야 할 부분이다.

2. 작업 공간

2.1 목표

선박의 작업 공간을 설계할 때는 승조원들이 안전하고 편리한 작업 환경에서 효율적으로 일할 수 있도록 하는 데 기본 목표를 두어야 한다. 설계 과정에서 소음, 온도, 진동, 환기, 악취, 조명에 대한 적절한 조절이 필요하며, 인간 공학에 대한 기초적 소양 또한 필수적으로 요구된다. 다음 절들에서는 조선공학자가 설계 과정에서 특별히 주의할 필요가 있는 세 가지 작업 공간인 선교, 급식 시설, 기관실 구역 등을 설명하기로 한다.

2.2 항해와 조종 제어

선박의 크기에 관계없이 항해와 조종 기능은 조타실 또는 선교라고 부르는 특정 구역에서 이뤄진다. 그림 3.1은 조종 제어를 위한 핵심 공간의 전형적인 배치도이다. 선교에서는 360도 가시성이 확보돼야 하고, 내부 조명의 반사로 인한 장애를 피하기 위해 창의 위쪽을 바깥쪽으로 경사지게 하며, 전체 공간은 밀폐돼 있어야 한다. 그리고 최대한의 시야가 확보되며 소리가 잘 들리는 열린 공간으로 구성해야 한다. 선장이 근무 중에 휴식을 취할 수 있는 소파나 화장실 등도 포함된다.

해도대는 사용자가 전면을 향하면서 사용할 수 있도록 배치해야, 해도를 보며 선박의 실제 항로를 미리 상상해보는 과정에서 혼돈을 줄일 수 있다. 해도대뿐 아니라 다른 장비들도 되도록이면 사용자가 전면을 향하면서 사용할 수 있도록 배치한다. 선교 날개라 부르는 부분은 선박의 측면보다도 조금 더 밖으로 뻗쳐 있는데, 이는 선장이나 항해사가 부두나 갑문의 벽, 예인선 등의 장애물을 잘 관측할 수 있도록 해주기 위함이다. 그림 3.1에는 확실하게 표시돼 있지 않지만, 선수 너머를 잘 내다볼 수 있도록 선교의 높이도 충분히 높게 잡아야 한다.

2.3 급식

즐거운 분위기에서 맛있고 영양가 높은 음식을 제공하는 것이 명시적인 계약은 아니더라도, 승조원뿐 아니라 승조원들을 안정적으로 장기 고용하기를 원하는 선주에게도 매우 중요한 부분이다. 제한적인 거주 구역 때문에 넉넉한 문화 공간을 설치할 수 없을 때는 특히 급식 문제가 더욱 강조된다. 대개 승조원들은 음식이 좋다면 나머지는 견딜 수 있다고 이야기하기 때문이다. 여기서 가장 기본적인 사항은 몇 개의 분리된 급식 공간에 어느 정도의 좌석을 배치해야 하는가이다. 예인선과 같은 작은 상용 선박에서는 공간의 제약으로 인해 간부 승조원과 일반 승조원이 모두 하나의 식당을 사용한다. 큰 선박에서는 갑판부 승조원과 기관부 승조원의 식사 공간을 구분하는 것은 물론이고, 상급 및 중급 간부, 일반 승조원 간에도 식사 공간을 분리한다. 따라서 6개의 다른 식사 공간이 있어야 하고, 이에 더해 작업복 차림의 당직 근무자들을 위한 특별 공

1. 조타대와 조타륜
2. 감시 및 제어 패널 레이더 등
3. 선교루 내닫이 노천갑판
4. 해도대
5. 안락의자
6. 변기

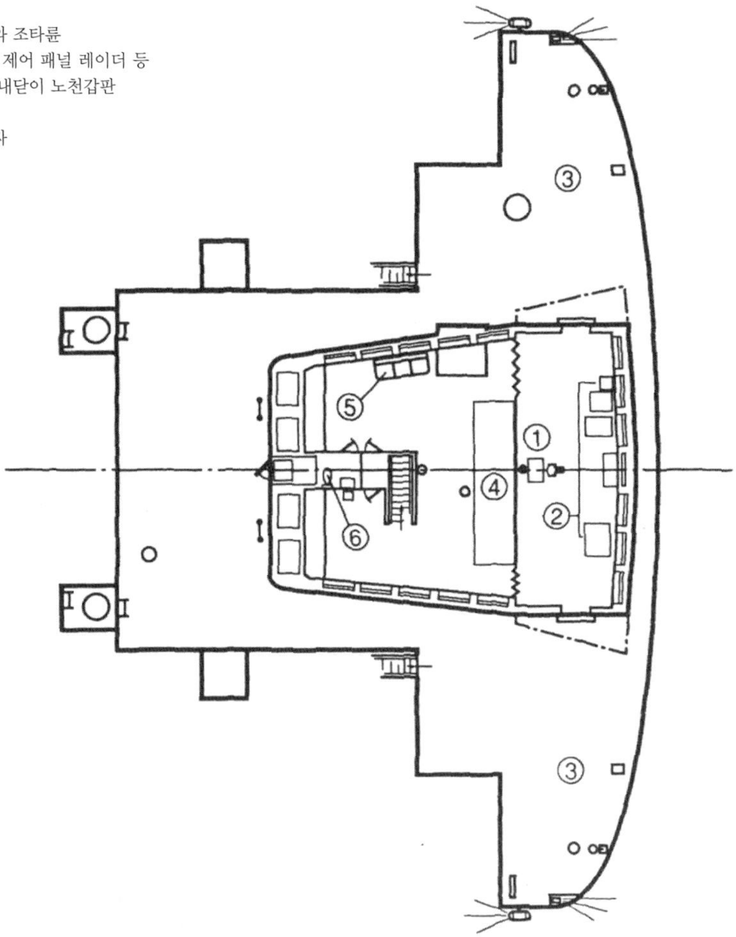

그림 3.1 선교루

간을 더 둘 수도 있다.

선상에서는 흔히 계급에 관한 전통이 엄격하게 지켜지는데, 때로는 이것이 급식에서도 반영된다. 조선공학자는 이런 상황에서 일어날 수 있는 일이 무엇인지를 정확히 이해하기 위해 최선의 노력을 해야 한다. 설계자는 식사 공간의 크기와 수가 정해지면 이를 주방에 인접하게 배치해야 한다. 건조 식품이나 냉장 식품의 저장고 또한 주방 근처에 위치해야 하고, 비축할 물품을 선적하고 주방으로 운반하는 과정과 승조원에게 배식하고 쓰레기를 버리는 등의 작업 편이성도 고려해야 한다. 취사 장비 역시 효율적인 작업을 염두에 두고 선택, 배치해야 한다.

주방 배치에서는 주방 내의 안전 문제를 고려해야 한다. 예를 들어 조리용 레인지는 선체의 횡 방향으로 배치하면, 갑작스러운 횡 동요가 일어나 조리 중인 음식이 넘치더라도 방심하고 있던 요리사에게 쏟아지는 일을 피할 수 있다. 그림 3.2는 상선의 주방과 급식 공간의 전형적인 배치도이다.

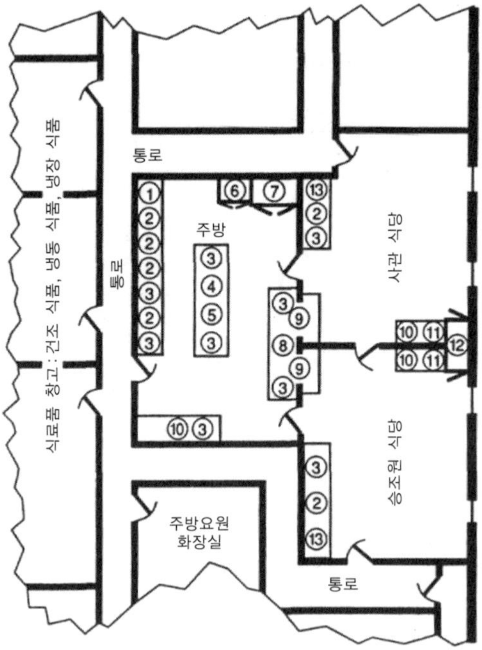

1. 식기세척기
2. 싱크대
3. 수납함
4. 전자레인지
5. 프라이팬
6. 식기장
7. 냉장고 / 냉동고
8. 스팀 테이블
9. 배식구
10. 전자오븐
11. 샐러드 및 후식 저장고
12. 분리형 냉장고
13. 커피메이커

- 주방에 더 필요한 물품
  음식물 쓰레기 처리기
  불판
  반죽기
  채칼
  양념통 보관대
- 식당에 더 필요한 물품
  배식대
  조미료 보관대
  아이스크림 제조기
  얼음 제조기
  식탁과 의자
  식판과 식탁용품 비치대
  토스터

그림 3.2 상선의 급식 공간 배치 예

2.4 기관실

기관실 배치는 두 가지로 나뉜다. 첫째는 기관실의 위치를 결정하는 것이고, 둘째는 세부적인 사항을 결정하는 일이다. 여기서는 간략하게 기관실 위치와 관련된 사항만 생각해보기로 한다.

화물선에서는 기관실의 위치를 결정할 때 화물의 운반이라는 중심 기능을 다른 요소들에 앞서 최우선으로 검토해야 한다. 컨테이너선, 벌크 화물(dry bulk)선, 탱커 등에서는 화물의 특성상 기관실을 선미 또는 선미부에 두어야 한다. 반면 로로(Roll-on/Roll-off)선, 페리선, 다종 적재 벌크(break-bulk)선 등에서는 기관실을 선체 중앙부에 두는 것이 좋을 때가 많다.

기관실을 선체 중앙부에 배치하면 몇 가지 장점이 있다. 우선 선체 길이 방향으로 중량 분포를 더 고르게 할 수 있어서 기관실을 선미부에 둘 때보나 어느 정도 더 가벼운 구조로 건조할 수 있다. 그 이유는 뒤에 제12장에서 찾아볼 수 있을 것이다. 또한 기관을 선미부에 두었을 때 생기는 트림으로 인한 설계의 복잡성을 피할 수 있다. 유조선을 예로 들면 화물 적재 상태에서는 기관실 부분이 상대적으로 중량이 덜 나가기 때문에 선미 쪽 기관실과의 균형을 이루도록 선수부에 빈 공간을 마련하지 않으면 바람직하지 않은 선수 트림이 생긴다. 제2장에서 설명한 것과 같이 거주 구역을 기관실 수직 상방에 배치하고 선체 중앙부에 기관실을 두면 진동과 종 동요로 인한 불편함이 선미에 기관실이 있는 경우보다 훨씬 줄어든다.

하지만 기관실을 선체 중앙부에 배치하면 선미까지 긴 프로펠러축을 설치해야 하는 문제점이 발생한다. 프로펠러축은 보통 강재로 둘러싸인 축로 안에 배치되므로 화물 적재에 사용할 귀중한 공간이 줄어들게 할 뿐 아니라 화물의 적재에도 방해 요소가 된다.

위에서 따져본 모든 사항 중에서 결국 가장 핵심은 기관실의 전체 크기인데, 이는 기관실 설계자와 선박 전체 설계자 사이의 의견 충돌의 원인이 되기도 한다. 물론 페리선과 같은 소수의 경우에는 충분한 공간이 있을 수 있다. 그러나 대부분의 경우에는 경제성 문제가 기관실의 크기를 좌우하게 된다. 따라서 원칙적으로 조선공학자는 기관실의 크기를 기계류의 수리 또는 검사 시 필요한 공간이 확보될 수 있는 한도 내에서 기계들을 배치할 수 있는 최소한의 규모로 만들려고 노력하게 된다. 선미에 기관실을 배치하고 디젤 기관을 추진기와 직결하는 방식에서 제약 조건으로 나타나는 것은 주기관의 높이와 길이이며, 기관실 좌현과 우현 쪽에는 남는 공간이 생기기도 한다.

선박 설계자는 기관실로 공기를 공급하고 배기가스를 배출하는 것도 배치도에서 생각해야 한다. 또한 기관실과 거주 구역 사이에는 호텔에 버금가는 환기 통로, 전기 배선, 배관 설비 등의 배치가 이루어지게 된다. 기관실이나 그 내부의 모든 요소에 접근할 수 있는 사다리와 격자 발판을 통로로 마련해야 하는 것도 잊어서는 안 된다. 이처럼 여러 기능을 살린 공간으로 만들기 위해서는 대개 기관실의 천장에서 거주 구역을 지나 다른 갑판 공간을 관통하는 거대한 수직의 통로가 설치돼야 하는데, 이를 기관실 케이싱이라고 부른다. 통상적으로 케이싱은 높은 층으로 갈수록 여러 가지 시스템의 크기와 수가 점진적으로 줄어들기 때문에 기관실 케이싱의 수평 단면적을 따라 줄여도 된다. 따라서 기관실 케이싱은 흔히 계단식 피라미드 구조를 이룬다. 최상층 갑판에는 엔진 배기가스 관로가 연돌과 연결되며, 기관실 케이싱을 통로로 이용해 큰 기계류를 운반할 수 있다. 상부는 채광창을 달거나 다른 종류의 개폐 장치로 마감 처리를 한다.

위에서 설명한 내용은 화물선을 기준으로 한 것이지만 다른 종류의 선박에도 유사하게 적용된다. '제10장 추진 기관의 선택' 에서 기계류 배치에 대한 설명을 추가하기로 한다.

3. 거주 구역

인간은 개인적 활동과 사회적 활동을 번갈아 하는 존재이다. 개인적 활동은 주로 승조원의 선실에서만 일어나지만, 사회적 활동은 근무 중일 때뿐만 아니라 비번일 때는 다양한 공용 공간에서도 일어난다. 이런 공간은 식당과 휴게실, 오락실, 수영장, 체육관과 같은 공간이 될 수도 있다.

거주 구역 설계에서 가장 먼저 정해야 할 것 중 하나는 갑판실의 선수 · 선미 방향 크기를 정하는 것이다. 갑판 위의 공간에 화물을 적재하는 컨테이너선에서는 거주 구역을 여러 층으로 배치하는데, 이 때문에 접근성이 나빠지기도 하지만 피할 수 없는 선택이다.

3.1 개인 공간

일반적으로 모든 승조원의 선실은 항해 중 바깥을 볼 수 있도록 흘수선보다 위쪽의 선측에 연해 배치하며 현창이나 창문을 둔다. 이런 제한은 여객 선실에는 적용되지 않으므로 낮은 등급의 선실일 때는 수면 아래에 배치하거나 현창을 두지 않아도 된다. 과거에는 일반 승조원들의 침실을 선수루(forecastle)에 집중 배치했으나, 선박 충돌 사고의 50퍼센트 이상이 관련되는 부분인 선수부에 승조원의 거주 구역을 설정해서는 안 된다는 미국 해안 경비대의 법령이 제정돼 이제는 더 이상 허락되지 않는다. 승조원들의 공간은 가능한 한 작업 공간에 가까이 배치하며 공용 공간과도 가까워야 한다. 따라서 기관 담당 승조원의 선실은 대개 하층 갑판에 배치한다. 그 위에는 급식 기능을 위한 갑판이 있고, 그 위로 차례대로 갑판부 승조원, 간부 승조원, 항해 공간을 배치한다.

승조원의 선실은 수면, 독서, 위생 기능은 물론 어느 정도의 가구를 놓을 공간적 여유가 있고 개인적 요구를 충족시킬 만큼 넓어야 한다. 그림 3.3은 상선의 승조원을 위한 전형적인 1인 거주구의 배치를 보이고 있다. 화장실이나 샤워 시설은 인접 선실과 함께 사용하지만 세면대는 각각의 방에 따로 구비한다. 그림 3.4는 간부 승조원의 선실로서 여기에는 침대뿐만 아니라 개인 화장실 겸 욕실(toilet/shower : T&S) 공간과 긴 의자도 갖춰져 있다. 보통 원양항해 선박에서는 침대를 선박의 길이 방향으로 배치한다는 전통이 있는 데 반해, 미국의 오대호를 운항하는 선박에서는 침대를 선박의 폭 방향으로 설치해야 한다는 전통을 지키는 승조원들도 있다. 한편 긴 의자를 배치할 공간이 있을 때에는 의자를 침대와 수직으로 배치하는 것이 좋다. 이는 선박의 횡 동요나 종 동요를 일으킬 때 승조원들이 좀 더 편안한 장소를 선택해 이용하도록 하기 위한 배려이다.

앞에서는 상대적으로 큰 선박을 기준으로 설명했는데, 작은 선박일 때는 거주 구역에 관한 기준이 어느 정도 조정될 필요가 있다. 예를 들어 크루저급 요트일 때는 대개

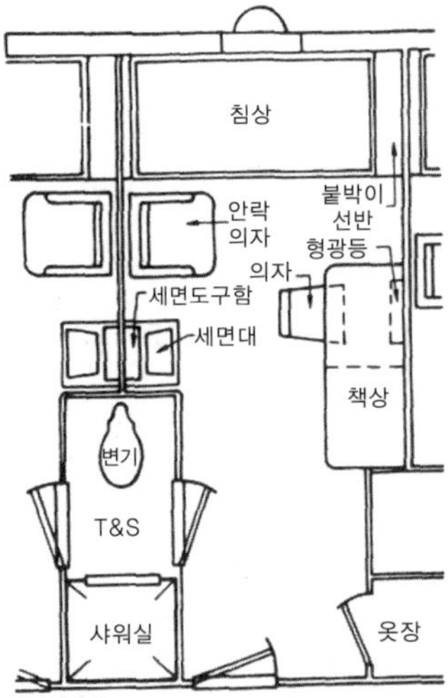

그림 3.3 상선의 일반 승조원용 선실 배치 예

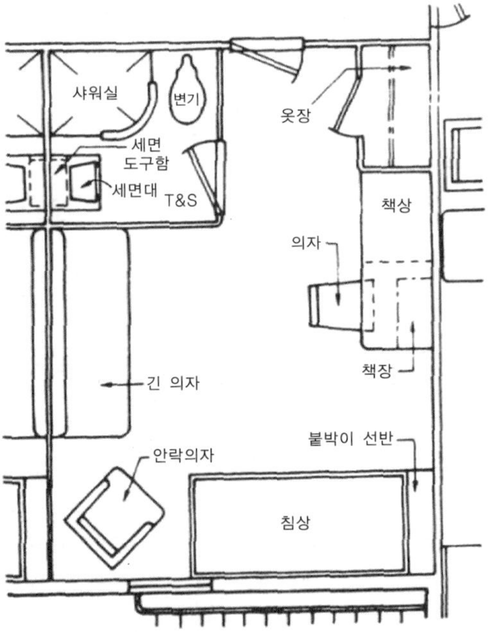

그림 3.4 상선의 상급 승조원용 선실 배치 예

모든 거주 구역 기능이 1~2개의 좁은 공간에 집중된다. 그림 3.5와 같이 매력적으로 설계하려면 비좁은 공간을 최대한 편안하고 실용적인 공간으로 절충점을 찾아 꾸며야 한다. 그런데 설계자에게는 요트의 선체 내부가 비좁을 뿐 아니라 평평하게 네모진 곳이 없고 모두 곡면으로 구성된 공간이라는 점이 작업을 특별히 어렵게 만든다.

3.2 공용 공간

급식 공간은 작업 공간이라는 관점에서 이미 다루었으나, 작은 상선에서는 급식 공간이 유일한 모임 장소가 될 수도 있다. 하지만 아주 큰 선박에서는 수영장, 시청각실, 체육관, 취미 공간과 같은 여러 개의 공용 시설이 있을 수 있다. 이런 여분의 공간들은 오랜 기간 대양 항해를 하는 선박에 특히 유용하다. 승조원들의 무료함은 종종 이런 선박에서 심각한 문제를 일으키기도 하고, 기분 전환이 불가능할 정도로 육지에서의 정

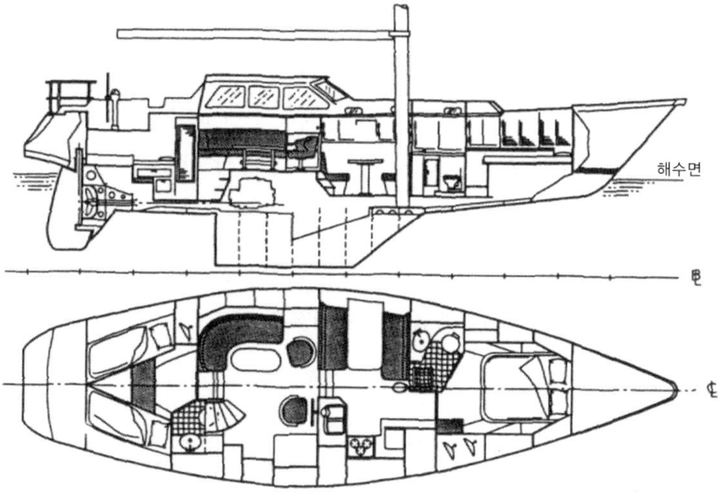

그림 3.5 47피트급 요트의 선실 배치
설계자 : Dieter Empacher (자료 제공 : Jay Benford)

박 기간이 짧을 때는 이런 문제가 더욱 악화되어 나타나기도 한다.

따라서 상선의 공용 공간은 선상에서는 거의 유일한 사교의 장으로 사용되므로 쾌적하고 대화를 촉진할 수 있는 환경으로 꾸며져야 한다. 여객선에서는 당연히 공용 공간의 설계와 비품에 많은 신경을 써야 한다. 이때는 보통 전문적인 인테리어 디자이너가 설계 과정에 참여하는데, 대개 공용 공간들이 여객선 내부 배치에서 핵심을 이루고, 선박의 인상을 좌우하는 가장 큰 요소이기 때문이다.

4. 통로

4.1 일반

선박에서 우수한 접근 방법을 갖추려면 거주구와 작업 공간 배치의 초기 단계부터 주의 깊은 계획이 필요하다. 잘 계획된 통로는 구획을 분리하는 측면과 기능을 연계시키는 두 가지 측면이 조화롭게 고려돼야 한다. 거주 구역과 작업 공간을 분리하는 첫번째 수단은 두 구역 사이에 복도나 계단, 문 또는 엘리베이터 등을 배치하는 것이다. 이때 조선공학자는 선실로부터 작업 공간이나 공용 공간으로의 통행 경로를 고려하게 된다. 아주 작은 규모인 경우를 제외하고는 선박의 어느 곳에서든지 노천갑판과 구조장비에 도달하는 방법이 적어도 두 가지는 돼야 한다. 반대로 어디에서나 작업장으로 안전하게 연결되는 통로로 쓰일 수 있어야 한다.

4.2 계단과 통로

선박에서는 계단이나 사다리를 되도록이면 선박의 길이 방향으로 배치한다. 선체를 가로지르는 폭 방향으로 배치하면 횡 동요가 일어났을 때 걷는 것이 위험하다. 통로는 가능한 한 직선이어야 하고 가구의 이동이 용이하도록 충분히 넓어야 하며, 난간은 계단뿐 아니라 통행로에 모두 설치해야 한다. 화물선의 전형적인 승조원 거주 구역을 나타낸 그림 3.6에는 전체적인 배치에서 통행로와 계단의 핵심적인 기능이 잘 나타나 있다.

출입구는 특별히 주의를 기울여 결정해야 한다. 문은 복도와 마찬가지로 가구를 들일 수 있도록 충분한 폭이어야 한다. 문의 위치, 경첩의 위치와 문의 여닫는 방향은 선상 생활과 작업의 편의성 · 접근성에 큰 영향을 미치므로 주의해야 한다.

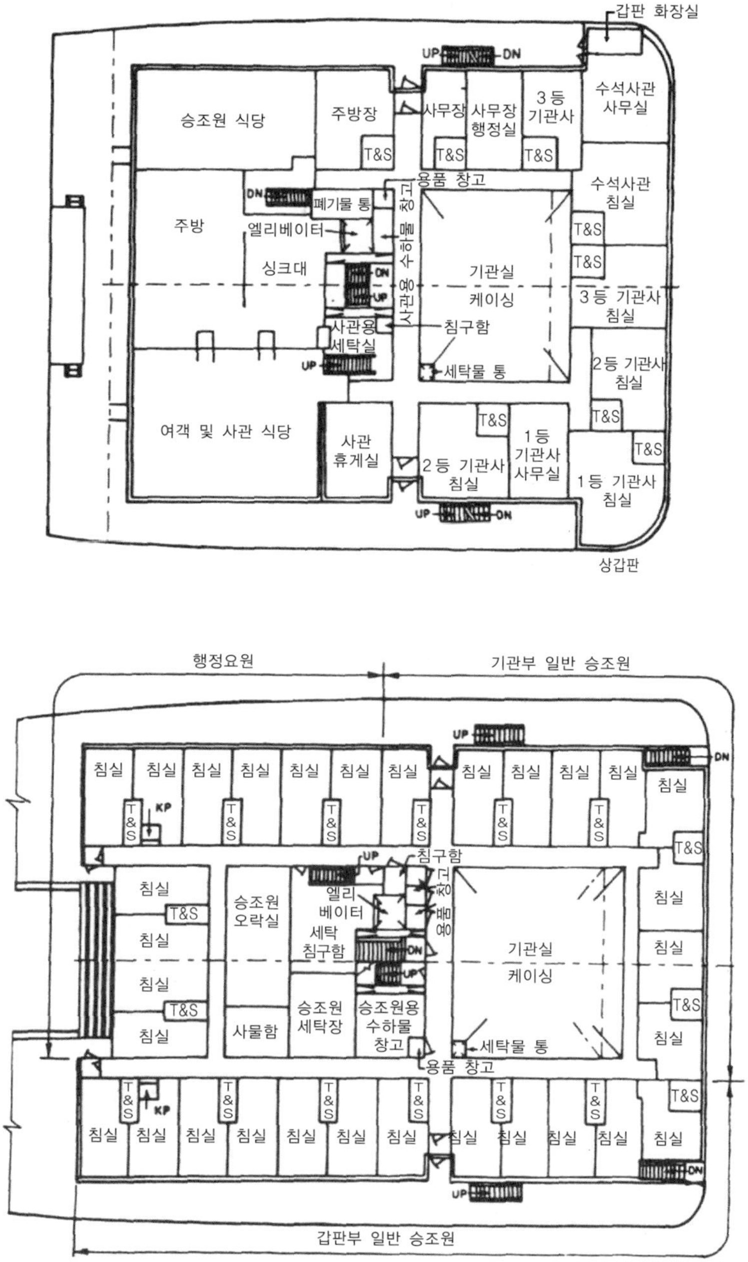

T&S: 화장실 겸 욕실

그림 3.6 화물선의 선실 구획 배치
(자료 제공 : Tapscott, 1980)

참고 문헌

Tapscott, Robert J., "General Arrangement," Chapter Ⅲ in *Ship Design and Construction*, Robert Taggart, Ed., Society of Naval Architects and Marine Engineers, Jersey City, N.J., 1980.

Muller, W. H., "Some Notes on the Design of Crew Accommodations for Merchant Vessels," *Transactions*, Society of Naval Architects and Marine Engineers, Vol. 67, Jersey City, N.J., 1959, pp. 715-756.

Benford, Harry, "Ship Manning Trends in Northern Europe: Implications for American Shipowners and Naval Architects," *Transactions*, Society of Naval Architects and Marine Engineers, Vol. 92, Jersey City, N.J., 1984, pp. 303-330.

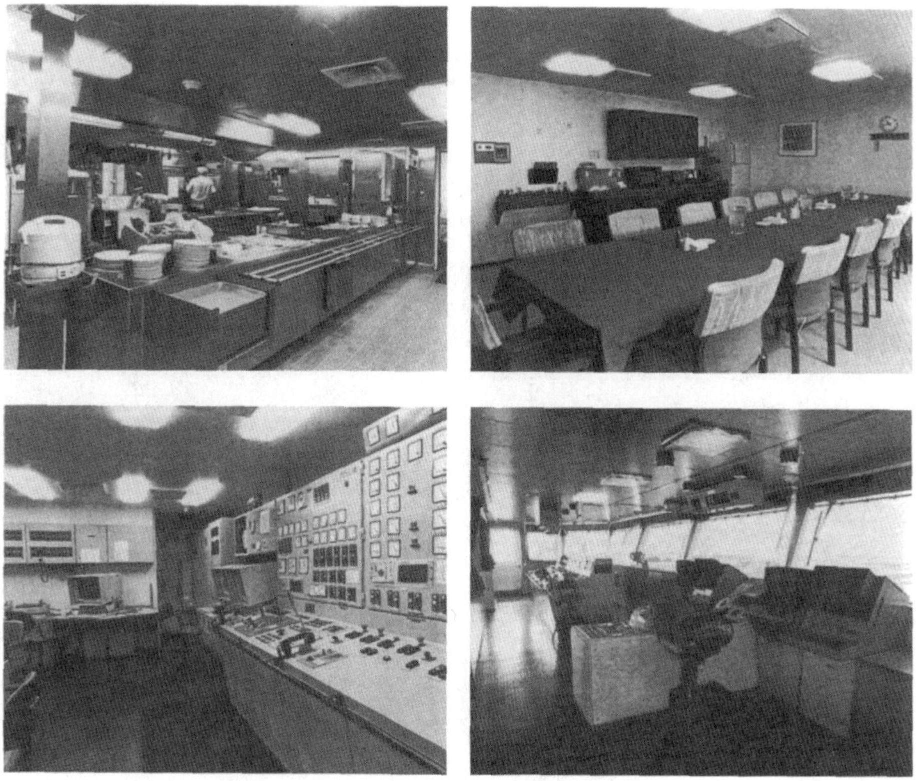

사진 3.1 최근의 컨테이너선의 실내

왼쪽 위 : 주방 설비

오른쪽 위 : 승조원 식당

왼쪽 아래 : 기관 감시와 제어 센터

오른쪽 아래 : 항해 장비, 통신 장비, 감시 장비, 조타기 등이 배치된 조타실

(자료 제공 : Thomas Winslow, American President Lines, Ltd.)

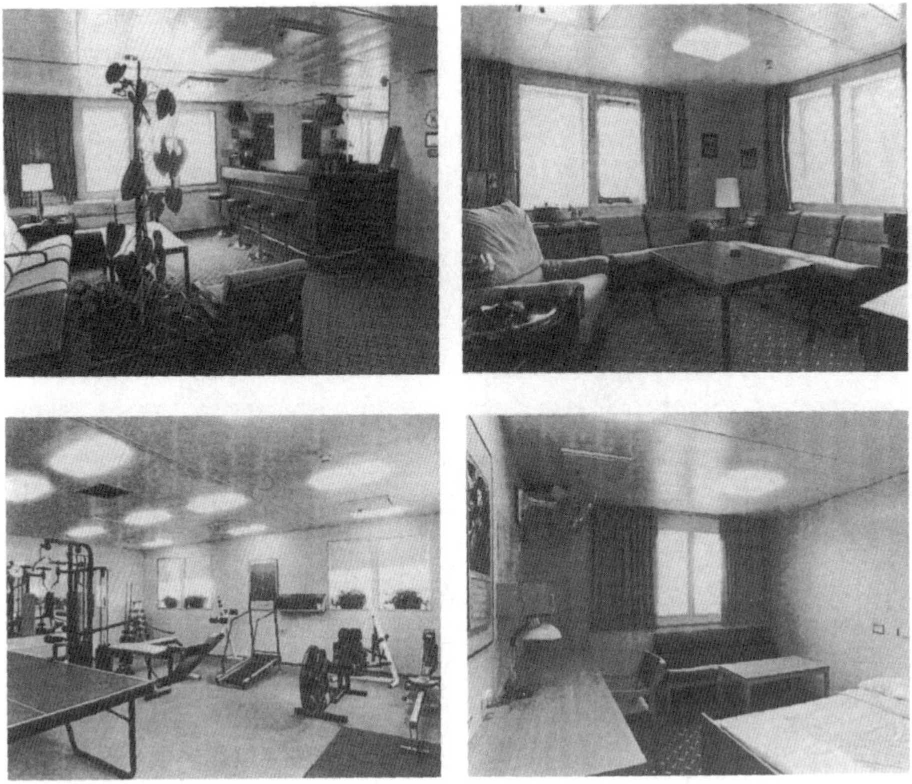

사진 3.2 컨테이너선의 거주 구획
왼쪽 위 : 상급 승조원의 라운지와 바
오른쪽 위 : 상급 승조원의 거실
왼쪽 아래 : 승조원의 체육 시설
오른쪽 아래 : 상급 승조원의 선실
(자료 제공 : Thomas Winslow, American President Lines, Ltd.)

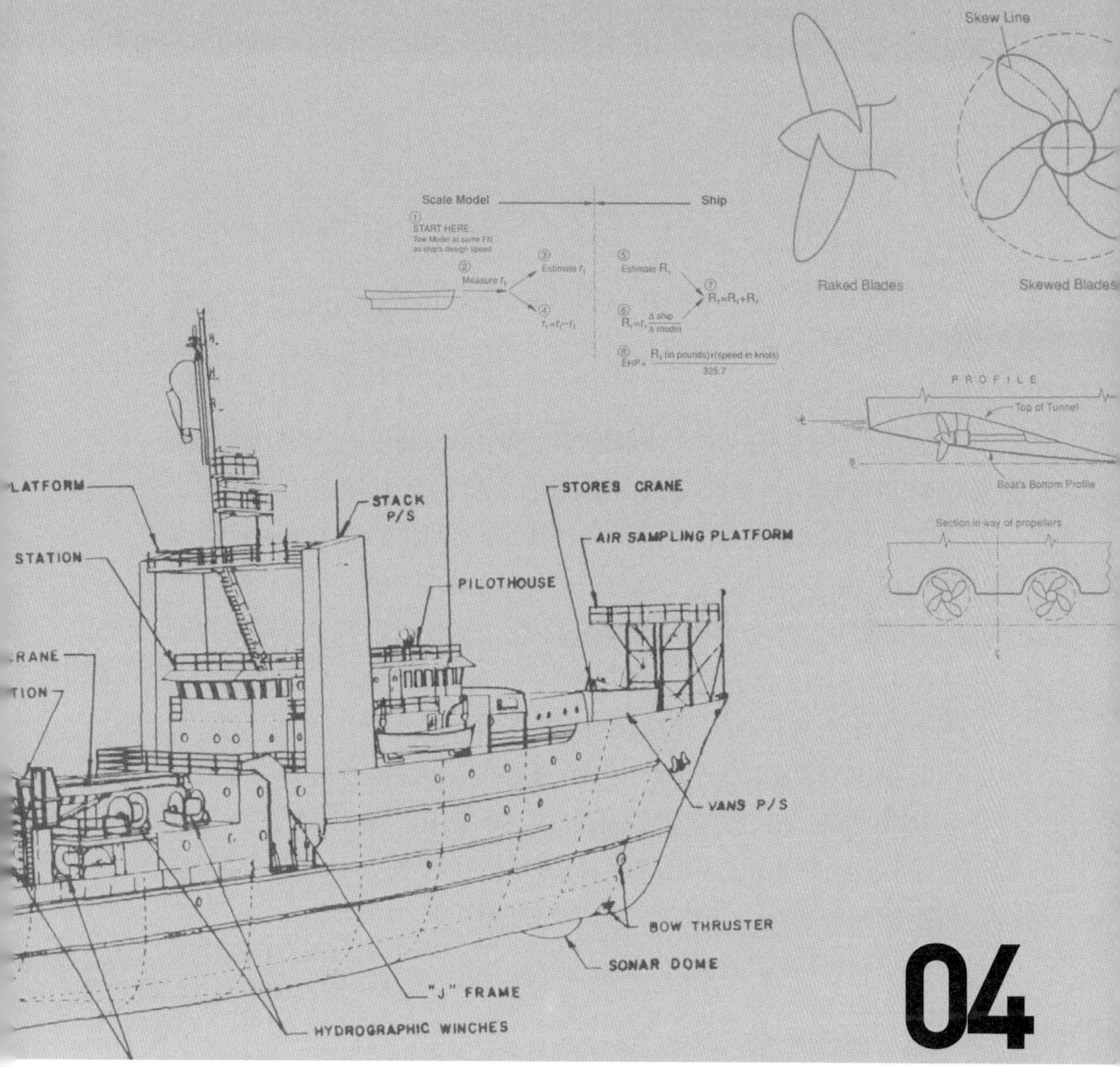

04

설계의 순서

1. 독창적 설계
2. 가치 척도

1. 독창적 설계

1.1 일반적 개념

조선공학자가 선박을 설계할 때는 두 가지 핵심적 요소가 포함되는데, 그 하나는 독창적 요소이고 다른 하나는 분석적 요소라 할 수 있다. 여기서는 독창적 요소를 집중적으로 다루고자 한다.

독창적인 설계를 이끌어내기 위해서는 환경 인자들을 어떻게 조합해 생각하느냐에 따라서 거쳐야 할 논리적 추론 단계가 달라진다. 그중 하나의 조합은 선주의 요구 조건과 제한 조건을 어떻게 조화시키는가 하는 문제이다. 또 다른 조합은 조선공학자의 지식과 사용 가능한 기술적 수단 그리고 설계자와 설계 지원 인력의 경험과 설계에 투입할 수 있는 시간 등을 들 수 있다. 이처럼 독창적인 설계를 이끌어내기 위해서는 수없이 많은 요소들의 조합이 가능하므로 무수히 많은 논리적 추론 단계를 거쳐야 하는 것은 분명하다. 여기서는 이를 위해 고려해야 할 요소의 조합들 중에서 몇 가지 예를 보이고, 각각의 경우에 설계 과정에서 거쳐야 할 논리적 추론 단계를 설명하고자 한다. 여기서 설명하는 내용은 선박 설계에서 반드시 거쳐야 하는 추론 단계를 설명하는 것이 아니라 단순히 몇 가지 논리적 추론 단계를 예시한 것이다. 따라서 수많은 추론 단계 중에 하나의 예로서 그 출발점을 제시할 뿐이라 생각해야 할 것이다.

1.2 착수

선박의 설계 단계에서 선박은 오직 설계자의 상상 속에서만 존재한다. 통나무의 속을 파서 만드는 카누를 생각해본다면, 벌목한 뒤 물가로 가져갈 수 있는 곧고 큰 나무가 선박의 치수를 결정짓는다. 문명화된 환경에서는 공급받을 수 있는 선박용 내수 합판의 길이가 보트의 길이를 결정짓는 요소가 된다.

1.3 개량

가장 손쉽게 접근할 수 있는 방법은 이미 존재하는 성능이 우수한 선박의 설계를 답

습하고 개선하는 것이다. 극단적인 예로는 기존의 카누를 빌려서 이를 형틀로 삼아 동일한 FRP 카누를 복제 생산하는 것을 들 수 있다.

1.4 연상

과학적 지식을 담아 단순히 연상한 설계 시안을 그림으로 그려보는 것도 독창적인 선박을 구상하는 데는 크게 도움이 된다. 설계 시안을 그릴 때는 설계 요구 사항들을 연상하며 그릴 수도 있으나 단순한 그림으로 나타낼 수도 있다. 상상에 그칠지라도 선박 자체를 그르칠 일은 없으며, 오히려 독창적인 개념을 이끌어내는 데 크게 도움이 된다. 하지만 선박의 구체적인 건조 단계에서는 보다 신중하고 치밀한 검토가 필요하다.

1.5 기능적 요구의 충족

설계자에게 주어진 핵심적 임무는 선주의 요구를 충족시키는 것임을 잊어서는 안 된다. 선주의 요구를 충족시키는 설계를 하려면 시스템 분석에 기초한 논리적 접근이 필요하다. 설계자는 논리적 접근 단계에서 흔히 아래와 같이 주어진 문제에 접근한다.

- 선주의 요구 조건에 영향을 주는 요소들로 선주의 요구 조건을 나타내보는 것이 도움이 된다. 예를 들어 "선주는 해마다 X톤의 화물 Y를 항구 A로부터 항구 B로 운반을 원한다."와 같이 정리해보는 것이다.
- 시스템은 어떤 사용 조건에서 제한을 받게 될 것인지를 결정해야 한다. 지켜야 하는 안전 규정은 어떤 것인가, 어떤 노동 협약을 존중할 것인가, 전체 치수를 제약하는 외부요인은 어떤 것인가 등을 결정해야 한다.
- 가치 판단 기준에서도 선주와의 합의가 필요하다. 예컨대 '최선'이라 표현하였을 때 그 뜻을 어떻게 정의할 것인가 등과 같은 것이다.
- 제한 조건에 부딪쳤을 때를 대비해 선주가 요구하는 기능을 충족시킬 수 있는 대체 방법을 철저히 준비해야 한다. 여기서 대체 설계가 아니라 대체 방법이라 하는 이유는 단순히 하드웨어만이 아니라 운용 절차까지도 포함해 판단돼야 하기 때문이다. 당연하지만 이때 대체 방법은 단순한 대안이 아니라 기술적으로도 실행 가

능해야 한다.

• 각각의 대체 방법의 효과는 가치 판단 기준에 따라 정량적인 값으로 추정할 수 있어야 한다.

선박 설계자는 앞에서 열거한 단계별 해석 과정에서 얻어진 문제점들을 선주와 협의해야 한다. 비록 해석 과정의 많은 부분을 컴퓨터의 도움을 받아 수행하지만, 실제로 설계에서 최종 선택의 책임은 설계자와 논의한 선주에게 돌아간다. 즉 선주만이 최종 결정에 영향을 미칠 수 있는 여러 가지 무형 요소들의 가치를 평가할 수 있다는 뜻이다. 여기서 무형의 요소라 생각되는 것들이 미치는 영향은 일반적 가치 척도로는 평가될 수 없지만 매우 중요한 인자들이다. 예를 들어 설계자가 제안하는 선박의 겉모양이 선주에게 어떻게 받아들여질 것이며, 그것을 어떻게 계량화해 나타낼 것인가를 생각해 보면, 설계자의 가치 기준으로는 최고를 보증하는 설계일지라도 반드시 선주에게 최대한의 개인적인 만족을 준다고 보장할 수는 없다는 것이다. 그러나 사실 이런 이야기들 마저도 매우 이상적인 상황에 대한 설명일 뿐이다. 실제로는 선주들이 사신들이 바라는 바를 기술적인 용어로 구체적으로 설명하지 못하고 자신의 가치 기준으로 설명하는 경우가 대부분이다.

앞에서 설명한 것과 같이 시스템 분석적인 접근 방법은 설계의 여러 단계에 적용할 수 있다. 아마도 시스템 분석은 선박의 주요 치수, 속도, 소요 동력과 같은 특성을 결정하는 초기 설계 단계에서 가장 적합한 방법이 될 것이다. 하지만 선박의 세부 설계가 진행될 때에도 같은 방법이 결정 단계에 적용돼야 한다. 선박의 설계 단계에서 선주의 가치 판단 기준이 전체적인 선박 설계에 어떤 영향을 미칠 것인지를 생각해본다면, 설계자가 설계 초기에 핵심적인 문제들을 선주와 협의한 후 결정해야 할 것이다. 그렇게 된다면 선주는 이후의 대부분의 결정을 설계자에게 의존하는 경향이 있다. 그러나 설계의 모든 단계에서 자신들의 가치 판단 기준을 따르기를 바라는 선주들이 더 많으며, 이는 사실상 선주의 특권이기도 하다.

1.6 제한 조건

설계자가 대체 방법의 목록을 작성할 때 일반적으로는 적용하는 제한 조건에 영향을 받게 된다. 아메리카스 컵(America's Cup : 3년마다 열리는 요트 경기) 요트를 설계할 때는 가격은 상대적으로 중요한 요소가 아니지만, 대부분의 요트를 설계할 때는 선주가 책정한 예산이 제한 요소가 된다.

상선을 설계할 때에는 화물이나 승객 또는 적재할 차량의 확보 가능 정도에 따라서 선박의 크기를 결정하는데, 이때 서로 다른 두 가지 제약 조건이 나타난다. 석유나 철광석과 같은 종류의 벌크 화물을 수송하는 선박일 때는 실질적으로 화물을 무제한으로 공급받을 수 있다고 볼 수 있다. 이런 종류의 화물을 운반하는 선박일 때는 항구의 깊이나 운하의 치수가 허용하는 범위 내에서 최대한으로 큰 선박을 설계하면 최고의 경제성을 확보할 수 있다. 따라서 설계자는 제약 조건의 범위 내에서 적용할 수 있는 최대 치수로부터 출발해 선형을 구하고, 그에 상당하는 선박의 적재 능력을 구하는 것이 바람직하다. 이에 반해 같은 화물을 운반하는 선박의 적재 능력을 먼저 정하고 설계를 한다면 경제성 면에서 실수를 범하기 쉽다.

이와는 다르게 운반해야 할 화물이나 승객 또는 차량이 한정돼 있는 선박을 설계해야 할 때가 있다. 만약 설계자가 다량의 화물을 동시에 수송하는 데서 기대할 수 있는 경제적 이득에 집착한다면 선창을 꽉 채울 충분한 화물을 확보하는 데만 몇 달을 소비해야 하는 선박이 될 수도 있다. 따라서 논리적으로 타당한 접근법은 선주가 정한 화물 적재 능력에서부터 선박 치수를 결정하고, 선주가 요구하는 다른 특성들을 충족시키도록 치수를 변화시켜감으로써 선박의 이상적인 치수를 찾아가는 것이다. 이는 적재 화물을 무제한으로 확보할 수 있는 벌크 화물선을 설계하는 경우보다 훨씬 더 복잡한 문제이므로 대개 시행착오가 발생할 수밖에 없다. 적절한 접근 방법이 마련돼 있을 때에는 단계를 거칠 때마다 설계 요구 조건에 더 가깝게 접근하게 될 것이다. 논리적 접근 방법이 정해지면 통상적으로 컴퓨터를 이용하는 것이 수월해진다.

2. 가치 척도

2.1 관점

설계자는 대등한 접근 방법의 상대적인 우열 관계를 어떻게 평가할 것인지를 생각해봐야 한다. 설계 절차에서처럼 다른 설계 환경을 선정하면 그에 맞춰 다른 판단 기준이 요구된다. 뿐만 아니라 동일한 설계 환경을 설정하더라도 설계 결과의 우열을 평가함에 있어서 설계자에 따라 평가가 달라질 수 있다는 것이 현실이다. 본 절에서는 서로 다른 설계 환경이 될 수 있는 것들을 소개하고, 현명한 설계 결과에 이르게 하는 논리적 방법들을 제시하고자 한다.

2.2 경제성 판단의 중요성

어떤 선박을 설계하는지에 관계없이 설계자는 제한돼 있는 인력과 재료 그리고 자금을 어떻게 사용하는 것이 가장 유리한지를 판단의 기준으로 삼는 것이 일반적이다. 물론 판단의 기준을 다르게 잡는 경우도 있을 수 있다. 만약 선주가 경주용 고속정을 짓는데 비용은 문제 삼지 않고 특정 경주에서 우승하는 것을 최종 목표로 한다면, 가치 판단의 기준으로 속도만 중요하게 된다. 그러나 대부분의 설계에서는 최종 결정을 내리기에 앞서 설계 선박의 상대적 중량, 건조의 용이성, 운용의 편이성, 내구성, 안락성 등을 포함한 여러 요소들을 평가하는 단계를 거쳐야 한다. 설계자는 이런 상이한 요소들을 가장 보편적인 가치 판단의 기준이라 할 수 있는 경제적인 가치로 환산해 종합하는 노력을 한다. 이와 같은 경제적 가치의 종합화 과정에는 응용경제학의 기법들을 사용한다.

2.3 공업경제학

공학 기술을 사업화하기 위해서는 대부분 투자 자본을 확보해야 하므로 공업경제학에서는 가능한 한 최대의 투자 수익을 올리는 것을 목표로 삼게 된다. 즉 기술적으로 사업의 성공 여부를 평가하는 데는 금전적인 가치가 기준이 된다. 정부 사업일 때는 투자로 얻어지는 사회적인 공적 편익을 금전적으로 환산해 평가하며, 개인이 유람선 사업에 투자한 경우라면 투자로 얻어지는 최대의 수익으로 평가한다.

응용경제학에서는 인플레이션에 따르는 화폐 가치의 변화를 배제하고 생각하더라도 현재의 사용 가능한 자금의 가치가 미래에 사용 가능한 자금의 가치보다 훨씬 높다고 평가한다. 자금은 사용자가 사업 목적으로 사용하지 않는 한 수익을 올릴 수 없으므로 사업가라면 누구나 지금 즉시 사용 가능한 자금의 가치를 미래에 확보할 수 있는 자금의 가치보다 높이 평가할 것이다. 그러므로 현재의 자금 사정을 확인하는 것 못지않게 어느 시점에서 자금을 쓸 수 있는지를 확인하는 것도 중요하다. 이는 결국 현재의 자금 유통이 미래의 자금 유통에 비해 중요하다는 것을 뜻한다. 여기서의 논의는 현재의 자금 가치를 기준으로 평가하는 것이 아니라 복리 이자율을 적용해 자금 가치를 평가해야 한다.

2.4 다른 경제적 기준

이미 설명한 것과 같이 개인 기업의 가치를 평가할 때는 기업의 수익성이 기준이 되어야 한다. 수익성에 대한 판단 기준은 사람에 따라 달라질 수 있다. 어떤 사업자는 기업 가치를 기대되는 기업의 연간 순이익으로 평가한다. 이런 평가 방법에서 사업자는 순이익 계산에서 최소 법정이자를 계상하거나 자산 증가분을 계상한다. 이와 같이 계산한 기업 가치로부터 기업의 투자금을 차감해 얻어지는 값을 기업의 순현재가치(net present value : NPV)라고 부른다. 따라서 사업자들의 투자 위험도가 같다는 전제하에 투자 가능한 기업 가치를 평가한다면 순현재가치를 기준으로 평가하게 될 것이다.

흔히 쓰이는 다른 기업 가치 평가 기준으로는 수익(yield)과 자본이익률(discounted cash flow rate of return : DCF)이 있다. 이 평가 기준에서는 기업의 순현재가치를 투자액에 대한 발생 이자로 보고 시행착오법을 적용해 발생 이자율을 구한 후, 그 값에서 법정이자를 차감해 얻은 자본이익률을 기준으로 한다. 다시 말하면 투자자가 자금을 은행에 예치했을 때는 이자를 받게 되지만, 사업에 투자했을 때는 사업 소득을 이자 대신 받게 되는 셈이라는 것이다. 따라서 이는 명백히 기업의 수익성을 평가하는 기준이 될 수 있으므로 기업 평가 기준으로 사용하는 것이 바람직하다.

군함이나 쇄빙선 또는 해양 조사선과 같은 정부 소유의 선박인 경우에는 이렇다 할 이익을 계상할 수 없는 것이 보통이다. 이런 경우 조선공학자는 초기 투자액과 앞으로 선박의 수명 기간 중 선박이 사용하게 될 연간 비용을 계산한다. 그리고 정부일지라도 개인 기업과 마찬가지로 총투자액에서 앞으로 사용하게 될 비용을 차감해 선박의 잔존 가치를 평가한다. 선박의 초기 투자액과 수명 중 사용하게 될 비용을 합한 금액을 선박의 수명주기비용(life-cycle cost : LCC)이라고 한다. 모든 조건이 동일한 상태에서는 선박 설계의 대체 방법을 결정할 때 수명주기비용이 최소인 방법으로 결정하는 것이 바람직하다.

경제적 이익을 창출하지 못하는 선박일 때는 가치 판단 기준으로서 연평균 운용비(average annual cost : AAC)를 사용한다. 연평균 운용비는 단순히 연료비, 임금 등 운영비용의 연평균 값만이 아니라 감가상각비까지 포함되는 개념이다. 여기서 감가상각비는 투자액의 가치를 지속적으로 유지하기 위해 매년 할애하는 비용이다. 일반적으로 연평균 운용비와 수명주기비용은 대부분의 선박 설계 과정에서 동일한 결과에 이르게 한다.

2.5 단순한 사례

단일 품목의 화물을 운송하는 상거래에 사용하기 위해 건조된 선박을 생각해보자. 페르시아 만에서 로테르담으로 원유를 수송하는 유조선이 바로 그런 예이다. 만일 앞으로의 화물 운임을 확실하게 추정할 수 있다면 순현재가치나 수익률에 근거해 설계 항목들을 결정할 수 있을 것이다. 그러나 화물 운임을 예상할 수 있는 논리적 방법이 없을 때에는 수익률과 관계없는 기준 중 하나를 선택하게 될 것이다. 그런 기준 중 하나로서 연평균 운용비를 선정했다면 설계가 바뀌게 되고 선박의 적재 능력의 변화로 나타날 수도 있을 것이다. 결과적으로 생산성이 떨어지게 됐다면 연평균 운용비가 어떤 의미를 가지는지를 연평균 운용비와 생산성을 연관시켜 생각해보기로 하자. 이 선박의 생산성은 정해진 항로 사이에서 연간 수송할 수 있는 화물의 양으로 정의할 수 있으며, 연평균 운용비를 연간 수송 능력으로 나누어주면 적정화물운임(required freight rate : RFR)이 얻어진다. 이 화물 운임은 선주가 법정 세금을 내면서 투자에 상응하는 적정 수익률을 올리는 것을 전제로 화주로부터 받을 수 있는 최소의 화물 운임이다. 이런 판단 기준이 뜻하는 바는 어떤 항로에서든 적정 이득을 얻으면서도 운임을 적게 받을 수 있는 선박일수록 우수한 선박이라는 것이다. 표 4.1에서는 앞에서 설명한 가치 판단 기준들을 간단히 비교했다.

표 4.1 선박 설계에서 결정 인자로 사용할 수 있는 경제성 판단 기준의 요약

기준	적용 예	필요 자료[a]
NPV(순현재가치)	상선	연간 수익, 연간 운영비, 최소 법정 이자
DCF(자본이익률)	상선	연간 수익, 연간 운영비
AAC(연평균 운용비), LCC(수명주기비용)	경제성을 고려하지 않는 선박, 해군함정, 연안 경비정, 공공선	연간 운영비, 이자
RFR(적정 화물 운임)	상선	연간 수송 능력, 연간 운영비, 이자

a : 모든 기준은 최초 투자비와 경제수명 그리고 세율을 추정할 것을 요구한다.

2.6 복잡한 사례

다목적 화물선이 부정기적 업무에 종사할 때는 경제성 분석이 어려울 뿐 아니라 분석 결과의 신뢰성도 떨어지기 마련이다. 다목적 해양 조사선을 예로 들어보자. 2개의 설계 시안 중에서 하나를 선정해야 하는데, 한 시안이 다른 시안에 비해 성능은 훨씬 뛰어나지만 연평균 운용비가 훨씬 더 많이 요구된다고 가정하자. 이럴 때는 주관적인 판단이 불가피하게 되므로 이 판단을 도울 수 있는 요소의 하나로 최소 공배수를 찾아보는 것을 생각할 수 있다. 연평균 운용비를 기준으로 살펴보아 평범한 선박 3척을 운용하는 것이 우수한 선박 2척을 운용하는 비용으로 가능하다고 했을 때, 2척을 건조할지 또는 3척을 건조할지를 결정하는 것은 사업 수행자의 결정에 따르는 것이 바람직할 것이다.

2.7 원가의 비중

선박에 따라서는 선박 운용 비용이 상대적으로 중요하지 않은 경우가 있는데, 특히 레저용 선박이 그렇다. 레저용 선박의 선주들은 선박 자체에 많은 비용을 사용할 의지와 능력이 있을 뿐 아니라, 연료비와 수리비 같은 연간 운영비를 별로 중요하게 생각하지 않는다. 선박 건조를 위한 예산 범위를 정확하게 파악하면 설계자는 그 안에서 선주를 만족시키는 것에 우선순위를 두고 설계를 구체화하는 것이 필요하다. 여기서 선주의 만족에 관련된 문제는 선주가 결정하도록 하는 것이 좋다.

2.8 요약

조선공학에서 설계의 결정 과정은 경제성 분석이라는 과학적 판단에 근거할수록 좋으며, 때로는 주관적 판단에 근거한 미적 감각도 중요하다는 것을 알 수 있다. 앞에서 설명한 내용들을 통해 경제 논리가 어떻게 선박의 설계에서 올바른 결정을 내리도록 사용되는지 정성적으로나마 이해하는 데 도움이 됐을 것으로 생각한다.

참고 문헌

Kiss, Ronald K., "Mission Analysis and Basic Design," Chapter I in *Ship Design and Construction*, Robert Taggart, Ed., Society of Naval Architects and Marine Engineers, Jersey City, N.J., 1980.

Michel Walter H., "Mission Impact on Vessel Design," Chapter II in *Ship Design and Construction*, Robert Taggart, Ed., Society of Naval Architects and Marine Engineers, Jersey City, N.J., 1980.

Tapscott, Robert J., "General Arrangement," Chapter III in *Ship Design and Construction*, Robert Taggart, Ed., Society of Naval Architects and Marine Engineers, Jersey City, N.J., 1980.

Hamlin, Cyrus, *Preliminary Design of Boats and Ships*, Cornell Maritime Press, Centreville, Md., 1989.

Buxton, Ian, "Engineering Economics Applied to Ship Design," *Transactions*, Royal Institute of Naval Architects, Vol. 114, London, 1972, pp. 409-428.

Benford, Harry, "Of Dollar Signs and Ship Designs" in *Proceedings*, STAR Alpha, Society of Naval Architects and Marine Engineers, Jersey City, N.J., 1975, pp. 14-1 to 14-30.

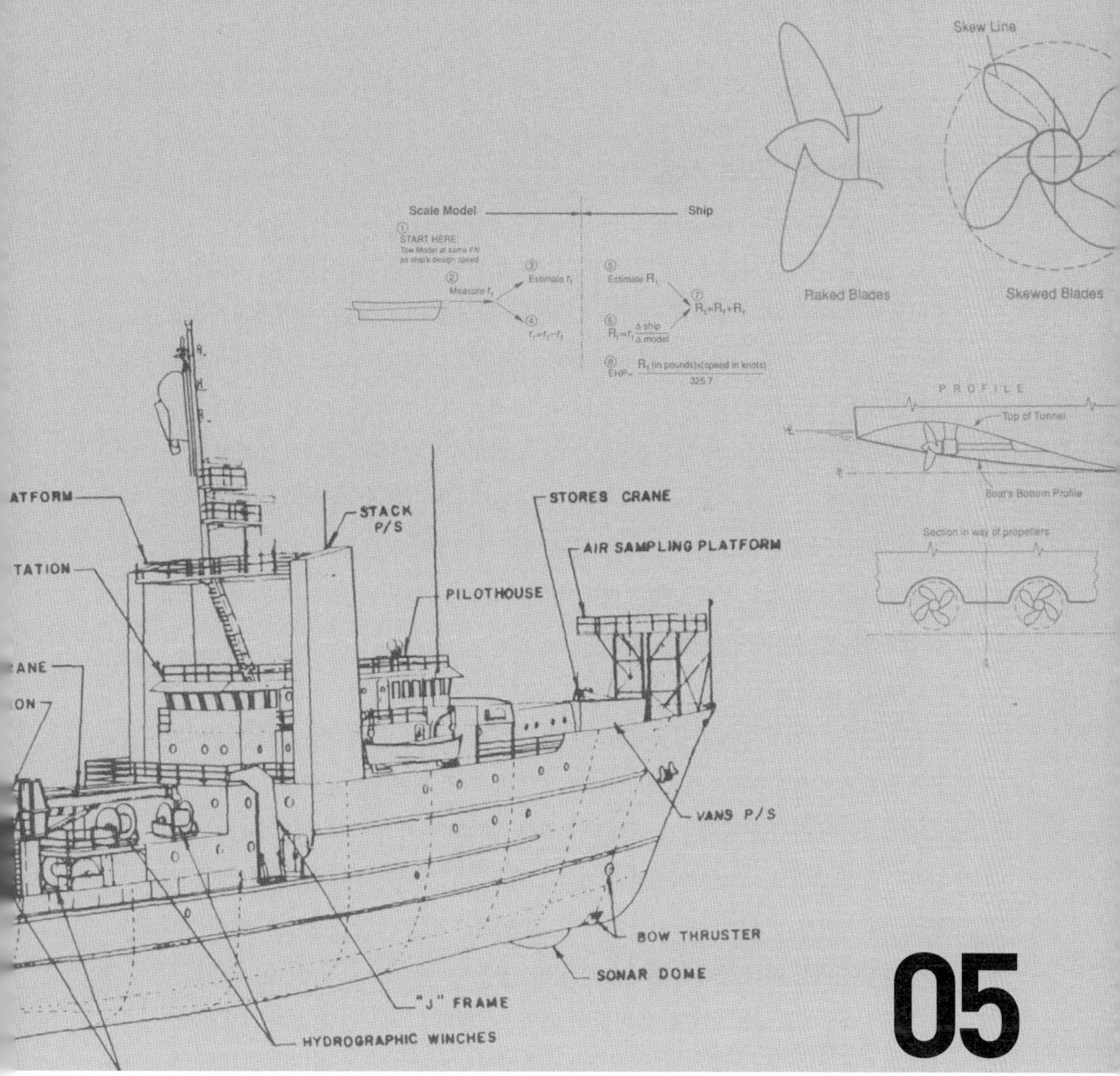
Skew Line
Raked Blades
Skewed Blades
Scale Model
Ship
START HERE:
Measure
Estimate
PROFILE
Top of Tunnel
Boat's Bottom Profile
Section in way of propellers
STACK P/S
STORES CRANE
AIR SAMPLING PLATFORM
PILOTHOUSE
VANS P/S
BOW THRUSTER
SONAR DOME
"J" FRAME
HYDROGRAPHIC WINCHES

05

선체의 형상

1. 일반적인 고려 사항

잘 설계된 선체 형상은 제1장에서 설명한 것과 같이 여러 가지 상충되는 점들이 성공적으로 조화되도록 조절한 결과이다. 안정성을 확보하려면 충분한 폭이 필요하지만, 추진이 용이하도록 하려면 폭이 좁아야 한다. 길고 좁은 선박은 소요 동력이 작아서 상대적으로 저가인 엔진으로 추진할 수 있으나, 선체의 건조 비용은 증가한다. 짧고 뚱뚱한 선박은 선박의 건조비는 줄어들지만, 소요 동력의 증가로 엔진 가격이 증가한다. 상자 모양의 선박은 건조 비용은 감소하는 반면, 연료 비용이 늘어나 운항 비용이 증가한다. 이처럼 상충되는 요소들의 균형을 잡는 데는 주관적이고 감성적 판단이 요구되므로 다분히 예술적 요소가 개입된다. 따라서 두 사람의 설계자가 정확히 같은 선체 형상을 설계하는 경우는 당연히 있을 수 없다.

일반적으로 성공적인 의사소통이 이뤄지려면 정확한 단어들의 의미를 똑같이 이해해야만 한다. 마찬가지로 조선업계의 종사자들은 선박의 주요 치수와 선체 형상의 특징에 관한 사실적 · 수치적 정보를 전달하는 데 몇 가지 기본적인 단어를 사용하고 있으므로 그들의 정의를 정확하게 이해해야 한다. 당연하지만 선박의 특징이 판이한 상선이나 함정 그리고 요트에서는 몇몇 어휘가 서로 다르게 사용된다. 일반적으로는 상선에서의 정의가 가장 널리 쓰이고 있으며, 그 어휘는 해양 조사선, 기업형 어선 등과 같이 특징이 다른 여러 종류의 선박들에서도 사용된다. 따라서 이 장에서는 상선의 설계자들이 사용하고 있는 어휘의 의미를 중심으로 설명하고, 요트나 함정의 설계자들이 다르게 정의하고 있는 것들은 따로 설명을 덧붙이기로 한다.

2. 선체 형상의 정의들

2.1 길이 측정

우선 조선공학자에게 선박의 길이가 어떤 의미를 가지는지 생각해보자. 그림 5.1에 보인 것과 같이 선박의 길이는 다음의 세 가지가 중요하게 쓰이고 있다. 전장(length overall : LOA)은 부두의 선석을 설계하거나 운하의 갑문을 설계하는 토목기술자에게 가장 중요한 길이이다. 흘수선 길이(load waterline length : LWL)는 선박의 수중에서의 운동이나 속도 또는 소요 동력을 살피는 선박 유체 역학 전문가들이 중요하게 취급하는 길이이다. 수선 간 길이(length between perpendiculars : LBP)는 선급 종사자들을 포함한 대부분의 조선공학자들이 가장 많이 쓰는 길이이다. 미 해군에서는 임의로 수선 간 길이와 수선 길이를 같다고 정의하였으나, 요트 관련자들은 선박의 길이로 LOA를 택하거나 갑판 상 길이(length on deck)를 사용하고 있다. 수선 간 길이를 측정하는 기준이 되는 선미 수선(after perpendicular : AP)의 위치는 다소 정의가 불분명하다. 선박에 선미 골재를 채택하였을 때에는 타가 붙여지는 선미 골재의 뒤쪽 끝을 선미 수선으로 정의하지만, 선미 골재를 사용하지 않는 선박일 때는 타를 회전시키는 수직축의 중심선을 선미 수선으로 정의한다.

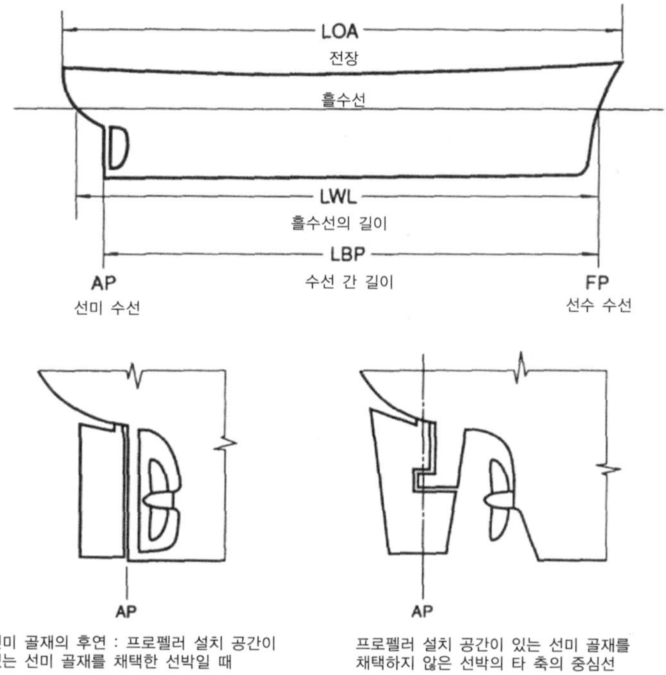

그림 5.1 길이에 관한 몇 가지 정의
상선에서는 해상에서의 하계 만재 흘수선을 기준으로 하며 설계 기준 흘수라고도 한다.

그림 5.2는 선박의 횡단면 형상을 놓고 이와 관련된 몇 가지 용어들을 설명하기 위해 선형 설계자가 설계한 선형 단면의 윤곽 형상을 보인 것이다. 선박의 건조 과정에서 이 윤곽선을 따라서 선체 외판을 받쳐주는 늑골 즉 프레임을 만들게 됨으로써 선체의 외판 안쪽 면을 나타내는 형상을 의미한다. 설계자가 설계한 선형을 선으로 나타내면 이 단면 윤곽선의 안쪽으로는 늑골이나 보강재를 나타내고 바깥쪽으로는 외판을 나타냄으로써, 선체 형상을 나타내는 윤곽선을 기준으로 안쪽 부재와 바깥쪽 부재를 동시에 나타낼 수 있어 편리하다. 그러나 관습적으로 목선에서는 외판의 바깥쪽 면을 선체 형상의 기준면으로 삼는다. 선형을 형틀로 나타내고 형틀 내부에 섬유 강화 플라스틱(fiber reinforced plastic : FRP)을 적층해 선형을 제작하는 FRP선에서는 바깥 표면이 설계자가 설계한 기준면에 해당하고, 이 선체 형상을 정의하는 표면을 형 표면(molded surface)이라고 한다.

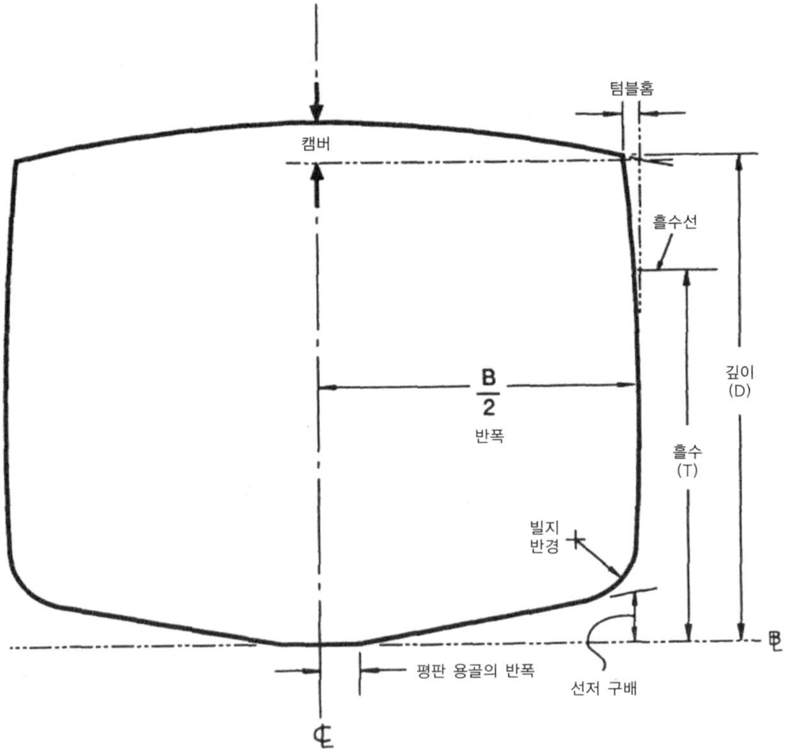

그림 5.2 횡단면의 형상 특성을 정의하는 몇 가지 용어
깊이에서 흘수를 뺀 나머지 값은 건현과 대체로 같아진다.

선체 치수의 기준이 되는 선을 기선(baseline : BL)이라 하고, BL이라는 기호로 표시한다. 선체의 중심을 지나는 선을 중심선(centerline : CL)이라 하고, CL이라는 기호로 표시한다. 이 두 선은 선형을 표시하는 기준이 될 뿐 아니라 기준이 되는 평면이라는 관점을 함축하기도 한다. 형 표면을 기준으로 측정한 선박의 최대 폭은 형 폭(molded width 또는 molded breadth)이라 하며, 도면에서는 흔히 한쪽을 택해 형 반폭(molded half beam : B/2)으로 표기한다. 선저 기울기(deadrise 또는 rise of floor)는 선박의 바닥을 선측으로 가며 높여주는 것으로, 선내에 고이는 액체를 쉽게 모아서 퍼내는 데 도움이 된다. 선저 기울기가 있는 선박은 독에서 용골 반목(keel block)에 앉혀질 때 선체나 반목에 하중이 집중돼 손상이 일어나는 것을 막기 위해 수평 부분을 두는데, 선체 반폭에서는 평저부 반폭(half siding)으로 표시된다. 선미가 선수보다 깊이 잠겨서 트림이 진 상태로 범주하는 요트에서는 빌지부 반경(bilge radius)이 선저에서 선측으로 물이 흐르게 하는 효과가 있다.

선박이 운하에서 갑문을 지나며 측벽을 스치게 되거나 다른 선박과 뱃전을 맞대고 묶여 있을 때를 대비해 선박의 폭을 위쪽으로 가며 좁혀줘 텀블홈(tumble home)을 가지도록 설계할 수 있다. 그러면 다소의 횡 경사가 있을 때 선측이 갑문의 벽 등과 접촉 면적을 넓혀줌으로써 마찰 손상이 집중되는 것을 막아주며, 특히 선체 상단 모서리에 접촉 손상을 일으키는 것을 막아주는 효과가 있다. 선수 부분에서는 외측벽이 위쪽으로 갈수록 벌어지도록 만들어주는 것을 플레어(flare)라고 부르는데, 이를 정량적으로 나타내는 방법은 명확하게 정의돼 있지 않다. 플레어를 두는 목적은 두 가지가 있다. 하나는 선수부의 갑판 면적을 넓혀서 계류 장비의 설치 공간을 확보하는 것이고, 다른 하나는 파도를 반사시켜 갑판 침수를 방지하는 것이다.

캠버(camber)는 최상층 노천갑판의 중앙부를 높여줘 갑판에서 물이 쉽게 흘러내리도록 하는 것으로, 더러는 갑판 보의 굽어짐(round of beam)이라고도 한다. 갑판을 구부러진 하나의 곡면으로 만들거나 2개 이상의 경사진 평면으로 구성한다. 캠버의 크기는 일반적으로 폭의 2퍼센트 정도의 작은 값으로 정하는 것이 보통이다. 그러므로 그림 5.2에 보인 것과 같이 캠버 곡선(camber curve)과 선측의 수직 연장선이 만나는 점으로부터 캠버 곡선이 가장 높아지는 선체 중앙까지의 수직 거리로 캠버를 나타낸다.

건현(freeboard)은 수면으로부터 최상층 전통갑판의 선체 중앙부 선측까지의 수직 높이를 뜻한다. 상선에서는 선박의 안전을 보장하기 위해 국제적량측도계산협약(ICLL)에 따라서 최솟값이 정해진다. 기본적으로 선박의 건현은 선박이 운항하기 좋은 여름철에 해상에서 운항한다는 가정하에서 결정된다. 이를 하기만재흘수선(summer load line)이라고 하며, 선체 중앙부 양 현측에 플림솔 기호(Plimsoll mark)로 불리는 건현 표지를 한다. 보조적인 표시로는 겨울철 또는 담수지역과 같은 다른 상태에서의 안전 운항에 필요한 건현을 함께 표시한다. 건현을 계산할 때는 관습적으로 형 표면(molded surface)을 기준으로 하지 않고 갑판을 포함해 측정한다는 것이 특이한 점이다. 아르키메데스의 원리에 의하면 물에 떠 있는 선박의 총중량은 선박의 수중에 잠긴 부분이 밀어낸 물의 중량과 같다. 즉 흘수(T)는 선박에 실린 중량에 따라서 달라지므로 선박의 흘수를 정의할 때 주의를 기울여야 한다. 일반적으로 상선에서는 흘수의 표준값으로 하기만재흘수선을 기준으로 하는 흘수를 택한다. 가볍고 부피가 큰 화물을 운송하는 선박일 때는 화물창을 채운 상태에서도 건현 표지가 수면 위로 높이 노출된 상태로 항해하게 된다. 이런 선형을 설계할 때는 흘수가 하기만재흘수선보다 아래쪽에 있고 건현이 커지는 선형이 된다는 점을 감안해야 한다.

용골 밑바닥의 가장 낮은 점을 기준으로 흘수를 측정하고 이를 용골 흘수(keel draft)로 표시하는 경우도 있다. 선체 아래쪽으로 매달린 형상의 용골이 달린 선형, 예컨대 순항용 요트와 같은 선박일 때는 용골 흘수가 형 흘수(molded draft)보다 대체로 더 크다. 선수와 선미에 흘수를 숫자로 표시한 예를 볼 수 있는데, 이 수치들은 용골 흘수를 기준으로 나타낸 것이다.

깊이(depth : D)는 이미 첫 장에서 정의했다. 주의할 점은 갑판 중앙의 가장 높은 위치를 기준으로 하지 않고 갑판의 가장자리를 기준으로 측정한다는 점이다. 대부분의 항구나 운하의 수심은 운항 가능한 선박의 흘수를 결정하는 요소가 된다. 따라서 선박은 적재량을 최대화하기 위해 만재 상태일 때 선수와 선미의 흘수가 같은 등흘수 상태로 설계한다. 다른 말로 하면 트림이 없도록 설계하지만 많은 수의 작은 선박들은 선미

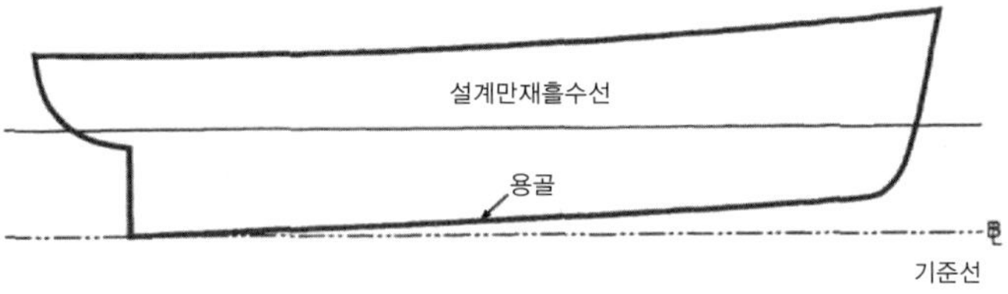

그림 5.3 경사진 용골선을 가지는 선박의 기준선 위치
기준선은 설계 흘수에 평행하게 그려진다.

가 선수보다 더 깊이 잠기는 선미 트림 상태로 설계한다. 이런 상태를 의도적으로 설계에서 채택했다면 선체 형상을 기준으로 해 그림 5.3과 같이 용골의 최저점을 지나는 수평선을 기준선으로 정하며, 설계만재흘수선(design load waterline)은 이와 평행한 선으로 그려진다. 그러나 기준선을 그리는 방법에도 약간의 변형이 있어서 요트 설계자 중에는 기준선을 보다 낮은 곳에 선체와 임의의 거리를 두고 나타내기도 한다.

2.2 2차원 및 3차원 특성

선체 외판이 오목하거나 볼록한 형태로 서로 만나 형성되는 불연속적인 이음매를 너클(knuckles)이라 한다. 선박의 빌지 부분을 1, 2개의 너클을 가지는 형태로 바꿔주고 그림 5.4와 같이 불연속선을 이루면서 선수와 선미로 연장해 얻어지는 부분을 차인(chines)이라 한다. 활주정(planing craft)에서는 반드시 V 자 모양의 바닥과 차인이 사용된다. 활주정이란 빠른 속도로 운항할 때 선저에 부딪치는 물의 힘으로 선박이 떠받쳐져서 수면 위를 미끌어지며 달린다는 점에서 배수량형 선박과 구별된다. 너클이나 차인은 선박을 건조하기 쉽게 함으로써 건조비를 줄여주기도 한다. 그림 5.9의 V형 선저인 보트는 전개 가능한 곡면으로 이뤄진 선형이다. 전개 가능하다는 특징은 합판과 같은 재료로 쉽게 3차원 곡면으로 굽혀질 수 있다는 것을 뜻하며, 전개 가능하지 않은 선형은 합판과 같은 재료로는 쉽게 성형할 수 없다는 것을 뜻한다.

조선공학자라면 형 배수량(molded displacement)과 전체 배수량의 구분이 중요하다는 것도 숙지해야 한다. 이미 설명했듯이 형 표면은 통상적으로 외판 판재의 안쪽 표면

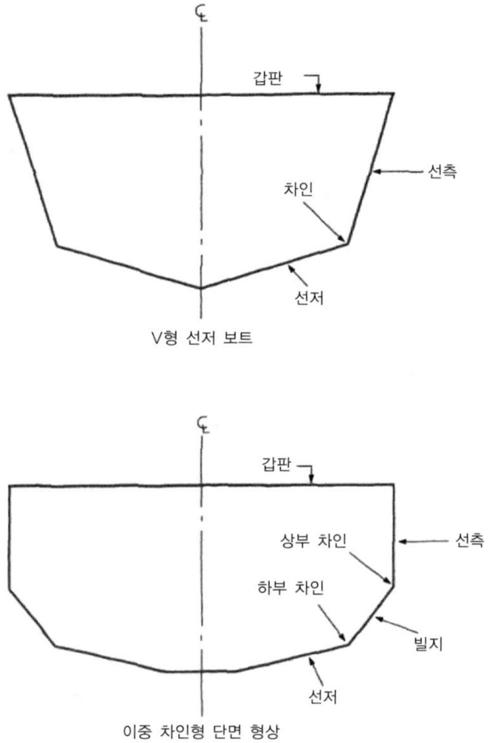

그림 5.4 빌지 부분에서 차인을 원호 대신 사용한 예

으로 정의된다. 따라서 형 배수량은 수면 아래에 잠겨 있는 가상의 선체 형상 내부 용적으로 정의된다. 만약 우리가 같은 흘수선까지 잠겨 있는 배수량을 구한다면 선박이 배제하는 물의 양이 약간 증가하기 때문에 수량의 전체 용적인 중량도 약간 증가할 것이다. 이 증가의 요인으로는 두 가지가 있는데, 첫째는 외판 판재의 두께에 의한 것으로서 대형 선박에서는 이것이 형 만재 배수량(molded full load displacement)의 약 0.5퍼센트 정도가 된다. 둘째는 선체 부가물(appendages)의 부피인데, 방향타, 프로펠러축 혹은 방형 용골(bar keel)과 같은 선체 부가물들이다.

물에 잠긴 선체의 체적 V와 그 상태에서 선박의 배수 중량 Δ 사이에는 선박이 떠 있는 유체의 밀도와 연관돼 있다. 담수의 밀도를 기준으로 하면 1영톤(long ton)의 물의 부피는 35.9세제곱피트(1.0166m³)가 되는데, 해수의 밀도를 기준으로 하면 1영톤의 해수는 35세제곱피트(0.991m³)의 부피를 가진다. 즉 다른 말로 하면 영국식 단위를 사용할 때 영톤으로 표기된 배수량은 선박이 담수 중에 있을 때는 수중에 잠긴 부피를 35.9세제곱피트로 나누어주거나 해수 중에 잠긴 부피를 35세제곱피트로 나누어서 구할 수 있다는 뜻이다. *SI* 단위에서는 톤(tone)으로 표현된 선박의 담수 중에서의 배수 중량은 물에 잠긴 체적을 세제곱미터로 표현한 것과 정확히 일치하며, 이것이 실제로 톤의 정의이다. 해수에서는 같은 흘수로 떠 있는 선박의 잠긴 부분의 체적은 같으나 배수 중량은 2.5퍼센트 더 커진다.

현호(sheer)는 갑판을 측면에서 봤을 때 갑판이 선수와 선미 방향으로 갈수록 높아지는 것을 말한다. 갑판에 캠버가 있을 때는 2개의 현호선(sheer line)이 존재한다. 하나는 갑판 모서리를 나타내는 선이고, 다른 하나는 갑판의 중앙선에 대한 것이다. 만일 갑판에 캠버가 없을 때에는 두 현호선이 일치할 것이다. 현호의 최저점은 일반적으로 선체 길이의 중앙에 있으며, 선수의 현호는 통상 선미 현호의 2배이다. 현호 곡선은 보통 포물선이지만 설계자는 어떤 형태로든 자유롭게 선택할 수 있다.

2.3 선형 계수

이제 수면 아래 잠겨 있는 선체 형상의 특성을 알려주는 무차원 계수들을 생각해보자. 첫 번째 무차원 계수는 방형 계수(block coefficient : C_B)로서 수면 아래 잠긴 선체의 뚱뚱한 정도를 나타내는 척도이다. 이 값은 그림 5.5에 보인 것과 같은 가상의 직육면체를 가공해 선형으로 만들었을 때 설계흘수선 아래로 잠긴 선체의 형 부피(molded volume)와 가상적인 직육면체의 부피의 비율을 뜻한다. C_B값은 해양 조사선이나 예인선일 때는 0.50 정도가 대표적인 값이 되는데, 오대호 지역의 벌크선일 때는 0.90이어서 매우 넓은 범위에서 변화하는 것을 알 수 있다. 상자형 선박인 폰툰(pontoon)일 때는 당연히 그 값이 1이 된다. 이와 같은 방형 계수를 수식의 형태로 나타내면 다음과 같다.

$$C_B = \frac{V}{L \cdot B \cdot T}$$

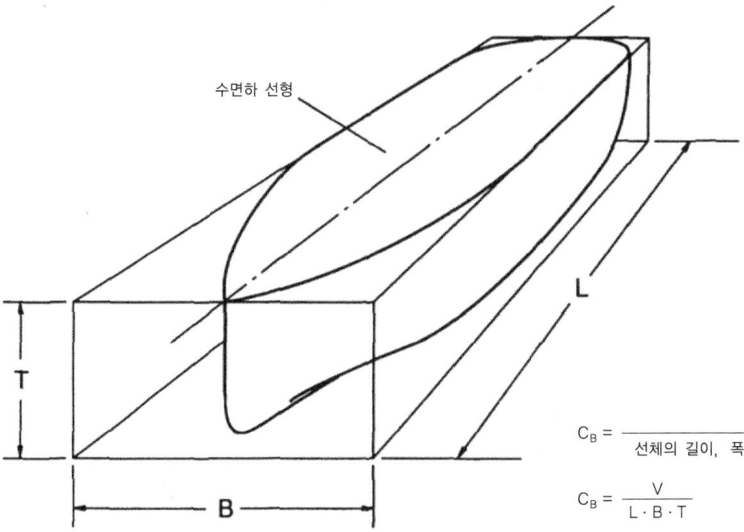

그림 5.5 방형 계수의 개념 설명도

이 식에서 V는 물에 잠긴 선형의 배수 용적이고, L은 선박의 길이로 LWL 또는 LBP를 사용하며 폭 B와 흘수 T를 사용해 계산한다. 길이는 흘수선 길이(LWL)나 수선 간 길이(LBP) 중 어느 것이나 사용할 수 있지만, 일관성 있게 둘 중 하나만 사용하는 게 좋다. 큰 방형 계수는 속도가 느린 선박으로서 주로 외형 치수가 항구의 입출항이나 운하의 갑문 통과에 제약 요인이 되는 경우에 흔히 쓰인다. 외형 치수가 제약받는 조건에서는 배수량, 즉 화물 수송 능력을 최대화하는 과정에서 자연스럽게 방형 계수가 커지기 때문이다. 반면 외형 치수의 선정에 제한을 받지 않는 선박일 때는 선체 저항을 줄여주며 우수한 항해 성능을 가지도록 방형 계수를 작은 값으로 선정한다.

최대 단면 계수(maximum section coefficient : C_x)는 수면 아래로 잠긴 선체 횡단면의 면적이 가장 큰 위치에서의 선체 최대 횡단면적(A_x)을 그 위치의 단면 폭과 흘수의 곱으로 나눈 것으로, 다음과 같은 식으로 나타낸다.

$$C_x = \frac{A_x}{B \cdot T}$$

최대 단면 계수와 밀접한 관계가 있는 것은 중앙 횡단면 계수(midship coefficient : C_M)로서 최대 횡단면적(A_x)을 대신해 선체 중앙 횡단면적(A_M)을 사용해 구하여도 좋다. 대부분의 경우에서 두 면적은 서로 같기 때문에 선체 중앙 횡단면적 계수와 최대 횡단면적 계수는 차이가 없다. 더러는 두 값이 다른 경우가 있는데, 그럴 때는 최대 횡단면적 계수를 사용하는 것이 좋다.

유체 역학 전문가들이 특히 관심을 갖는 종 방향 주형 계수(longitudinal prismatic coefficient : C_P)는 간단하게 주형 계수(prismatic coefficient : C_P)라고도 부른다. 이 계수는 배수량을 그림 5.6에 보인 것과 같이, 길이가 수선 간 길이 또는 흘수선 길이와 같고 단면적이 최대 횡단면적(A_x)과 같은 주상체의 부피로 나눈 값이다. 따라서 이를 수식의 형태로 나타내면 다음 식과 같다.

$$C_P = \frac{V}{L \cdot A_x}$$

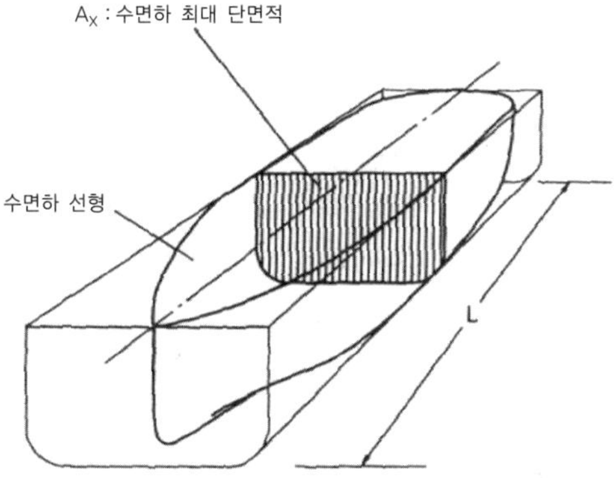

$$C_P = \frac{\text{배수량}}{\text{선체 길이와 수면하 최대 단면적으로 이루어진 주상체의 부피}}$$

$$C_P = \frac{V}{L \cdot A_X}$$

그림 5.6 주형 계수 개념 설명도

앞에서 설명한 세 가지의 계수 C_B, C_x 그리고 C_P를 나타내는 식들을 사용해 간단히 계산해보면 다음의 관계가 있음을 확인할 수 있다.

$$C_P = \frac{C_B}{C_x}$$

그림 5.7은 4번째 계수인 수선면 계수(waterplane coefficient : C_{WP})를 나타낸 것으로서 수선 면적(A_{WP})을 해당 수면에서의 길이와 폭의 곱으로 나눈 것으로 나타낼 수 있다.

$$C_{WP} = \frac{A_{WP}}{L \cdot B}$$

앞에서 설명한 계수들은 선체 형상과 관련해 많은 정보를 제공하고는 있으나, 선박의 형태가 짧고 뚱뚱한지 혹은 길고 날씬한지에 대해서는 아무런 정보를 주지 못한다. 만약 선박이 전진하지 않고 옆으로 움직이더라도 방형 계수에는 변동이 없다. 그러나 물속에서 진행 방향이 전후 방향인가 또는 좌우 방향인가에 따라서 저항은 분명히 달라질 것이다. 따라서 선박의 전진 속도와 소요 동력 사이의 관계를 추정하려 할 때는 선박이 뚱뚱한지 또는 날씬한지를 나타내는 무차원 값을 사용하는 것이 바람직하다. 그런 목적으로 다음의 체적과 길이의 무차원 비 중에서 어떤 것을 사용하게 된다.

$$\frac{V}{L^3} \text{ 또는 } \frac{L^3}{V} \text{ 또는 } \frac{L}{V^{1/3}}$$

여기서 L은 선박의 길이이고, V는 선박을 배제한 물의 부피이다.

영국식 단위계를 쓰는 조선공학자들은 흔히 배수량－길이 비(displacement-length ratio)라는 계수를 다음의 식과 같이 정의해 사용하기도 하는데, 이때 Δ는 영톤이며, L은 피트 단위로 표시한 선박의 길이이다.

$$\text{배수량－길이 비} = \frac{\Delta}{(L/100)^3}$$

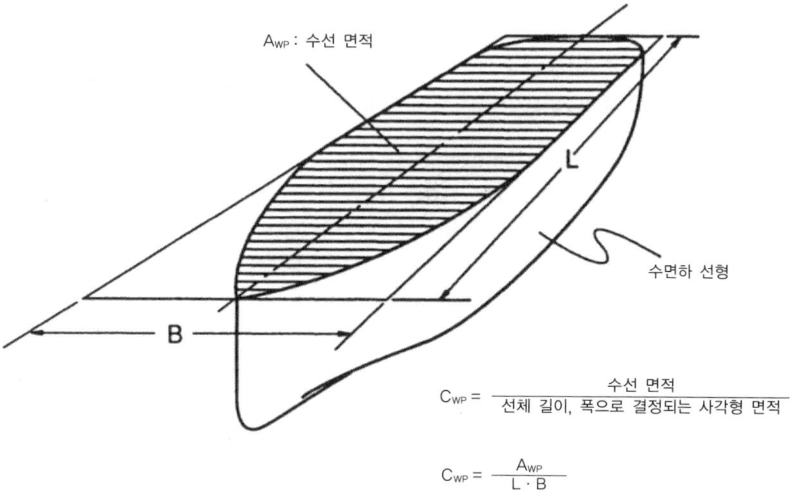

그림 5.7 수선 면적 계수의 개념 설명도

당연하지만 이 값은 차원을 가진 값이어서 단위계로 국제 표준 단위계 *SI* 단위를 사용하면 값이 바뀌며, 해수인지 또는 담수인지에 따라서도 수치가 달라진다.

표 5.1은 전혀 다른 세 가지 종류 선형에 대해 체적과 길이의 무차원 비가 어떻게 달라지는지를 보이는 대표적인 예를 표시한 것이다.

표 5.1 대표적인 선형 계수

	선체 종류		
	해양 조사선	모터 요트	오대호 운항 벌크선
일반적 특성	짧고 둥근 선형	날씬하고 긴 선형	날씬하고 상자형인 선형
C_B	0.58	0.56	0.87
V/L^3	0.0152	0.00566	0.00281
$\Delta/\left(\frac{L}{100}\right)^3$	433	162	80

2.4 상대 속도

또 다른 중요한 계수로는 선박 속도와 진행 방향의 치수, 즉 선박의 길이로 표시되는 무차원 값이 있다. 이 개념은 1868년에 실선과 모형선 사이의 속도 관계와 동력 특성 사이의 관계를 설명하는 윌리엄 프루드(William Froude)의 이론이 나온 후에 비로소 도입됐다. 제7장에서 프루드 이론을 설명할 때 다시 나오므로 여기서는 단지 프루드 수(Froude number : *FN*)가 무차원화된 속도와 선박 치수의 비율임을 우선 설명하고자 한다.

$$FN = \frac{v}{\sqrt{g \cdot L}}$$

이 식에서는 속도를 $v(m/sec)$로 나타내고 중력 가속도를 $g(m/sec^2)$ 그리고 선박의 길이를 $L(m)$로 나타냈다.

단위를 바꿔 영국식 단위계로 나타내더라도 프루드 수는 무차원 수이므로 결국 그 결과는 같아진다. 큰 프루드 수일 때는 상대적으로 속도가 빠르다는 것을 뜻한다. 길이가 500피트(152.4m)인 군함이 35노트(59ft/*sec*=18m/*sec*)로 운항할 때 프루드 수는 약 0.45가 되고, 10노트로 운항할 때 프루드 수는 0.13으로 떨어진다. 반면 150피트(45.72m)의 해양 조사선이 10노트(5.144m/*sec*)로 운항하면 속도는 같더라도 선박의 길이가 짧기 때문에 프루드 수는 0.24로 나타나게 된다.

유체 역학 전문가들은 프루드 수를 많이 사용하고 있으나 보통 미국의 선박 설계자들은 속도를 노트로 표시하고, 선박의 만재 수선 길이를 피트 단위로 표시하는 데 익숙하다. 그래서 차원을 고려하지 않고 노트 단위의 속도를 피트 단위로 표시된 길이의 제곱근으로 나누어준 속장비(速長比)를 관습적으로 사용해왔다. 속장비에서는 속도를 노트 단위로 나타내기 때문에 실질적으로 프루드 수를 계산할 때 일정한 상수값으로 곱해지던 중력 가속도를 무시한 것이다. 따라서 속장비가 프루드 수보다 계산이 간단해 많이 사용돼왔다. 그러나 이는 물리적 현상을 설명하는 데 차원을 가지는 값이므로 불합리하여 이제는 *SI* 단위를 쓰는 것으로 전환됐다. 다만 속장비로 표시된 자료를 사용하는 경우 다음의 관계식으로 대응하는 프루드 수를 간단히 찾을 수 있다.

$$FN = 0.298\frac{V_k}{\sqrt{L}} \fallingdotseq \frac{3}{10} \cdot \frac{V_k}{\sqrt{L}}$$

이 식에서 V_k는 노트 단위의 속도이고, L은 피트 단위 길이이다.

2.5 선체의 치수 비

선체 형상의 특징을 양적으로 표시할 수 있는 무차원 계수들은 여러 가지가 있을 수 있다. 여기서는 두 가지 치수의 비로 나타내지는 다음의 네 가지 무차원 계수를 생각해 보자.

- 길이 – 깊이 비(length-depth ratio) : 구조 설계에 ~~유용~~하게 쓰인다.
- 길이 – 폭 비(length-beam ratio) : 날씬한 정도를 나타내며 조종 성능에 영향을 준다.
- 길이 – 흘수 비(length-draft ratio) : 악천후일 때 선수 선저부의 슬래밍 손상 가능성의 판단에 쓰인다.
- 폭 – 흘수 비(beam-draft ratio) : 복원성과 조파 특성에 영향을 준다.

부력을 받는 물체가 물에 떠서 직립 상태를 유지할 수 있는지를 이해하려면 배제된 물의 부피 중심을 알 수 있어야 한다. 이 위치는 일반적으로 부력 중심 또는 부심이라 하며, 연직 방향으로는 물론이고 길이 방향으로도 위치를 알아야 할 필요가 있다. 대부분의 선박은 좌우 대칭이므로 직립 상태일 때 부심은 선박의 중심선 상에 있다고 가정한다. 연직 방향 부심(vertical center of buoyancy : VCB)은 기선으로부터의 높이로 측정되고, 종 방향 부심(longitudinal center of buoyancy : LCB)은 선수 수선이나 선미 수선에서 측정되기도 하지만, 보통은 선체 중앙 표시(midship mark : ⊗)가 표시되는 선체 중앙으로부터 측정된다.

종 방향 부심(LCB)과 종 방향 부면심(longitudinal center of flotation : LCF)을 흔히 혼동하는데, 종 방향 부심은 물에 잠긴 체적의 중심이다. 이에 비해 종 방향 부면심은 수면 면적의 종 방향 중심 위치이다. 따라서 만약 트림을 변화시키지 않으며 선박에 짐을 더 싣고자 한다면, 짐의 무게중심이 종 방향 부심이 아니라 종 방향 부면심에 위치하도록 실어야 한다.

선박의 침수 면적이라는 말은 수면 아래 잠긴 선체와 부가물의 표면적으로, 제곱피트나 제곱미터로 표시된다. 침수 면적은 물속에서 선체가 받는 저항을 계산하는 데 중요한 인자이며, 선저 도료의 필요량을 예상하는 데에도 사용된다.

용적수(cubic number : CN)는 선체의 전체 크기를 대략적으로 나타내는 값으로, 초기 설계 단계에서 선박의 내부 용량을 추정하거나 강재의 중량이나 자재비를 추정할 때 참고로 사용하는 값이다. 용적수는 다음의 수식으로 나타낸다.

$$\mathrm{CN} = \frac{L \cdot B \cdot D}{100}$$

이때 L은 선박의 길이이고, B는 선박의 폭이며, D는 최상층 전통갑판까지의 깊이를 나타낸다.

3. 선체 형상의 묘사 : 선도 작성

3.1 일반적 접근법

선박 설계자는 3차원 형상으로 이뤄진 선박의 형태를 2차원 평면 도면으로 정확하게 나타내려 할 때 어려움을 겪게 된다. 그래서 선체를 몇 개의 가상적인 평행 단면들로 잘라서 얻어지는 2차원 단면 형상들의 윤곽선으로 나타내는 것을 생각할 수 있다. 이런 방식은 지도 제작자들이 등고선으로 지형을 나타내는 것과 같은 방식이다.

긴 식빵을 얇게 썰 때와 같이 선박을 여러 위치에서 가상의 횡단면들로 절단하고 얻어지는 윤곽선을 하나의 도면에 모아서 그리면 정면도(body plan)가 얻어진다(그림 5.8, 그림 5.9). 선박은 보통 좌우 대칭이고 선수와 선미 부분이 중앙부보다 단면의 크기가 작다. 따라서 그림 5.8이나 그림 5.9와 같이 선체 전반부의 반폭도를 도면의 오른쪽에 그리고, 후반부의 반폭도를 도면의 왼쪽에 나타낸다. 정면도에 나타나는 가상의 단면을 스테이션(stations)이라 하는데, 미국은 선수에서부터 선미 쪽으로 스테이션의 번호를 붙이지만, 다른 나라들은 선미에서부터 선수 쪽으로 번호를 붙인다. 첫 번째 스테이션 번호는 1번이 아니라 0번으로 표기한다.

정면도에 추가해 선수와 선미의 측면 형상을 나타내는 윤곽선들이 추가되면 선체 형상을 완전히 나타낼 수 있으며, 복원 안정성이나 저항 성능을 계산할 때는 대부분 이로써 충분하다. 하지만 여러 가지 다른 이유 때문에 거의 모든 선형 설계자는 두 가지의 서로 다른 윤곽선들을 추가로 나타낸다. 이 중 하나의 윤곽선 군은 선저의 기준면에 평행한 가상의 평면으로 선체를 절단해 얻어지는 윤곽선을 하나의 평면에 모아서 나타낸 것이다. 이 선들을 수선면(waterplane) 또는 흘수선(waterline)이라 하고, 선형의 대칭성으로 인해 선체의 반쪽만으로 나타내므로 반폭선도(half-breadth plan)라 한다. 그림 5.8이나 그림 5.9에 보인 것과 같은 반폭선도는 조선공학자들이 선박을 건조할 때 선체 형상을 등고선 개념으로 가장 가깝게 이해할 수 있도록 하는 선도이다.

세 번째 종류의 윤곽선 군은 선체 중심선 면에 평행한 가상의 수직 평면으로 선체를 절단해 얻어지는 윤곽선들을 하나의 평면에 모아 그림 5.8이나 그림 5.9에 나타낸 것으로서 버톡 라인(buttock lines)이라고 부르고, 측면선도(sheer plan 또는 profile)라고도 한다.

그림 5.8에서 나타낸 것과 같이 선체 형상을 나타낼 때 빌지 부분을 지나는 경사 단면으로 선체를 절단해 얻어지는 추가적 윤곽선으로 선체 형상의 표현을 보조할 때가 있다. 이때 얻어지는 보조적인 경사면은 정면도에는 WZ로 표시되는 빌지 대각선이며, 이 경사면이 선체를 절단해 얻어지는 윤곽선은 WZ에 직교하는 방향으로 가상 단면의 윤곽선이 된다.

그림 5.8에서 확인할 수 있는 스테이션의 위치는 반폭도와 측면선도에는 선으로 나타나지만, 스테이션의 단면 형상은 정면도에서만 나타난다. 같은 원리가 흘수선과 선측 종단면에서도 적용돼 절단면의 위치는 두 방향에서는 선으로 보이지만, 단면의 형상은 다른 한 방향에서만 나타난다.

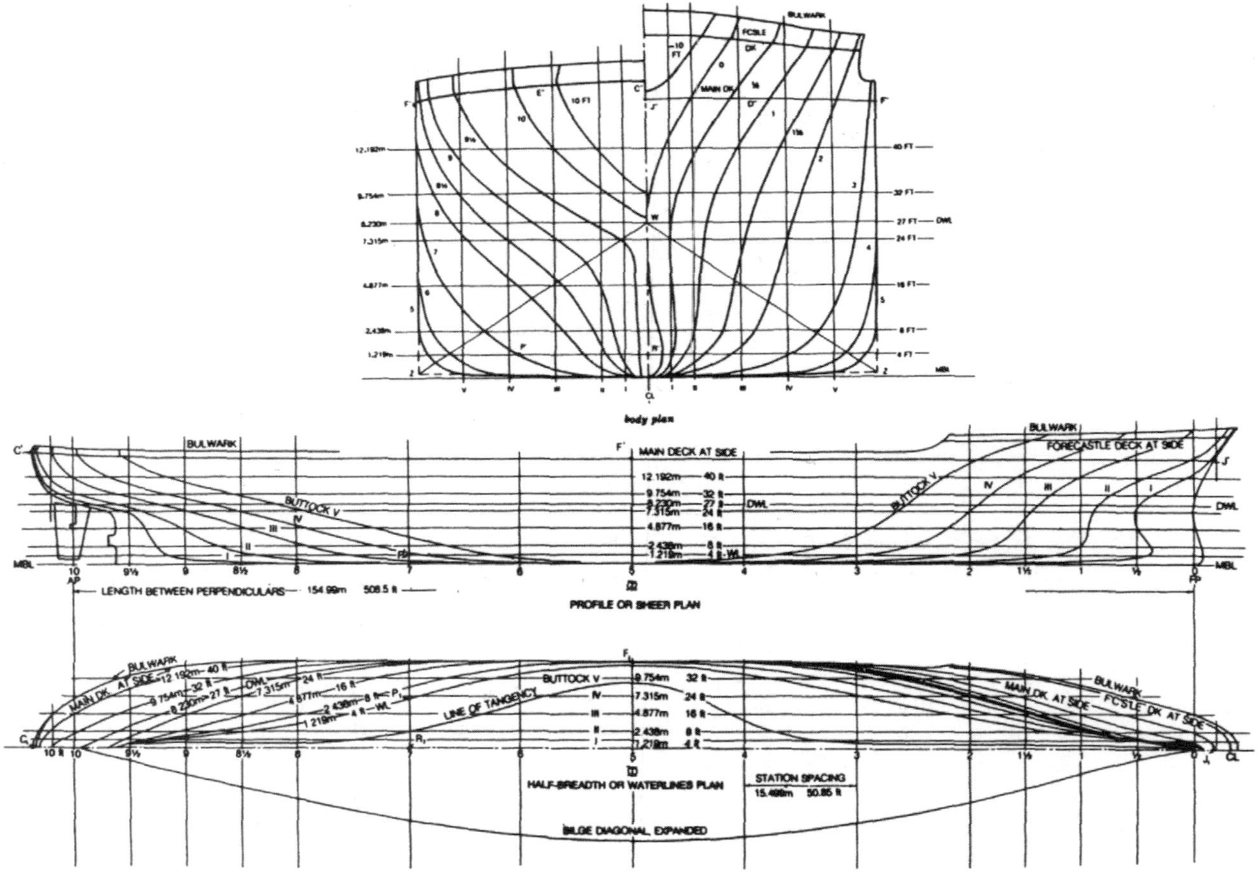

그림 5.8 고속 정기 화물선의 선체 선도

선체 정면도는 축척을 달리해 그렸음을 주의해야 한다. (출처 : Hamlin, 1988)

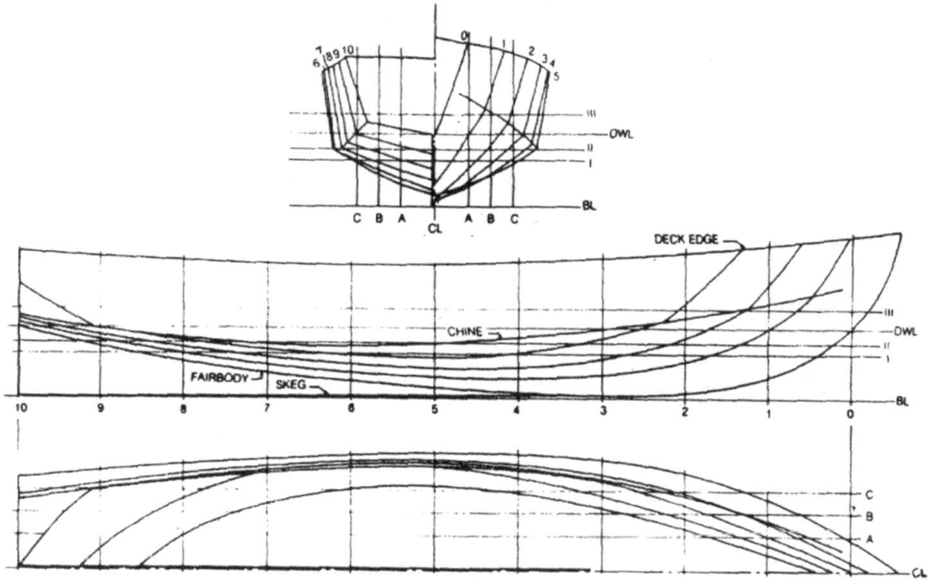

그림 5.9 V형 선저인 보트의 선체 선도 (출처 : Hamlin, 1988)

3.2 작도 기술

조선공학자라면 누구나 자신이 설계한 선체 형상이 적정한 선형으로 인정받기를 원할 것이다. 여기서 '적정하다'는 표현은 합리적으로 설계된 차인이나 너클을 제외하고 생각할 때 곡률의 급격한 변화 없이 부드러운 곡면으로 표현됐다는 뜻을 함축한다. 적정한 3차원 형상은 정면도와 반폭도 그리고 측면선도 모두에서 윤곽선들이 부드러운 곡선으로 나타나야 한다. 어느 한 방향에서 본 단면의 윤곽선들을 부드러운 곡선으로 나타내는 것은 쉬운 일이지만, 세 방향에서 나타낸 단면의 윤곽선들이 정확히 동일한 선체 형상을 표현하도록 해야 한다는 것은 어렵다. 어느 방향에서 나타난 윤곽선이든지 모두 하나의 선형을 나타내도록 하기 위해서는 시행착오법을 사용해 선체 표면상의 점을 세 방향의 윤곽선 중 어느 한 윤곽선 위의 점으로 표시하더라도 동일한 점으로 나타날 때까지 조정 과정을 거쳐야 한다. 그런데 선체 형상을 나타내는 곡선을 조정하는 복잡한 과정을 글로 상세하게 기술하는 것은 매우 어려운 일일 뿐 아니라 이 책이 독자들을 모두 조선공학자로 교육하기 위한 것도 아니므로, 상세 사항들은 기술하지 않고 넘어가기로 한다. 다행히 컴퓨터와 수학적 처리 기법의 발달로 표면 순정 작업(fairing) 같은 복잡하고 지루한 일은 컴퓨터로 처리할 수 있게 됐다. 이 점에서 조선공학자는 다른 분야의 기술자들보다 컴퓨터의 혜택을 일찍부터 받았다고 하겠다.

4. 배수량 등 곡선도

선박에 화물을 적재하면 그때마다 선박의 흘수와 트림은 날마다 달라질 것이다. 따라서 화물 적재 방식이 바뀔 때마다 수면 아래 선체의 형상 특성을 알아두어야 할 때가 흔히 나타난다. 이를 위해 선저 기준선에 평행한 몇 개의 흘수선을 선택해 수면 아래 선체에 대한 선체 형상 특성을 계산하며, 선수나 선미 트림이 발생됐을 때 그에 대한 보정을 할 수 있는 변수들을 함께 계산한다. 계산에서 얻어진 결과들을 항목별로 모눈종이에 표기하고, 표기된 점들을 부드럽게 연결하는 항목별 곡선들을 집합적으로 나타낸 도표를 배수량 등 곡선도(hydrostatic curves 또는 curves of form)라고 부른다. 그림 5.10은 단순화된 형태의 배수량 등 곡선도로서 세로 눈금에는 선박의 흘수를 나타냈으며, 가로눈금에는 축척을 달리해 여러 가지 선형 특성을 식별하기 쉽게 나타냈다. 배수량 등 곡선도에는 다음과 같은 특성들이 표현된다.

배수량(해수 또는 담수 중에서 형 배수량이나 총배수량)

VCB : 수직 부심 위치

LCB : 종 부심 위치

LCF : 종 부면심 위치

C_B : 방형 계수

C_x : 최대 단면 계수

C_p : 주형 계수

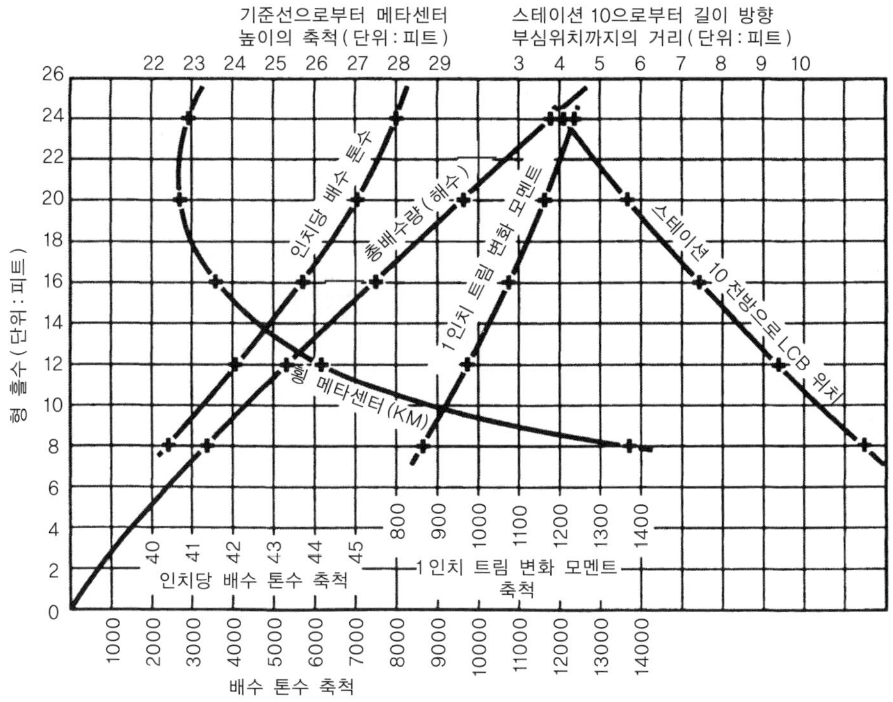

그림 5.10 배수량 등 곡선도의 예

WS : 침수 표면적

KM : 횡 메타센터의 높이 (제6장에서 설명 예정)

1센티미터 트림 변화 모멘트

1센티미터 트림에 따른 배수량 변화

1센티미터 침하에 따른 톤수 변화

항해사가 사용하기 쉽도록 배수량 등 곡선도의 수치들을 찾아보기 쉬운 표로도 나타낸다. 화물선일 때는 배수량 등 특성 수표와 함께 각각의 화물창이나 액체 탱크의 부피 및 무게중심 등을 나타내는 용적 계산 수표도 같은 방법으로 나타낸다. 이런 정보를 바탕으로 항해사는 주어진 화물 적재 상태에서 선수와 선미 흘수 그리고 복원성 특성 등을 추정한다.

5. 보충 사항 : 넓이 계산법

5.1 개요

이 부분은 이 책의 집필 목적을 벗어나지만 배수량 등 곡선도에 표시된 곡선들이 어떻게 구해졌는지를 알고 싶어 하는 독자를 위해 포함했다. 조선공학자가 그림 5.10에 보인 배수량 등 곡선도에 표시할 선체 형상 특성값을 어떻게 구하는지 알 수 있을 것이다. 이 작업은 선체의 3차원 형상을 수식으로 나타낼 수 없기 때문에 복잡하다. 이런 어려움을 극복하기 위해 사용하는 조선공학 분야의 가장 핵심적인 사항을 생각해보자.

5.2 계산법

조선공학자들은 선체 형상 특성을 나타내는 각각의 요소들을 구하기 위해 우선 여러 치수를 측정해 기록한다. 그리고 기록한 측정값들을 다소 복잡하고 체계적인 절차로 계산해 원하는 값을 구한다. 계산 원리는 비교적 간단하지만 컴퓨터가 발달하기 전에는 작업이 극도로 힘들고 지루한 것이었다. 원래 이 단계에서 사용되는 방법은 일반적인 수치 계산법으로서 조선공학에서는 작업의 대부분에 심프슨 법칙, 더 정확하게는 심프슨의 제1법칙이라고 불리는 수치 해석법을 사용하고 있다. 그림 5.11에 나타낸 곡선 B-D-F가 2차 포물선일 때 A-B-F-E로 둘러싸인 넓이는 다음 식으로 표현된다.

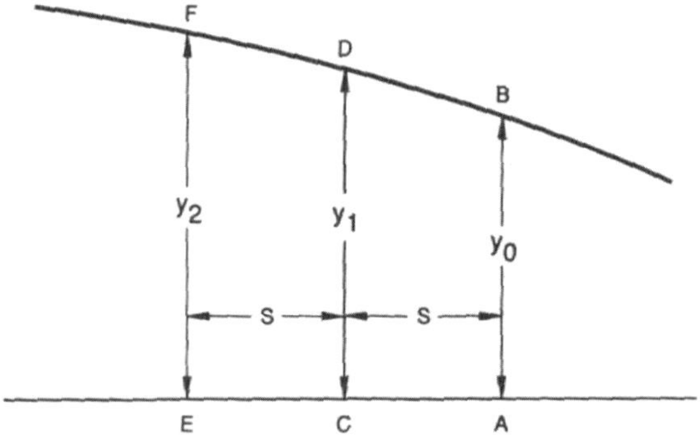

그림 5.11 심프슨 법칙의 기준

$$\frac{S}{3}(y_0+4y_1+y_2)$$

이 방법은 선박 형상을 나타내는 선체 선도에서 임의의 곡선을 선정하고 그것을 충분히 많은 짝수 개의 균일한 구획으로 나누면, 인접한 두 구획을 지나는 곡선은 항상 2차 포물선으로 가정할 수 있다는 것을 전제로 한다. 이런 전제를 바탕으로 두 구획씩 넓이를 구하고 이들을 합하면, 전체 곡선으로 둘러싸이는 넓이를 구할 수 있다. 이와 같은 과정을 거쳐서 얻어지는 곡선 아랫부분의 넓이는 다음과 같이 스테이션 간격 S와 y값으로 나타낸다.

$$넓이=\frac{S}{3}(y_0+4y_1+2y_2+4y_3+2y_4\cdots)$$

5.3 예제

그림 5.12에 나타낸 것과 같은 수선면의 넓이를 구하는 간단한 예제를 설명하고자 한다. 선체는 대칭이기 때문에 한쪽만 계산한 뒤 마지막 결과에 2를 곱하면 되는데, 흔히 2를 곱하는 것을 잊어버리곤 한다. 가장 먼저 할 일은 기준선, 즉 이 예에서는 선박의 중심선을 등간격의 몇 구획으로 나누는 것이다. 실제 선박에 대해서는 보통 20개의 구획으로 나누어 계산하지만 여기서는 간단히 6개만 사용해 설명하겠다. 앞의 선도 작성법에서 설명한 것처럼 분할선을 스테이션이라 한다. 그림 5.12에 보면 스테이션에 0에서 6까지의 숫자를 붙여서 나타냈고 심프슨 법칙을 적용할 수 있는 상태이다. 적절한 축척으로 각 스테이션에서 중심선으로부터 곡선까지의 거리를 측정하는데, 일반적으로 이 거리들을 '선형 치수' 또는 '반폭'이라고 하며, 표 5.2의 2열에 표시된다.

3열에 'SM'이라고 표시된 숫자는 심프슨 계수(Simpson's multipliers)로, 위에서 설명했듯이 1, 4, 2, 4 등의 숫자들이다. 마지막 열은 반폭과 심프슨 계수의 곱을 보여준다. 이들 곱의 총합에 구획 간격의 2/3를 곱해주면 구하고자 하는 수선면 넓이의 근삿값이 얻어진다.

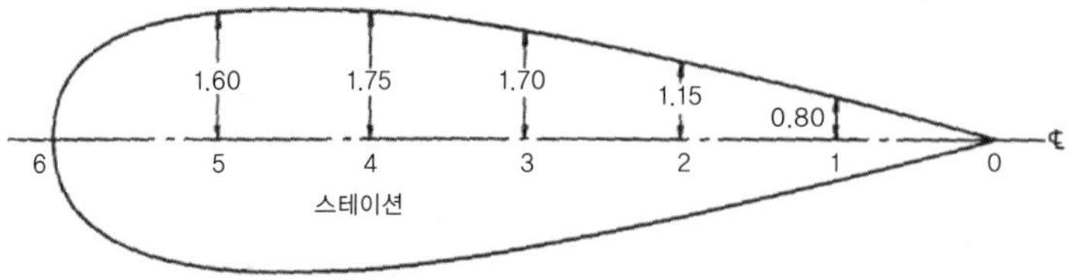

그림 5.12 수선면의 형상
반쪽이 미터 단위로 표시됐으며, 스테이션 간격은 1.6미터이다.

표 5.2 심프슨 법칙의 응용 예[a]

스테이션	반폭(m)	SM	곱
0	0	1	0
1	0.80	4	3.20
2	1.15	2	2.30
3	1.70	4	6.80
4	1.75	2	3.50
5	1.60	4	6.40
6	0	1	0
			Σ곱=22.20[b]

중앙선 기준의 한쪽 넓이=(스테이션 간격÷3)·Σ곱

양쪽 넓이= $\frac{2}{3}S(\Sigma곱)$

여기서 $S=1.6$m라는 것을 감안하면 다음과 같다.

넓이= $\frac{2}{3}\times 1.6\times 22.20=23.7\text{m}^2$

[a]목적 : 그림 5.12에 보인 수선면 넓이 계산

[b]Σ곱 : 곱들의 합을 의미하는 약식 표기법

앞서 수선면의 근사 넓이를 구하는 수치 계산 원리를 어떻게 적용하는지를 설명했다. 조선공학자는 이 방법을 설계흘수선(design waterline) 아래의 스테이션 위치에서 넓이를 구하는 데 적용할 수 있다. 즉 수평면의 넓이를 구하는 방법을 수직면의 넓이를 구할 때도 쓸 수 있는 것이다. 조선공학자는 수직한 횡단면의 넓이를 선박의 스테이션 위치에서 구한다. 얻어진 단면적은 그림 5.13에 표시된 것처럼 선수–선미 사이의 해당 스테이션 위치에 수직 방향으로 축척에 맞춰 표시한다. 이와 같이 각 스테이션에서의 단면적을 나타내는 점들을 부드러운 곡선으로 연결하면 단면적 곡선(sectional area curve)이 얻어지며, 이는 선박 설계에서 매우 중요하게 쓰인다.

앞에서 정면도로부터 스테이션의 횡단면의 넓이를 구해 횡단면적 곡선을 구했다. 이 횡단면적 곡선에 심프슨 공식을 적용해 넓이를 구하면, 그 면적은 해당하는 수면 아래에 잠긴 선체의 배수량이 되고 중심 위치는 종 방향 부심 위치가 된다. 실제 설계에서 조선공학자는 흔히 이와 반대 방향으로 작업을 진행한다. 즉 설계를 진행할 때는 우수하다고 생각하는 단면적 곡선을 우선 결정하고, 각 스테이션 위치에서 횡단면의 넓이를 가지는 단면 형상을 결정하며, 얻어진 단면 형상을 다듬어 적합한 선체 선도를 작성한다.

여기서 '우수한 횡단면적 곡선'의 의미가 무엇인가 하면, 요구되는 배수량을 만족하면서 제8장에서 설명하게 될 조파 저항을 최소한으로 일으키는 위치에 종 방향 부심 위치가 놓인 곡선이다. 또한 선박이 만재 상태에서 발생되는 선수, 선미 트림이 허용 범위 내에 있어야 한다. 햄린은 최적에 가까운 횡단면적 곡선을 만드는 경험적 방법을 설명한 바 있다(Hamlin, 1988).

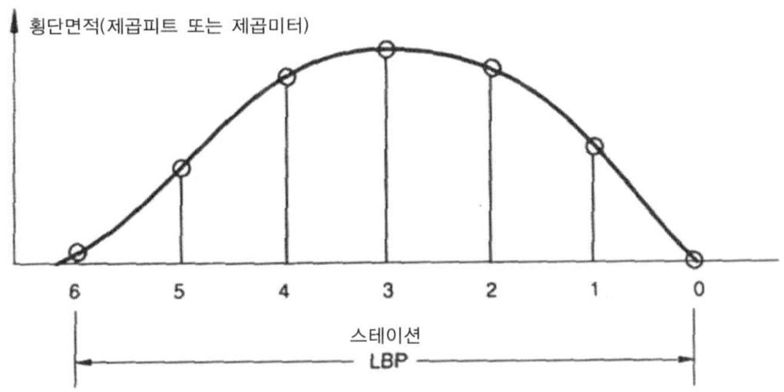

그림 5.13 횡단면적 곡선

선박의 스테이션 위치에서 횡단면 전체로 나타낸 단면적 곡선 아래의 넓이는 선박의 배수 용적을 의미한다.

여기까지 조선공학에서 사용하는 수치 계산법을 소개했는데, 스테이션 간격이 반이 되는 경우나 곡선에 불연속점이 있는 경우, 면적계를 사용하는 경우 등의 문제를 어떻게 처리할 것인지에 관해서는 아래의 참고 문헌을 참조하기 바란다.

참고 문헌

Barnaby, Kenneth C., *Basic Naval Architecture*, Hutchinson's Scientific and Technical Publications, London, 1948.

Baxter, Brian, *Naval Architecture*, Teach yourself Books, Holder and Stoughton, London, 1976.

Hamlin, Norman, "Ship Geometry," Chapter 1 in *Principles of Naval Architecture*, Edward V. Lewis, Ed., Society of Naval Architects and Marine Engineers, Jersey City, N.J., 1988.

Rawson, K. J., and Tupper, E. C., *Basic Ship Theory*, Vol. 1, Longman, London, 1976.

Robb, Andrew McC., *Theory of Naval Architecture*, Charles Griffin & Company, London, 1952.

사진 5.1 유조선 Potomac Trader호의 진수
이 유조선은 여러 종류의 석유 제품을 운반하기 위한 선박이다. 대부분의 벌크선과 마찬가지로 경제적인 이유 때문에 선형이 비대해 방형 계수가 큰 선형이다. 현지 예술가가 선박 진수를 축하해 구상 선수(bulbous bow)에 스마일 형상을 그려 넣은 것이 눈에 띈다.

사진 5.2 유람선의 날씬한 선형

Sovereign of the Seas호의 건조 모습이다. 선박의 날씬한 정도를 앞의 사진 5.1에 소개한 선박과 비교해보라. 선박의 외관을 돋보이게 하려고 선수재를 극단적으로 앞쪽으로 돌출시켰으며, 조파 저항을 줄이기 위해 구상 선수를 돌출시켰다. 2개의 사이드 스러스터가 구상 선수의 뒤쪽 끝 부분에 설치돼 있음에 주목하기 바란다.

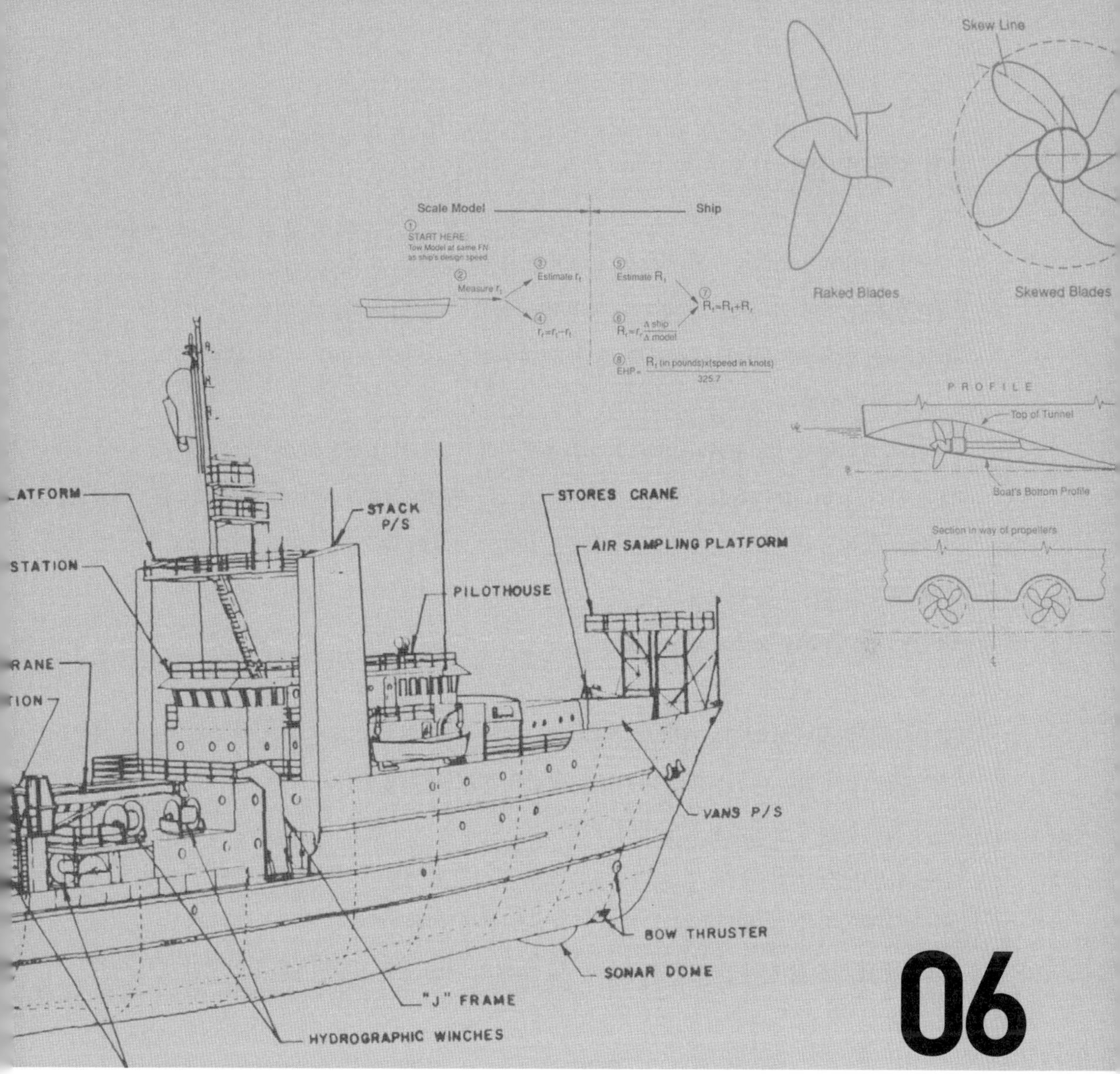
Scale Model
Ship
START HERE:
Tow Model at same FN as ship's design speed.
Measure r_t
Estimate r_f
$r_r = r_t - r_f$
Estimate R_f
$R_r = r_r \frac{\Delta\ ship}{\Delta\ model}$
$R_t = R_f + R_r$
EHP = $\frac{R_t\ (\text{in pounds}) \times (\text{speed in knots})}{325.7}$
Skew Line
Raked Blades
Skewed Blades
PROFILE
Top of Tunnel
Boat's Bottom Profile
Section in way of propellers
STACK P/S
STORES CRANE
AIR SAMPLING PLATFORM
PILOTHOUSE
VANS P/S
BOW THRUSTER
SONAR DOME
"J" FRAME
HYDROGRAPHIC WINCHES

06

정적 복원성

1. 들어가며

선박이 안정적이라는 것은 첫째로 잔잔한 물 위에 똑바로 떠 있을 수 있고, 둘째로 어떤 외력을 받아 일시적으로 횡 경사가 일어났더라도 처음의 똑바른 위치로 되돌아갈 수 있다는 것을 의미한다. 이런 상태를 양의 복원력을 가졌다고 한다. 반면 불안정한 선박일 때는 약간의 경사가 생기더라도 계속적인 횡 경사로 이어져서 결국에는 기울어진 다른 위치에서 정지하거나 최악의 경우 전복된다. 이런 선박은 음의 복원력을 가졌다고 한다. 흔한 경우는 아니지만 중성 복원력을 갖는 상태일 때는 외력의 영향으로 어떤 각도로 기울어진 후, 그 외력이 사라져도 선박은 그때의 횡 경사 각도를 계속 유지하게 된다. 그림 6.1은 물체가 어떤 초기 상태였느냐에 따라서 안정, 불안정, 중성적 안정(중립) 상태가 되는지를 보인 것이다.

이 장에서는 잔잔한 물에 떠 있는 선박인 경우만 살펴보고, 파랑으로 인한 운동에 관해서는 제7장에서 살펴보기로 한다. 여기서 다루는 대부분의 내용은 특정 선박이 전복할 가능성이 있는지 없는지를 따져보는 방법을 설명하는 데 있다. 그러려면 횡 방향 정적 복원 안정성을 이해하고 있어야 하며, 그에 더해 물속에 잠겨 운항하는 잠수함과 같은 특별한 선박일 때는 선박을 전후 방향으로 경사지게 하는 종 방향 정적 복원 안정성도 함께 이해할 수 있어야 한다. 항해용 요트의 복원성에 관해서는 제11장에서 다루었다. 우선 비손상 선체인 경우를 설명한 후, 외판의 손상으로 침수된 경우 어떤 일이

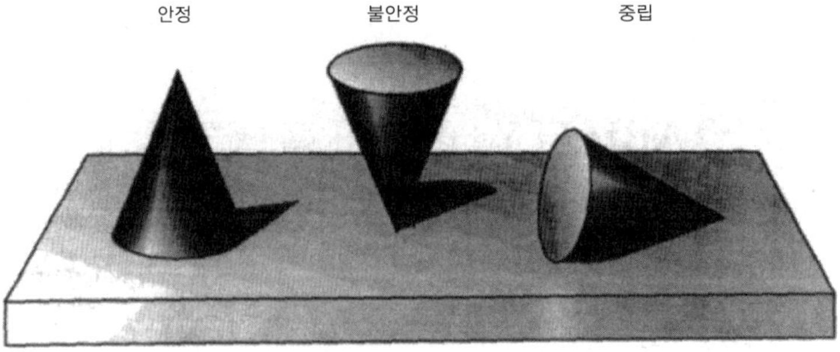

그림 6.1 물체의 세 가지 상태

벌어질지도 생각해보기로 한다.

2. 횡 방향 정적 복원성

2.1 메타센터

과도하게 밸러스트 수를 적재한 상태거나 항해용 요트에서 킬이 깊이 내려진 상태를 제외하면 대부분의 선박은 무게중심이 부심보다 높은 곳에 있다. 다른 말로 하면 선박을 아래로 누르는 힘은 무게중심에서 아래로 작용하고, 선박을 위로 떠받는 힘은 부력의 중심으로부터 위쪽으로 향한다는 뜻이다. 보통 무게중심이 부력의 중심보다 위쪽에 있어서 이런 상태에서는 당연히 불안정할 것으로 예상된다. 하지만 물에 떠 있는 선체를 강제로 어느 한쪽으로 경사지게 하면 더 잠기는 부분에서는 부력이 증가하고, 밖으로 떠오른 부분에서는 부력이 줄어든다. 따라서 횡 경사가 일어난 경우에는 부력 중심이 초기 위치로부터 잠긴 쪽으로 더욱 이동하게 되므로 반드시 불안정한 것은 아니다.

이런 상태를 그림 6.2에서 설명하면 최초의 부심 위치 *B*는 경사가 일어나면 *B'*로 이동하는 것으로 나타낼 수 있다. 선박의 무게(*W*)와 부력(즉 배수량)은 당연히 같으므로 이들을 모두 그리스 문자 델타(*Δ*)로 표시한다. 이들은 비록 선박이 기울더라도 계속 수직 방향으로 작용한다. 따라서 복원 안정성을 갖춘 선박은 무게중심을 지나며 연직 하방으로 작용하는 선박의 무게와 새로운 부심 *B'*로부터 연직 상방으로 작용하는 부력이 선체를 회전시키려는 모멘트를 발생시켜 처음의 직립 위치로 되돌아가게 된다. 이때 부력 작용선과 선박의 중심선은 무게중심보다 위쪽에서 교차하게 되며, 이 교차점은 부력이 작용하는 것으로 보이는 가상의 점으로서 메타센터(metacenter, 경심)라고 한다. 그림 6.2에서는 그 위치를 표준 약어인 M으로 나타냈다.

부양 상태에서의 복원 안정성은 그림 6.3에 나타낸 것처럼 흔들의자에 앉아 있을 때 작용하는 힘과 유사한 점이 있다. 이때 사람과 흔들의자의 무게중심은 흔들의자 바닥

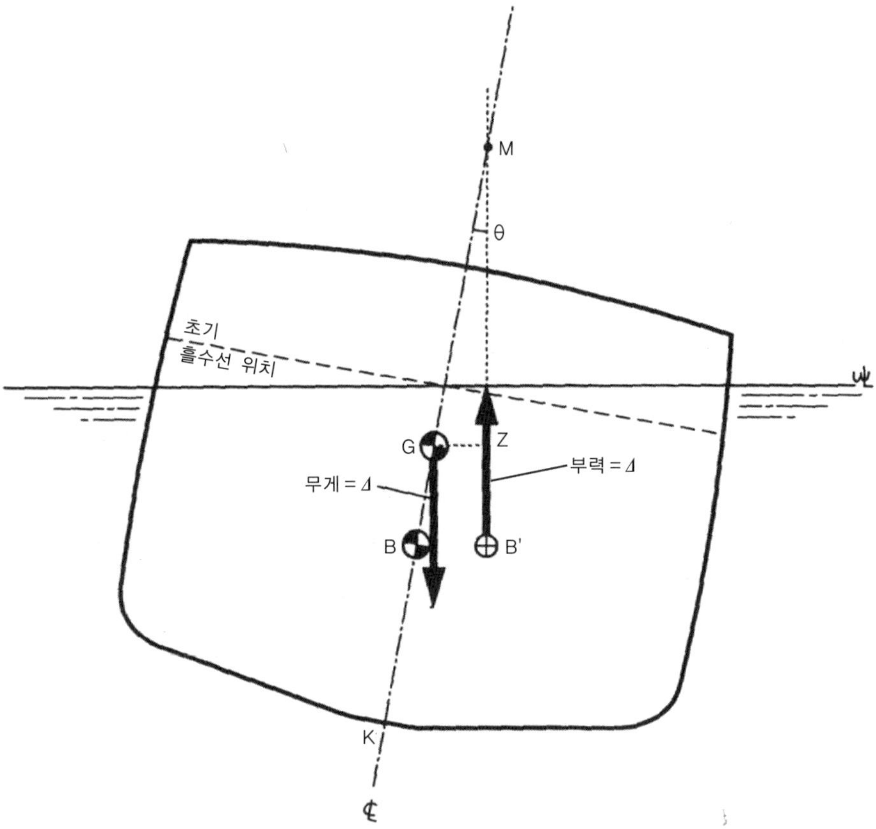

그림 6.2 선박을 당초의 직립 상태로 되돌리려는 힘의 작용
복원 모멘트(RM)는 부력(Δ)과 복원 팔(GZ)을 곱한 값과 같다.

의 지지점보다 높게 위치한다. 사람이 등받이에 기대면 그 사람의 무게가 뒤쪽으로 움직이고 흔들의자의 지지점 또한 의자가 뒤집어지지 않는 위치까지 이동한다. 만약 무게중심이 높아짐으로 인해 불안정성이 어떻게 증가되는가를 보고 싶다면 흔들의자나 카누에서 일어서보면 체험할 수 있을 것이다. 단, 카누 위에서라면 수영복을 입고 실험하는 게 좋다.

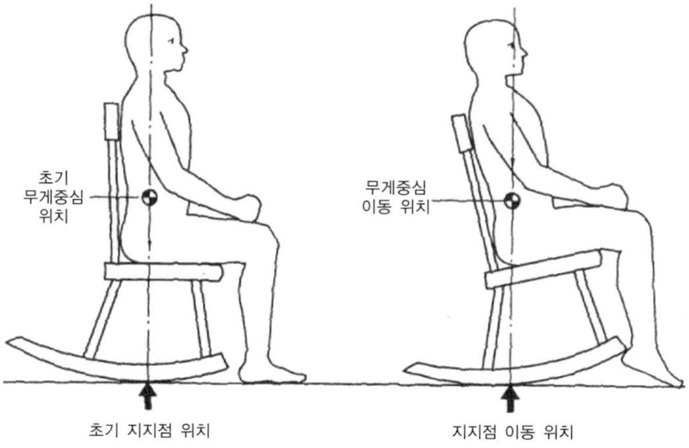

그림 6.3 흔들의자의 안정성
앉아 있는 사람이 중심 위치를 변경시키면 지지점의 중심 위치도 따라서 변경된다.

2.2 메타센터 높이

만일 어떤 이유로 그림 6.2에 표기된 무게중심 위치(G)가 메타센터(M)보다 위쪽의 어떤 위치로 이동했다고 가정하면, 선박의 무게와 부력이 형성하는 모멘트는 당연히 횡 경사를 증가시키게 되므로 선박은 음의 복원력을 갖는다. 여기서 G로부터 M까지의 거리를 메타센터 높이(metacentric height)라고 한다. G가 M보다 아래에 있을 때는 양의 값이 되며, G가 M보다 위에 있을 때는 음의 값이 된다. 간단히 말하면, 부력의 가상적 작용점인 메타센터보다 무게중심의 위치가 아래쪽에 있을 때 양의 복원력을 가지며, 무게중심의 위치가 메타센터보다 위쪽에 있을 때에는 음의 복원력을 가진다. 메타센터 높이는 보통 GM으로 간단하게 나타내며, 이는 초기 횡 방향 복원 안정성을 나타내는 중요한 지표이다.

횡 경사 각도는 대개 그리스 문자 세타(θ)로 나타낸다. 통상적인 선형에서 GM은 일반적으로 7도 이내의 작은 θ값에서는 일정한 값을 갖는다. 만약 더 큰 횡 경사 각도에 이르면, GM은 처음에는 증가하다가 다시 감소하기 시작해 영점을 지나게 되면 음의 값을 가지게 되고, 결국 선박은 전복된다. 이에 대해서는 2.9절에서 더 논의하기로 한다.

2.3 복원 팔

그림 6.2에 표기된 중력의 작용선과 부력의 작용선 사이의 거리 *GZ*를 복원 팔(righting arm 또는 righting lever)이라고 하며, 복원 모멘트는 선박의 중량 Δ와 복원 팔 *GZ*의 곱으로 나타낸다. 작은 횡 경사각에서는 *GZ*는 θ의 sin값과 *GM*의 곱으로 표시된다. 즉 $GZ = GM \cdot \sin\theta$이다.

2.4 메타센터 높이의 추정

분명한 것은 조선공학자라면 *GM*을 어떻게 알아낼 것인지를 잘 알고 있어야만 한다. *GM*을 알아내는 방법은 3단계의 절차로 이뤄진다. 첫째 단계는 그림 6.2에 표기된 것과 같은 기준선으로부터 부심까지의 수직 거리인 *KB*를 찾는 것이다. 그 정확한 값은 수치 계산으로 구할 수 있으나, 세부 사항을 알기를 원한다면 제6장의 말미에 소개한 참고 문헌을 참고하기 바란다. 보통의 선형에서는 *KB*를 흘수의 52퍼센트가량 된다고 추정하지만, 좀 더 구체적으로 살펴보면 방형 계수가 작은 날씬한 선형일 때는 증가하는 경향이 있다. 마찬가지로 횡단면의 형상이 *V* 자형이 될수록 *KB*도 커지는 경향이 있다.

둘째 단계로서는 메타센터 반경(metacentric radius)이라고 부르는 *BM*의 거리를 찾는 것이다. 이 값은 참고 문헌에 아래와 같은 식으로 나타낼 수 있다고 설명되어 있다.

$$BM = \frac{I}{V}$$

여기서 *I*는 선박의 수선면의 중심선에 대한 관성 모멘트이고, *V*는 배수량에 해당하는 부피다. *I*의 정확한 값을 수치 계산으로 구하는 방법도 참고 문헌에 소개돼 있다. 초기 설계 단계나 선도 작성 전에는 *I*값이 선박의 길이와 폭의 세제곱을 곱한 값에 비례하는 것으로 생각하는데, 이는 선박의 폭이 선박의 복원 안정성에 미치는 영향이 얼마나 중요한지 짐작할 수 있게 한다.

마지막으로 셋째 단계는 선박의 자체 중량과 적재된 화물의 중량을 포함하는 전체 무게중심의 기준선으로부터의 높이 KG를 찾는 것이다. 선박에 얼마만큼의 짐이 어떻게 실릴지는 정확히 추측할 수 없기 때문에 KG를 구하는 것은 결국 짐작일 수밖에 없다. 따라서 조선공학자는 복원 안정성을 실제보다 더 안정하다고 평가하지 않기 위해 보수적인 입장에서 이 값을 상당히 높게 가정한다.

요약하면 첫째 단계에서 KB를 구했고, 둘째 단계에서 BM을 구했으므로 그림 6.2를 살펴보면 KM은 다음의 관계로부터 구할 수 있다.

$$KM = KB + BM$$

그리고 셋째 단계에서 KG를 구했으므로 메타센터 높이 GM은 다음의 관계로부터 간단히 구할 수 있다.

$$GM = KM - KG$$

독자에 따라서는 선박이 해수에서 담수로 이동할 때 어떤 영향을 받을 것인지 의문을 가질 수 있는데, 담수의 밀도가 해수보다 조금 작기 때문에 선박의 흘수가 조금 더 커지겠지만 그로 인해 복원 안정성에 미치는 영향은 미미한 수준이다.

2.5 경사 시험

이미 건조된 선박일 때는 GM을 경사 시험이라는 방법으로 간단히 찾을 수 있다. 선박의 갑판 중앙선에 놓여 있던 무게(W)를 현측으로 거리 d만큼 이동시키면, 선박은 중량 이동의 결과로 각도 θ만큼의 횡 경사가 나타난다. 그에 따라 중심선 위치에 있던 추의 위치도 그림 6.4에 보인 것과 같이 현측 방향으로 이동한다. 이때 선박의 경사량은 선박을 경사지게 하려는 모멘트(HM)와 원래 위치로 되돌리려는 복원 모멘트(RM)가 정확히 균형을 이룰 때까지이다. 따라서 참고 문헌에도 소개된 것과 같이 메타센터 높이를 다음의 간단한 식으로 나타낼 수 있다.

$$GM = \frac{W \cdot d}{\sin\theta \cdot \Delta}$$

실제로 이 식을 사용할 때는 sinθ 대신 tanθ를 사용한다. 이는 단순히 작은 각도일 때는 sinθ값이나 tanθ값이 거의 같다는 것뿐만 아니라, 진자의 길이를 기준 길이로 하고 진자의 이동 거리를 측정하는 진자의 길이를 십진법 단위로 등분해 수평한 자에 눈금으로 표기했을 때의 눈금값이 바로 tanθ값이 된다는 이점이 있기 때문이며, 다음 식으로 바뀌게 된다.

$$GM = \frac{W \cdot d}{\tan\theta \cdot \Delta}$$

독자들도 직접 소형 보트의 *GM*을 실험을 통해 구해볼 수 있을 것이다. 다만 실험할 때 주의해야 할 것은 물살이 잔잔한 날이어야 하며, 계류삭이 경사에 영향을 주지 않아야 한다는 것이다. 또한 선박 내부에 고인 물이나 출렁거릴 수 있는 액체를 제거한 상태에서 탑승한 모든 사람들이 실험 중 초기 위치를 지켜야 한다는 점이다.

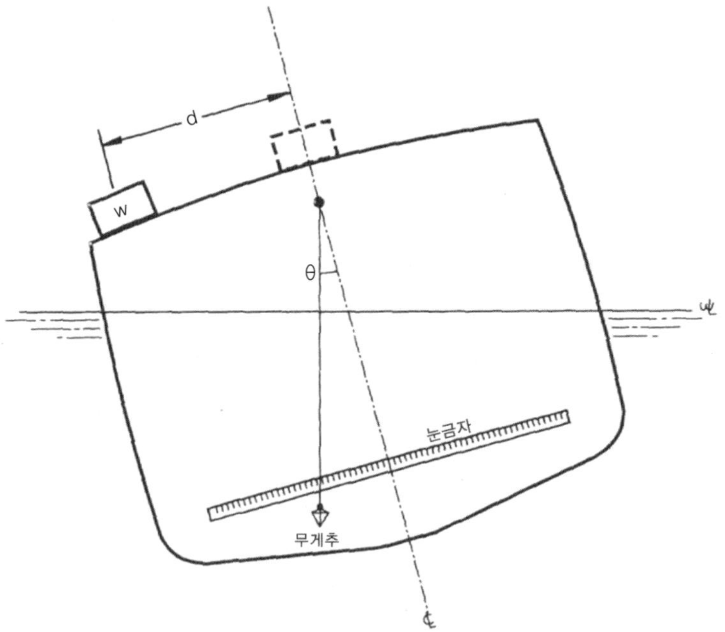

그림 6.4 경사 시험

2.6 이상적인 복원성의 크기

선박을 설계하는 조선공학자들은 적정한 *GM*값을 찾으려고 노력한다. *GM*값이 선박 폭의 3~5퍼센트 정도이면 대체로 적정하다고 하지만, 이를 실제로 도면에 표기해보면 그림 6.2에 보인 것보다 훨씬 작은 값으로 나타난다. 만약 *GM*값이 적정한 값보다 작고 지나치게 여유가 없을 때에는 부주의하게 짐을 실었거나 또는 상갑판에 결빙 등이 발생됐을 때 복원 안정성을 확보할 수 있는 여유가 없어 위험해진다. 반면 *GM*값이 적정 값보다 더 큰 값일 때는 과도한 복원성을 갖게 한다. 선박이 안정적이라고 하는 것은 대개 수면에 대해 직립 상태를 안정적으로 유지한다는 뜻이다. 따라서 복원성이 큰 선박은 어떤 파도를 만나든지 모든 파도의 표면에 대해 직립 상태를 유지하려고 자동적으로 움직이게 된다. 그 결과로 짧은 주기의 횡 동요를 일으키게 되면 사람이 선박 위에서 활동하기 어려워질 뿐 아니라 뱃멀미도 유발된다. 극심한 횡 동요는 삭구 장치(rigging), 연돌(smoke stacks) 등 높은 위치에 설치되는 물체에 과도한 응력을 일으키게 하기도 한다.

미국 해양 경찰청(US Coast Guard)을 비롯한 다양한 기관들은 허용할 수 있는 메타센터 높이의 최솟값을 구하는 규정을 내놓았다. 이들 규정에서는 선박의 운항 해역이나 선박의 종류에 따라 다르게 적용하였다. 조선공학자는 이런 규정들이 요구하는 내용을 검토해 선박 운항에 활용하기 편리한 도표로 작성해 지급한다. 선박을 운항할 때는 이 자료를 활용해 운항 상태의 흘수에서 허용될 수 있는 무게중심 위치(KG)의 상한치를 추정해 화물 적재에 참고해야 한다.

2.7 자유 표면 효과

어떤 종류든 단순히 액체를 적재했다는 것만으로 복원성이 손상될 수 있다는 놀라운 사실이 있다. 만일 어떤 액체가 선박이 운항하기에 적합하지 않게 담겨 있다고 생각해보자. 선박이 한쪽으로 기울면 액체도 기울어진 쪽으로 흘러내리고 당연히 선박의 무게중심도 기울어진 쪽으로 옮겨질 것이다. 무게중심이 경사진 쪽으로 이동하는 것은 무게중심으로부터 연직 상방의 연장선과 선체 중심선이 만나는 점이 가상의 선체 중심이 되므로, 결국 메타센터 높이를 감소시키는 효과가 있다. 물론 내부의 액체가 용기에 가득 채워져 있다면 액체의 이동도 없으므로 복원 안정성에 미치는 자유 표면 효과도 없을 것이다.

곡물과 산적 화물(loose bulk cargo)도 쉽게 움직이므로 복원성 유지를 위해서는 곡물 적재 상태의 곡물류의 표면도 어떻게든 통제될 수 있어야 한다. 유조선에서는 대개 2개의 종격벽으로 기름 탱크를 분할해 자유 표면의 폭을 줄어들게 하는데, 종격벽으로 분할함으로써 액체의 슬로싱으로 인해 발생되는 과도한 동적 하중에 따르는 위험을 감소시키기도 한다.

2.8 중량물 들어올림

또 다른 놀라운 사실은 선내에 적재된 무거운 화물을 그림 6.5에 보인 것처럼 단순히 들어 올리는 것만으로도 복원성이 떨어진다는 것이다. 만약 그림에서와 같이 중량물이 붐의 끝에 매달려 있다면 갑판에서 들어 올려지는 순간부터 중량물은 자유롭게 흔들릴 수 있는 추로 바뀌어, 갑판 위에 놓여 있던 중량물의 무게중심이 붐의 끝인 가장 높은 위치로 이동된다. 이로 인한 선박 전체의 무게중심 위치(KG)는 $(W \cdot d)/\Delta$만큼 상승한다.

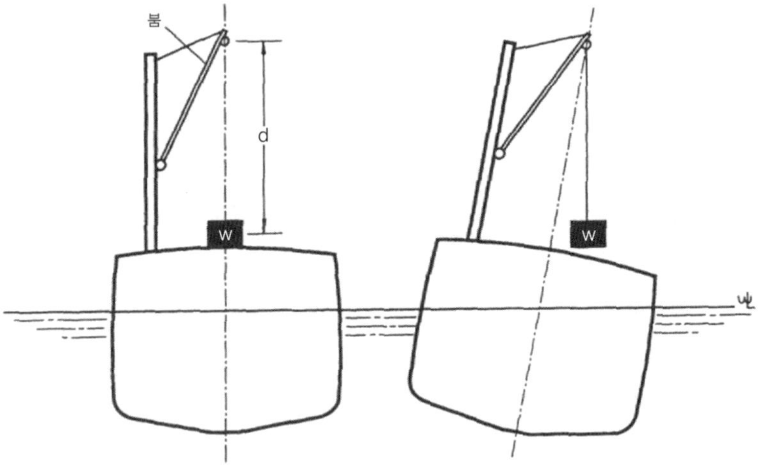

그림 6.5 중량물(W)을 갑판에서 들면 그 효과는 붐의 끝으로 옮겨진다.
선박의 복원력에 관련되는 한 중량물을 붐의 끝까지 들어올린 효과가 있다.

2.9 복원성 범위

지금까지 복원 안정성을 설명하는 과정에서는 선박에 작은 횡 경사가 일어난 경우에 한정해 설명했다. 더 큰 각도로 경사가 일어나면 어떤 일이 일어날지 생각해보자. 대개는 복원 모멘트 *Δ·GZ*가 증가하는데, 갑판 가장자리가 물에 잠기기 시작하는 횡경사 각도에서 최대의 복원 모멘트에 도달하게 된다. 그리고 그 각도를 넘어서서는 복원 모멘트가 감소하다가 결국 0으로 떨어진다. 복원성이 0이 되는 한계 각도를 복원성 범위라고 부르는데, 이보다 더 큰 각도로 경사지면 선박은 전복을 일으켜 바닥면이 위를 향하게 되고 전복된 상태를 유지하려는 새로운 복원성을 갖게 된다.

그림 6.6은 경사 각도와 복원 모멘트의 전형적인 관계를 나타낸 곡선이다. 하지만 배수량은 어떤 각도에서도 같은 값을 유지하는 상수이므로 *GZ*만 그려서 나타내는 경우도 많다. 그림 6.6에서 보인 것과 같은 복원 모멘트 곡선은 조선공학자가 계산 과정에서 모든 중량물이 고정돼 있다는 가정을 전제로 구한 것이므로 어떤 면에서는 비현실적이다. 다시 말하면 화물, 장비, 저장 비품, 사람 모두가 고정돼 있어서 선박이 기울더라도 미끄러지지 않는다고 가정한 것이다. 하지만 실제 상황에서 이런 모든 것들이 함께 미끄러져 내린다면 경사 모멘트는 더욱더 악화될 것이다.

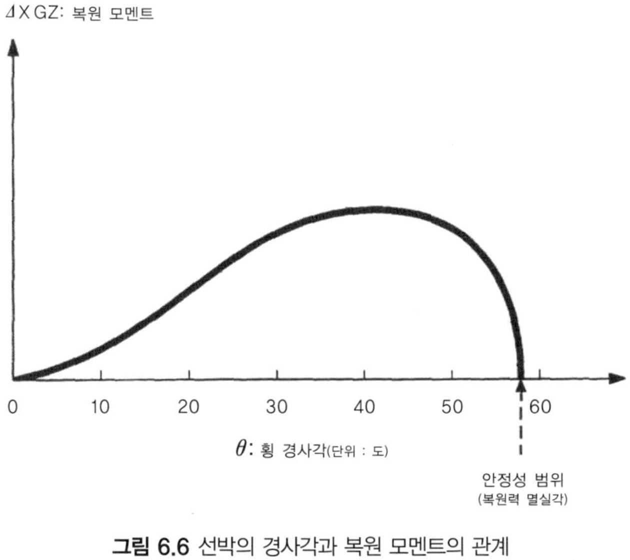

그림 6.6 선박의 경사각과 복원 모멘트의 관계

3. 종 방향 정적 복원성

보통 선박이 앞뒤 길이 방향으로 전복되는 일은 거의 걱정하지 않아도 된다. 하지만 중량물을 선박에 싣거나 내릴 때 또는 중량물을 전후 방향으로 이동시킬 때 트림 변화를 생각해볼 필요가 있다. 구체적으로 말하면 트림 변화를 일으키는 민감도를 알 필요가 있다는 것이다. 트림 변화의 척도로는 1인치 트림 변화를 일으키는 데 필요한 모멘트 MTI를 사용하거나 1센티미터 트림 변화를 일으키는 데 필요한 모멘트 MTC를 사용하는데, 이에 대해서는 앞 장에서 이미 다룬 바 있다.

그림 6.7은 횡 방향 복원 안정성을 설명하며 제시했던 그림 6.2와 유사한 그림으로, 중량물을 선체의 한쪽 끝에서 다른 끝으로 이동했을 때 힘들이 어떤 역할을 하는지를 나타내는 그림이다. 경사 시험에서 중량을 이동시켜 얻은 트리밍 모멘트 $W \cdot d$와 경사 상태에서의 복원 모멘트 $\Delta \cdot GZ$와 평형을 이루는 상태에서 트림이 결정된다. 참고 문헌에서 설명하는 것과 같이 MTI 또는 MTC는 배수량 Δ와 종 방향 메타센터 높이

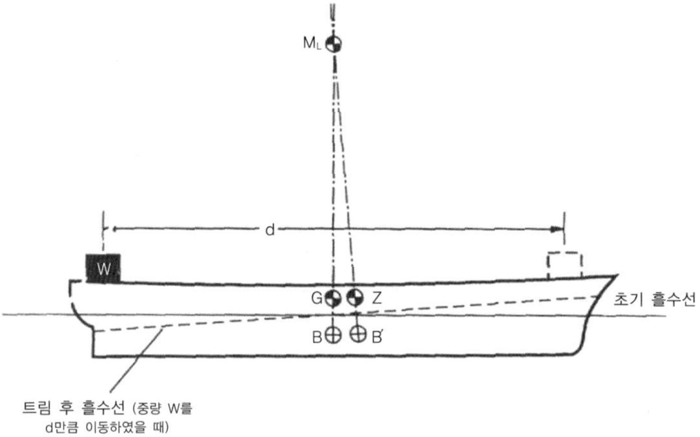

그림 6.7 종 방향 복원성의 기초

선미 부분에 중량물을 싣고 선박이 떠 있다고 가정한다. 이때 부력의 중심은 B이고 중량의 중심은 G에 있으며, 이들은 동일 직선상에 놓여 있다. 이때 중량 W를 선수 쪽으로 거리 d만큼 이동시켜주면 무게중심은 G로부터 Z로 옮겨지고, 선박은 선수 트림이 지고 부심은 B로부터 B'로 옮겨져서 Z의 아래쪽에 놓이게 된다. 중량물이 옮겨지기 전과 후에 부력의 작용선은 M_L에서 교차하며 이를 종 방향 메타센터라 한다. 트리밍 모멘트($W \times d$)는 복원 모멘트($\Delta \times GZ$)로 이뤄지게 된다.

GML을 곱한 값에 비례하고, 선박의 길이 L에는 반비례한다. 종 방향 메타센터 반경 BML은 수치 계산으로 구할 수 있고 그것 역시 다른 계산에 필요한 값이다. 실제로 이들 자료를 구하는 계산은 컴퓨터 프로그램으로 작성돼 있어서 조선공학자는 선박의 길이와 각각의 스테이션에서 오프셋 데이터를 입력하는 것만으로도 필요한 자료를 얻을 수 있다.

4. 침수와 구획

4.1 격벽의 역할

선박의 안전성을 향상시키기 위해서 조선공학자는 실용적인 한도 내에서 많은 수밀 구획을 설치하려고 한다. 이것들은 대개 선박을 횡 방향으로 나누는 얇은 판이나 벽인데, 선박에서는 이를 격벽(bulkheads)이라는 전문 용어로 부른다. 선박에 격벽을 설치하는 이유는 수면 아래 선체가 파손됐을 때 침수가 전 구간으로 번지는 것을 막아 선박이 가라앉지 않도록 하기 위함이다. 군함은 격벽뿐만 아니라 갑판도 수밀 구조로 만들어지지만, 다른 종류의 선박은 대개 최상층 갑판이나 노천갑판만 수밀 구조로 설계한다. 유조선이라는 특수한 경우를 제외하면 대부분의 선박은 당연히 선저 손상이 있더라도 선내로 침수를 통제할 수 있는 이중저를 설치해 내저판을 수밀 구조로 한다.

이 책을 집필할 당시까지는 여객선을 제외하고는 격벽 간격을 규정하는 법규는 거의 없었으나, 세심한 선주는 일반적으로 '1구획 침수'를 표준으로 삼고 있다. 이는 수밀 구조의 격실 중 어느 하나가 손상돼 침수되더라도 최상층 갑판이 물에 잠기지 않아야 한다는 의미이다. 1구획 침수 허용 선박일 때는 수밀 격벽을 포함하는 손상이 일어나지 않아야 한다. 만약 그렇게 된다면 두 구획에 침수가 일어나므로 모든 것이 소용없게 된다. 이런 경우에도 선박의 안전을 확보하기 위해 설계자는 2구획 또는 심지어 4구획에 동시 침수가 일어난 경우를 대비할 수도 있다. 대형 여객선은 국제적인 규정에 따라 더 높은 가침 구획 요구조건을 만족해야 한다.

4.2 침수의 영향

수면 아래의 선체에 구멍이 뚫려 수밀 구획이 침수된다면 어떻게 될까? 침수된 구획의 용적에 해당하는 만큼의 부력을 잃게 되므로 선박은 더 깊이 가라앉을 것이다. 그리고 횡 방향 경사와 트림이 생기며 부심이 이동할 것이다. 단일 침수 구획의 침수로 선체가 침하되며 트림이 일어나더라도 최상층 갑판이 침수되지 않을 수 있는 구획의 최대 길이는 단일 구획 가침 조건에서 가침장이 된다. 최상층 갑판이 침수되지 않는다는 것은 실제로는 그림 6.8에 나타낸 것과 같이 갑판이 수면에 잠기기까지 3인치 정도의 여유 건현이 있는 것을 뜻한다.

갑판이 침수되면 어떤 일이 일어날지를 생각해보자. 앞에서 최상층 갑판은 수밀 구조라고 했다. 그러나 그렇더라도 갑판에는 화물을 싣고 내리기 위한 창구라는 열린 부분이 있다. 비바람에 견딜 수 있는 구조로 창구 덮개를 만들어도 이 부분은 수밀 구조로 보기에는 미흡하다. 실제로는 이에 대비해 대부분 창구의 둘레를 갑판으로부터 3피트 또는 1미터 정도 높이의 벽으로 둘러치고 그 위에 창구 덮개를 두는데, 이를 해치 코밍(hatch coaming)이라 한다. 창구 덮개가 물에 잠기지 않아도 갑판이 침수되면 승조원들은 그 위에서 작업을 할 수 없게 된다. 특히 파도가 갑판 위로 넘쳐 올라올 때가 그런 경우이다. 영국의 시인 키플링(Kipling)은 그리스 신화에서 해신인 포세이돈의 율법을 다음과 같이 기술한 바 있다.

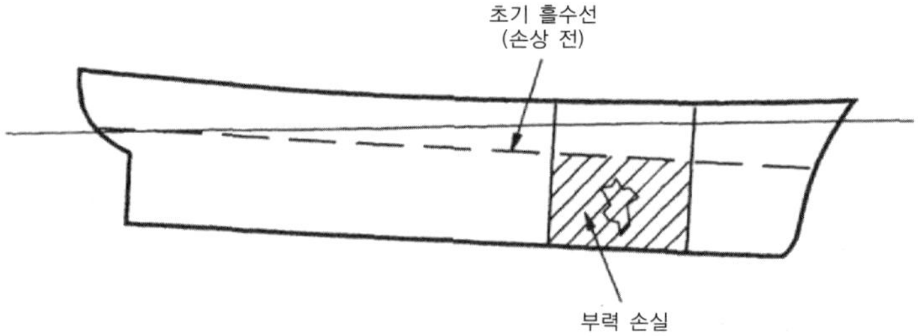

그림 6.8 단일 구획 침수의 영향

부분적인 부력 상실로 인해 선박이 트림을 일으키며 침하하여 얻어지는 부력이 부력 상실분과 같아질 때까지 진행된다. 적절하게 설계된 선박에서는 갑판선이 수면 위로 나와 있고 전복을 일으키지 않는다.

'운명의 여신들의 희롱'을 받지 않으려면

'여신들의 희롱'을 가벼이 보지 말라.

Save ye owe the Fates a jest,

Be slow to jest with them.

또한 경사가 진행돼 갑판이 물에 잠기기 시작하면 횡 방향 복원성도 급격하게 나빠진다. 손상을 입고 침수된 선박은 항상 전복의 위험이 있다.

유조선은 다른 일반적인 화물선보다 작은 건현으로 운항하는 것을 볼 수 있다. 이는 유조선일 때는 화물창이 수많은 종횡 방향의 격벽으로 나누어져 있을 뿐 아니라, 화물창의 창구 덮개로 맨홀 뚜껑보다 작은 치수의 강철제 덮개를 사용하고 있기에 가능한 것이다.

4.3 구획 기준

조선공학에서 좀 더 복잡한 계산 중 하나는 단일 구획이나 2구획 또는 3구획 가침 조건을 만족시키는 횡 격벽 위치를 결정하는 것이다. 당연히 최근에는 컴퓨터를 이용해 구하고 있다.

선박이 화물을 만재하여 만재 흘수 상태로 잠겨 있을 때는 최소 건현 상태이므로 침수에 가장 취약한 상태가 된다. 만약 화물선이라면 당연히 화물창에 화물이 적재돼 있음을 뜻한다. 따라서 수밀 구획이 손상돼 구획 내부로 침수될 수 있는 물의 양은 구획 내부의 실질 최대 용적보다 적어질 수밖에 없으며 그만큼 부력 손실도 줄어든다. 그러므로 침수가 일어날 수 있는 모든 구획에 대해서는 실질적으로 침수가 가능한 공간의 용적을 가장 실제에 가깝게 추정하는 것이 요구된다. 구획 내부의 실질 최대 용적에 대해 만재 상태로부터 한계 수선에 이르기까지 실질적으로 침수가 가능한 구획 내부 용적의 비를 침수율(permeability)이라 정의한다. 침수율의 표준 추정치는 기관실 85퍼센트, 보통 화물 선창 63퍼센트, 컨테이너 선창 70퍼센트, 평균적인 RO/RO 선창 85퍼센트이다. 이러한 수치는 실제와 다소 달라질 수 있으나 안전 여유를 두고 추정한 값이다.

4.4 손상 후 복원성

앞에서 설명한 내용은 침수나 트림이 일어나더라도 최상층 갑판은 수면 위로 노출돼 있어야 한다는 것에 기준을 둔 것이었다. 그러나 그에 못지않게 중요한 것은 전복 위험이다. 초기 메타센터 반경(*BM*)은 손상받지 않은 수선면의 횡 방향 관성 모멘트에 비례해 결정되는데, 만일 어떤 구획이 침수되면 해당 구획에서는 비손상 수선면이 상실되므로, 결과적으로 *BM*과 메타센터 높이(*GM*)도 감소해 전복 위험이 증가될 수 있다.

5. 잠수함의 복원성

지금까지 복원성에 대한 설명은 모두 수상선에 한정했는데, 수상선이 경사졌을 때 물 밖으로 노출되는 쐐기 모양의 부분은 부력을 잃어버린다. 반면에 물에 잠기는 쐐기 모양의 부분은 부력을 얻게 되므로 전체의 부력 중심이 낮은 쪽으로 이동하고 복원 모멘트가 생성된다. 그런데 물속에 완전히 잠긴 물체가 기울었을 때는 수상선과 같은 부력의 중심 위치의 이동이 없어서 횡 방향 *BM*은 0이 되며, 종 방향 *BM*도 같은 원리가 적용된다. 따라서 복원성은 종 방향이든 횡 방향이든 관계없이 무게중심이 부심보다 아래에 위치해야 한다. 그로 인해 잠수함은 수상선보다 더 쉽게 트림이 일어나므로 한 사람 정도의 중량물이 한쪽 끝에서 반대쪽 끝까지 이동하더라도 트림의 변화를 방지할 수 있는 보상 대책을 어떤 형태로든 마련해야 한다.

잠수함을 설계할 때는 그 밖에도 특수한 문제가 많으며, 잠수함의 복원성 문제에 관해서는 골드버그의 문헌에 많은 내용이 소개돼 있다(Goldberg, 1988).

참고 문헌

Barnaby, Kenneth C., *Basic Naval Architecture,* Hutchinson's, London, 1948.

Baxter, Brian, *Naval Architecture*, Teach Yourself Books, Hodder and Stoughton, London, 1959.

Comstock, John, *Introduction to Naval Architecture*, Newport News Shipbuilding Company, Newport News, Va., 1944.

Goldberg, Lawrence L., "Intact Stability," Chapter 2 in *Principles of Naval Architecture*, Edward V. Lewis, Ed., Society of Naval Architects and Marine Engineers, Jersey City, N.J., 1988.

Hamlin, Norman, "Ship Geometry," Chapter 1 in *Principles of Naval Architecture*, Edward V. Lewis, Ed., Society of Naval Architects and Marine Engineers, Jersey City, N.J., 1988.

Nickum, George C., "Subdivision and Damage Stability," Chapter 3 in *Principles of Naval Architecture*, Edward V. Lewis, Ed., Society of Naval Architects and Marine Engineers, Jersey City, N.J., 1988.

Rawson, K. J., and Tupper, E, C., *Basic Ship Theory,* Longman, London and New York, 1976.

Robb, Andrew, *Theory of Naval Architecture*, Charles Griffin & Company, London, 1952.

사진 6.1 조난한 화물선
1987년 3월 미국 해안 경비대의 헬리콥터가 케이프코드 인근의 바다에서 전복 위기에 처한 러시아 선박의 승조원들을 구조하고 있다. (자료 제공 : R. W. Paugh, 미국 해안 경비대)

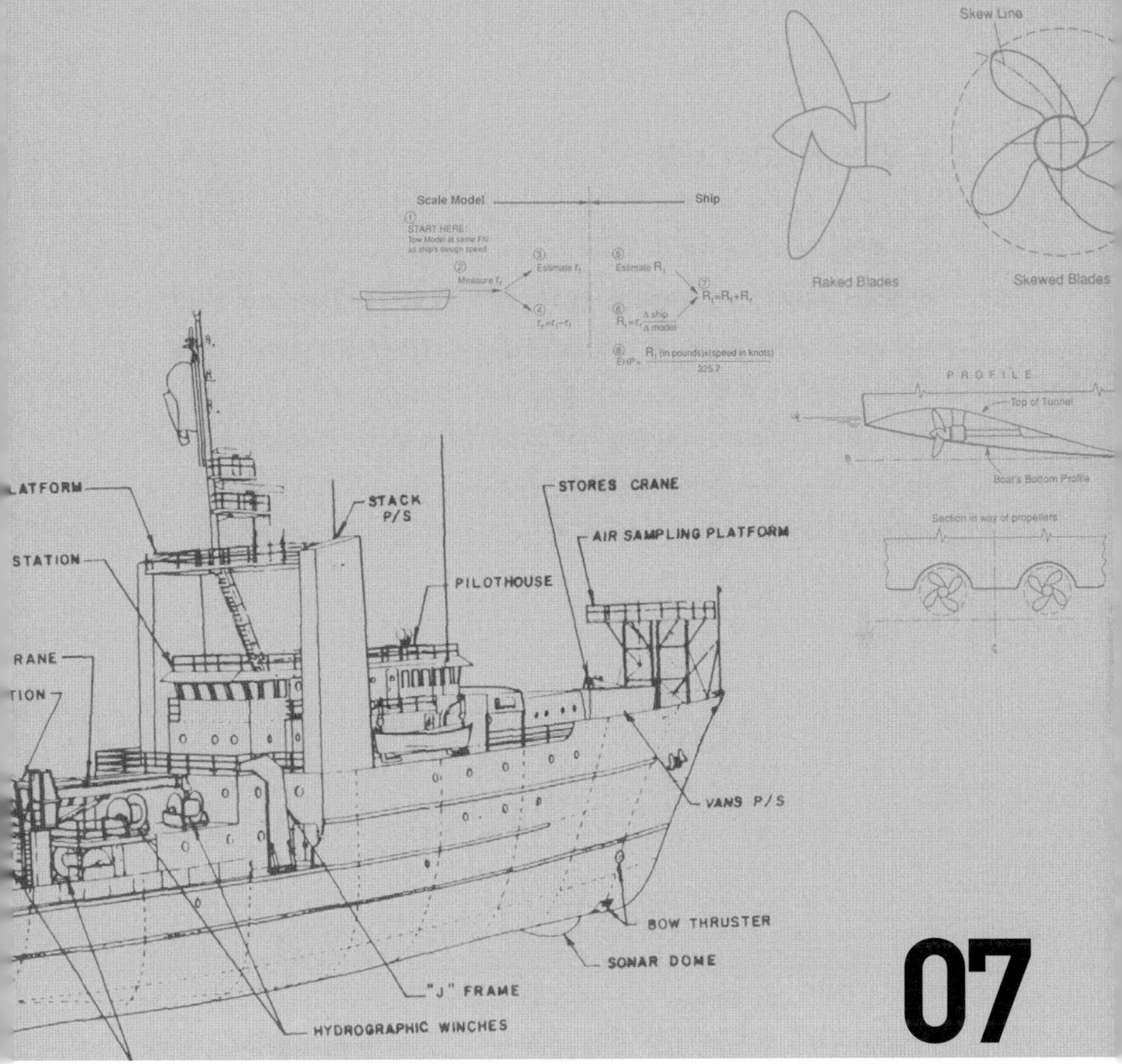

07

동적 안정성

1. 일반적인 고려 사항
2. 횡 동요
3. 종 동요
4. 선수 동요
5. 결론

1. 일반적인 고려 사항

1.1 관점

이 장에서는 선박이 파랑 중에서 움직일 때 그림 7.1에 표시한 것과 같은 여섯 가지 운동을 일으키는 것을 생각해보자. 여섯 가지 운동은 횡 동요, 종 동요, 선수 동요와 같은 세 가지 회전 운동과 상하 동요, 전후 동요, 좌우 동요와 같은 세 가지 직선이동 운동으로 이뤄진다. 선박에서는 이 여섯 가지 운동이 동시에 일어날 수 있으며, 특정 조건에서는 그 상호 작용이 두드러지게 나타날 때도 있다. 하지만 다행히도 그런 경우는 흔하지 않아서 대부분의 경우 각각의 운동은 서로 독립적으로 일어난다고 해석한다.

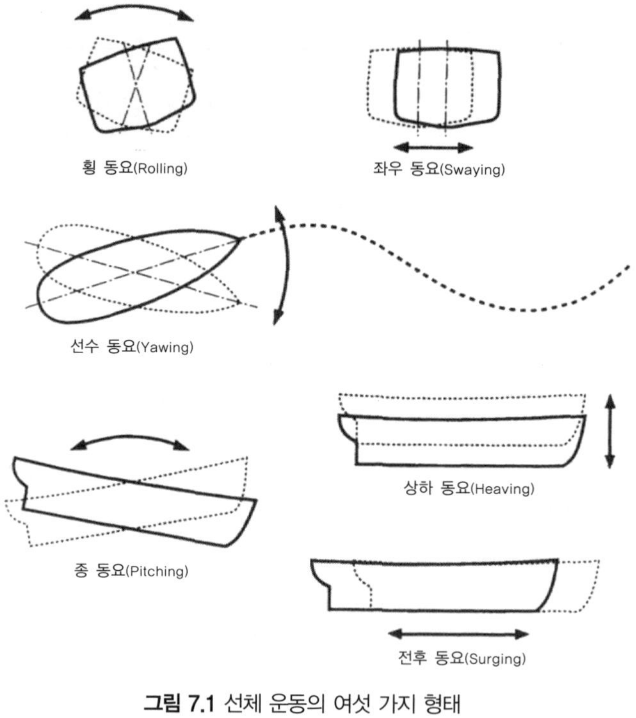

그림 7.1 선체 운동의 여섯 가지 형태

그중 회전 운동은 가장 현저하게 드러나기도 하고 다루기도 힘들기 때문에 좀 더 자세한 설명이 필요하다. 그러므로 이번 장에서는 각각의 회전 운동에 대해 개요를 설명하고, 이를 최소화하는 데 사용되는 실제적인 방법을 논하기로 한다.

1.2 공통적인 특징

횡 동요와 종 동요는 그 본질이 진자 운동과 같다. 즉 정지 상태로부터 초기 변위를 일으켜주고, 변위를 일으키게 했던 힘을 제거하면 다시 정지 상태의 원래 평형 위치로 되돌아가려 함으로써 진자 운동을 계속한다. 이 운동은 선박이 초기 평형 위치에 이르렀을 때 가지는 선체 운동의 관성력이 복원력과 평형을 이룰 때까지 지속된다. 이때 일어나는 진자 운동은 마찰력이나 다른 저지력이 없다면 오래도록 지속될 것이다. 선수 동요를 일으키는 경우에도 몇 가지 동요의 특성은 이와 같은 성향을 가진다.

가장 심각한 상황은 선박의 고유 동요 주기와 동일한 진동수로 반복적으로 어떤 힘이 가해지는 경우이다. 공진 상태라 불리는 이 상황에서는 한동안 계속적으로 진폭이 증가하는 운동이 일어나 극단적인 경우 큰 사고로 이어질 수도 있다. 이런 일이 발생하기 가장 쉬운 경우는 선박의 고유 횡 동요 주기와 같은 주기의 파도를 선측으로부터 받으며 진행할 때이다. 이런 상황에서는 파도가 작더라도 선박이 전복될 때까지 횡 동요가 커질 수 있다. 그런데 다행히도 자연에서는 정확히 같은 주기의 파도들이 한꺼번에 진행하는 경우는 거의 없다. 뿐만 아니라 에너지 흡수력이 작용해 횡 동요의 증가가 제한을 받기도 한다. 전형적인 해양의 표면은 균일한 파도들로 합쳐져 만들어진 파도 집단이 형성되고, 여러 개의 파도 집단이 각기 다른 방향과 속도로 진행하며 교란돼 형성된다. 때에 따라서는 2개의 독립적인 파도가 함께 만나서 순간적으로 하나의 큰 파도를 만들기도 하고, 더러는 한 파도가 다른 파도와 만나 소멸되기도 한다. 결국 전체적인 결과는 우리가 흔히 혼란된 상태의 바다로 보게 된다.

1.3 친항성

친항성(親航性, sea kindliness)이라는 용어는 선박에 가까워질 수 있다는 뜻을 담은 감성적 용어이므로 정량적으로 정의할 수 없다. 그 뜻은 선박의 운동이 양순해 운동의 크기가 작고 가속도도 적당하며 파도나 물보라가 선박 안으로 들어오지 않는다는 물리적 성질을 함축하고 있다. 수중의 잠수함이나 외해로부터 차단돼 잔잔한 수상에서 작업하는 선박은 운동으로 인한 문제가 없다. 하지만 그 외의 선박들은 불가피하게 어느 정도 운동을 할 수밖에 없다. 본 절에서는 이런 운동을 최소화하기 위해 조선공학자들이 사용하는 방법들을 설명하고자 한다.

우선적으로 고려해야 할 사항은 선박의 운동으로 인해 모든 승객이나 승조원이 느끼게 되는 불쾌한 느낌이다. 이로 인해 작업 능률과 생활의 질이 모두 저하되기 때문이다. 선박이 오랫동안 들까불듯 한다면 승조원들은 일하기 어려워지고, 즐겁게 생각할 승객도 거의 없을 것이다. 또한 넘어져 다치는 등의 위험도 있다. 그러므로 조선공학자라면 일반인이 선박 운동에 적응할 수 있는 한계에 대한 기준을 알아야 하는데, 만델의 자료가 기준이 될 수 있을 것이다(Mandel, 1989).

실제 항해에 나서서는 적절한 판단으로 조종해 좋은 결과를 얻을 때가 많다. 예를 들어 항해사는 항로나 속도 또는 둘 다를 변경함으로써 파랑의 피해를 최소화할 수 있다. 현대적인 항로 기상 정보 서비스는 항해사들이 나쁜 해상 상태를 피할 수 있는 항로를 선택하며 운항할 수 있도록 정보를 준다. 아래에서는 좀 더 세부 사항을 다루면서 그 외의 다른 방법들을 설명하도록 하겠다.

2. 횡 동요

2.1 원인

횡 동요가 발생되는 주요 원인은 선측으로 들어오는 파도 때문이라는 것을 설명한 바 있다. 이와는 다르게 범선인 경우에는 바람의 변동이나 선상의 화물 이동 또는 급선회할 때 나타나는 힘 등이 횡 동요의 원인이 된다. 작은 선박일 때는 사람이 한쪽에서 반대쪽 선측으로 움직이는 것만으로도 횡 동요가 생길 수 있다.

2.2 부정적인 영향

횡 동요는 선박을 전복시킬 뿐 아니라 그 외의 위험도 일으킨다. 선박의 운동 중심으로부터 멀리 떨어진 위치에 있는 사람이나 물체는 선체 운동으로 유기되는 하중을 느낄 수 있게 된다. 선체 운동으로 유기된 관성력은 횡 동요가 끝나는 위치에서 최댓값에 이르고 잠깐 없어졌다가, 다시 반대 방향으로 커지기 시작한다. 돛대나 연돌 등 키가 큰 시설들은 각각의 위치에서 횡 운동을 계속하려는 경향이 있어서 적절히 고정돼 있지 않으면 쉽게 넘어진다.

또 한 가지 짚고 넘어가야 할 것은 횡 동요가 다른 종류의 선박 운동보다 뱃멀미에 가장 큰 영향을 미친다는 것이다. 아래 작자 미상의 시는 고통스러운 뱃멀미를 잘 나타내고 있다.

> 견디기 힘든 오르내림
> 대양의 심연에서 전달되도다.
> 이제야 어렴풋이 알겠네!
> 뱃사람으로 타고나지 않았음을
> There's a nasty up and down motion,
> that comes from the bed of the ocean,
> And kinda gives me the notion
> I was never meant for the sea!

– 작자 미상

2.3 대처 방안

앞에서 설명한 것과 같이 과도한 초기 정적 복원 안정성을 갖춘 선박은 주위로부터 들어오는 모든 파도의 파면을 따라서 움직이려 하기 때문에 오히려 심한 횡 동요 운동을 보이는 경향이 있다. 따라서 메타센터 높이(*GM*)를 적당히 작게 잡아주는 것이 바람직하다. 큰 선박일 때는 메타센터 높이를 쉽게 줄일 수 있으나, 작은 선박일 때는 그

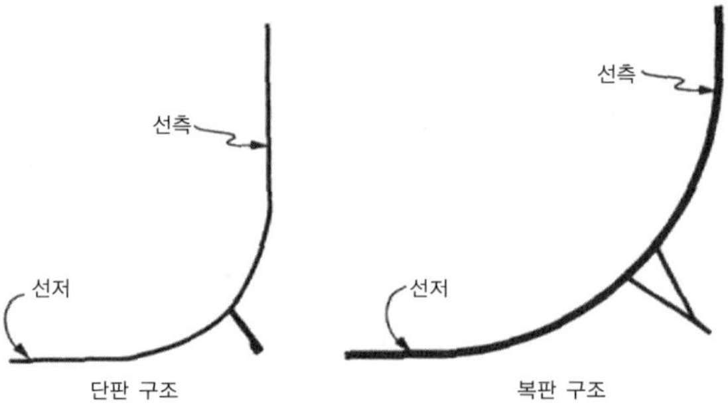

그림 7.2 빌지 킬
단판식 빌지 킬보다는 복판식 빌지 킬이 많이 쓰이고 있다. 빌지 킬은 빌지 반경이 허용하는 범위에서 적합하게 붙여진다.

리 크지 않은 중량 이동으로도 메타센터가 작아지고 선박의 전복이 일어날 수 있으므로 메타센터 높이 결정에서 안전 여유를 주는 것이 필요하다.

대부분의 큰 선박에는 그림 7.2에 보인 것과 같은 빌지 킬이라는 장치가 설치돼 있다. 선박이 횡 동요를 일으키면 빌지 킬은 많은 양의 물을 움직이게 하고 동시에 난류를 발생시키는데, 이런 현상들이 횡 동요를 억제하는 역할을 함으로써 진폭을 감소시킨다. 빌지 부분을 각이 지도록 만든 선형에서도 동일한 경향이 나타난다. 선박에 따라서는 횡 동요를 줄여주기 위해 그림 7.3에 보인 것과 같은 감요 수조를 설치하기도 한다. 적절히 설계된 감요 수조 시스템은 횡 방향으로 진동하는 물의 흐름을 만들어내는데, 이 진동의 타이밍을 잘 조절하면 횡 동요를 유발하는 힘의 반대쪽으로 작용하는 하중을 생성시킬 수 있다. 간단히 말하자면 횡 동요가 일어날 때 선박의 높은 쪽에 무게를 더해주는 것이다. 이것만으로 횡 동요를 멈추게 하지는 못하지만 횡 동요 진폭을 두드러지게 감쇠시킬 수는 있다. 단점은 감요 수조 안에 채우는 물의 무게만큼 화물 유효 적재 중량이 줄어드는 것이다.

또 다른 횡 동요 감쇠 방법은 그림 7.4에서 보인 것과 같이 좌우현의 선저 만곡부 부분에 횡 동요 감쇠 핀(anti-rolling fin)을 설치하는 것이다. 이 핀에는 회전축이 붙여져 있어서 횡 동요의 방향을 감지하는 센서의 신호를 받아 회전축의 각도를 횡 동요가 줄어

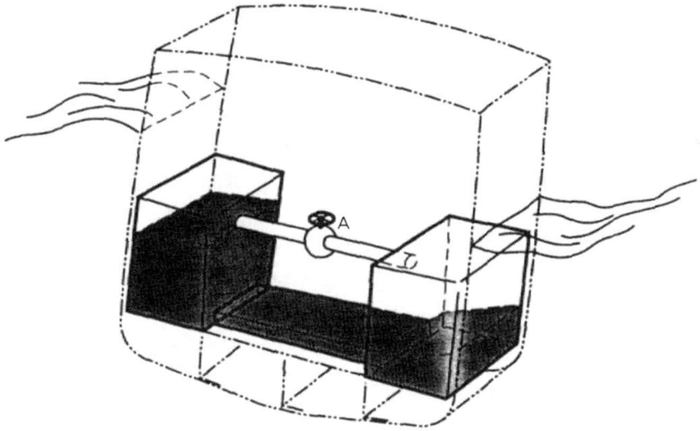

그림 7.3 감요 수조

물이 한쪽 현으로부터 반대쪽 현으로 이동하며 횡 동요를 감쇠시킨다. 선체 운동이 일어나면 물은 관성력에 의해 높은 쪽으로 이동하려 하면서 감쇠가 일어난다. 양쪽 현측 탱크를 연결하는 관로의 밸브 A를 조절하면 물이 이동하는 고유 주기를 선박의 해당 적하 상태의 고유 주기와 일치시킬 수 있다. 탱크 내의 물의 중량이 선박의 횡 동요와 반대 방향으로 움직인다는 점에 주의해야 한다.

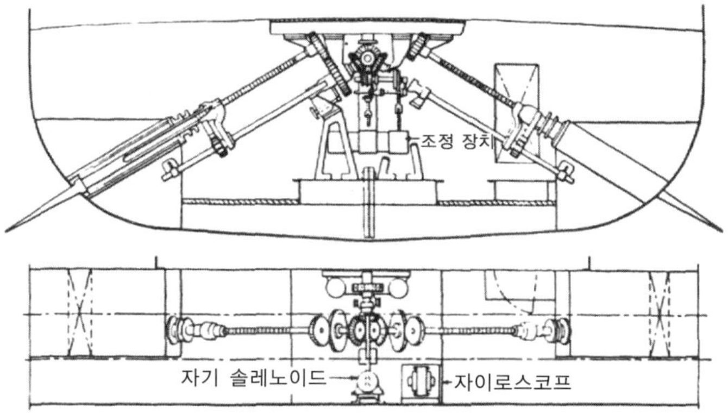

그림 7.4 핀 안정기 (출처 : Lewis, 1967)

들도록 제어할 수 있다. 이 센서들은 횡 동요에 반대되는 효과를 낼 수 있도록 축을 중심으로 핀을 회전시킨다. 선박이 진행할 때 물속에 잠겨 전진하는 아래쪽으로 물속 깊이 잠긴 핀에서는 위쪽으로 들어올리는 양력을 발생시키고, 위쪽에 위치한 핀에서는 더욱 잠기게 하는 방향으로 양력을 발생시킬 수 있도록 핀의 각도를 회전시켜 제어한다. 횡 동요 감쇠 핀 장치는 독(dock)에서 작업할 때 손상을 막기 위해서 대부분 선체 내부로 끌어들이는 방식을 채택하고 있다. 당연한 이야기지만 핀에 작용하는 유체 동역학적 양력을 이용하는 이 시스템은 선박이 진행할 때만 제대로 된 성능을 보이고, 정박 중일 때는 거의 쓸모가 없다.

회전하는 자이로스코프를 살펴보면 자이로스코프의 축 방향을 유지하려는 성향이 강하다. 따라서 선박에 자이로스코프를 장착하면 회전 자이로스코프의 축은 선박이 경사를 억제하는 힘을 선체에 전달하게 된다. 이 때문에 일부 요트에는 커다란 자이로스코프를 장착하기도 한다. 1932년에 이탈리아 여객선 콩테 드 사부아(Conte de Savoia)호는 큰 자이로스코프 3개를 설치하고 취항했는데, 무겁고 부피가 크며 값이 비싼 데 반해 효과가 기대에 못 미쳐서 결국 그 아이디어는 실용화되지 못했다.

그보다 좀 더 일찍이 대담하게 시도했던 것은 영국의 도버와 프랑스 칼레 간에 페리선으로 취역시키기 위해 헨리 베세머(Henry Bessemer)가 건조한 증기선이었다. 헨리 베세머는 뱃멀미로 고생을 많이 했다고 한다. 그래서 자신과 같은 승객들을 위해 객실을 거대한 상자 안에 배치하고, 상자의 앞과 뒤를 선체와 회전축으로 연결한 선박을 건조했다. 이는 선박의 횡 동요는 제어하지 않고 선실이 배치된 상자를 횡 동요에 관계없이 수평 상태를 유지하도록 유압 조절 장치로 제어하겠다는 것이다. 이 선박은 1875년에 운항을 시작했는데 실제로는 횡 동요 감쇠 특성이 제대로 구현되지 못했다. 여객선으로서 실패하자 이 선박을 화물선으로 변환시켜 다시 취역시켰으나, 운항 시작 후 금방 좌초되는 바람에 결국 폐선하였다. 그 후로 더 복잡한 기술들도 실용화가 됐으므로 아마도 이제는 그 개념을 재발명할 때가 됐는지도 모르겠다.

앞에서 선박의 타각을 변화시킬 때 선박이 횡 경사를 일으킬 수 있다고 설명한 바 있다. 이런 사실은 타각 변화로 인해 나타나는 횡 경사 모멘트를 선박의 횡 경사와 반대 방향이 되도록 타각을 조절하면 횡 동요 감쇠 효과를 얻을 수 있으므로, 선박의 타 장치를 횡 동요 감쇠 장치의 역할을 하도록 하는 조타 기법도 개발될 수 있을 것으로 판단된다.

선박의 횡 동요 주기는 관성 반경에 직접적으로 비례한다. 관성 반경이란 선박의 횡 동요 중심에 대한 질량 분포에 의해 결정되는 관성력 분포로부터 얻어지는 것이다. 이러한 관성 반경이 커질수록 회전 운동은 변화시키기 더욱 어려워진다. 이를 실용적인 관점에서 얘기하면, 중량물을 대칭적으로 중앙선에서부터 바깥쪽으로 옮겨주면 선박의 횡 동요 주기를 늦출 수 있다는 뜻이 되기도 한다.

과도한 횡 동요가 일어날 때는 항로를 변경함으로써 공진을 일으키는 파도와의 만남 주파수 대역을 벗어나도록 해야 한다. 대형 선박에서는 항로의 변경에 더해 밸러스트 수 탱크를 부분적으로나마 채우는 것이 도움이 될 수 있다. 밸러스트 수를 채우면 선박의 전체적인 무게중심은 낮아지지만, 메타센터 높이는 밸러스트 수의 자유 표면 효과 때문에 감소하므로 결국 횡 동요가 줄어들게 된다.

철광석과 같이 극단적으로 밀도가 큰 산적 화물을 싣도록 설계된 선박은 통상적으로 내저판을 높은 위치에 배치한다. 이는 선박의 전체적인 무게중심을 높임으로써 메타센터 높이가 지나치게 커지는 것을 방지해 결과적으로 횡 동요의 세기를 감소시키는 효과를 가져온다.

2.4 메타센터 높이와 횡 동요 주기

이론적으로 선박의 횡 동요 고유 주기는 다음의 근사식으로 추정될 수 있다.

$$T = \frac{1.108K}{\sqrt{GM}}$$

여기서 T= 하나의 완전한 횡 동요 주기(초), K= 선박의 횡 방향 관성 반경(피트), GM= 선박의 횡 방향 메타센터 높이(피트)를 말한다. K의 값은 선박의 폭(B)과 밀접한 관계가 있으며, 다음의 유용한 근사식으로 표현될 수 있다.

$$T = \frac{0.42B}{\sqrt{GM}}$$

분자의 상숫값은 0.37부터 0.60까지 사이에서 다양하게 택할 수 있으나, 보통 0.42를 택하면 적당한 평균 주기를 얻을 수 있는 것으로 알려져 있다. 위의 식들을 다시 정리하면 다음과 같은 식을 얻을 수 있다. 따라서 보트와 같은 소형선의 횡 동요 고유 주기를 측정하면 메타센터 높이를 근사적으로 알 수 있다.

$$GM=\left(\frac{0.42B}{T}\right)^2$$

3. 종 동요

3.1 원인

종 동요는 거의 대부분 맞파도를 가르며 진행하는 선박에서만 발생한다. 예외적으로 쇄빙선의 선수가 얼음 위로 올라타며 얼음을 부술 때에 이용되기도 하는데, 이는 종 동요가 도움이 되는 흔하지 않은 경우이다.

3.2 부정적인 영향

종 동요가 일어나면 종종 갑판 침수를 동반해 위험에 처하게 된다. 특히 화물창 덮개나 출입문과 같은 선체 부분에 손상을 주기도 하고, 선상에 화물을 적재 운반하는 경우에는 화물에 손상을 주기도 한다. 극단적인 경우에는 갑판실 전체가 휩쓸려갈 수도 있다.

용골 단부는 선저 용골판이 앞쪽으로 가며 둥글게 모아져서 선수재를 형성하는 부분인데, 심한 종 동요로 용골 단부가 물 밖으로 나왔다가 다시 들어갈 때 종종 선체 하부 구조가 손상을 입을 수 있다. 반대쪽 끝, 즉 선미에서는 프로펠러가 전부 또는 부분적으로 물 밖으로 나왔다가 들어가면서 피해를 입을 수도 있다. 이렇게 프로펠러가 물 위로 노출될 때에는 프로펠러에 부하로 작용하던 토크가 순간적으로 없어지므로, 추진

기관은 부하 과소 상태가 되어 급속히 기관 과속 운전 상태에 들어가 손상을 일으키기도 한다.

횡 동요일 때와 마찬가지로 종 동요로 인해서도 관성력이 생기게 되는데, 선수 또는 선미 끝 부분에서는 운동 반경이 크기 때문에 관성력도 훨씬 심하게 나타난다. 그 결과 선수부나 선미부에 채워진 화물이 부서질 수 있고, 무거운 화물을 적재한 갑판은 붕괴될 수도 있다. 또한 가속도가 중력 가속도보다 커져서 화물이 튕겨나가거나 사람이 다칠 수도 있다.

3.3 대처 방안

운항 중에 과도한 종 동요를 피할 수 있는 가장 효과적인 대책은 항로나 속도 혹은 둘 다를 바꾸는 것이다. 또한 부서지기 쉬운 화물을 선수부나 선미부에 적재할 때는 종 동요로 인해 튀어 오르지 못하도록 각목 등을 덧대어 고정시켜야 한다. 이에 더해 무거운 화물은 되도록 선박의 중앙부에 적재해 종 동요로 인한 운동 반경을 줄여줘야 한다. 이런 방법으로 중량 배치를 하면 큰 파랑을 만났을 때 선수나 선미가 더 쉽게 파도에 올라탈 수 있게 된다. 작은 보트에서 승선자가 모두 중앙부 근처에 낮게 앉으면 거친 수면에서 더 안전하게 파도를 탈 수 있는 것도 같은 이유이다.

선수나 선미에 주로 설치하는 종 동요 안정을 위한 수평 핀은 의도하는 바와 같이 큰 성공을 거두지 못했다. 오히려 불필요한 진동을 유발하고, 종 동요의 크기가 커서 핀이 물 밖으로 노출됐다가 다시 물에 들어가면서 수면과 충돌하여 손상을 입기도 한다. 활주선일 때는 종 동요에 대비해 30도에 육박하는 선저 기울기(deadrise)를 선수에 두기도 한다.

선박을 설계할 때 종 동요는 필연적이고 불가피하게 발생된다는 것을 명심해야 한다. 갑판 침수를 억제하려면 선박의 앞과 뒤, 특히 선수에 건현을 충분히 확보해야 한다. 선수부 외판을 바깥쪽으로 펼쳐주는 플레어는 물을 선박으로부터 밀쳐내도록 하며 선수부 상갑판에 설치하는 물결막이 구조물은 넘쳐 올라온 물에 뒤쪽으로 쓸려나가는 것을 막아준다. 작은 선박의 선수 부분에는 길이 방향으로 물보라막이 띠라고 하는 좁은 띠 모양의 부가물을 설치해 파도나 물보라가 선수로 튀어 오르는 것을 막아준다. 빌지를 차인형으로 만든 선박의 선수부에서는 물보라막이 띠를 운항 중에 발생되는 선수파보다 위쪽으로 연장해줘야 물보라가 튀어 오르는 것을 막아줄 수 있다. 마지막으로 선체 후반부 형상을 넓고 바닥이 평평한 형태가 아니라 선수부와 유사하게 경사진 형태로 만들어주면, 선미로부터 파도를 받을 때 종 동요가 심해지는 것을 억제할 수 있다.

통상적으로 조선공학자는 비정상적으로 길이-흘수 비가 커지지 않도록 함으로써 용골 단부와 프로펠러가 물 위로 노출되는 빈도를 최소화한다. 만약 이를 피할 수 없다면 용골 단부의 형상을 U형태보다 V형태의 횡단면이 되도록 해 노출되는 빈도를 줄여줄 수 있다. 엔진의 과속은 프로펠러가 물 위로 올라왔을 때를 감지하는 장치를 이용해 엔진 출력을 줄임으로써 예방할 수 있다. 또한 화물 갑판과 선수나 선미의 탱크 상단 구조의 강도를 높여줌으로써 그 위치에 큰 관성력이 가해지더라도 견딜 수 있도록 설계한다.

4. 선수 동요

4.1 발생하는 경우

선수 동요는 대부분 바지선이나 요트의 보급선으로 사용하는 노 추진 소형 보트를 예인할 때 흔히 관측된다. 선수 동요가 때에 따라서 문제를 일으키리라는 것은 쉽게 이해할 수 있을 것이다. 긴 줄로 예인되는 선박은 처음에는 잘 끌리지만 어느 순간 교란을 받아 작은 선수 변위가 발생하면, 선수의 한쪽에 더 큰 유체력이 발생해 더 큰 선수각 변위를 일으킨다. 그리고 시간이 좀 더 지나면 견인줄의 장력이 선수 각 변위를 증가시키는 유체력과 균형을 이루게 된다. 균형이 이뤄진 후에는 예인되는 선박이 반대방향으로 각 변위를 일으키며 처음 항로로 되돌아간다. 그 뒤에는 다시 반대쪽 방향으로 선수가 돌아가게 되지만, 이런 과정을 몇 번 거치면 선수 동요가 안정되어 더 이상 극단으로 치닫지 않게 된다.

4.2 부정적인 영향

예인되는 부선 등이 선수 각 변위를 일으키면서 원래 항로를 벗어나 진행하면, 예인 밧줄에 걸리는 장력은 예인선의 중심선으로부터 벗어난 방향으로 작용하게 된다. 이때 예인 밧줄에 걸리는 장력의 예인선이 전진하는 방향 성분은 예인력으로 예인선에 전달되지만, 예인선의 폭 방향으로 작용하는 힘은 예인선을 전복시키는 경사 모멘트를 형성해 전복에 이르게 하기도 한다. 이 같은 현상은 수상 스키에서도 쉽게 볼 수 있는데, 너무 열심인 스키어 때문에 모터보트에 큰 경사 모멘트가 작용해 전복되는 경우가 생기는 것이다. 한편 선수 동요를 일으킨 바지선은 당연히 좌초하거나 다른 선박과 충돌을 일으키기 쉬우며, 부표와 같은 항로 표지에 피해를 입힐 위험도 커지게 된다.

선박이 바람과 파랑의 진행 방향과 같은 방향으로 항해할 때, 선박의 속도보다 빠른 속도를 가진 파도를 선미로부터 받으면 선미 부분이 선수 동요 때와 같이 동요를 일으킨다. 그러면 원래 항로로부터 90도에 이르기까지 급격한 각 변위가 생길 수 있다. 이처럼 선박이 파도를 선측으로부터 받는 상태에 이르게 되는 상황을 브로칭(broaching)이라 고 한다. 브로칭은 극단적인 경우 전복을 일으킬 수도 있다.

4.3 대처 방안

선미 트림이 지도록 하면 선박의 크기와 상관없이 선수 동요를 억제할 수 있으며, 안 되더라도 진폭을 줄일 수 있다. 만약 요트가 조절하기 어려운 선수 동요의 경향을 보이는 경우에는 선미 쪽에 짐을 더 실어주는 것으로 문제를 해결할 수 있다. 승조원들이 탑승한 선박을 예인할 때는 조타수가 타를 조작하도록 하면 선수 동요를 막을 수 있다. 바지선을 무인으로 예인할 때는 바지선의 선수 동요를 여러 기술들을 사용해 예방한다. 가장 흔한 방법은 그림 7.5에 보인 것과 같이 선미 근처에 스케그(skeg)로 불리는 2개의 동일한 안정화 핀을 설치하는 것이다.

앞에서 종 동요에 관해 설명할 때 넓고 평평한 선미부는 과도한 종 동요를 동반할 수 있기 때문에 피해야 한다고 했다. 그 외에 또 다른 이유는 그런 형상의 선미는 브로칭을 조장하는 경향이 있기 때문이며, 브로칭이 문제가 될 가능성이 있을 때는 깊은 용

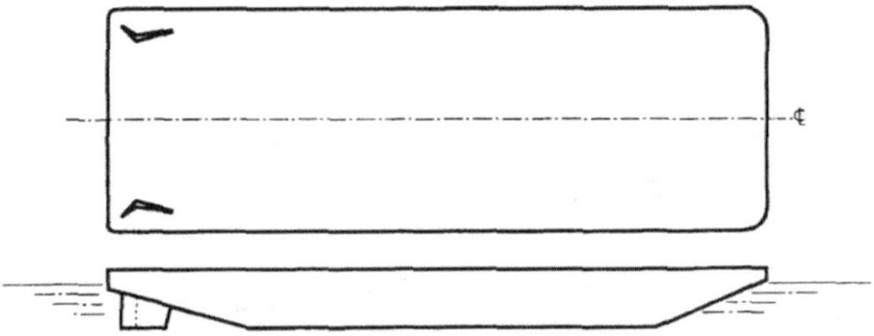

그림 7.5 선수 동요를 막는 스케그의 대표적인 예

골 단부도 피하는 것이 좋다.

5. 결론

제7장에서는 가장 중요한 선박 운동의 종류와 원인 그리고 부정적인 운동의 영향에 대해 살펴봤다. 또한 그런 운동을 최소화하는 데 도움을 줄 만한 방법을 설계와 조종의 측면에서 간략히 설명했다. 비록 여러 가지 예방법을 사용할 수는 있지만, 선박이 잔잔한 물 위에 떠 있거나 완전히 잠수하지 않는 한 바람직하지 않은 선박 운동을 확실하게 제거하는 것은 불가능하다. 단지 선박 운동이 최대한 부드럽게 발생하기를 바라며 갑판 침수와 스프레이를 최소화하는 것이 우리가 할 수 있는 최선의 노력이다. 앞에서 이미 언급한 대로 이런 이상적인 선박을 칭하는 용어가 있는데, 그것을 친항성이라고 한다.

제7장을 실제적인 이야기로 마치기 위해 뱃멀미를 막는 방법에 대해 간단히 이야기하겠다. 우리 몸에는 균형을 유지하도록 동작을 감지하는 다양한 감각기들이 있다. 갑판이 움직일 때 서 있는 경우에는 발, 앉아 있는 경우에는 엉덩이가 그 사실을 먼저 감지하지만, 사실 가장 민감하게 인식하는 기관은 귓속에 있다. 만약 저 멀리 수평선을 바라보면 눈은 선체 운동을 확실히 올바르게 판단할 수 있을 것이다. 하지만 어떤 고정된 것, 예를 들면 객실의 격벽이나 무릎 위의 책 등을 볼 때는 문제가 생긴다. 왜냐하면

그때 눈과 귀는 서로 모순되는 신호를 감지하기 때문에 아직 완전히 밝혀지지 않은 신경학적, 정신적 그리고 생체역학적인 영향이 복합적으로 작용해 멀미를 일으키게 되는 것이다. 이런 멀미는 무기력한 기분으로 시작해 점점 더 다양하고 불쾌한 단계로 진행된다. 이는 보통의 소화불량과는 크게 다르며, 오히려 배 속이 든든한 것이 뱃멀미를 억제하는 데 더 효과적이다.

뱃멀미에 대한 최고의 대책은 수평선이 보이는 곳에 위치하는 것이다. 대개 앞이나 선미 쪽을 똑바로 보는 것이 가장 좋지만, 횡 방향으로 선측 쪽을 똑바로 보는 것도 좋다. 부득이한 경우 사선 방향을 보는 것은 안 하는 것보다는 낫다. 그런데 선상에서는 수평선을 편하게 볼 수 있는 장소가 많지 않기 때문에, 다양한 인공 수평선 기술이 시도돼왔다. 예를 들어 일부 선박에서는 똑바로 앞을 향한 TV 모니터를 설치해 그 이미지를 각 선실에 장착된 TV 스크린에 투사하는 방법을 쓰기도 한다. 그런데 그 어떤 방법을 동원해도 수평선을 보는 것이 불가능하다면 움직임이 최소인 곳을 찾아야 한다. 이런 곳은 선박의 중심선 위, 수면 가까운 곳, 선체 중앙부에서 선미 쪽으로 약간 거리가 떨어진 곳 등이다. 신선한 공기가 풍부한 장소 또한 뱃멀미를 완화하는 데 도움이 된다.

그 외에는 어떤 것들이 뱃멀미를 이겨낼 수 있게 해줄까? 보통 약국에서 구할 수 있는 피부 패치나 손목 지압 밴드 등이 있다. 다른 일들에 집중해서 바쁘게 움직이는 것 역시 효과가 있다. 잘 먹고 잘 쉬는 것 또한 뱃멀미를 완화하는 데 도움이 되지만, 술을 마시는 것은 도움이 되지 않는다. 아울러 인류의 가장 자랑스러운 발명품인 선박을 타는 특권을 누리고 있음을 상기시켜 정신적인 위안으로 삼는 것도 도움이 될 수 있다. 만약 지금까지 이야기한 모든 시도들이 효과가 없다면 그냥 불을 끄고 자라. 혹시 그마저 효과가 없는데도 선박을 꼭 타보고 싶다면 얼음 위를 달리는 빙상 요트를 시도해보길 추천한다.

참고 문헌

Beck, Robert F., Cummins, William E., Dalzell, John F., Mandel Philip, and Webster, William C., "Motion in Waves," Chapter XIII in *Principles of Naval Architecture*, by Edward V. Lewis, Ed., Society of Naval Architects and Marine Engineers, Jersey City, N.J., 1989.

Crane, C. Lincoln, Eda, Haruzo, and Landsburg, Alexander C., "Controllability," Chapter IX in *Principles of Naval Architecture*, by Edward V. Lewis, Ed., Society of Naval Architects and Marine Engineers, Jersey City, N.J., 1989.

Hamlin, Cyrus, *Preliminary Design of Boats and Ships*, Cornell Maritime Press, Centreville, Md., 1989.

Mandel, Philip, "Assessing Ship Seaway Performance," Section 7 of Chapter VIII in *Principles of Naval Architecture*, Edward V. Lewis, Ed., Society of Naval Architects and Marine Engineers, Jersey City, N.J., 1989.

Källström, Claes G., Wessel, Peter, and Sjölander, Peter, "Roll Reduction by Rudder Control" in *Proceedings*, 13th Ship Technology and Research(STAR) Symposium and 3rd International Marine Systems Design Conference (IMSDC), Society of Naval Architects and Marine Engineers, Jersey City, N.J., 1988, pp. 67-76.

Lewis, E. V., "The Motion of Ships in Waves," Chater IX in *Principles of Naval Architecture*, John P. Comstock, Ed., Society of Naval Architects Marine Engineers, Jersey City, N.J., 1967.

사진 7.1 겨울철의 북대서양

미국 해안 경비대의 커터선 Mendota호의 1965년 2월 Nova Scotia 동쪽 해상에서의 모습들이다. 선박이 이와 같은 심한 피칭 상태에 놓이면 선수부 선저 구조에 큰 하중이 걸린다. (자료 제공 : R. W. Paugh, 미국 해안 경비대)

사진 7.2 선수 동요 방지 스케그
바지선의 선미부 선저에 붙여진 2개의 부가물이 예인할 때 바지선의 방향 안정성을 지켜준다. 바지를 끌지 않고 밀어 줄 때는 선수 동요를 제어할 필요가 없으므로 스케그의 뒷날에 붙여진 플랩을 접어서 저항을 줄여줄 수 있다.

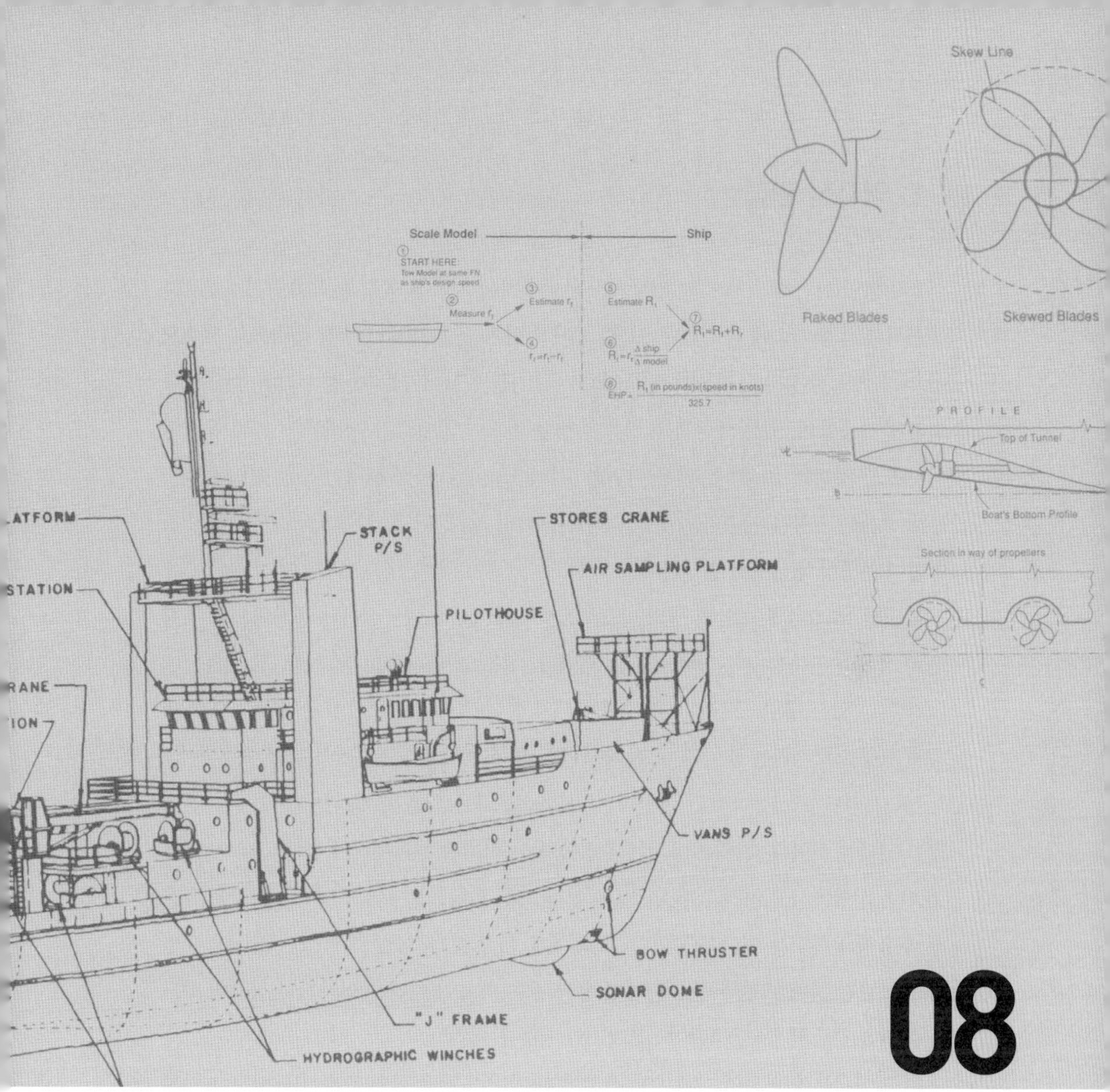
Skew Line
Raked Blades
Skewed Blades
Scale Model
Ship
START HERE
Measure
Estimate
PROFILE
Top of Tunnel
Boat's Bottom Profile
Section in way of propellers
ATFORM
STATION
RANE
ION
STACK P/S
STORES CRANE
AIR SAMPLING PLATFORM
PILOTHOUSE
VANS P/S
BOW THRUSTER
SONAR DOME
"J" FRAME
HYDROGRAPHIC WINCHES

08

저항과 동력 추정

1. 역사적 관점

100여 년 전까지만 해도 선박의 속도를 예측하는 것은 과학적 논리에 근거하기보다 예술적인 감성 기술에 근거했다. 그 후 증기 기관이 돛을 대체해 추진 동력으로 사용됨에 따라 속도 추정의 어려움이 절반 가까이 줄어들게 됐다. 왜냐하면 선박의 추진에 유효하게 사용할 수 있는 풍향과 풍력을 추정할 필요가 없어졌기 때문이다. 그러나 선박의 속도를 정확히 측정하는 것은 여전히 어려운 일이다. 특정 선형이 특정 속도에서 극복해야 하는 저항을 예측하는 것은 그리 간단하지 않다. 이 문제는 아직 정량적인 예측 방법이 분명하지 않아서 발생한다.

하지만 1870년대 초반에 윌리엄 프루드(William Froude)는 뛰어난 통찰력으로 저항을 추정하는 만족할 만한 방식을 만들어냈다. 이는 가히 대규모의 아날로그 컴퓨터에 비견할 수 있는 방법으로서, 모형 수조에서의 실험 결과를 직접적 또는 간접적으로 이용해 저항을 추정하는 것이다. 모형 수조에 대해서는 이 장의 4절에서 다룰 예정이다.

정리하자면 조선공학자는 여전히 선박의 속도와 동력을 추정하는 데 연구할 것이 많이 있다는 것이다. 현재 사용되는 추정 방식은 과학적 원리에 기초한다. 그러나 대부분 기존 선박에서 얻어진 경험적인 값이거나 모형 시험으로부터 구해지는 값들을 사용해 추정해야 한다는 어려움이 있다. 그 외에도 해상 상태, 화물 적재 상태 그리고 수면 아래로 잠긴 선체 표면에 붙은 따개비 등과 같이 예측이 어려운 인자들이 선박의 속도와 동력을 정확하게 추정하는 데 부정적인 영향을 미친다.

이 장에서는 일반적인 배수량형 선체에 대해 속도와 동력의 관계를 해석하는 이론적인 방법을 간단히 설명할 것이다. 활주형 선형이나 수중익선, 공기 부양정 등의 문제는 참고 문헌을 참조하기 바란다.

2. 저항 성분들

2.1 잠수함

우선 물속 깊이 잠겨서 운항하는 잠수함을 예로 들어 저항 성분에 관한 설명을 시작하기로 한다. 잠수함의 형상이 완벽하게 설계됐다고 가정하자. 깊이 잠겨 운항하는 잠수함이 전진 운동 중에 받는 저항의 주원인은 물의 점성에서 유발되는 마찰뿐이다. 선수에서 물을 가르며 헤쳐 나아갈 때 사용한 에너지는 선미에서 물이 다시 합쳐질 때 완전히 회복할 수 있기 때문이다.

2.2 마찰

흔히 생각하는 것과는 다르게 선박과 물 사이의 마찰 저항은 물과 물 사이의 마찰만큼 그렇게 크지 않다. 이를 설명하면 다음과 같다. 선체가 물에서 전진할 때는 얇은 물의 막이 선체에 붙어 선박과 함께 이동한다. 물은 점성을 가지고 있기 때문에 선박의 표면에 접한 얇은 층 안의 유체는 선박과 함께 움직이게 되며, 안쪽의 얇은 층은 그 바깥쪽의 두 번째 층을 따라오도록 만든다. 따라서 세 번째 층은 두 번째 층의 전진 동작을 방해할 것이다. 이와 같이 수많은 얇은 층들이 서로 작용해 선체를 따르게 되는데, 각각의 층은 그 안쪽의 이웃 층보다 작은 영향을 받게 되므로 점성 효과가 점점 작아지다가 결국 선체로부터 어떤 유한한 거리에서는 그 효과가 전부 사라지게 된다.

이때 일정한 층 내부의 물이 선체에 끌려가게 되므로 이를 경계층(boundary layer)이라고 하며, 그 두께는 선체 표면의 상대적인 거칠기에 영향을 받고 선수에서 선미로 갈수록 점진적으로 증가한다. 그 결과로 선미 뒤쪽에는 선체에 끌려가는 물의 덩어리가 생기는데, 이를 반류(伴流, wake)라고 한다. 따라서 선체를 깨끗하고 매끄럽게 유지한다면 마찰 저항을 줄일 수 있으리라 생각하고, 선체를 윤활유로 뒤덮는 방식 등을 고안할 수 있을 것이다. 그러나 그와 같은 방식은 이미 수많은 사람들이 노력을 기울였음에도 성공을 거두지 못했다.

2.3 조파

잠수함이 수면 위로 떠오르면 조파(造波)라는 또 하나의 저항 원인이 생겨난다. 선수가 물을 밀어내면 수면이 솟아오르며 파도가 만들어지기 때문이다. 이때 파도는 아래쪽으로 잡아당기는 중력을 극복하며 물을 밀어 올려야 얻어지는 것이므로 에너지를 어디에선가 흡수할 수 있어야 한다. 물론 다른 위치에서도 파도가 만들어질 수 있으며, 선미에서도 파도가 만들어진다. 일반적으로 말하면 조파 저항은 선체와 물 사이의 압력 변동으로 에너지가 선체로부터 물에 전달되어 중력을 극복하며 수면 형상이 이루어질 때 발생한다.

조파로 인한 저항과 밀접하게 연관돼 있으며, 선박 저항의 원인이 되는 또 다른 요소로 뭉툭한 선체 부가물이나 프로펠러축 스트러트, 방향타 등의 뒤에서 발생하는 소용돌이가 있다. 잘 설계된 선박에서는 이런 저항이 크지 않기 때문에 보통 조파 현상과 함께 취급된다. 조파 저항(wave-making resistance)과 와류 저항(eddy-making resistance)은 종종 함께 뭉뚱그려져 잉여 저항(residual resistance)이라고 불린다.

2.4 주요 성분들

저항은 선박이 전진할 때 물의 점성을 극복함으로써 나타나는 마찰 저항과, 중력을 극복하며 수면을 변형시킬 때 나타나는 조파 저항 성분이 대부분을 차지하는 잉여 저항이라는 두 가지의 주요 저항 성분으로 이뤄진다. 마찰 저항은 선체를 매끈하게 만들고, 오손과 부식을 방지하도록 빈번한 청소와 고품질의 도료를 사용함으로써 최소화할 수 있다. 잉여 저항은 좋은 선형을 개발함으로써 최소화할 수 있다.

대부분의 상선에서 마찰 저항은 잉여 저항보다 3, 4배 정도 크다. 반면에 상대적으로 고속인 여객선, 함선, 요트, 페리선 등에서는 두 저항 성분이 거의 같다. 극히 일부를 제외하고 공기 저항은 아주 작아서 대체로 전체 저항의 1, 2퍼센트 정도에 지나지 않으므로 조선공학자들은 이를 무시해도 좋다고 생각한다.

3. 동력 추정

3.1 적중 추정 목표

조선공학자의 가장 도전적인 임무 중 하나는 제안된 선속을 낼 수 있는 적당한 엔진을 선택하는 것이다. 선박이 운용되기 시작한 후 선주의 요구 속도를 만족시키지 못하게 된다면 해당 선박의 설계자는 심각한 곤경에 처하게 될 것이다. 심지어 다른 직종으로 이직을 해야 할 수도 있다. 반면에 만약 요구 속도보다 두드러지게 높은 속도를 낼 수 있을 때에는, 너무 큰 엔진을 채택해 선주에게 과다 지출의 원인을 제기한 것으로 간주돼 이 역시 곤경에 처할 수 있다. 이처럼 과녁 한가운데를 맞히듯 엔진의 크기를 적중 추정하는 것이 동력 추정의 목표인데, 이는 결코 쉬운 일이 아니다.

3.2 동력 추정 절차

휘발유 엔진 또는 디젤 엔진을 사용할 때는 제동 마력(brake horsepower : BHP), 증기기관을 사용할 때는 축 마력(shaft horsepower : SHP)을 선박의 소요 동력으로 보고, 여러 과정을 거쳐 최종 단계에서 기관을 선정한다. 디젤 엔진을 직결 구동으로 사용하는 경우에는 제동 마력과 축 마력이 동일하다. 이와는 다르게 감속기를 사용해 구동하는 경우에는 제동 마력이 감속 기어를 거치며 축 마력으로 출력된다. 이때 감속기에서의 마찰에 의해 대개 3퍼센트 이하의 손실이 나타난다.

동력 추정의 절차를 설명할 때 제동 마력이나 축 마력으로 나타내는 엔진 출력이 어떻게 나오고, 동력이 어떻게 뒤쪽으로 전달되며 최종적으로 소산되는지를 설명하는 것이 동력을 추정하는 것보다 더 쉽다.

3.3 에너지 평형의 관점

프로펠러축으로 전달된 에너지의 일부는 프로펠러에까지 도달하지 못한다. 그중 1, 2퍼센트 정도의 작은 부분이 축계 베어링과 프로펠러축이 선체를 관통하는 부분에서 물이 새지 않도록 막아주는 수밀용 밀봉 재료의 마찰을 극복하는 데 사용된다. 프로펠러는 회전력을 추력으로 변환시키는 기구이다. 프로펠러의 효율이 70퍼센트를 넘는 경우가 거의 없기 때문에 프로펠러로부터 발생되는 유용한 에너지는 프로펠러에 전달된 에너지보다 훨씬 작다. 다음 장에서 다루겠지만 프로펠러의 효율은 통상 수많은 프로펠러 모형 시험에서 얻은 도표로부터 추정한다. 하지만 그보다 더 어려운 점은 프로펠러와 선체 간의 상관 작용을 어떻게 추정할 것인가라고 할 수 있다.

이미 2.2절에서 마찰의 영향으로 선박을 따라 반류라는 유체 유동이 생긴다는 것을 언급한 바 있다. 이처럼 프로펠러가 상대적으로 느려진 물의 흐름 속에서 작동될 때는 더욱더 추력발생이 유리한 조건이 되고, 그로 인한 추력 증가분은 결국 마찰로 손실된 에너지의 일부를 회복하는 데 사용하는 셈이 된다. 동시에 프로펠러는 회전하며 물을 끌어들이게 돼, 결국 선체의 선미 주위의 유속을 증가시키게 되므로 그 부분에 작용하는 압력을 감소시킨다. 이런 현상을 선체의 흡입이라고 하는데, 이것이 선박의 저항을 증가시키는 결과가 되지만 기술적으로 추력 감소라 생각한다. 그런데 그러면 프로펠러는 더 큰 일을 해야 하므로 더 많은 에너지 손실로 이어진다.

조선공학자들은 일반적으로 반류로 얻어진 이득과 추력 감소를 통합해 선체 효율(hull efficiency)로 생각한다. 대개 선체 효율은 단축선(single screw ship)에서는 1.10이고, 쌍축선(twin screw ship)에서는 1.00 정도이다.

3.4 유효 마력

프로펠러 효율과 선체 효율의 곱을 추진 계수(propulsive coefficient)라고 부른다. 추진 계수는 동력이 프로펠러에 전달된 후 프로펠러가 아무런 특이한 현상을 일으키지 않고, 선박을 물에서 끄는 데 요구되는 동력으로 변환이 이뤄지는 것을 나타낼 때 사용된다. 때로는 예인 마력(towrope horsepower)이라고 하지만, 보통 유효 마력(effective horsepower : EHP)이라고 부른다. 유효 마력은 이미 설명한 바 있는 독립적인 세 가지 저항 요소, 즉 마찰, 조파, 부가물로 인한 약간의 저항 증가로 추정할 수 있다. 우선 마찰 저항에 대해 생각해보자.

3.5 마찰 저항 산정

수많은 실험을 통해 선박의 마찰 저항은 물에 잠긴 선체의 표면적에 해당하는 침수 표면적에 비례하며 선속의 지수 함수로 증가하는데, 지숫값은 2보다 약간 작은 값을 가지며 당연히 선체 표면의 거칠기에 직접적으로 관련이 있다는 것을 알게 됐다. 그 외의 다른 요인으로는 선박의 길이와 염도, 물 점성의 영향을 받으며, 점성은 온도에 따라 약간씩 달라진다. 긴 선박은 상대적으로 작은 단위 면적당 마찰 저항을 갖는다.

3.6 마찰 마력 산정

조선공학자가 마찰 저항(R_f)을 추정하면, 아래의 식을 사용해 유효 마력 중에 포함된 마찰로 인한 동력 성분 즉 유효마찰동력(EHP_f)을 나타낼 수 있다.

$$EHP_f = \frac{R_f(\text{파운드}) \cdot \text{속도}(\text{피트/분})}{33000} \quad \text{또는} \quad EHP_f = \frac{R_f(kgf) \times V(m/s)}{75} \ (\text{미터단위계})$$

$$EHP_f = \frac{R_f(\text{파운드}) \cdot \text{속도}(\text{노트})}{325.7} \quad \text{또는} \quad EHP_f = \frac{R_f(kgf) \times V(knots)}{145.8} \ (\text{미터단위계})$$

그림 8.1은 침수 표면적 1000제곱피트당 마찰 마력과 속도의 관계를 나타낸 것으로서 선박의 길이에 따른 변화도 함께 나타내었다. 여기서 해수는 화씨 50도(섭씨 10도)이고, 선체 표면의 거칠기는 매끈하게 도장된 신조 선박의 거칠기와 같다고 가정한 것이다.

3.7 조파 저항 산정

조파 저항을 추정하는 것은 마찰 저항을 추정하는 것에 비해 훨씬 더 어렵다. 간단히 말하자면 조선공학자들은 선박이 그 주위에 파도를 일으키는 물리적 현상의 정량적 표현 방법을 이해하지 못하고 있다. 조파 현상 해석에 대한 엄밀한 수학적 접근은 수십 년간 지속되고 있지만, 오늘날 사용하는 대부분의 설계 방식은 여전히 모형 수조에서

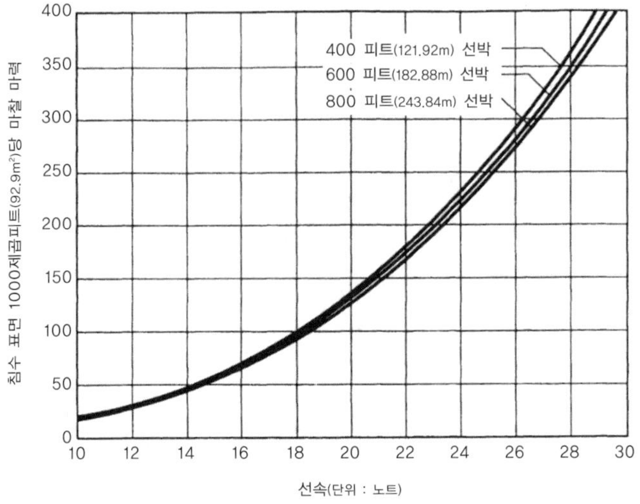

그림 8.1 1000제곱피트(92.9m²)당 마찰 마력 표시 선도
속도와 길이의 영향을 나타냈다. (출처 : Comstock, 1944)

실험한 결과나 기존의 유사 선박의 성능으로부터 유도된 결과를 더욱 선호하고 있다. 한 예로서 모형 수조의 연구자들은 선형을 체계적으로 변형시켜 얻은 많은 수의 계열 모형들에 대한 실험을 수행한 바 있다. 이런 형상들을 표준 계열(standard series)이라고 부르며, 실험 결과들의 분석결과가 발표돼 있다. 통상적인 형상을 가지는 선형의 배수량 톤당 조파 저항을 높은 정도로 추정하는 데 쓰일 수 있다. 그림 8.2는 이런 표준 계열의 모형을 수조실험하여 얻은 대표적인 잉여 저항 곡선으로, 그 대부분은 조파 저항을 나타낸다. 폭-흘수 비(beam-draft ratio)가 2.25이고, 노트 단위의 속도와 피트 단위 길이를 사용한 속장비(speed-length ratio : $\frac{V_k}{\sqrt{L}}$)가 1.00인 경우의 예이다. 마찬가지로 다른 조건에 대해서 얻어진 결과들이 다른 곡선들로 나타나 있다.

조파 저항을 추정할 수 있으면 마찰 저항으로부터 마찰 마력을 구하는 방식과 마찬가지 방식으로 조파 저항으로부터 조파 마력을 추정할 수 있다. 이 두 가지 마력을 더하고, 거기에 부가물로 인해 증가하게 될 적정량의 마력 증가를 추가하면 전체 유효 마력을 얻을 수 있다.

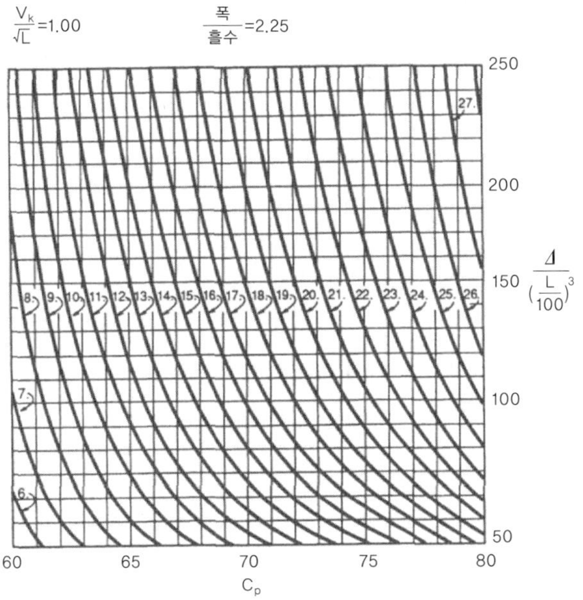

그림 8.2 계열 모형 시험으로 얻어진 잉여 저항 곡선

이 곡선들은 폭/흘수 비가 2.25이고 속장비가 1.00인 선박들에 대하여 잉여 저항을 파운드/톤으로 나타낸 것이다. 예컨대 주형 계수가 0.70이고 배수량/길이 비가 200인 선형의 배수량 톤당 저항은 19파운드이다.

3.8 요약

요약하면 기관의 소요 동력은 대개 다음과 같은 단계를 따라 추정할 수 있다.

- 선체 선도를 이용해 건조할 선박의 침수 표면적을 계측하고 마찰 마력을 계산한다.
- 기존의 표준 계열 실험 결과 또는 유사한 선박의 데이터를 이용해 조파 저항과 그에 상응하는 마력을 추정한다. 만약 시간과 예산이 허락한다면 상용 모형 수조에서 실험 계측해 추정치를 확인하거나, 초기 설계에서 얻은 선형을 변화시켜가며 시험해 선형을 개선할 수도 있다.
- 마찰 마력과 조파 마력을 합하고 모형선에는 생략됐던 부가물로 인한 마력의 증가량을 더한다. 부가물로 인한 저항의 증가량은 방향타만이 부가물이 되는 단축선일 때는 7퍼센트 정도로 생각하면 된다. 잘 설계된 쌍축선일 때는 12퍼센트 정

도가 될 것이다.

- 앞의 각 단계에서 찾아진 마력의 합은 추정 유효 마력(EHP)이 된다. 이 숫자를 추진 계수로 나눈 값이 프로펠러에 전해져야 할 마력이다. 여기에 축 손실에 해당하는 몇 퍼센트를 더하면 축 마력을 구할 수 있다. 추가로 작은 여유분을 더하면 제동 마력을 구하는 것이 된다.
- 축 마력과 제동 마력을 신중히, 보통 유효 자리 4자리까지 추정한 후에 선박이 운용될 실제 선박의 수명 기간에 걸친 운항 조건을 고려해 충분한 여유분을 더해준다. 앞선 단계까지는 모든 계산에서 완전히 매끄러운 선체, 맑은 날씨 그리고 잔잔한 해상과 같은 이상적인 조건을 가정했다. 그러나 실제 운항 환경에서 더해줘야 할 일반적인 여유분은 대체적으로 15~25퍼센트가량이다. 엔진의 출력이 시간이 지남에 따라 감소하는 경우라면 추가적인 여유분이 더해질 수 있다. 이를 보면 필요한 엔진의 마력을 추정하는 절차가 왜 '계산'이 아니라 '추정'으로 표현돼야 하는지를 이해할 수 있을 것이다.
- 위에 기술된 대로 요구 동력을 추정하면 상품 안내서에서 표준화된 엔진이나 터빈을 선택할 수 있다. 하지만 기성품의 경우 요구되는 동력과 정확히 일치하는 규격품은 거의 없으므로, 대개는 그보다 좀 더 큰 출력의 제품을 선택한다.

4. 모형 수조 이론

4.1 프루드의 통찰력

1868년에 시작된 윌리엄 프루드의 기초적 연구에 앞서, 벤자민 프랭클린을 비롯한 많은 과학자들이 모형 시험에 근거한 선박의 속도 추정을 시도했다. 하지만 그들은 모두 실패했다. 모형 시험 결과를 어떻게 실제 크기 선박의 값으로 확장 추정할 것인가를 이해하지 못했기 때문이다. 반면에 프루드는 모형선-실선 확장 과정에서 저항의 두 가지 주요 성분인 마찰저항과 조파 저항이 서로 다른 물리 법칙을 따르기 때문에 어려움이 발생한다는 것을 깨달았다. 따라서 프루드의 대표적 연구 성과는 모형선의 결과를 실선 예측에 이용할 때 마찰과 조파 성분을 분리해 다루었다는 것이다.

프루드는 상사 법칙을 이해하고 있었다. 상사 법칙으로는 축척이 바뀌면 물리적 특성이 어떻게 바뀌는지를 알 수 있게 된다. 간단한 예로 원의 넓이를 생각해보자. 원의 넓이 공식은 πr^2이므로, 반지름 r이 2배로 증가하면 원의 넓이는 4배로 증가한다. 다른 말로 하면 넓이는 축척비의 제곱에 비례한다는 것이다. 비슷하게 부피는 축척비의 세제곱에 비례한다. 만약 선박이 축소 모형에 비해 20배 치수를 가진다면, 배수량의 부피는 모형값의 20×20×20, 즉 20^3배인 8000배에 달할 것이다. 이미 제5장에서 프루드 수는 다음의 식으로 표현되는 값이라는 것을 설명했다.

$$\mathrm{FN} = \frac{v}{\sqrt{g \cdot L}}$$

프루드는 실선과 모형선이 같은 프루드 수에서 움직인다면, 두 경우 모두 일정한 축척비를 유지하는 동일한 파형을 만들어낸다는 것을 관측했다. 이는 만약 모형선에서 파도의 정점이 선수와 선미에서 만들어진 것이 관측된다면 실선의 파형도 정확히 같은 형태로 관측될 것이라는 뜻이다. 여기서부터 그는 모형선과 실선이 같은 프루드 수에서 움직인다면 조파 저항은 배수량에 정확히 비례한다고 결론을 내렸다.

단순히 조파 현상의 영향을 피한다는 생각에서 평평한 널빤지를 이용한 일련의 예인 실험을 수행해 마찰 저항을 구했는데, 점성 저항은 침수 표면적에 비례하며, 속도에 대해서는 지수가 2보다 약간 작은 지수 함수에 따라서 변화한다는 것을 알 수 있었다.

4.2 프루드의 기법

앞에서 설명한 개념들을 적용함으로써 프루드는 드디어 그의 모형 수조를 활용할 수 있게 됐다. 특정 선박의 축소 모형을 기하학적으로 정확히 상사하도록 제작한 후, 실선의 설계 속도에 대응되는 프루드 수에서 그 모형을 예인해 모형의 속도를 일정하게 유지하는 데 필요한 예인력을 측정했다. 그리고 계측된 모형의 전체 저항 중에 포함되는 마찰 저항의 크기를 계산했다. 여기서 얻어진 마찰 저항을 전체 저항에서 제거하면, 조파 저항과 와류 저항이 합쳐진 저항 성분을 얻을 수 있게 된다. 그리고 앞에서도 언급했듯이 이와 같이 얻어지는 저항 성분을 잉여 저항이라고 부르게 된 것이다.

프루드는 앞에서의 논리에 근거해 모형선을 예인 실험해 얻은 결과를 실선의 저항과 유효 마력을 예측하는 데 사용했다. 우선 실선의 마찰 저항은 모형에 사용된 것과 같은 계산식으로 추정하고 상대적인 거칠기를 보정해 구한다. 둘째로 실선의 잉여 저항은 모형선의 잉여 저항에 배수량 비를 곱함으로써 구하는데, 이때 실선과 모형선은 반드시 같은 프루드 수를 갖는 예인 속도여야 한다. 또한 여기서 마찰 저항과 잉여 저항에 적용되는 비례 법칙은 다르다는 것을 명심해야 한다. 끝으로 프루드는 이렇게 각각 구해진 2개의 저항 성분을 더해 실선의 저항을 구하고, 그로부터 신뢰할 수 있는 수준으로 유효 마력을 추정할 수 있었다. 그림 8.3은 이러한 프루드의 논리를 간단하게 정리한 것이다.

1세기 이상이 지난 오늘날에도 조선공학자들은 여전히 프루드의 방법을 활용한다. 물론 부수적인 발전이 수없이 거듭됐지만 근본적인 접근 방법은 아직도 같다. 유체 역

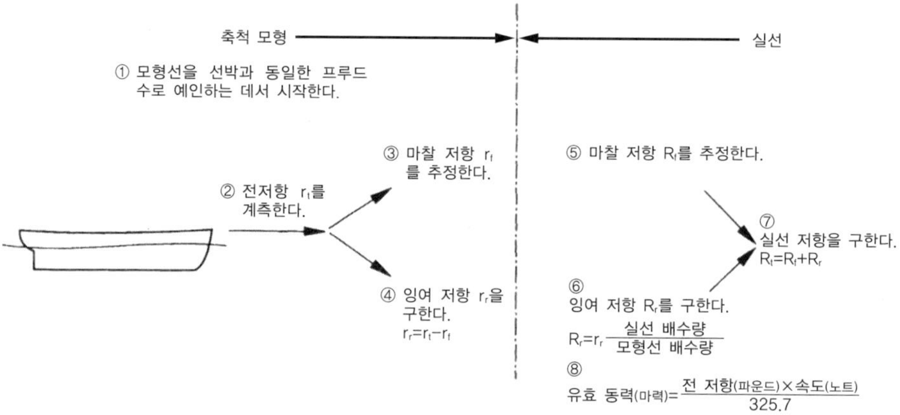

그림 8.3 프루드의 실선 유효 동력 추정 논리

이 그림은 모형 실험으로 실선의 저항을 추정하는 프루드의 추정법의 논리적인 추정 순서를 설명하고 있다.

학 연구자들이 조파 현상의 기본적인 물리 법칙과 선체 주위의 복잡한 유동을 완전히 해석해낼 수 있기까지는 프루드의 모형 수조 기법에 계속 의존하게 될 것이다. 사진 8.1은 미시간 대학교 조선해양공학과가 보유한 360피트 길이의 모형 수조이다.

참고 문헌

Van Manen, J. D., and Van Oossanen, P., "Resistance," Chapter V in *Principles of Naval Architecture*, Edward V. Lewis, Ed., Society of Naval Architects and Marine Engineers, Jersey City., N.J., 1988.

Van Manen, J. D., and Van Oossanen, P., "Propulsion," Chapter VI in *Principles of Naval Architecture*, Edward V. Lewis, Ed., Society of Naval Architects and Marine Engineers, Jersey City., N.J., 1988.

Comstock, J. P., *Introduction to Naval Architecture*, Newport News Shipbuilding Company, Newport News, Va., 1944.

The Marad Systematic Series of Full-Form Ship Models, Donald P. Roseman, Ed., Society of Naval Architects and Marine Engineers, Jersey City., N.J., 1987.

Hamlin, Cyrus, *Preliminary Design of Boats and Ships*, Cornell Maritime Press, Centreville, Md., 1988.

사진 8.1 미시간 대학교의 선형 시험 수조

사진 8.2 미국 해안 경비대의 함정들

여러 임무가 부여된 해안 경비대는 다양한 수상선을 보유하고 있다.

왼쪽 위 : 길이 110피트인 순시정. 26노트 이상의 속력을 갖는다.

오른쪽 위 : 동력 구조정

왼쪽 아래 : 쇄빙 기능을 갖춘 길이 180피트의 수로 감시선

오른쪽 아래 : 길이 43피트인 연안 초계정. 순간 속도 55노트 이상의 속력을 낼 수 있으며, 주로 마약 저지용으로 쓰인다. (자료 제공 : R.W. Paugh, 미국 해안 경비대)

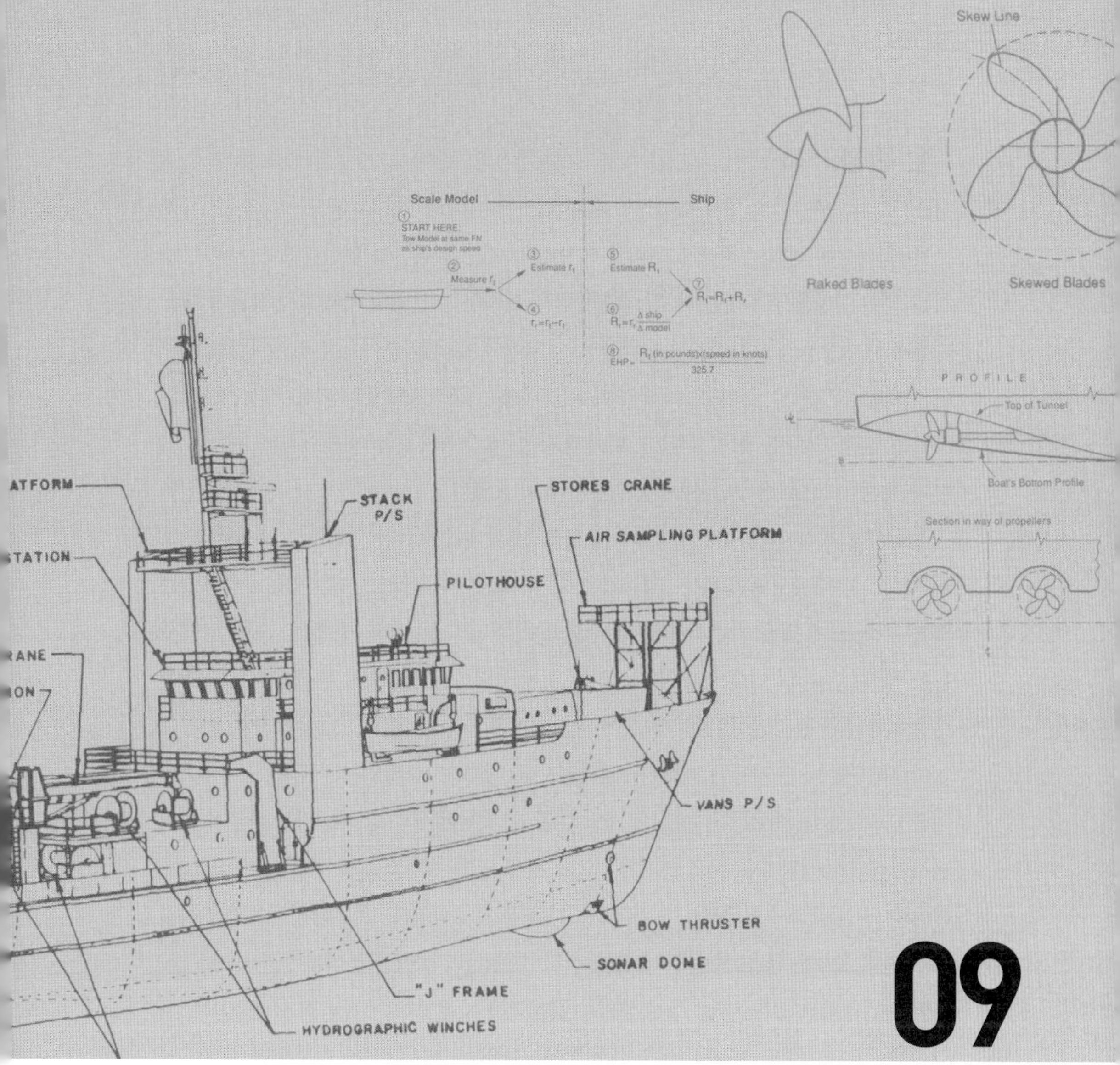

Skew Line
Raked Blades
Skewed Blades
Scale Model
Ship
START HERE:
Estimate R_t
$R_T=R_f+R_r$
$EHP=\frac{R_T\text{ (in pounds)}\times(\text{speed in knots})}{325.7}$
PROFILE
Top of Tunnel
Boat's Bottom Profile
Section in way of propellers
ATFORM
TATION
RANE
ON
STACK P/S
STORES CRANE
AIR SAMPLING PLATFORM
PILOTHOUSE
VANS P/S
BOW THRUSTER
SONAR DOME
"J" FRAME
HYDROGRAPHIC WINCHES

09

추진 장치

1. 관점

제8장에서는 선박이 물에서 움직일 때 어떻게 저항을 받는가를 살펴봤다. 제10장에서는 그런 저항을 극복하는 데 필요한 동력을 제공하는 선내의 기계적 동력원에 대해 다루게 될 것이며, 그런 기계적 동력을 저항 극복에 필요한 추력으로 변환시키는 다양한 장치들을 알아볼 것이다. 여기서 다루는 내용은 조선공학자와 박용 기계공학자의 역할을 연결시켜주는 접점이 된다. 따라서 두 분야의 학자들 사이에 이해와 협동이 있어야만 전체적으로 우수한 선박 설계를 기대할 수 있다.

선박은 기계적 추진이 나오기 전까지 노 또는 장대를 사용해 인력으로 추진했다. 그뿐 아니라 운하에서 운항하는 보트 경우에는 사람이 줄로 끌었는데, 이내 사람보다는 말이나 소, 노새 같은 가축의 힘을 빌리는 것이 더 좋다는 것을 깨달았다. 제11장에서 논할 풍력은 증기나 다른 형태의 기계적 동력이 출현하는 약 1세기 전까지만 해도 대양 운송에서 주된 동력원이었다. 제9장에서는 기계적 추진 장치를 간단히 소개하고자 하였다. 이에 앞서, 자기유체 역학적(magnetohydrodynamic : MHD) 추진 장치에 대해서도 언급하고자 한다. 이 장치는 아직도 개발 중인 개념을 이용한 것으로, 가동 부분이 없이 전자기장의 플레밍(J.A. Fleming)의 법칙으로 알려진 물리적 특성을 이용해 선박의 앞뒤를 잇는 관을 따라 물을 뿜어내며 추력을 얻는 추진 방식이다. 만약 극저온에서 얻어지는 초전도 특성을 활용하는 기술을 발전시킬 수 있다면 실현 가능성이 있을 것으로 최근에는 기대하고 있다. 이런 추진 장치는 움직이는 부분이 없어 소음이 매우 적으므로 감지해내기가 어렵다. 따라서 해군 함정 설계자들의 특별한 관심을 끌고 있다.

2. 기계적 추진 장치

현재 해상 운송에서 선체에 추력을 공급하는 대표적 기구는 스크루 프로펠러이다. 따라서 이번 장에서는 프로펠러에 초점을 맞춰 설명하기로 한다. 하지만 추진 장치를 말할 때에는 언급하고 넘어갈 만한 가치가 있는 다른 방식의 장비들이 있는 것도 사실이다. 예를 들어 외륜(paddle wheel)은 내수면에서 운항하는 유람선이나 아주 얕은 지역에서 운항하는 소형 상선에서 유용하게 사용된다. 추력을 따로따로 공급하는 선측 구동 외륜(side wheel)을 사용하면 획기적인 조종 성능을 얻을 수도 있다. 분리된 뒷바퀴라고 불리기도 하는 선미 외륜(stern wheel)으로도 조종 성능을 증대할 수 있다. 그럼에도 외륜은 많은 단점이 있는데, 선회가 늦을 뿐만 아니라 같은 양의 추력을 얻으려면 상대적으로 크고 무거우며 비싼 추진 장치여야 한다는 점이다. 또 제한된 범위의 흘수에서만 원활히 작동할 수 있고 손상을 입기도 쉽다. 선미에 위치한 외륜은 종 동요에 약하고, 선측에 위치한 외륜은 횡 동요에 약하다는 특징이 있다.

그림 9.1에 보인 연직축(cycloidal) 프로펠러는 수직축을 중심으로 회전한다. 연직축 프로펠러는 선체 밑에 수평하게 붙여진 디젤 엔진 구동 회전 원판과 원판에 수직하게 붙여진 몇 개의 좁고 긴 날개로 구성된다. 회전판은 원판의 중심을 지나는 수직축을 중심으로 회전하고, 원판에 수직하게 붙여진 날개는 날개 중심축을 중심으로 각각의 회전을 일으킨다. 그런데 이런 날개들의 회전을 원판 내부에 장착된 편심 기어를 이용해 조절해주면, 원하는 방향으로 추력을 발생시킬 수 있을 뿐 아니라 아예 추력이 발생하

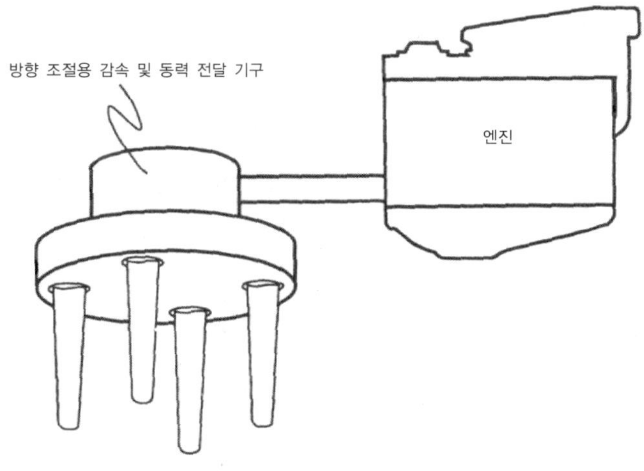

그림 9.1 연직축 프로펠러

지 않도록 할 수도 있다. 연직축 프로펠러의 가장 큰 장점은 방향타를 쓰지 않고도 매우 우수한 조종 성능을 얻을 수 있다는 것이다. 연직축 프로펠러는 독일의 보이드 슈나이더 사(Voith Schneider Company)에 의해 최초로 상업화됐기 때문에 종종 보이드 슈나이더 휠(Voith Schneider Wheels)이라고 불린다. 하지만 기어 장치의 복잡성 때문에 하나의 날개 장치에 전달할 수 있는 동력이 제한되므로, 연직축 프로펠러는 일반적인 프로펠러보다 효율이 떨어진다. 그래도 항구의 예인선과 같이 예외적으로 우수한 조종성이 요구되는 선박에서는 연직축 프로펠러가 종종 사용되고 있다.

공기 중 프로펠러는 공기 부양선(air-cushion vehicle) 또는 해초가 우거진 천수역과 같이 스크루 프로펠러가 적합하지 않은 수역에서 운항하는 선박에 주로 쓰이는데, 대개 소음도 크고 효율도 낮다. 좁은 강이나 수로를 건너는 데 사용되는 도선(ferry boat)일 때는 양안을 연결하는 체인으로 선박을 예인할 수 있도록 엔진을 장착하기도 한다. 그러나 체인은 강이나 수로를 통항하는 다른 선박을 방해할 수도 있으므로 조심해야 한다.

선내의 펌프를 이용해 물을 선미 방향으로 뿜어내는 것으로도 선박의 추력을 얻을 수 있다. 경첩이 붙은 날개를 배출구에 달아 유출되는 유통 방향을 바꿔주면 선박의 방향을 바꿔줄 수 있으며, 날개의 모양에 따라서는 물의 흐름을 바꿔 선박을 정지하거나 후진하도록 만들 수도 있다. 이와 같은 추진 장치는 수심이 얕아서 스크루 프로펠러를 사용할 수 있는 공간이 거의 없는 수역에 적합하다. 단점은 물이 흘러가는 관 내면에서의 마찰로 인하여 소실되는 에너지가 상당히 크다는 것이지만, 고속정에서는 추진 시스템 전체의 효율이 전통적인 프로펠러보다 더 높은 효율을 얻을 수도 있다.

3. 스크루 프로펠러

3.1 기능

스크루 프로펠러의 기본적인 기능은 선내에 설치된 동력원으로부터 추진축에 전달

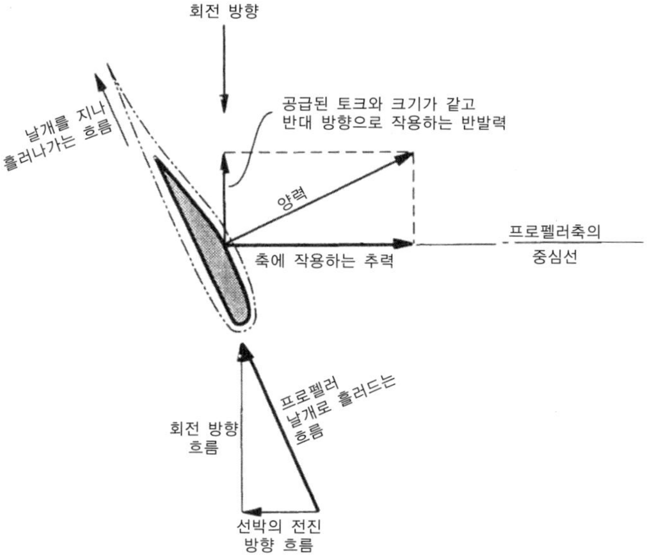

그림 9.2 프로펠러 날개에서 발생시킨 토크를 추력으로 변환

되는 기계적인 비틀림 에너지(torsional energy)를 공급받아 추력으로 바꿔주는 것이다. 일반적인 사용 범위 내에서는 앞에서 소개한 추진 장치 중 그 어떤 것도 스크루 프로펠러만큼 제 역할을 잘 해내지 못한다. 스크루 프로펠러의 날개는 나무를 파고드는 나사못처럼 비틀려 있어서 프로펠러를 회전시키면 물속으로 전진한다. 각각의 날개는 그림 9.2에서처럼 물을 가르며 회전할 때 뒤쪽으로의 추력을 전한다. 즉 선미 쪽으로 물을 밀어낼 때의 반작용과 크기가 같고 방향은 반대인 추력이 날개에 전해지고, 그중에서 수평 방향 요소는 프로펠러축을 통해 선박의 추력 베어링(thrust bearing)까지 전달된다.

3.2 스크루 프로펠러의 형식

스크루 프로펠러는 다양한 형태로 만들 수 있다. 피치가 고정돼 있는 일체형 프로펠러(solid propeller)는 이름이 의미하듯 한 덩어리로 주조해 만든다. 이는 소형의 선외기를 장착하는 모터보트나 초대형 선박에 이르기까지 대부분의 선박에 쓰인다. 가변 피치(controllable-pitch) 프로펠러는 CP 휠이라고도 불리는 프로펠러로, 선내에서 프로펠러 날개의 각도를 조절할 수 있는 프로펠러이다. 하지만 복잡하고 비싼 편이어서 예인선이나 저인망 어선 등과 같이 부하 변동이 광범위하게 일어나는 경우에 적합하다. 가변 피치 프로펠러를 단순화한 가역 피치(reversible-pitch) 프로펠러도 있다. 이는 날개의 회전이 전속 전진 또는 전속 후진일 때만 적합하게 피치가 결정돼 있고, 중간 각도는 설정할 수 없는 구조이다. 또한 프로펠러의 전진 피치를 두 가지로 설정하고 각각의 프로펠러 날개를 회전시켜 어느 하나의 피치에 맞춘 뒤, 볼트로 날개를 허브에 고정시켜 사용하는 프로펠러를 피치 조절(adjustable-pitch) 프로펠러라고 한다. 이 프로펠러는 필요할 때는 날개를 풀어서 피치를 조절한 후 재조립할 수 있으며, 날개 중 하나가 손상을 입었을 때 프로펠러 전체를 교체할 필요 없이 해당 날개만 교체하면 된다는 장점이 있다.

완전 캐비테이션(supercavitating) 프로펠러는 고성능 선박에 적합하게 쓰일 수 있는 프로펠러이다. 일반 프로펠러는 고속으로 회전할 때 저온 비등 현상으로 생각할 수 있는 공동현상(cavitation)이 나타난다. 일반적인 지식대로 기압이 낮아지면 물의 비등점은 따라서 내려간다. 프로펠러에서는 물을 밀어내고 압력이 증가하는 날개의 앞면을 압력면이라 하고, 압력이 떨어져 물을 끌어들이는 뒷면을 흡입면이라고 한다. 날개의 회전 속도가 충분히 빨라지면 흡입면에서의 압력이 저온 비등 현상을 일으킬 정도로 줄어든다. 그러면 기포가 급속히 발생되고 다시 붕괴되는 과도적 현상이 나타나 프로펠러 날개 표면에 마모와 침식을 일으키게 된다. 이런 상태를 공동현상이라고 하는데, 날개 표면을 거칠어지게 하여 마찰 저항을 증가시키고, 프로펠러 효율에도 심각한 영향을 미치게 되므로 가급적 피해야 한다.

그림 9.3에 보인 것과 같이 완전 캐비테이션 프로펠러는 공동현상이 날개의 흡입면 전체에서 발생하지만, 기포는 날개를 떠난 후에야 붕괴되도록 단면 형상을 설계해 캐비테이션의 문제를 극복한다. 이 프로펠러는 통상의 속도에서는 일반적인 프로펠러보다 효율이 떨어지지만, 고속에서는 훨씬 더 우수할 수 있다. 따라서 주로 고속선에 한정해 사용된다.

반전유도(contraguide) 프로펠러는 회전하지 않는 프로펠러이다. 이는 단순히 선체의 꼬인 부분일 수도 있고 통상의 프로펠러 바로 뒤에 설치하는 부가물일 수도 있다. 이들은 프로펠러를 떠나 나선형으로 꼬여서 흘러나가는 물의 흐름을 바로잡아 전진 방향의 추력을 추출해낸다. 한편 좀 더 복잡하게 프로펠러 후류의 회전력 에너지를 이용하는 방법으로 상반회전(counter-rotating) 프로펠러가 있다. 이런 시스템에서는 크기가 거의 같고 반대 방향으로 회전하는 2개의 프로펠러가 동심축에 정렬된다. 뒤 프로펠러의 축은 앞 프로펠러를 구동하는 속이 비어 있는 축을 통과해야 하므로, 구조가 과도하게 복잡할 뿐 아니라 높은 비용이 소요된다. 따라서 어뢰를 제외하고는 거의 사용되지 않는다.

최근에 발명된 그림(grimm) 프로펠러는 프로펠러 후류에 포함되는 회전 유동으로부터 에너지를 다시 얻는 세 번째 방법이다. 그림 프로펠러는 동력이 전달되지 않은 채 자유롭게 회전할 수 있는 장치로, 주 프로펠러 뒤쪽으로 연장해 지지되는 프로펠러축에 직렬로 조립된다. 그림 프로펠러의 직경은 주 프로펠러의 직경보다 크고, 주 프로펠러의 직경보다 작은 부분과 큰 부분이 서로 반대쪽으로 비틀려 있다. 주 프로펠러의 직경보다 작은 직경의 구간에서는 후류의 회전 유동으로부터 에너지를 흡수하며 회전을 일으키게 하고, 주 프로펠러의 직경보다 큰 부분은 프로펠러가 지나지 않는 선체 반류

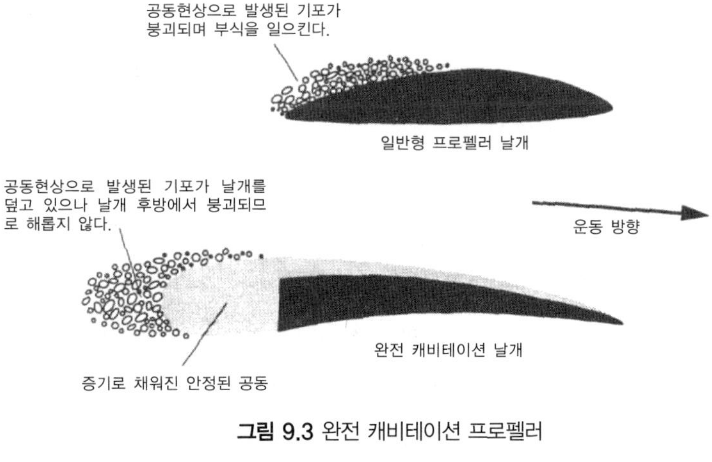

그림 9.3 완전 캐비테이션 프로펠러

영역에서 회전하며 전진 방향으로 추력을 발생시킬 수 있도록 피치가 결정돼 있다.

3.3 프로펠러 관련 용어

조선공학자나 제조업자와 프로펠러에 관한 논의를 할 때 혼동을 피하기 위해 알아두어야 할 용어에 대해 설명하고자 한다.

우회전(right-handed) 프로펠러는 선미 쪽 후방에서 프로펠러를 바라봤을 때 시계 방향으로 회전하면서 추력을 발생시키는 프로펠러이고, 좌회전(left-handed) 프로펠러는 반시계 방향으로 회전할 때 추력을 발생시키는 프로펠러이다. 프로펠러의 직경은 프로펠러 날개의 끝단이 그리는 궤적원의 지름을 말한다.

프로펠러의 피치(pitch)는 프로펠러가 완전한 한 바퀴를 회전하는 동안, 물속에서 마치 금속제 너트가 1회전할 때 볼트의 축 방향으로 이동하는 것과 같이 축 방향으로 이동하는 직선거리이다. 피치 각은 프로펠러를 일정한 반경의 동심원으로 잘라냈을 때 날개 단면의 앞면이 프로펠러 원판면에 대해 비틀린 각도이다. 이 각도를 축에서 멀어질수록 작아지게 하고 반경이 작아질수록 키워주면, 프로펠러가 1회전했을 때 프로펠러를 지나는 유체의 축 방향 이동 거리, 즉 피치를 프로펠러 면 전체에 걸쳐 일정하게 할 수 있다.

슬립(slip)은 프로펠러가 물속에서 실제로 전진한 거리와 피치의 차이를 말한다. 만약 슬립이 없다면 날개에는 받음각(angle of attack)이 없는 유동이 유입되고, 결국 유용한 추력을 얻을 수 없을 것이다.

스큐(skew)와 레이크(rake)는 혼동하지 않도록 주의해야 한다. 스큐는 프로펠러를 앞이나 뒤에서 바라봤을 때, 날개 단면의 기준 위치가 반경선에 놓이지 않고 반경이 커질수록 원주 방향으로 점차 벗어나는 것을 의미한다. 반면 레이크는 프로펠러를 옆에서 바라봤을 때, 날개 단면의 기준 위치가 프로펠러축에 수직한 반경선에 놓이지 않고 축 방향을 벗어나게 배치되는 상태를 의미한다. 스큐와 레이크는 그림 9.4에 나타냈다.

스큐와 레이크는 효율을 약간 감소시키는 경향을 보이지만, 프로펠러가 불균일한 유동 중에서 작동할 때 생기는 진동을 억제하는 효과가 있다. 보편적인 형상의 선체에서는 선미 부분에서 수면에 가까울수록 반류 변화가 더욱 뚜렷하고, 선미 부분에서의

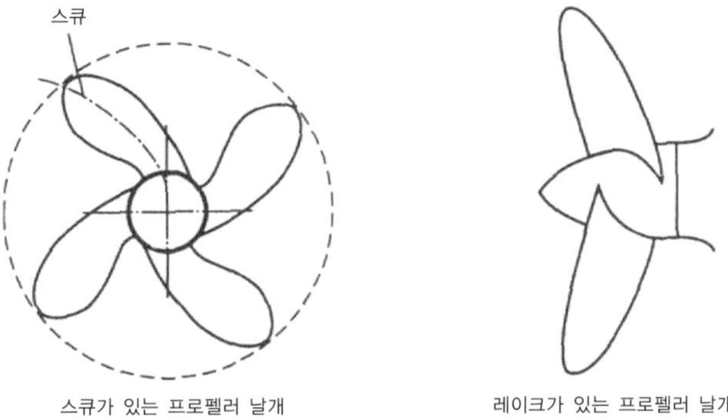

그림 9.4 프로펠러 날개의 스큐와 레이크

유동 속도는 불균일하게 되며, 프로펠러는 이런 후류 영역 내에서 작동하게 된다. 극단적으로 스큐가 큰 프로펠러는 해초가 엉키는 것을 방지하기 때문에 위들리스(weedless) 프로펠러라고도 불린다.

사각(square) 프로펠러는 피치와 직경이 같은 프로펠러를 말한다. 덕트 또는 코트 노즐이라고도 불리는 원형 구조물은 프로펠러를 둘러싸며 보호한다. 적절히 설계하면 노즐 부분에서 프로펠러의 추력을 증가시킬 수 있으며, 예인선처럼 저속에서 큰 추력이 요구되는 선박에 효과적이다. 하지만 일반적인 선박이나 고속선에서는 노즐이 마찰 저항을 증가시키므로 이런 이점이 상쇄된다. 덕트를 변형시켜 보호구가 추력도 증가시키고 방향타의 역할도 할 수 있도록 한 조종(steering) 노즐도 있다.

프로펠러 터널은 작은 프로펠러밖에 둘 수 없는 선박에서 대구경 프로펠러를 설치해 효율을 높여주기 위해 선저 부분을 그림 9.5와 같이 터널 형상으로 파내 만든 부분을 말한다. 주로 강에서 쓰이는 예인선에서 볼 수 있는데, 쉽게 짐작할 수 있듯이 덕트와 유사한 특성을 갖는다.

최후방 프로펠러축의 축단과 프로펠러 허브에는 키 홈을 파서 축과 프로펠러를 고정시킨다. 최후방 프로펠러축이 선미 격벽을 통과하는 위치에는 해수의 유입을 최소로 막아주기 위해, 자기 윤활 기능이 있는 부드러운 재질의 밀봉재로 감싸고 이를 축에 압

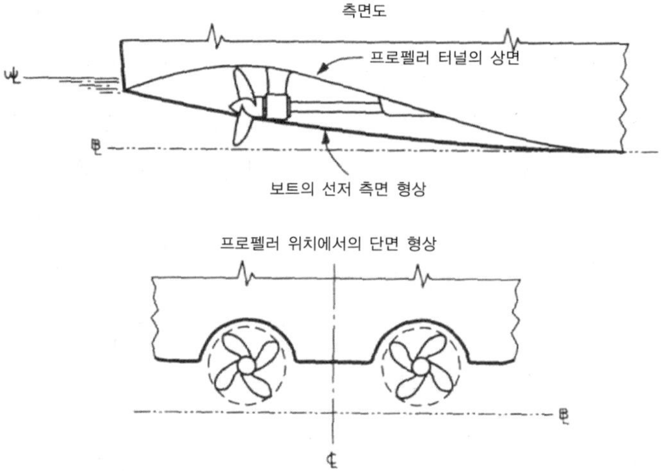

그림 9.5 대표적인 선미 프로펠러 터널

착시켜준다. 이 접합 부분을 선미관 글랜드(stern gland) 또는 축밀봉 장치(shaft seal)라고 부른다.

동력 전달 축(line shaft)은 기관 또는 감속기에서부터 최후방 프로펠러축까지를 연결해 동력을 전달해주는 프로펠러축이다. 프로펠러축이 매우 길어질 때는 볼트로 연결하기도 한다. 주로 좁은 축로 안에 배치하는데, 축로는 축을 보호하고, 승조원이 베어링이나 선미관 글랜드를 점검 보수하는 통로로 사용된다.

3.4 동력 전달 장치

앞에서 프로펠러축이 기관으로부터 직선으로 연결되는 것처럼 설명한 바 있지만, 항상 그렇지는 않다. 예를 들어 흔히 볼 수 있는 선외 기관(outboard motor)에서 동력은 L자로 배치된 축과 감속기를 통해 전달된다. 이렇게 함으로써 공간을 절약할 수도 있고, 추진과 조종을 동시에 할 수도 있다. 쾌속정에서는 보통 선내 기관이든 선외 기관이든 Z자 형태의 배치를 사용하는데, 작은 상선에서는 선미에 위치한 디젤 기관을 Z 드라이브를 통해 프로펠러에 연결한다. 태국에서는 선미의 회전판 위에 설치된 자동차 엔진으로 추진되는 하천 선박(riverboat)을 볼 수 있다. 이 경우 동력은 엔진에서 경사진 방향으로 물속으로 뻗은 기다란 축을 통해 프로펠러로 직접 전달된다. 이런 선박들을 롱 테일 보트(long tail boat)라고 부른다. 기관이 원판 위에 설치되어 있어서 원판을 돌려서 조종할 수 있고, 잡초나 비닐봉지 등이 프로펠러에 걸렸을 때에는 축을 위로 들어 올려서 제거할 수도 있다.

증기 터빈, 휘발유 엔진 또는 고속 디젤 엔진을 사용할 경우에는 스크루 프로펠러가 효율적으로 성능을 발휘할 수 있는 회전 속도보다 기관의 회전 속도가 훨씬 빠르기 때문에, 일반적으로 감속기를 이용해 기관의 회전 속도를 프로펠러에 적합한 회전 속도로 감속하게 된다.

전기적 동력 전달 체계를 사용하는 선박에서는 구동 모터를 프로펠러 바로 앞에 두고, 동력원이 되는 주기관은 떨어진 위치에 배치한다. 전기적 동력 전달 방식은 보통 효율이 낮다는 불리함이 있으나, 그 특징을 유리하게 활용할 수 있는 선박들도 있다. 쇄빙선을 하나의 예로 들면, 프로펠러와 얼음덩어리가 충돌을 일으켜 토크 변동이 갑작스럽게 나타날 때 모터가 유용한 충격 흡수 장비 역할을 함으로써, 기관의 급격한 부하 변동에 따르는 손상으로부터 프로펠러를 보호할 수 있다. 초전도 전기 추진 장치가 좀 더 실용화된다면 선박의 배치가 훨씬 더 자유로워질 수 있다. 동력 전달에 관해서는 다음 장에서 다시 다루었다.

3.5 설계 목표

스크루 프로펠러를 선정하거나 설계하는 작업의 핵심은 추진 기관과 적절한 조화를 이루도록 하는 것이다. 프로펠러는 물에서 선박을 설계 속도로 추진하는 데 필요한 추력을 프로펠러의 정격 회전 속도에서 공급할 수 있어야 한다. 그런데 정격 회전 속도에서는 프로펠러뿐 아니라 기관의 효율적 운전도 가능해야 한다. 동시에 프로펠러에 공급되는 토크의 크기는 선박용 디젤 기관이나 가솔린 엔진의 적절한 실린더 압력 범위에서 얻을 수 있어야 한다. 가변 피치 프로펠러를 선정했다면 적정한 조건을 쉽게 찾을 수 있다. 이와 달리 극단적인 경우로 고정 피치 프로펠러를 디젤 엔진에 감속기 없이 직접 연결해 사용할 때는 타협점을 찾아야 한다. 보통 직결 구동 방식을 택했을 때의 회전수는 일반적으로 프로펠러의 바람직한 회전수보다 높고, 엔진의 적합한 회전수보다는 낮다. 따라서 선박 설계의 다른 문제들에서도 흔히 보이듯이, 가장 효과적인 전체 시스템은 종종 각각의 구성 요소들이 가지는 최적 조건에 못 미치는 조건에서 구성된다.

앞에서 설명한 프로펠러와 기관의 회전이 조화를 이루도록 하는 섬세한 작업은 당연히 제한 조건 아래에서 이뤄져야 한다. 무엇보다도 중요한 것은 프로펠러를 손상 가능성을 최소화할 수 있는 위치에 놓아야 한다는 점이다. 경주용 모터보트나 구축함과 같이 빠른 속도가 최우선인 선박에서는 예외겠으나 선외 기관을 사용하는 경우를 제외하면, 프로펠러의 최하단은 선박의 기선보다 밑으로 내려가서는 안 된다. 다수의 프로펠러를 설치하는 선박의 프로펠러는 부두의 기둥, 갑문의 벽, 부표, 예인선 등과 충돌하기 쉽기 때문에 가능한 한 안쪽에 설치해야 한다. 그래도 손상이 우려되는 프로펠러를 검토해야 할 때는 프로펠러 보호기(propeller guard)라고 부르는 튼튼한 구조물을 선체로부터 돌출시켜 프로펠러를 보호하도록 해야 한다.

또 다른 제한 조건은 공동현상(cavitation)을 회피할 수 있어야 한다는 것이다. 공동현상 회피 조건은 회전수, 프로펠러 날개 끝 속도, 날개 면적 그리고 추진력 부하 등의 영향을 받는다. 이때 프로펠러의 날개 끝 속도는 직경과 회전수의 함수로 나타낸다.

세 번째 제한 조건은 프로펠러 자체 진동과 프로펠러로 인해 유기되는 진동을 회피하는 것이다. 여기서 가장 중요한 것은 프로펠러로 유입되는 유동을 최대한 균일하게 하는 것이다. 우선 착안할 수 있는 것은 선체와 프로펠러 사이에 충분한 여유 공간을 두는 것이다. 선미 형상도 잘 설계해 프로펠러 위치에 가능한 한 균일한 반류가 형성되도록 해야 한다.

네 번째 제한 조건은 손상을 피할 수 있는 구조적 강도에 관한 것이다. 재질이 정해지면 그에 맞춘 날개의 두께가 필요하다. 하지만 날개가 두꺼워질수록 효율이 낮아지기 때문에 주의해야 한다.

마지막으로 또 하나의 실제적인 제한 조건은 최후방 프로펠러축의 정기 점검을 위해 그 축을 선미관에서 뽑아낼 수 있어야 한다는 것이다. 대부분의 최후방 프로펠러축은 선체 안으로 밀어넣을 수 있도록 배치된다. 그렇지 않은 경우에는 최후방 프로펠러 축이 뒤쪽으로 빠져나와야 하는데, 그렇게 되면 방향타와 간섭을 일으킬 수 있다. 어떤 경우든 프로펠러가 최후방 프로펠러축에서 먼저 제거돼야 한다.

3.6 설계 변수

스크루 프로펠러를 설계할 때는 여러 가지 결정을 해야 한다. 무엇보다도 제일 먼저 결정해야 하는 것은 3.2절에서 설명한 프로펠러의 형식이다. 고정 피치 프로펠러를 선택했다면 프로펠러 수를 정해야 하는데, 단일 스크루 프로펠러를 택하는 것이 가장 저렴하고 일반적으로 가장 효율적이다. 따라서 누구나 가능한 한 우선적으로 선택하려 한다. 고속선인 경우이거나 평균 이상의 출력, 신뢰성, 조종성이 요구된다면 복수의 스크루를 사용할 수도 있다.

대부분의 경우 프로펠러의 직경은 3.5절에서 설명한 대로, 제한 조건 내에서 가능한 한 크게 만들어야 한다. 날개 수는 신중히 결정해야 하는데, 작은 선박에서는 대개 2~4개가 적합하다. 하지만 큰 상선의 경우에는 4~7개가 일반적이다. 날개 수가 늘어나면 각 날개의 폭이 줄어들면서 효율이 높아지고 진동 또한 최소화된다. 반면 날개 수가 많아지면 날개들 사이의 간섭도 커져 날개폭을 좁혀서 얻어진 효율 상승효과를 상쇄시키기도 한다. 이상에서 알 수 있듯이 프로펠러의 직경, 날개 수, 날개 면적은 모두 밀접하게 연관돼 있다.

또 하나의 중요한 변수는 날개의 피치이다. 주어진 선속에서 적절한 받음각을 확보하려면, 저속 회전 프로펠러일 때는 큰 피치를 채택해야 하고, 고속 회전 프로펠러일 때는 작은 피치를 채택해야 유리하다. 극단적인 고속 상태에서 고속 모터보트의 프로펠러는 상대적으로 직경이 작고 피치가 크며 고속으로 회전할 수 있어야 하고, 저속 예인선은 큰 직경의 저속 회전 프로펠러가 필요하다. 이런 조건들을 맞춰 프로펠러와 기관이 적절하게 조화를 이루도록 해야 하는데, 여러 변수들을 적정하게 선정하는 것이 중요하다.

앞서 설계 목표에서 언급한 대로 설계자는 운항 조건을 견딜 수 있을 만큼 충분히 강한 프로펠러를 만들어야 한다는 것을 잊어서는 안 된다. 특히 빙해에서 운항하는 선박에서는 더욱더 각별한 주의가 필요하다. 마지막으로 설계자는 최소한의 레이크와 스큐의 크기를 결정해야 한다. 왜냐하면 효율면에서는 어느 정도 손실이 있지만 진동을 감소시킬 수 있기 때문이다.

3.7 설계 기술

선외기를 갖춘 소형 모터보트는 프로펠러 설계를 위해 너무 많은 노력을 할 필요는 없다. 사용할 선박의 특정 부하를 가정하여 다양한 직경과 피치의 프로펠러를 기성품 중에서 적당한 것으로 찾아내기만 하면 된다. 하지만 경험이 풍부한 기술자에게 조언을 구해 기관에 과도한 부하가 걸리거나 피스톤 속도가 과잉 상승하지 않도록 하는 것이 좋다.

대형 선박에서는 프로펠러를 주문 제작해 사용할 수 있으나 설계자는 특정 조건에 적합한 표준 설계를 채택할 수도 있다. 설계자는 이 과정에서 프로펠러 설계 도표를 활용할 수 있는데, 설계 도표는 잘 설계된 수많은 프로펠러의 모형을 실험해 얻어진 성능을 정리한 것이다. 이들 모형은 피치 비, 전진 속도, 날개 수, 엔진 출력 등의 설계 변수를 체계적으로 변화시켜 만든다. 실험 시에는 각각의 실험 조건에서 효율을 계측하게 되며, 이처럼 실험에서 얻어지는 성능을 단독 효율이라 한다. 선체, 방향타 또는 다른 부가물 등으로 인한 영향을 받지 않은, 균일 유동 중에 놓인 프로펠러에 대해 얻어진 효율이기 때문이다.

그림 9.6은 전형적인 프로펠러 설계 도표의 일부분을 선택해 보인 것이다. 가로축은 B값이라는 계수를 나타내는데, 간단히 설명한다면 이는 프로펠러 회전수, 전달 동력, 전진 속도의 함수이다. 세로축은 피치와 직경의 비를 보여준다. 도표에는 두 가지 종류의 곡선들이 있는데, 하나는 단독 성능을 나타내고 다른 하나는 전진 속도를 직경과 분당 회전수(rpm)로 나눈 값인 전진 비(advance coefficient)를 나타낸다. 물론 날개 수가 다르거나 날개들의 전체 면적을 프로펠러 원판 면적으로 나눈 값으로 정의되는 날개 면적비가 다른 프로펠러들에 대해서도 유사한 프로펠러 설계 도표들이 마련돼 있다.

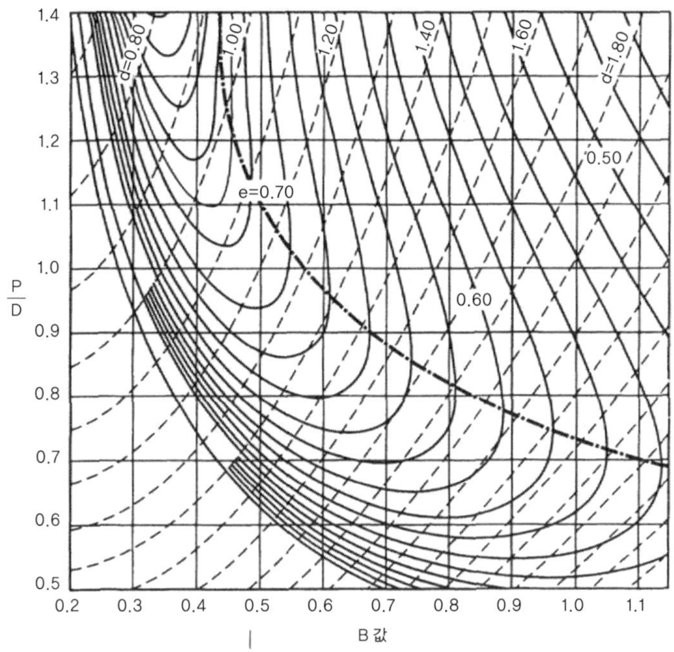

그림 9.6 대표적인 프로펠러 설계 도표

e로 표시된 실선은 단독 효율이 같아지는 윤곽선이고, d로 표시된 점선은 전진 계수가 같아지는 윤곽선이다. 쇄선으로 표시된 굵은 선은 최대 효율점을 연결한 것이다.

설계자는 우선 적합한 도표를 선택하며, 보다 더 흔한 경우에는 2개 이상의 도표를 선택해 원하는 중간값을 보간법으로 추정해 구한다. 주어진 B값에 대해 도표에 점선으로 그려진 전진 비의 값 d를 정하면, B값과 d값이 교차하는 점이 나타내는 단독 효율과 피치 비를 실선으로 그려진 단독 효율 곡선 e와 수직 좌표로부터 찾아낼 수 있다. 즉 설계에 필요한 몇 가지 물리적 특성들을 조직적으로 변경해가면서 조사하면, 그중에서 가능한 한 최고 효율을 낼 수 있는 값들의 조합을 찾아낼 수 있다.

위에서 미처 언급하지 못한 여러 가지 응용과 변형도 있음을 짐작할 수 있을 것이다. 그러나 이 정도 내용으로도 프로펠러 설계의 뒤에 어떤 과학적 원리가 숨어 있는지는 충분히 이해할 수 있으리라 생각한다.

참고 문헌

Van Manen, J. D. and Van Oossanen, P., "Propulsion," Chapter VI in *Principles of Naval Architecture*, Edward V. Lewis, Ed., Society of Naval Architects and Marine Engineers, Jersey City., N.J., 1988.

Barnaby, K. C., *Basic Naval Architecture*, Hutchinson's, London, 1948.

Hamlin, Cyrus, *Preliminary Design of Boats and Ships*, Cornell Maritime Press, Centreville, Md., 1989.

사진 9.1 선미재와 타 그리고 스큐가 큰 프로펠러

프로펠러의 날개는 반류에 기인하는 진동을 줄여주기 위해 스큐가 큰 프로펠러를 사용한다. 반 평형타는 주물로 제작돼 선미재와 결합되는 선체의 부가물인 혼으로 지지돼 있다.

(자료 제공 : Peter E. Jaquith, National Steel and Shipbuilding)

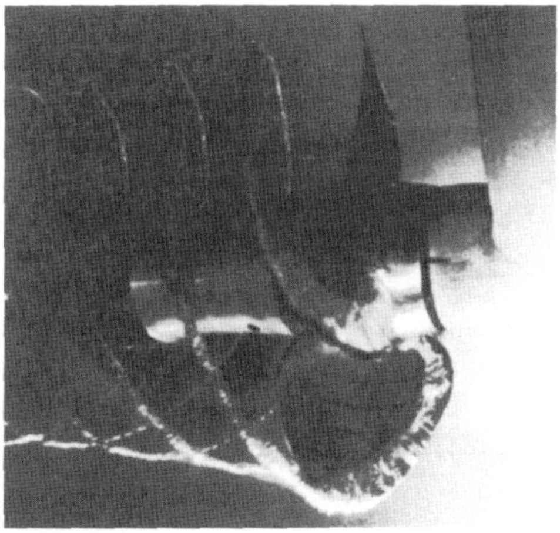

사진 9.2 프로펠러 날개 끝의 보텍스 캐비테이션

프로펠러 시험기에서 스트로보스코프로 촬영한 이 사진은 물이 분명한 나선을 이루며 프로펠러에서 떨어져 나가고 있음을 보여준다. (자료 제공 : J. D. Van Manen and P. van Oossanen, Netherlands Maritime Research Institute)

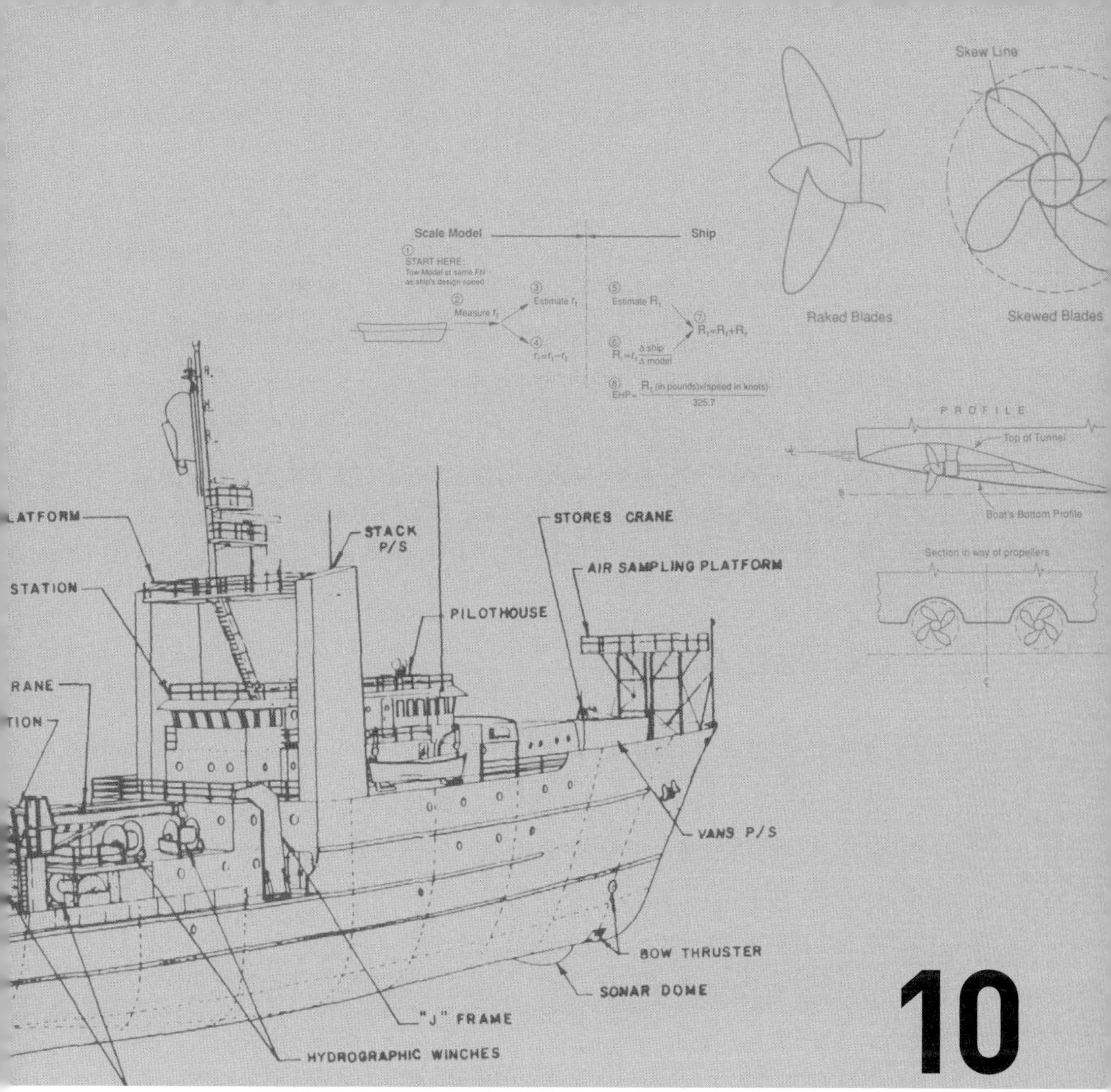

10

추진 기관의 선택

1. 관점
2. 선택 가능한 시스템들
3. 발전 설비
4. 연료

1. 관점

이번 장에서는 주기관, 프로펠러, 동력 전달 계통 그리고 이들과 연계되는 보조기관으로 시스템을 구성할 때, 조합이 가능한 수많은 예 중에서 우수한 조합을 찾아내는 매우 복잡한 문제를 간략하게 설명하고자 한다. 따라서 조선공학자 또는 박용 기관 기술자는 각각의 구성 요소들을 선정하는 데 따르는 장단점을 이해해야 할 뿐 아니라, 운항하려는 선박의 경제성이나 일반 배치에 미치는 영향을 확인할 수 있어야 한다. 아울러 시스템 구성과 관련해 적합한 연료를 선택하는 문제도 살펴보고자 한다.

2. 선택 가능한 시스템들

2.1 단일 또는 복수 프로펠러

기계적 방법으로 추진하는 대부분의 선박에서는 단일 스크루 프로펠러를 장착한다. 단일 프로펠러를 사용하는 데는 여러 이유가 있는데, 그중 중요한 것은 단순하며 기관 제어가 용이하고 최대의 추진 효율을 얻을 수 있다는 점이다. 이런 기술적인 요소들은 선박의 건조와 운용 비용의 절감에 직접적으로 도움이 된다. 그렇지만 특정 상황에서는 복수의 스크루 프로펠러를 장착하는 것이 바람직하거나 반드시 장착해야 할 때도 있다.

예를 들어 큰 출력을 내야 하는 선박에서는 단일 프로펠러를 사용해 얻을 수 있는 동력이 공동현상 발생 위험 때문에 현실적으로 제약을 받아, 하나 이상의 프로펠러가 필요한 경우가 있다. 쌍추진 기선에서는 하나의 프로펠러가 선박을 앞으로 밀고, 다른 하나는 뒤로 끌어당기도록 하면 좁은 수역에 적합하도록 조종 성능을 향상시킬 수도 있다. 또한 기관 하나가 고장이 나거나 어떤 외력에 의해 손상을 입더라도 다른 하나가 여전히 선박의 추진하도록 할 수도 있다. 프로펠러의 직경을 키워줄 수 없는 흘수가 작은 선박일 때는 단일 스크루 프로펠러로는 기관 출력을 필요로 하는 추력으로 전환시키기 어렵기 때문에, 선박을 효과적으로 추진하려면 복수의 스크루 프로펠러가 필연적으로 요구된다. 복수의 프로펠러를 채택하면 단일 스크루 프로펠러일 때보다 비록 효율은 떨어지지만, 공동현상과 진동을 줄여줄 수 있다. 한편 프로펠러의 개수가 추진 기관의 수와 똑같을 필요는 없다. 둘 이상의 주 동력 기관이 하나의 축에 기계적이거나 전기적 방식으로 동력을 전달하도록 연결할 수도 있다.

2.2 주 동력 기관

기계적으로 추진하는 선박의 거의 대부분은 휘발유 엔진, 디젤 엔진, 가스 터빈, 증기 터빈 중 어느 하나를 사용한다. 드물게는 이들 중 두 가지를 함께 결합해 사용하기도 한다. 증기 왕복동 기관은 이제 역사 속의 유물이 됐고, 원자로와 결합해 사용하는 것을 제외하면 선박용 증기 터빈도 거의 사라져가고 있다.

휘발유 엔진, 디젤 엔진, 가스 터빈은 모두 연료가 엔진 내부에서 연소되기 때문에 내연 기관이라고 부른다. 이에 비해 증기 터빈이나 증기 기관은 보일러라고 부르는 별도의 연소 기구에서 연료를 태우거나 원자로에서 증기를 발생시킨 것을 사용한다.

휘발유 엔진은 기화된 휘발유와 공기가 혼합된 가연성 기체로부터 동력을 만들어낸다. 다시 말하면 이 혼합 기체가 실린더에 공급되고 압축된 뒤 전기 불꽃으로 인해 점화되는 것이다. 디젤 엔진은 연료가 실린더로 직접 분사되며 스파크 플러그나 기화기 없이 실린더 내에서 압축열로 착화가 이뤄진다는 점을 제외하면 휘발유 엔진과 비슷하다. 다만 디젤 엔진에서는 착화가 이뤄지려면 휘발유 엔진보다 높은 압력이 필요해 엔진 블록이 더 튼튼해야 하므로 엔진이 훨씬 더 무거워진다.

엔진에는 2행정과 4행정 엔진이 있다. 2행정 엔진에서는 피스톤이 상사점에 도달할 때마다 점화가 일어난다. 그 후 팽창 행정의 대부분의 구간에서 에너지가 크랭크축에 전달되며, 하사점에 이르기까지의 나머지 팽창 행정과 압축 행정으로 바뀔 때 배기가스가 실린더의 한쪽 배기구로 배출된다. 그리고 압축 행정 중에 실린더의 다른 쪽 흡기구를 통해 공기와 기화기에서 공급된 휘발유의 혼합 기체가 강제로 공급된다. 피스톤이 압축 행정을 계속하는 동안, 흡기구와 배기구는 닫히고 연소성의 혼합 기체는 압축

된다. 마지막으로 피스톤이 상사점에 이르렀을 때 스파크 플러그에서 발생된 전기 불꽃으로 혼합 기체가 점화를 일으키므로 일련의 과정은 반복적으로 일어나게 된다.

4행정 휘발유 엔진에는 피스톤이 상사점을 2번 지날 때마다 1번씩 점화가 일어난다. 점화가 일어나면 피스톤이 하사점에 이르는 전체 하향 행정 동안 크랭크축에 에너지를 전달하고, 피스톤이 하사점을 지날 때 실린더 꼭대기의 배기 밸브가 열리면서 피스톤이 상사점에 이르기까지 배기가 배출되는 배기 행정이 이뤄진다. 두 번째로 피스톤이 상사점을 지날 때 실린더 상부의 배기 밸브는 닫히고 동시에 흡기 밸브가 열리면서, 피스톤이 하사점에 이르기까지 공기와 휘발유의 혼합 기체를 끌어들이는 흡입 행정이 이뤄진다. 피스톤이 다시금 하사점을 지날 때 실린더 상단의 흡기 밸브가 닫히고 흡입된 혼합 기체는 피스톤이 상사점에 이르기까지 실린더 내에서 압축되며, 피스톤이 상사점에 이르면 엔진의 4행정 주기가 완성된다. 2행정 엔진은 4행정 엔진에 비해 작고 가볍지만 연료 소모율은 나쁘다.

디젤 엔진에서도 2행정과 4행정의 원리는 위에서 설명한 것과 같다. 다만 휘발유 엔진과 디젤 엔진의 주된 차이점은 연료가 기화기에서 미리 혼합돼 실린더에 공급되는 것이 아니라, 압축 행정이 끝날 즈음에 연료가 직접 실린더 내로 분사된다는 것이다.

디젤 엔진은 회전 속도를 기준으로 세 종류로 나뉜다. 저속 엔진은 일반적으로 분당 회전수가 75~250알피엠(revolutions per minute: rpm) 정도로 회전한다. 선박 추진을 위해 특별히 설계되고 제작되기 때문에 프로펠러에 직접 연결해 사용한다. 중속 디젤 엔진은 기관차 엔진이나 지상 발전소에서 사용할 목적으로 개발됐다. 일반적으로 회전 속도 범위는 400~900알피엠이다. 대부분의 고속 디젤 엔진은 트럭 엔진으로 많이 쓰이며, 속도 범위는 1000~2400알피엠이다. 고속 디젤 추진 시스템은 주로 소형 선박에서 크기 제한과 중량 제한을 극복하는 수단으로 채택된다(Woodward, 1981).

가스 터빈은 연소 가스가 팽창하며 날개 열 사이로 흐르게 함으로써 연소 가스로부터 에너지를 추출한다. 증기 터빈은 가스 터빈과 거의 같지만 연소 가스가 흐르는 것이 아니라 별도의 보일러에서 발생된 증기가 연소 가스를 대신해 흐른다는 점이 다르다. 가스 터빈은 보일러가 필요 없어서 매우 작은 소형으로 만들 수 있다는 장점이 있는 반면, 높은 내부 온도 때문에 값비싼 재료를 써야 한다는 단점이 있다. 가스 터빈이나 증기 터빈은 모두 고속으로 작동하기 때문에 프로펠러 효율이 우수한 속도 영역까지 감속시키기 위해서는 2단 감속기(double reduction gear)를 사용해야 한다. 선박용 가스 터빈은 항공기 엔진으로 개발된 것을 사용하는 경우와 지상 발전소용으로 개발된 것을 사용하는 경우로 나뉜다. 항공기용 터빈은 가볍고 작지만, 높은 연료비와 짧은 수명이 단점이다.

전투용 함정은 해상 작전을 위해 2개의 상이한 운항 상태를 가진다. 대부분의 시간에는 순항 속도로 항해하므로 이때는 연료 경제성이 중요하다. 그러나 경우에 따라서는 최고 속도 즉 작전 속도로 운항할 필요가 있다. 따라서 전투용 함정은 이러한 요구조건을 충족시키기 위해 일단 순항 속도를 얻을 수 있는 주기관으로 증기 기관이나 디젤 엔진의 크기를 결정하고, 최고 속도를 낼 수 있도록 보조기관(supplementary unit)을 추가 동력 공급 기관으로 장착한다. 작고 간결한 가스 터빈이 주로 사용되는데, 자주 사용되는 기관이 아니기 때문에 비교적 낮은 연비는 그리 큰 단점이 되지 않는다. 이런 목적의 추진 시스템으로 흔히 쓰이는 것이 CODAG(Combined Diesel And Gas turbine) 시스템이다.

2.3 동력 전달 장치

동력 전달 시스템은 주 동력 기관에서 얻은 동력을 프로펠러에 전달하고 프로펠러에서 얻어진 추력을 선체로 전달하는 중요한 역할을 한다. 가장 간단한 경우는 저속 디젤 엔진을 곧은 추진축에 직접 연결해 주기관의 회전 속도를 변화시키지 않고 토크를 프로펠러에 전달하는 경우이다. 그러나 다른 한편으로 동력 전달 계통은 주기관의 회전 방향을 바꾸지 않은 상태에서 프로펠러를 역회전시키도록 요구받는다. 대부분의 증기 터빈은 역회전이 가능하지만, 휘발유 엔진이나 가스 터빈은 대개 역회전이 불가능하다. 디젤 엔진은 역회전이 가능한 경우도 있지만 대부분 불가능하다.

동력 전달 시스템에는 주 동력 기관의 회전수를 프로펠러에 적합한 회전수로 변환시켜주는 감속 기어가 포함된다. 프로펠러는 상대적으로 낮은 회전 속도에서 높은 효율을 발휘할 수 있으며, 대형선인 경우에는 프로펠러 회전수가 대체로 100알피엠을 넘지 않는다. 반면에 대부분의 엔진은 고속 운전이 허용될수록 기관 크기를 더욱 작게 만들 수 있다. 1단 감속 기어는 프로펠러의 적정 회전 속도보다 4~7배 정도 빠르게 회전하는 엔진의 회전속도를 적정속도로 감속시켜 프로펠러에 동력을 전달할 수 있으며, 중속 디젤 엔진과 가장 많이 사용된다. 2단 감속 기어는 엔진 속도가 프로펠러 회전 속도의 10~50배 정도인 경우에 적합하며, 고속 디젤 엔진이나 가스 터빈, 증기 터빈을 주기관으로 할 때 흔히 사용된다.

주 동력 기관에서 발생된 에너지를 프로펠러로 전달하는 또 다른 방법으로는 전기적인 방법이 쓰이고 있다. 이 방법에서 주 동력 기관은 교류나 직류 발전기를 작동시키는 데 쓰인다. 발전된 전기 에너지는 대용량 전력 케이블을 사용해 감속 장치를 써야만 얻어지던 프로펠러에 적합한 회전 속도로 구동하는 모터에 전력을 공급한다. 그런데 이런 전기 시스템은 에너지 전송 중에 8~15퍼센트의 손실이 발생한다. 따라서 이보다 더 적은 손실이 발생하는 기계 시스템만큼 자주 사용되지는 않는다. 그러나 전기 시스템은 선내 배치를 다양하게 구성할 수 있고 조종성도 향상시킬 수 있다는 장점이 있다. 또한 축로(shaft tunnel)를 없앨 수도 있고, 충격 흡수성이 탁월해 감속 기어나 주기관을 손상으로부터 보호해주는 장점이 있어서 쇄빙선에서 특히 중요하게 사용된다.

2.4 대체 조합들

그림 10.1은 가장 흔히 사용되는 추진 동력 장치와 동력 전달 장치, 그리고 프로펠러로 구성되는 추진 시스템을 나타낸 것이다. CODAG 시스템은 이미 설명했으며, 그보다는 조금 덜 사용되지만 다른 추진 시스템의 구성도 가능하다.

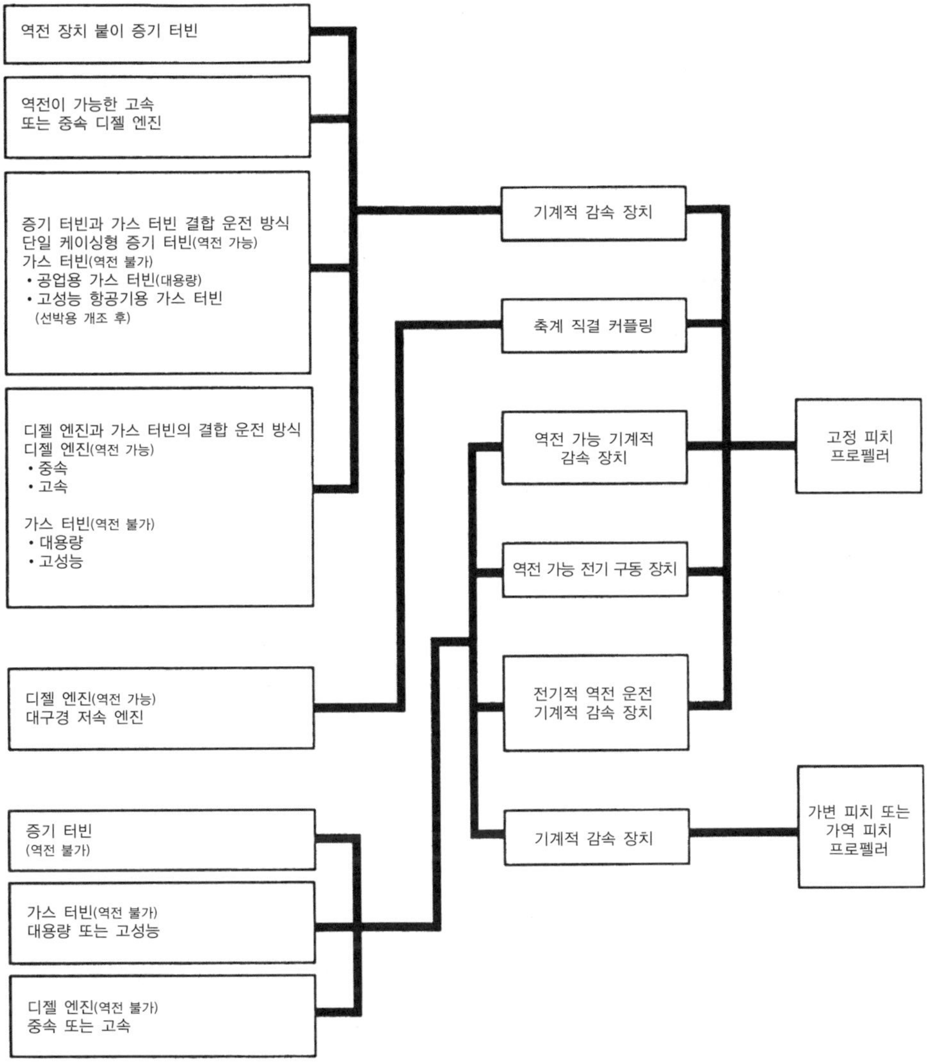

그림 10.1 주기관, 동력 전달 시스템과 프로펠러의 결합 방식 (출처 : Kane, 1971)

2.5 핵심 고려 사항

추진 시스템을 선택할 때 설계자는 시스템에 영향을 주거나 서로 상충되는 효과를 갖는 수많은 인자들이 균형을 이루도록 해야 한다. 추진 시스템을 구성할 때 고려해야 하는 핵심적인 사항은 표 10.1에 나타낸 바와 같이 일차적으로 문제되는 초기 투자비와 전체 중량, 전체 길이 그리고 연료 소모율 등으로 구성된다.

2.6 포괄적 고려 사항

추진 시스템의 구성 요소를 선정할 때는 표 10.1에 나열된 인자들만 고려해야 하는 것은 아니다. 박용 기관 기술자는 신뢰도, 경제적 수명, 특히 가솔린 엔진인 경우에는 폭발 위험성, 승조원의 수와 기술 숙련도, 연료비, 연료 수급의 편의성, 연료 처리 요구 조건 등의 인자들에 대한 상대적인 중요도를 평가할 수 있어야 한다. 또한 시스템 구성 요소들의 유지 및 수리에서 요구되는 조건으로서 교체 부품의 확보 가능성, 접근성, 제어의 용이성, 후진과 조종의 용이성, 후진 출력, 특정한 선내 배치에 대한 융통성 등도 고려해야 한다. 좀 더 덧붙이면 요구되는 윤활유의 양, 부분 출력만으로도 기관 정지 없이 작동할 수 있는 범위, 내충격성 등도 포함해야 한다. 더불어 진동, 소음, 열, 악취에도 문제가 없어야 하며, 공기나 물을 오염시킬 위험성도 없어야 한다.

표 10.1 네 가지 박용 기관의 특성 비교

기관의 종류	초기 투자비	전체 중량[a]	전체 길이[b]	연료 소모율[c]
직결 구동 디젤 기관	1.00	1.00	101	0.38
증기 터빈[d]	0.78	0.94	57.5	0.49
가스 터빈[d]	0.80	0.83	57.5	0.43
중속 디젤 엔진[d]	0.48	0.81	57.5	0.40

a : 상대적 기관 중량 비교는 축마력 1만 6000마력의 기관으로 1만 마일 항해 가능 연료를 포함한 것을 기준으로 하였다.
b : 기관의 전체 길이는 1만 6000마력의 기관을 기준으로 추정한 것이다.
c : 연료 소모율 계산은 발전용으로 사용되는 것을 포함했다. 제시된 숫자는 단위마력당 매시간 소모되는 연료량을 파운드로 표기한 것이다.
d : 감속기 붙이

표 10.2 일반적인 기관 출력의 범위

선외기	1~250 이하
가솔린 엔진	10~250
고속 디젤 엔진	90~2000
중속 디젤 엔진	800~3만
저속 디젤 엔진	800~6만
가스 터빈	축당 최대 5만 마력까지
증기 터빈	축당 최대 7만 마력까지

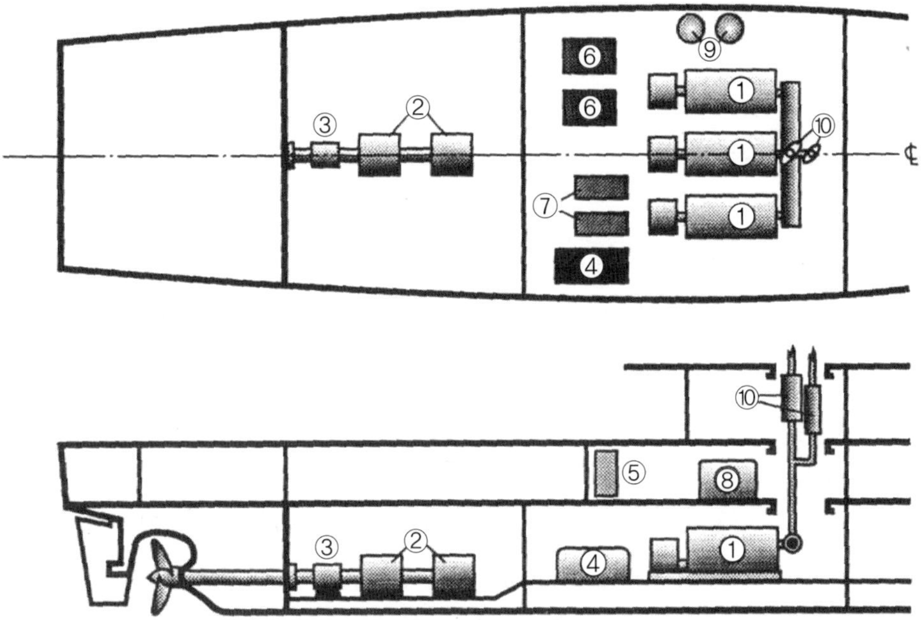

그림 10.2 해양 조사선의 기계 장치 배치

이 배치에서는 3대의 디젤 기관이 병렬 배치돼 있고, 2대의 모터가 프로펠러축에 직렬로 연결돼 있다. 각각의 디젤 기관의 출력은 1000마력 정도이다.

이때 반드시 짚고 가야 하는 실질적인 문제는 엔진의 출력이 상용 엔진으로 공급 가능한 범위 안에 있는지를 확인해야 한다는 것이다. 예외적으로 범위를 벗어나는 경우도 있으나 대부분의 엔진은 표 10.2에 표기된 출력 범위 내에서 공급되고 있다. 덧붙여서 선주는 자신의 과거 경험에 근거해 편향된 성향을 가지는 경우가 많다. 그러나 선주의 의견은 비록 편견일지라도 옳고 그름에 관계없이 항상 존중하고 배려해야 하는 것이 현실적인 문제이다.

그림 10.2는 해양 조사선의 주 추진 기관과 주요 기기의 실제 배치 상황을 보여주기 위한 그림이다. 이 선박은 3개의 고속 디젤 엔진으로 발전해 하나의 프로펠러축에 연결된 2개의 모터에 전기 에너지를 공급한다.

3. 발전 설비

선상에서의 전력 수요는 선박에 전기가 사용되기 시작한 이후 여러 해에 걸쳐서 끊임없이 증가해왔다. 선수나 선미 스러스터와 같은 선박 조종 보조 장치나 특수한 하역 장치 또는 하역 기계가 동력 수요를 증대시키는 가장 대표적인 예이다. 뿐만 아니라 대부분의 선주가 발전기에 부하를 더하는 새로운 장비를 계속적으로 추가 장착하는 것이 현실이다. 새롭게 장비를 추가하는 것은 선실에 작은 냉장고를 들여놓는 일에서부터 전체 거주 공간에 에어컨을 설치하는 일에 이르기까지 광범위하게 이뤄진다. 언젠가 발전기에 과부하가 걸려 과열 현상을 보이는 노후 선박에 승선했던 적이 있다. 기관사는 과열되는 발전기를 냉각시키기 위해 전기 선풍기를 사용했는데, 바람으로 발전기를 냉각시키는 것보다 선풍기의 추가 전력 소요가 발전기를 더 과열시키는 것은 아닌지 궁금했다. 여기서의 교훈은 신중한 선주일수록 새로운 선박을 발주할 때 발전 용량에 충분한 여유를 줘야 한다는 것이다.

용어상으로 따진다면 전력 수요는 기관실에서 필요한 전력 수요와 선박의 지원 설비에 필요한 전력 수요로 나뉜다. 기관실의 전력 수요는 주기관과 보조기관에 연결된 펌프들의 모터를 구동시키는 데서 발생된다. 선박의 지원 설비의 전력 수요 범주에는 선실 구획 부하라고도 하는 거주 환경을 구축하는 데 필요한 전력 수요와, 항해 장비, 하역 장치, 계류 장비, 빌지 펌프와 밸러스트 펌프, 조타기, 동력구동문 등 선체 운용 장비들의 작동에 필요한 모든 전력 수요가 포함된다. 물론 이런 장비들이 모두 동시에 가동되는 경우는 거의 없다. 그래도 설계자는 발전 시스템에 최대 부하를 유발시킬 수 있는 운전 환경을 예상해야 할 필요가 있다.

규모에 관계없이 모든 선박은 독립적으로 정상적인 전력을 공급할 수 있는 발전 설비를 최소한 2개 이상은 구비해야 한다. 이때 발전 설비 각각의 용량은 둘 중 하나가 수리를 위해 정지하더라도, 선박의 운항에 심각한 영향을 미치지 않도록 결정돼야 한다. 대부분의 감독 기관에서는 건현갑판 위와 기관실 또는 기관실 케이싱 바깥쪽에 비상용 디젤 발전기를 설치할 것을 요구한다.

디젤 추진 선박에서 발전을 위한 가장 효율적인 방법은 발전기를 주기관의 구동축에 직접 연결하는 것이다. 이 방식은 가변 피치 프로펠러를 채택했을 때 가장 실질적인 방법이다. 주기관축 직결 발전 방식이 아닐 때에는 기관의 회전 속도가 어떤 이유에서든 변화했을 때 발생되는 전력 공급 변동을 극복하기 위한 복잡한 조치가 뒤따라야 하는 어려움이 있다.

주기관의 구동축과 연동해 구동하는 발전기가 아니더라도 디젤 발전기를 써서 전력을 얻을 수 있다. 발전을 목적으로 사용하는 대부분의 디젤 기관은 고급 연료를 사용하는 데 비해, 주기관에서는 상대적으로 값싼 저질 연료를 사용한다. 이와는 다르게 주기관이 디젤 기관이거나 가스 터빈이거나 관계없이 주기관의 배기가스로 보일러를 작동시키고, 거기서 얻어지는 증기로 증기 터빈을 구동시켜 발전기에 동력을 공급할 수도 있다. 증기선에서는 주 보일러로부터 증기를 직접 공급받아 발전용 터빈을 구동시킬 수도 있고, 증기가 터빈을 통과하는 도중에 특정한 단계에서 일부를 뽑아내어 발전기용 증기 터빈을 구동시킬 수도 있다. 전기적 동력 전달 시스템의 경우에는 보조 기계류와 지원 시설을 구동시키는 데 필요한 전력을 주 발전기로부터 얻어서 사용하기도 한다.

4. 연료

4.1 대체 연료

기계적 추진 방식을 사용하는 선박에서는 다양한 에너지원으로부터 필요한 에너지를 얻고 있다. 원유로부터 얻은 정제유, 석탄, 핵분열 에너지(아마도 미래에는 핵융합 에너지), 가스(운반 중인 액화 가스의 증발로 얻어지는 가스), 목재, 가루석탄과 석유의 혼합 연료, 석탄에서 얻은 액화 연료 등이 그것이다. 그러나 현대의 선박은 크기에 관계없이 대부분 석유 제품으로부터 동력을 얻고 있으므로, 이후로는 석유 생산물에 한정해 설명한다.

4.2 연료의 종류

석유 계통 연료는 연료를 사용하는 기관의 종류에 따라 분류하는 것이 편리하다. 기본적으로 기관의 종류에는 휘발유 엔진, 가스 터빈, 고속 디젤 엔진, 중속 디젤 엔진, 저속 디젤 엔진, 보일러 등이 포함된다. 연료는 주요한 물리적 특성에 따라서도 분류될 수 있는데, 분류에 사용되는 물리적 특성들을 아래에 간단히 설명한다.

- 열당량 : 열당량은 단위중량의 연료로 생산이 가능한 열량으로, 파운드당 BTU(British thermal unit)나 킬로그램당 킬로줄(kJ/kg)로 나타낸다.
- 점화 지연 : 연료의 점화 기간으로서 세탄가(cetane rating)라는 값으로 나타내고, 기준치는 100이다. 숫자가 높을수록 연료의 점화 기간이 짧아지며 고속 디젤 엔진에서는 중요한 의미를 갖는다.
- 밀도 : 연료의 밀도는 흔히 API(American Petroleum Institute) 등급으로 나타낸다. API 등급은 연료에 섞여 있는 수분을 분리해내기 어려운 정도를 나타내는 값이다. API 등급이 높은 연료는 비중이 물의 비중과 가깝기 때문에, 당연히 API 등급이 낮은 연료일 때 연료 중의 수분을 분리하기가 보다 쉽다. 따라서 연료에서 수분을 분리하기 쉽게 하기 위한 방편으로 연료를 가열해 연료의 비중을 낮춰주는 것이 요구되기도 한다.

• 유동성(가주점과 점성) : 가주점(可注点, pour point)이란 연료의 점성이 충분히 낮아져서 따를 수 있는 물성을 가지는 온도를 뜻한다. 대부분의 선박 연료는 주유 전에 가열해야만 적정한 유동성을 가진다.
• 안전성(인화점) : 인화점은 휘발성의 척도가 된다. 인화점은 어떤 물질이 증기 상태에서 발화될 수 있는 최저 온도이다. 안전 운용 운전에 필요한 허용 최저 인화점은 대개 섭씨 60~65.5도 정도다.
• 청정도(순도) : 연료에 섞여 있는 물, 재 또는 침전물의 양을 나타내는 정도이다.
• 부식도 : 불필요한 황, 바나듐, 나트륨, 칼륨, 칼슘, 납 등 화학적 불순물의 양을 나타내는 값이다.

4.3 디젤유의 등급

디젤유의 등급을 정할 때는 통상적으로 미국재료시험협회(American society for testing and materials : ASTM)의 표준을 사용하고 있다. ASTM이 정하는 디젤유의 등급은 아래와 같이 세 가지 기본적인 등급이 있다.

• No. 1-D : 증류 과정을 거쳐서 얻은 낮은 점도의 디젤유로, 운전 속도와 부하 변화가 빈번한 엔진용으로 쓰인다.
• No. 2-D : 증류 과정을 거쳐서 얻은 보다 낮은 점도의 디젤유로, 산업 기계와 중장비용 엔진에 사용된다. 자동차와 트럭에 쓰이는 표준적인 디젤유이다.
• No. 4-D : 저속이나 중속 엔진을 위한 연료이다.

석유 계통 연료의 점도를 나타내는 기준으로는 레드우드 1호 척도(Redwood Number 1 Scale)가 가장 일반적으로 쓰이고 있다. 이 척도는 일정량의 기름을 섭씨 37.7도로 가열시킨 상태에서, 규정된 오리피스(orifice)를 통과해 흐르는 데 필요한 시간을 초 단위로 측정한 값으로 나타낸다.

4.4 석유 계통 연료의 일반적인 명칭

해운 산업에서는 다양한 석유계 연료를 불분명한 정의에 근거한 명칭으로 모호하게 사용하고 있다. 예를 들어 어떤 사람이 '선박용 중질 디젤유(marine diesel medium)' 라고 부르는 연료를 다른 사람은 '가스 유(gas oil)' 라고 부르기도 한다. 이런 혼란을 막기 위해 하버만은 흔히 쓰이는 연료를 석유계 연료의 일반적 명칭으로 나열한 표를 제안한 바 있다(Habermann, 1971). 어쨌든 연료에 관련된 이야기를 할 때에는 처음부터 그 정의를 확실히 하고 시작해야만 혼동을 피할 수 있을 것이다.

4.5 기본 운항 형식

계획된 항해를 위해 얼마만큼의 연료를 준비해야 하는지 생각해보자. 이 문제에 대한 합리적인 답은 우선 각각의 항해 구간에서 어느 정도의 동력이 필요한지를 주의 깊게 해석하는 것에서부터 시작해야 한다. 항구, 강, 운하 등에서의 속도 제한을 받으면 그 상태에서 소요 동력이 정해지므로 연소시켜야 할 연료의 양이 결정된다. 그런데 운항 대기 상태일 때도 연료가 소모될 수 있다. 화물 취급 단계에서 소요되는 동력으로 인해서도 연료가 소모될 수 있기 때문이다. 넓고 잔잔한 해역에서 정상직인 속도로 운항하는 상태에서 소모되는 연료량이 기본적 연료 소모량이 되겠지만, 거친 바다나 안개도 어느 정도 연료 소모에 영향을 준다는 점도 명심해야 한다.

위에 열거된 모든 요소들을 염두에 두고 각 항해 구간별로 필요한 연료량을 추정하는 것이 연료 소모량 분석자가 담당해야 할 일이다. 올바른 분석이 이뤄지려면 각각의 출력 수준으로 운항해야 하는 시간과 그때마다의 연료 소비율을 알아야 한다. 그다음에 구간별 연료 소모량을 모두 더하면 항해에 필요한 총량을 계산할 수 있다. 그리고 운항 담당자는 왕복 항해의 양쪽 기착지에서 연료를 한 번씩 채울지, 아니면 처음에 한 번만 채울지를 결정한다. 마지막으로 만약을 대비해 적당한 여유분을 추가해주어야 한다. 가장 세심한 연료 소모량 분석에서는 주기관에서 사용되는 연료뿐 아니라 발전기들에서 사용되는 연료까지 신중히 고려해야 한다.

앞에서 설명한 연료 소모량 분석의 기본적 절차는 증기 기관 시대에 처음 개발된 것으로, 증기 사용 기본 형식(steaming profile)이라고 불린다. 비록 이제는 거의 모든 선박이 디젤 기관으로 추진하고 있으나 여전히 증기 사용 기본 형식이라고 부르고 있다. 비슷한 역사적 배경에서 디젤로 추진하는 선박만 보유한 해운 회사들도 회사 명칭에서는 아직도 '기선(steamship)' 이라는 어휘를 사용하고 있다.

참고 문헌

Woodward, John B., *Low Speed Marine Diesel*, John Wiley & Sons, New York, 1981.

Kane, J. R., "General Considerations in Marine Engineering," Chapter I in *Marine Engineering*, Roy L. Harrington, Ed., Society of Naval Architects and Marine Engineers, Jersey City, N.J., 1971.

Habermann, C. E., "Petroleum Fuels," Chapter XXIII in *Marine Engineering*, Roy L. Harrington, Ed., Society of Naval Architects and Marine Engineers, Jersey City, N.J., 1971.

Hamlin, Cyrus, *Preliminary Design of Boats and Ships*, Cornell Maritime Press, Centreville, Md., 1989.

사진 10.1 현대 선박의 추진

위 : 공장에서 시운전 중인 저속 디젤 엔진 (자료 제공 : E. Jung, Sulzer Diesel U.S. Inc.)

아래 : 기관실 제어 구획 (자료 제공 : Arther J. Haskell, Matson Navigation Company, 사진 촬영 : Fisher Photo)

사진 10.2 19세기의 선박 추진
사진 속의 선박은 강 나룻배로서 4마리의 노새로 쳇바퀴를 돌려 노로 추진한다. 난간에 기대놓은 삽은 노새의 분변을 치우기 위한 것이다. (출처 : 미상)

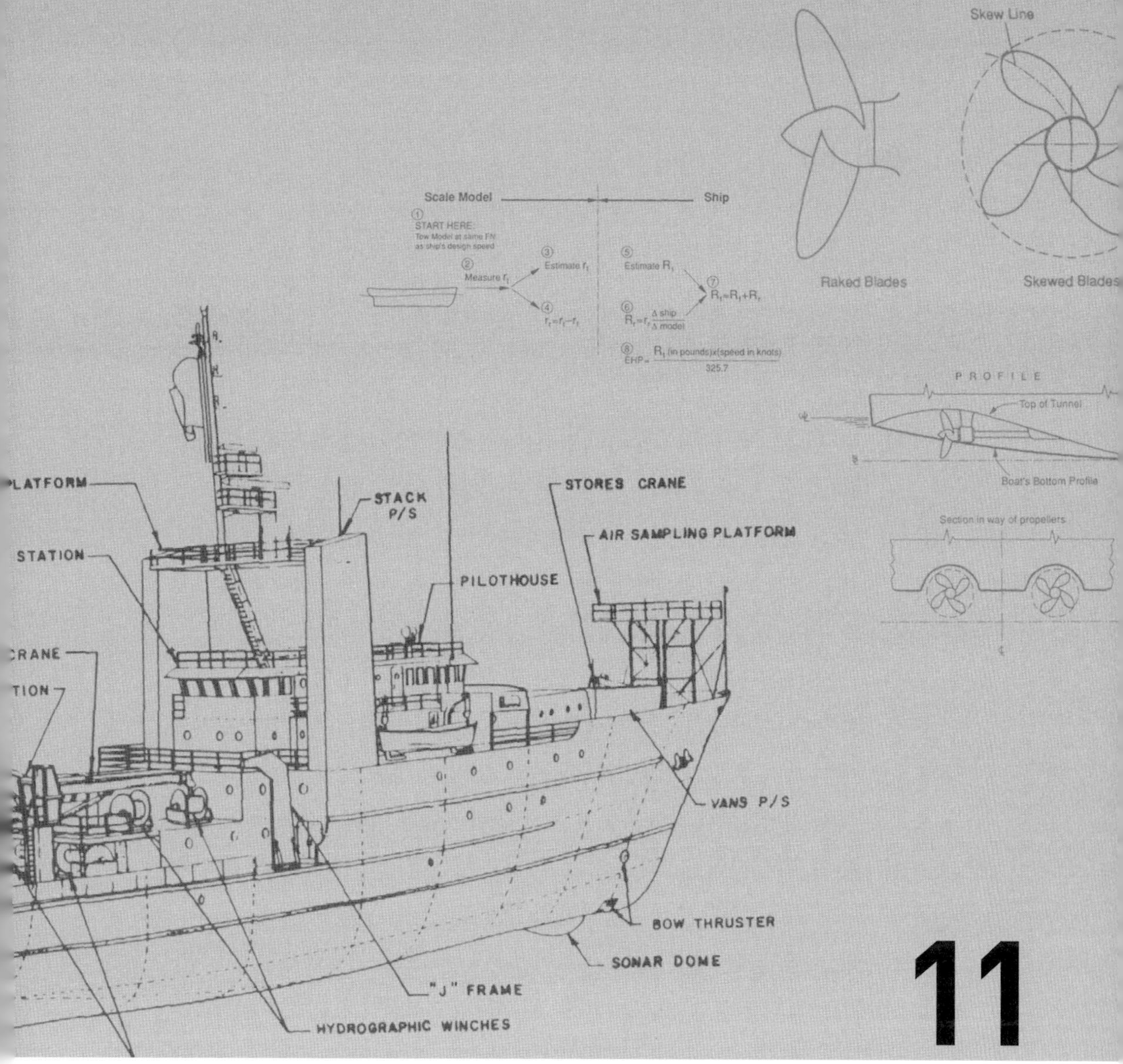
Skew Line
Raked Blades
Skewed Blades
Scale Model
Ship
START HERE:
Measure
Estimate
PROFILE
Top of Tunnel
Boat's Bottom Profile
Section in way of propellers
STACK P/S
STORES CRANE
AIR SAMPLING PLATFORM
PILOTHOUSE
STATION
VANS P/S
BOW THRUSTER
SONAR DOME
"J" FRAME
HYDROGRAPHIC WINCHES

11

풍력

1. 들어가며

범선(帆船, sailing craft)은 크든 작든 간에 거의 대부분의 사람들에게 신비한 매력을 느끼게 한다. 그들 중에는 범선 경주에 도전하며 즐기는 사람들도 있고, 다른 한편으로는 단순히 편안한 항해를 즐기려는 사람들도 있다. 또 멀리 떨어진 해안으로 항해하며 모험을 즐기려는 사람들도 있다. 조선공학에 대한 거의 모든 책에서는 풍력 추진에 관한 사항을 독립된 장으로 다룬다. 풍력의 장점은 이 책의 모든 부분에 걸쳐 언급하고 있으므로, 여기에서는 범선 설계라는 관점에 좀 더 비중을 두려고 한다.

성능이 우수한 범선을 설계하는 것은 하나의 예술이다. 범선의 설계에서는 바람과 물에서 얻어지는 힘들의 복잡한 상관관계, 즉 기술적 용어로는 공기 역학과 유체 역학(hydrodynamics)의 상관관계를 완벽하게 이해할 것을 요구한다. 그러나 그것만으로는 불충분하다. 잘 설계된 범선에서는 지속적으로 외부 또는 내부의 환경 변화가 있더라도 풍력과 유체력 사이의 평형이 잘 이뤄져야 한다. 이런 변동은 넓은 범위에 걸쳐서 일어나는 바람의 세기, 바람의 방향, 선박의 속도, 옆 밀림 정도, 경사각 등이 포함된다. 또 다른 변동 사항으로서 펼쳐진 돛의 구성, 돛이 바람과 이루는 각도, 돛의 힘이 전달되는 갑판의 위치, 타의 형상과 설치 위치, 선체 형상 그리고 센터보드와 같이 움직이는 부재의 사용에 따르는 측면 형상의 변화 등이 있다.

이 모든 것들이 의미하는 것은, 잘 설계된 범선은 일반적으로 공기 역학적인 요소와 유체 역학적인 요소의 정성적 역할을 이해하고, 그들의 이상적인 평형 관계를 경험에 의해 직관적으로 판단할 수 있는 조선공학자의 머리에서 만들어진다는 것이다. 훌륭한 조선공학자는 보트 또는 선박이 떠서 운항하게 될 물의 물리적인 조건을 잘 알아야 한다. 또한 경주용 요트나 순항용 요트 또는 상업용 범선에 대해 다르게 적용되는 제한 조건들에 적절히 비중을 두어 설계할 수 있어야 한다.

이 장에서는 풍력과 유체력의 평형을 어떻게 이끌어낼 것인가를 밝힐 것이다. 간단히 말하자면 범장 요트의 선형, 용골 그리고 타에 관해 설명하고자 한다. 끝으로 상선의 추진에 풍력을 어떻게 이용할 것인지에 대해서도 간단히 덧붙일 예정이다.

2. 평형력

2.1 겉보기 바람

범선이 전진할 때 선박의 전진 속도는 바람의 겉보기 속도와 방향에 영향을 주고, 이는 힘에도 영향을 준다. 이런 내용을 설명하는 것이 그림 11.1이다. 그림에서 실제의 바람은 선박의 진행 방향에 대해 직교하는 방향으로 우현 쪽에서 불어오는 것으로 나타냈다. 하지만 선박의 진행 방향 속도로 인해 겉보기로는 우현 선수 쪽에서 불어오는 것으로 보인다. 만일 사람이 승선해 있다면 바람은 우현 선수 쪽에서 불어오는 것으로

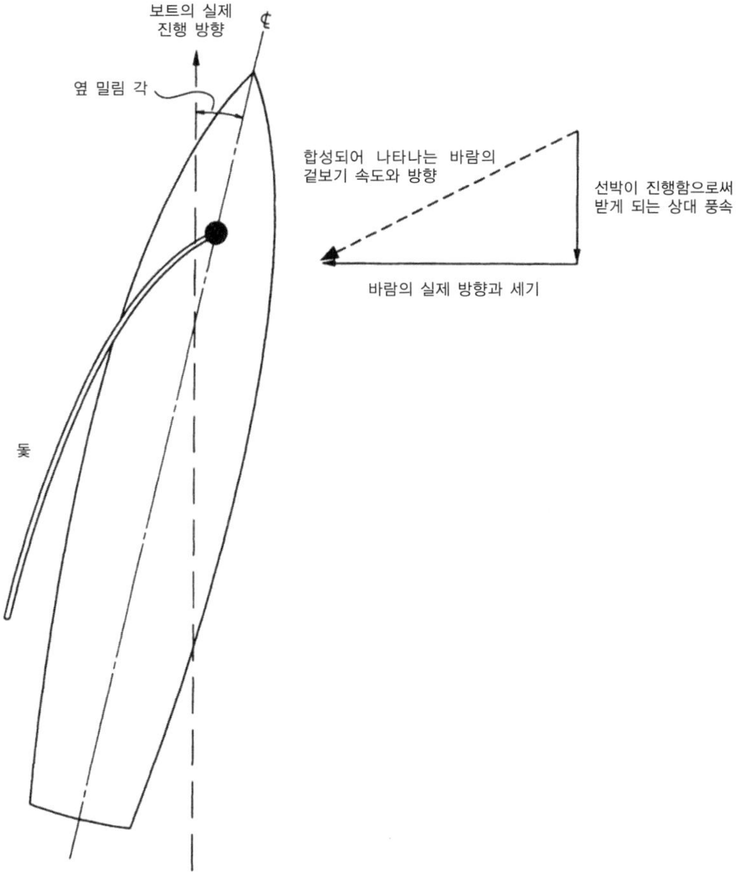

그림 11.1 선박의 전진 속도가 돛에 부딪치는 바람의 속도와 방향에 미치는 영향

보일 것이고, 그에 따라 돛을 조정하게 될 것이다. 쌍동선(雙胴船, caramaran)이나 빙상 요트와 같이 저항이 아주 작은 선형에서는 이런 효과로 인해 실제의 풍속보다 더 빠른 속도가 쉽게 얻어진다. 바람이 가볍게 불고 물이 잔잔한 경우에는 보통의 배수량형 보트에서도 이와 같은 현상을 즐길 수 있다. 그런데 만일 바람 방향으로 선박이 운항 중일 때는 그런 현상을 기대할 수 없다. 그 이유는 바람의 속도를 선박의 전진 속도가 줄여주는 효과가 있기 때문이다.

2.2 옆 밀림

그림 11.1에서는 또 다른 중요한 점을 보여주고 있다. 보트의 실제 전진 방향을 살펴보면 선박의 중심선을 기준으로 바람이 불어가는 쪽으로 조금 떠밀리는 것으로 보이게 된다. 이런 현상을 '옆 밀림이 일어난다.' 라고 하는데, 이는 바람을 받은 돛에서 발생되는 옆 방향 추력에 원인이 있다. 그림에 나타난 옆 밀림 각은 작으며, 전형적으로 6도 미만인 것으로 알려져 있다.

2.3 공기 역학적인 힘

바람은 선수 쪽에서 불어오는데 선박이 어떻게 바람 방향으로 나아갈 수 있을까 하는 의문을 가지게 된다. 적절하게 전개된 돛을 따라서 공기의 흐름이 발생하면 돛의 양쪽 면에는 압력 차이가 나타난다. 바람이 불어오는 쪽에서는 압력의 증가가 나타나고, 밀려나는 쪽으로는 압력의 저하가 나타난다. 이들 압력의 차이로 인해 얻어지는 전체의 효과를 양력이라 하는데, 이는 항공기의 날개에서 얻어지는 것과 동일하다. 그림 11.2는 돛에서 얻어지는 공기 역학적인 힘과 역할을 설명하기 위한 것이다.

돛에 작용하는 풍력을 뜻하는 대각선 방향의 화살표는 돛을 구성하는 수많은 요소들에 작용하는 당기고 미는 힘들의 전체를 하나로 대체해 나타낸 것이다. 화살표의 길이와 방향은 돛을 구성하는 모든 면적 요소에 작용하는 힘들을 합성해 얻어진 것이다. 이렇게 얻어진 대각선 방향으로 작용하는 힘의 일부는 선박을 옆으로 밀려나가게 하는데, 이를 선측 방향 힘이라고 하며 경사력(heeling force component)이라고 부르기도 한

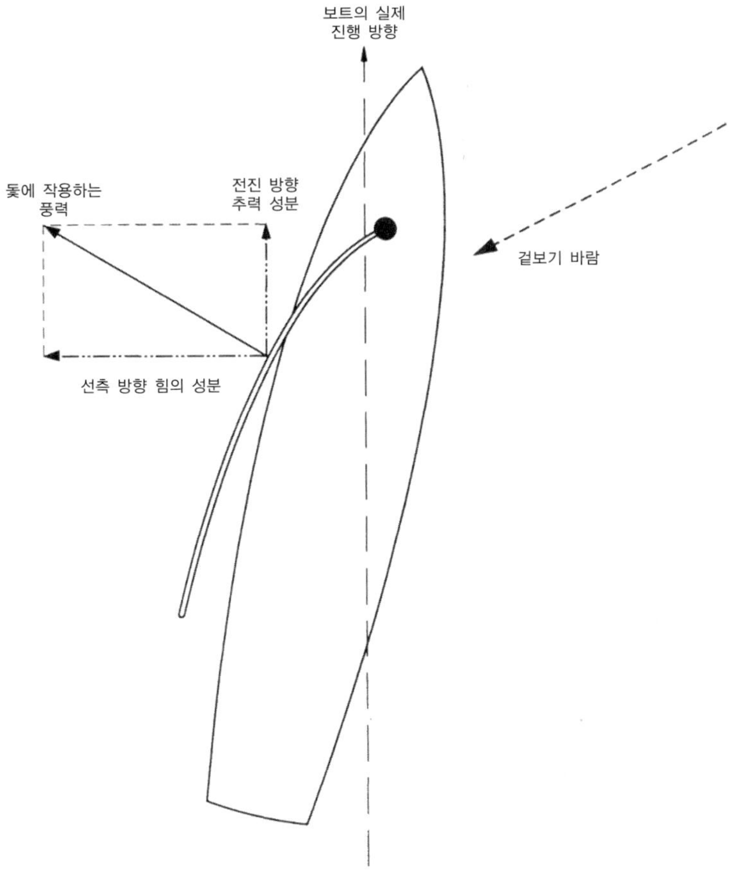

그림 11.2 바람이 돛에 부딪쳐 발생되는 힘의 성분

다. 대각선 방향으로 작용하는 유용한 성분을 전진 방향 추력 성분이라고 하는데, 구동력 성분이라 하기도 한다. 이는 선박을 앞으로 밀어준다.

분명한 것은 선박은 바람을 거슬러가며 바로 나아갈 수는 없다는 점이다. 그러나 일정 각도로 비스듬하게 어느 한쪽 방향이나 반대쪽 방향으로는 조종할 수 있다. 선박은 지그재그하게 항로를 택해 운항하는 태킹 조종으로 바람 부는 쪽으로 거슬러 목적지에 도달할 수 있다. 아주 잘 설계된 경주용 요트인 경우에는 바람과 파도 조건에 따라서 바람 방향에 35도 방향으로도 거스르며 나아갈 수 있다. 전형적인 순항용 요트는 바람 방향에 대해 45도까지 거슬러 나아가도록 요구된다. 큰 파도가 선수에 부딪치는 거친 기상 상태에서는 선박의 실제 진행 방향이 바람 방향에 대해 90도가 될 만큼 크게 옆으로 표류하는 것을 경험하기도 한다.

2.4 유체 역학적인 힘

그림 11.3은 앞에서 언급한 공기 역학적인 힘에 반대해 균형을 잡아주도록 작용하는 복잡한 유체 역학적인 힘들에 대해 소개한 것이다.

여기서 다시 한 번 선체가 유체 속에서 미끄러질 때 선체 요소에 나타나는 무한히 많은 힘들의 합력과 동등한 효과를 줄 수 있는 하나의 가상의 힘을 선체에 작용하는 유체력이라 생각하자. 이 하나의 힘은 앞에서와 마찬가지로 성분이 되는 2개의 힘으로 나눌 수 있다. 유용한 성분은 선측 방향으로 작용하는 힘으로서 바람에 의한 횡 경사를 억제하는 힘이 되며, 횡 방향 힘의 평형을 이루게 하는 효과가 있다. 이 힘의 성분은 선박의 횡 방향 운동에 대한 저항을 나타내는 힘이다. 주로 용골 또는 센터보드 부분에서 얻어진다. 선박의 중심선과 실제 진행 방향이 이루는 각도는 역시 이 선측 방향 힘이 형성되는 데 영향을 미친다. 뿐만 아니라 받음각이 없는 경우에는 유체 역학적인 선측 방향 힘은 나타나지 않는다. 그림에서 알 수 있는 것처럼 떠밀림 방향에서 선수 쪽에서 흘러들어 부딪치는 유체는 선수 방향으로의 바람을 거스르는 추력을 형성한다.

그런데 불행하게도 나쁜 영향을 주는 두 번째 성분이 항상 존재한다. 이 경우에는 저항 성분으로서 그림 11.3에 표시된 바람에 의해 얻어지는 전진 방향의 추력 성분과 반대 방향으로 작용하게 된다. 만일 바람의 속도가 높아지면 돛에서 얻어지는 전진 방향의 추력 성분도 커질 것이다. 이때 얻어지는 추력 성분은 선박의 속도를 높여주는 효과를 발휘하게 되고 속도 증가로 인해 증가한 새로운 저항 성분이 새로운 전진 방향 추력과 평형을 이루게 된다.

그림 11.3은 위에서 내려다본 그림으로, 선박의 진행 방향에 대해 직교하는 방향으로 선체에 작용하는 힘과 돛에서 선박의 진행 방향에 직교하는 방향으로 작용하는 힘

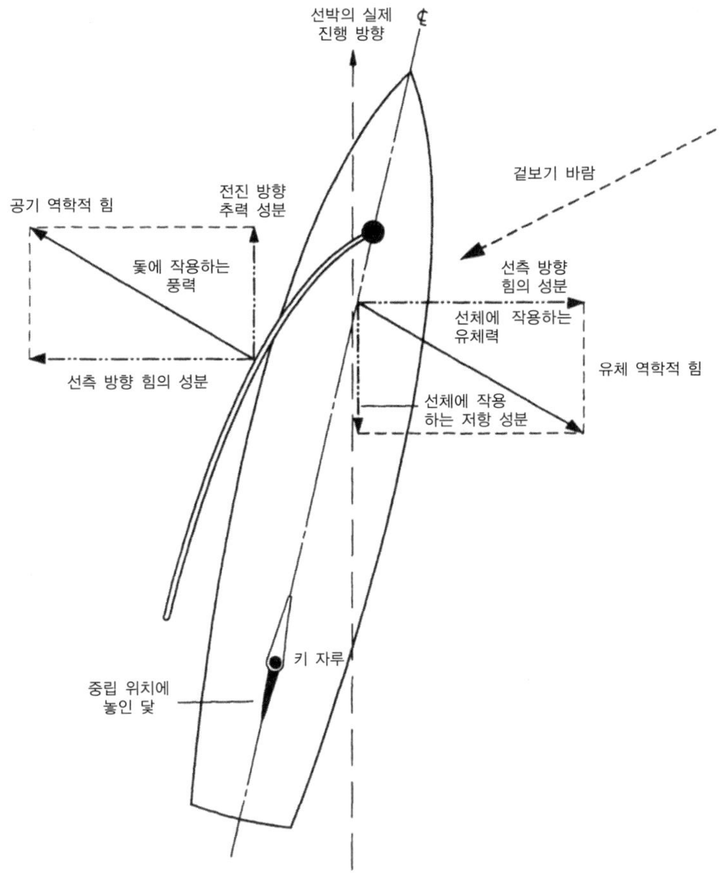

그림 11.3 선체와 돛에 작용하는 힘과 그 성분들
풍력과 유체력은 평형을 이루고, 작용점의 차이는 선수를 바람 쪽으로 돌리게 한다.

의 높이 차이로 인해 횡 경사를 일으키는 모멘트가 발생하는 것을 보여주지 못하고 있다. 이때 발생되는 경사 모멘트는 제4장에서 설명한 바 있는 선체 경사로 얻어지는 복원 모멘트와 평형을 이루게 되며, 보통의 경우에는 승조원들이 선박의 높아진 쪽으로 이동함으로써 복원력을 높여준다. 마찬가지로 전진 방향으로 발생되는 추력 성분과 선체에 작용하는 저항 성분의 높이 차이로 인한 모멘트는 선수 트림을 유발시킨다. 극단적인 경우에는 이때 얻어지는 트리밍 모멘트가 과다해져 선박의 머리가 잠기며 공중제

비를 일으키게 하기도 한다. 이와 같은 극단적인 재난 사태를 피치폴링(pitch-poling)이라고 한다.

2.5 평형

그림 11.3을 보면 바람에 의해 얻어지는 힘과 물에서부터 얻어지는 힘을 나타내는 화살표가 일직선상에 놓이지 않은 것을 확인할 수 있다. 이와 같은 상황에서는 힘이 평형을 이루지 못하고 선수를 바람이 불어오는 쪽으로 돌아가게 한다. 그림에 표시된 것과 같이 타는 중립 상태로 놓여 있으나, 필요한 평형력을 얻기 위해 타각을 변화시켜줄 수 있다. 그림 11.4는 유체에서 얻어지는 힘을 선미 쪽으로 이동시켜서 유체력이 풍력에 대해 평형을 이룰 때까지 타각을 변화시켜준 것이다. 그림에서와 같이 타각을 바꿔주려면 조타수는 틸러(tiller)라고 부르는 키 자루를 당기거나 밀어줘야 한다. 그림에서 보인 것과 같이 선박을 바람에 거스르며 풍상 방향으로 평형을 이루도록 타각을 조정하는 것을 역풍 범주(weather helm)라 한다. 반대로 곁보기 바람 방향을 벗어나며 잠바람 방향으로 범주하는 것을 측풍 풍상 범주(lee helm)라 한다. 두 경우 모두 타를 돌려주므로 저항의 증가가 나타나 선박의 속도를 떨어뜨리게 된다. 설계에서 목표로 삼는 것은 통상적으로 기대할 수 있는 바람 상태에서 전형적으로 평균이 되는 방향으로 진행할 때 중립 타각이 얻어지는 것이다. 바람이 보다 거세지면 선박의 횡 경사는 더욱 커지고 풍력도 증가하므로 어느 정도의 역풍 범주가 필요하고, 바람이 약할 때에는 어느 정도의 측풍 풍상 범주가 필요하다.

범선 설계에 있어서 조선공학자가 가장 다루기 어려운 부분이 앞에서 설명한 중립 타각을 구하는 일이다. 풍력과 유체력의 합리적인 평형점을 구하는 것은 아직은 예술의 경지에 있다고 할 수 있으며, 어떤 오류가 있어서 완성된 선박을 고쳐야 하는 경우에는 큰 비용이 들게 마련이다. 경우에 따라서는 돛대의 위치를 옮겨야 하고 용골의 형상을 바꿔야 할 수도 있다. 물의 밀도는 공기의 800배이므로 수면 아랫부분에서 작은 변화를 주는 것이 범장 시스템에 큰 변화를 주는 것만큼 효과적일 수 있다. 다른 한편으로는 범장 계획을 바꾸는 것이 선체 형상을 바꾸는 것에 비해 비용이 적게 소요되므

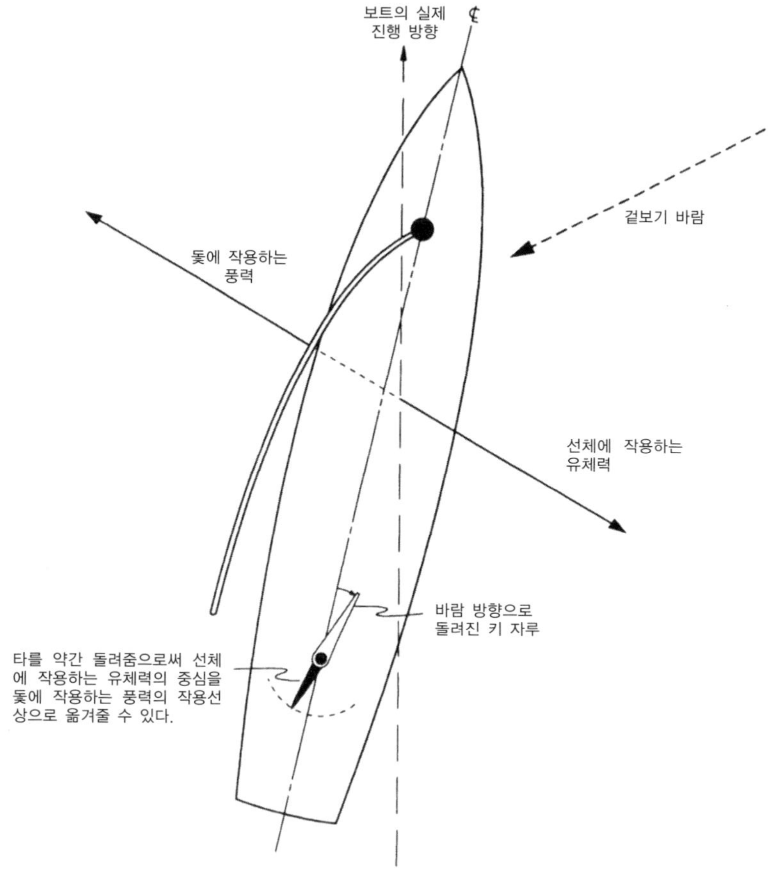

그림 11.4 침로 유지를 위한 타의 역할

타는 풍력과 유체력을 일직선상으로 정렬시키거나 선박이 일정한 침로를 지키도록 하기 위해 사용된다.

로 흔히 개조의 출발점이 된다. 범장만 수정하는 것으로 불충분한 경우에는 돛대를 기울이거나 위치를 옮긴다. 만약 이런 조치를 취하고도 균형점을 찾지 못했다면 선박의 수면 하부 형상을 적절히 바로잡아야 한다.

세일 보드(윈드 서핑)의 조종 기법을 익힌 사람이라면, 앞에서 설명한 문제점들이 세일 보드를 다루면서 이미 직감적으로 배운 사실들일 것이다. 만일 조종자가 보드를 좀 더 역풍 범주로 가져가기 위해서는 단순히 돛대와 돛을 당기면 된다. 순풍 범주를 돕기 위해서는 반대로 돛과 돛대를 밀어주면 된다. 이렇게 하면 보드의 횡 방향 항력의 중심 위치를 그대로 둔 상태에서 타의 도움을 받지 않고도 힘의 작용점 위치를 바꿀 수 있다.

3. 선체 형상

3.1 단동 선체

범선은 넓은 범위에 걸쳐 경사각이 변화하더라도 저항을 적게 받는 선체 형상을 갖추어야 한다. 그렇기 때문에 범선은 선체의 중앙 부분이 부드러운 곡선으로 이루어지며, 최대 단면적 계수가 작다는 특징이 있다. 주형 계수도 대체로 0.52에서 0.63 사이의 작은 값이며, 중앙값이 수면 아래 형상으로 적합하다. 한마디로 범선의 선형은 서양 사과를 닮은 모양이다. 횡 복원력은 돛에 걸리는 힘을 받아주는 데 매우 중요하나. 횡 복원력은 폭이 좁은 선체일 때는 무거운 밸러스트를 아래쪽에 달아줌으로써 얻을 수 있으며, 폭이 넓은 선체에서는 밸러스트를 줄이거나 제외시킴으로써 얻을 수 있다. 선박의 폭을 넓히면 선박의 저항이 증가하지만 배수량을 줄어들게 함으로써 상쇄되는 효과가 있다. 또한 넓은 갑판 면적을 확보할 수 있으며, 돛을 펼치기 좋게 해줄 뿐 아니라 돛대나 돛대를 보강하기 위한 당김줄을 배치하는 데에도 유리해진다.

경주용 요트의 선형은 해당 경주 관련 단체의 규정들에 크게 영향을 받는다. 안타까운 점은 그런 제약들이 선박의 내항성능과 승선감을 나쁘게 만든다는 점이다. 또한 더욱 근본적인 문제점은 규정을 제정한 사람들이 선박의 내항성을 나쁘게 하려는 것은 아니었으나, 나중에 승부에 집착한 설계자들이 규정의 제한 범위 내에서 어떻게든 원래의 의도를 변질시키리라는 것을 예측하지 못했다는 데 있다. 게다가 어떤 선박이 다른 선박에 비해 내항성능이 우수하다는 점에 대해 전문가들조차도 쉽게 통일된 의견을 내기 어렵다는 것도 문제이다.

3.2 복수 선체

쌍동선은 선체가 2개의 동체로 나뉜 선형이다. 날씬한 2개의 동체가 넓게 떨어져 있는 선형인데, 선박의 전체 폭은 선박 길이의 반 정도에 조금 못 미친다. 삼동선(trimaran)은 단동선의 선체보다는 좁은 선체에 좌우 각 현 쪽에 추가적으로 선체를 달아 복원력을 보강해준 선형을 말한다. 전형적인 삼동선의 전체 폭은 선박 전체 길이의 반 이상이다. 이러한 두 종류의 선형은 배수량형 선형에 비해 훨씬 큰 초기 횡 복원력을 가진다. 결과적으로 복수 선체 선형에서는 배수량이 같은 단동 선체 선형에 비해 훨씬 큰 면적의 돛을 달 수 있다. 따라서 복수 선체 선형에서는 보통 선형에서 얻을 수 있는 속도보다 더 큰 속도를 얻을 수 있다.

그러나 복수 선체 선형은 불리한 점도 있다. 복수 선체 선형은 맞바람을 맞으며 역풍 범주를 할 때 돛 방향을 돌려서 진행 방향을 바꾸는 택 바꾸기 조작이 힘들다. 이는 중량이 가볍고 복수의 선체가 횡으로 벌어져 있는 형상이어서, 바람이 불어오는 방향을 지나 선박이 돌게 되는 과정에서 순간적으로 양력을 잃어버리기 때문이다. 이때 선박은 풍향계처럼 바람 방향을 가리키게 되어 더 이상 전진이 어려워지는데, 이런 경우를 '돛대의 버팀줄에 걸렸다.' 라고 표현한다. 이 외에도 복수 선체 선형은 바람이 매우 거세지면 180도로 뒤집히기 쉽다. 뒤집힌 선박은 바닥을 위로 한 형태로 떠 있게 되는데, 이런 이유 때문에 항해용 복수 선체 선형에서는 선박 밑바닥에 탈출용 해치를 둔다. 세 번째 불리한 점은 구조적인 복잡성으로서 복수 선체 선형이 파도를 만나면 분명하게 나타나며, 이때 매우 큰 비틀림 모멘트가 발생해 구조 손상을 일으키는 원인이 될 수도 있다. 마지막 부정적인 요소는 2.4절에서 설명한 피치폴링 현상의 발생 위험이 있다는 것이다.

4. 전형적인 돛의 배치

4.1 표준 돛 장치

그림 11.5는 범선의 여섯 가지 돛 장치를 나타낸 간단한 개념도이다. 사각형 돛에는 상부에 개프(gaff)라고 불리는 원형 부재가 쓰이기 때문에 사각돛 또는 개프 세일(gaff sail)이라 부른다. 삼각돛은 여러 가지 이름으로 불리는데, 뱃머리 지브 세일 (jib-headed sail), 마르코니 세일(Marconi sail), 버뮤다 세일(Bermuda sail) 등으로 불린다. 삼각돛과 사각돛은 서로 바꾸어 사용할 수 있으며, 케치(ketch) 선형에서는 한 종류의 돛을 사용하거나 다르게 사용할 수 있다. 요울(yawl)형 돛과 케치형 돛은 선미 쪽에 달리는 작은 돛의 위치와 상대적인 크기로 구별된다. 선미 부분에 다는 작은 돛은 뒷 돛 또는 미즌 세일(mizzen sail)이라 한다. 요울형 범선에서 쓰이는 미즌 세일은 케치형 범선에서 쓰이는 미즌 세일보다 작고 좀 더 선미 쪽에 놓인다. 흔히 타두재보다 뒤쪽에 설치되는 돛대에 단다. 케치형 범선에서는 미즌 세일이 상대적으로 크며, 타의 축기둥보다 앞쪽에 설치되는 돛대에 단다.

4.2 돛 관련 용어

돛을 달아 올리는 밧줄을 마룻줄 또는 핼리어드(halyard, halliard, haulyard)라 부른다. 이들 용어는 사각돛을 사용하던 선박에서 돛을 다는 활대(yard)를 달아 올릴(haul up) 때 쓰던 밧줄에서 유래한 용어이다. 돛의 위치를 조절하는 데 쓰는 밧줄을 아딧줄 또는 시트라고 하는데, 처음 선박을 타는 사람에게는 흔히 혼동을 일으키게 한다. 돛의 하단에 붙이는 원형 소재를 아래 활대라고 하며, 여러 목적에 따라서 원하는 위치에 당김줄로 고정시킨다.

고정 돛 장치(standing rigging)는 한 위치에 영구적으로 고정 배치된 돛 장치를 말한다. 여기에 속하는 것으로는 돛대와 돛대를 고정시켜주는 줄과 로프가 있다. 돛대 줄이라 불리는 슈라우드(shroud)는 선체를 양쪽 방향으로, 버팀줄이라 불리는 스테이(stay)는 전후 방향으로 고정시켜주는 역할을 한다. 이 외에 가동 돛 장치(running rigging)에

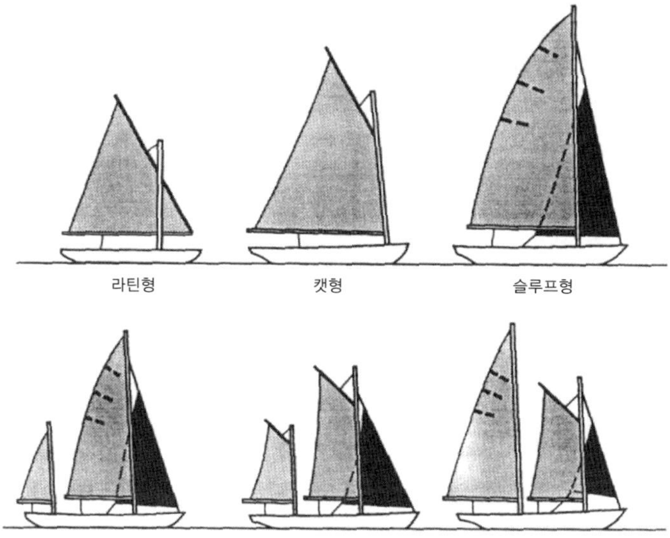

그림 11.5 일반적인 범선의 돛

는 돛 자체를 포함해 마룻줄, 아딧줄, 당김줄 등이 있다. 윈드서핑용 보드와 같은 1, 2인승의 작은 평저 범선의 경우에는 돛 장치와 탑승자를 포함하는 모든 요소가 잘 복합돼 있다. 고정 돛 장치와 가동 돛 장치가 하나로 통합돼 있고, 탑승자와 밸러스트가 하나로 통합되어 있는 셈이다.

5. 수면 하부 형상

그림 11.6은 범선의 수면 하부 선체의 전형적인 형상을 나타낸 것이다. 이들 중 그림 A는 전통적 요트의 선형이다. 이 선형에서는 용골이 선저부에 붙여지는 사각형 각재보다 조금 큰 정도이다. 용골은 선미부로 가면서 점차 깊어지고 선미부에서 타를 고정시키는 데드우드(deadwood)로 바뀐다. 옆 밀림에 대한 저항을 높여주기 위해 센터보드(centerboard)를 두는데, 이는 힌지가 달린 평평한 부재로서 얕은 물에서 운항할 때는

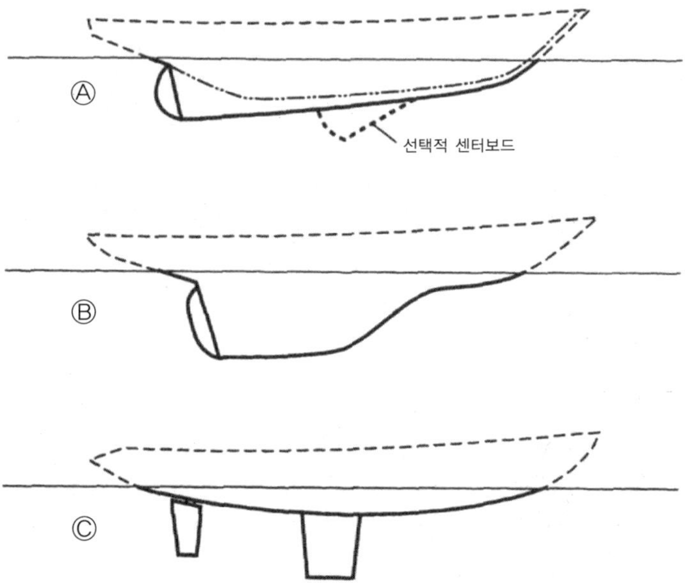

그림 11.6 범선의 내표적 수면 하부 선체 형상

선체 내부로 달아 올리도록 돼 있다.

그림 B는 최근의 경주용 또는 순항용 범선의 전형적인 수면 하부의 선체 형상을 나타낸 것이다. 깊이 잠기는 용골 부분에는 상당한 중량의 고정식 밸러스트를 장착한다. 이런 형식의 요트는 그림 A에 보인 예전의 요트에 비해 역풍 범주 성능이 좋다. 그리고 좁고 깊은 타를 사용함으로써 보다 적은 투영 면적을 가지면서도 동일한 선회력을 얻을 수 있으며 그로 인해 저항도 줄어든다. 이 그림에는 나타나 있지 않으나 이 선형에서도 센터보드를 붙일 수 있다.

그림 C는 배수량이 작고 폭이 넓은 소형 선형으로, 밸러스트를 사용하지 않는 선형에 적합하다. 이 선형에서는 용골의 전후 방향 길이가 좁아지고, 타가 선미 쪽에 분리된 형태로 달리므로 분리된 부가물의 역할을 한다. 만일 타를 용골에 바로 붙이면 타가 선체의 회전 중심에 지나치게 가까워서 선박을 선회시키는 모멘트를 얻기 어려워진다.

용골 끝에 작은 날개 또는 윙렛(winglet)이라 불리는 역V 자형 날개가 붙여지는 용골을 날개붙이 용골이라 한다. 이와 같이 용골에 붙여지는 부가물은 용골을 타고 아래로 흘러내리는 흐름을 줄여주기 때문에 보트가 옆으로 밀릴 때 유체 역학적 특성을 향상시켜주는 효과를 얻기 위해 붙인다. 윙렛은 수심에 상대적으로 제한이 있어서 흘수를 제한해야 하는 경우에 효과적이다. 윙렛의 중요한 부차적인 효과는 횡 복원력을 높여주는 것이다. 만일 윙렛을 납으로 만들면 윙렛의 부착 위치로 인해 요트의 무게중심을 낮춰주는 효과가 생긴다. 용골을 깊게 만들 수 있는 조건에서는 윙렛이 저항을 증가시키므로 오히려 불리한 효과가 나타난다.

6. 상선용 돛

6.1 개발에 적합한 기술

수십 년 전 급격하게 오른 기름 가격으로 인해 다시금 상선(商船)에서 풍력을 선박 추진의 동력원으로 사용하려는 관심이 높아지게 됐다. 바람은 비용이 들지 않는 무한한 동력원이며 공해가 없을 뿐 아니라, 정치적인 영향이나 제약도 받지 않는다. 이에 더해 100여 년 전에 증기선이 범선을 대체하기까지 최근의 풍력 추진 선박의 설계에 힘이 될 수 있는 여러 가지 기술들이 개발되었다. 그런 기술 중에 돛의 설계에 적용할 수 있는 공기 역학적 원리들이 있으며, 돛대와 돛에 사용할 수 있는 가벼운 재료도 개발됐다. 더불어 인공위성의 정보를 활용하는 기상 이용 항로 설정도 가능하게 됐다.

여기서 흥미로운 사실을 언급하자면 아직도 범선은 세 번째 선박 시장이 될 수 있다는 것이다. 최근까지도 상당한 규모인 4000여 척의 목선 범선이 인도네시아의 여러 섬들 사이에서 상업용으로 쓰였다는 것을 간과해서는 안 된다.

6.2 규모의 이점

범선에는 큰 돛을 택하는 것이 좋다는 것을 뒷받침하는, 축척 요소에 바탕을 둔 이론적 근거가 있다. 돛에 작용하는 힘은 경사 모멘트를 발생시키는 요인이 된다. 그런데 경사 모멘트는 돛의 면적과 돛에 작용하는 힘의 작용점까지의 거리에 비례한다. 따라서 경사 모멘트는 축척비의 세제곱에 비례하는 것으로 나타난다. 다른 한편으로 선체에서 얻어지는 복원 모멘트는 배수량과 제6장에서 설명한 복원 팔 GZ의 곱으로 나타나게 된다. 이런 사실은 복원 모멘트인 경우에는 축척비의 네제곱에 비례하는 것을 알 수 있다. 예를 들어 한 범선이 있는데 그 범선과 형상이 동일하며 모든 치수가 2배인 선박이 있다면, 이들 두 선박의 축척비는 2가 된다. 이때 바람의 속도가 결정돼 있다면 큰 선박의 경사 모멘트는 작은 선박의 경사 모멘트의 세제곱 즉 8배가 된다. 이에 대해 복원 모멘트는 축척비의 네제곱 즉 16배에 이르게 된다. 간단히 말하자면 큰 선박일수록 큰 돛을 달 수 있다는 것을 뜻한다. 이런 개념은 조파 저항에 관해서도 마찬가지이지만 큰 선박이 작은 선박에 비해 속력 면에서 유리하다는 것을 설명하는 이유가 되기도 한다.

6.3 크기의 제한

경제적인 화물 수송 단위가 될 만큼 크기가 큰 선박은 안타깝게도 그에 따르는 단점을 함께 가진다. 예컨대 고정 돛 장치는 무겁고 복잡하며 비싸다는 문제가 있다. 그래서 당연하지만 항만에 입항할 때 지나야 하는 교량이 저해 요인으로 작용한다. 이 때문에 앞에서 돛의 치수를 키움으로써 얻어지는 이점이 실질적인 문제로 인해 기술적으로 효력을 발휘할 수 없게 된다는 문제가 있다. 따라서 통상적으로 공급되는 돛은 상대적으로 작은 선박에서만 사용할 수 있다.

6.4 최적의 적용

다른 한편으로 풍력이 가지는 분명한 단점은 풍력 자체를 충분히 신뢰할 수 없다는 점이다. 선박은 정해진 일정에 맞춰 운항하기 위해 일정한 운항을 바라지만, 풍력 추진으로는 일정한 운항을 할 수가 없다. 이런 조건에는 상대적으로 긴 항로에 취항하는 비교적 작은 규모의 벌크 화물선이 적합하다. 벌크 화물선은 확정된 운항 계획에 따라 운항하는 일이 흔하지 않으며, 장거리 항로에서 연료를 절감하는 것이 화물 적재 능력을 키우는 길이 되기 때문이다. 그 외의 문제로는 출항 전이나 입항 후 화물을 다루는 데 지장을 주지 않는 돛 장치를 마련하는 것인데, 이 문제에 관해서는 해결책이 마련될 수 있을 것으로 기대된다.

6.5 보조 동력

상선용 돛 장치를 제안하는 사람들도 순수하게 돛 장치만을 고집하지는 않는다. 이들 역시 때때로 보조 추진 기관이 반드시 필요하며, 일반적으로 기계적 추진 장치가 바람직하다고 이야기한다. 항만에서 입출항하는 경우나 바람이 세지 않은 적도 지역을 지나야 하는 선박에는 기계적 추진 장치가 경제적이다. 따라서 소규모의 디젤 기관은 기본적으로 반드시 필요하다.

6.6 돛의 부차적 기능

앞에서 거론한 문제점들을 고려해보면 선진국에서 상선으로 범선을 다시금 채택하리라는 예측은 섣부른 속단으로 보인다. 그렇지만 기계적 추진 장치를 주 추진 수단으로 사용하고, 돛을 보조적인 추진 수단으로 사용한다면 가능성이 충분하다. 만일 바람이 적당히 불고 있다면 1, 2개의 돛을 펼쳐서 속도를 올리고 기름을 절약하지 않을 이유가 없는 것이다. 그림 11.7은 긴 갑판 크레인을 갖춘 선박에서 쉽게 돛을 달아 올려 알맞은 바람을 이용할 수 있음을 보여준다.

그림 11.7 크레인을 이용한 화물선의 보조 돛

그림 11.8은 선상에 특별히 맞춘 좀 더 복잡한 형식의 보조 돛 장치를 설치한 예를 나타낸 것이다. 모든 돛 장치는 기계적으로 원격 제어가 가능하다. 돛대는 모터로 회전시킬 수 있으며, 돛은 겉보기 바람 방향에 맞춰 적합하게 펼칠 수 있다. 돛은 금속제 프레임으로 받쳐지고 수직 방향으로 힌지가 달린 구조로 제작된다. 사용하지 않을 때에는 돛대 주위로 접어둘 수도 있다. 이런 형식의 돛 장치는 그림 11.7에 보인 돛 장치에 비해 비용이 다소 더 들지만, 추가의 승조원을 필요로 하는 불리한 점을 피할 수 있다.

보조 돛은 간혹 여객선에서도 사용되고 있다. 많은 사람들이 범선으로 여행하는 것을 즐기기 때문이다. 또한 돛을 펼치면 연료 절감은 물론, 횡 동요와 진동을 줄여주는 효과까지 있어 안락감을 높여준다. 그림 11.9는 대형 여객선에 보조 돛을 펼친 예를 나타낸 것이다.

그림 11.8 소형 유조선에 장착된 기계적으로 작동되는 보조 돛

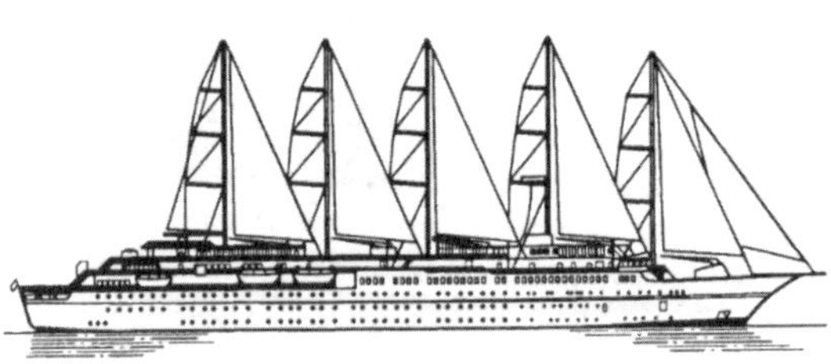

그림 11.9 여객선에 장착된 보조 돛

참고 문헌

Henry, Robert G. and Miller, Richards T., "Sailing Yacht Design—An Appreciation of a Fine Art," *Transactions*, Society of Naval Architects and Marine Engineers, Jersey City, N.J., 1963, pp. 425-490.

Letcher, John S., Jr. et al., "Stars & Stripes," *Scientific American*, Aug. 1987, pp. 34-40.

Kinney, Francis S., *Skene's Elements of Yacht Design*, Dodd, Mead & Company, New York, 1973.

Hamlin, Cyrus, *Preliminary Design of Boats and Ships*, Cornell Maritime Press, Centreville, Md., 1989.

Marchaj, C. A., *Aero-Hydrodynamics of Sailing*, Dodd, Mead & Company, New York, 1980.

Herreshoff, Halsey C., "Hydrodynamics and Aerodynamics of the Sailing Yacht," *Transactions*, Society of Naval Architects and Marine Engineers, Jersey City, N.J., 1964, pp. 445-492.

Kirkman, Karl L. and Pedrick, David R., "Scale Effects in Sailing Yacht Hydrodynamic Testing," *Transactions*, Society of Naval Architects and Marine Engineers, Jersey City, N.J., 1974, pp. 77-125.

Bobrow, Jill and Jinkins, Dana, *The World's Most Extraordinary Yachts*, W. W. Norton, New York, 1986.

Mate, Ferenc, *The World' s Best Sailboats, A Survey*, W. W. Norton, New York, 1986.

Daniels, Jane, *The Illustrated Dictionary of Sailing*, Gallery Books, New York, 1989.

Miller, Richards T. and Kirkman, Karl L., "Sailing Yacht Design—A New Appreciation of a Fine Art," *Transactions*, Society of Naval Architects and Marine Engineers, Jersey City, N.J., 1990, pp. 7-1 to 7-39.

사진 11.1 극단적으로 다른 범주 상태의 두 범선

위 : 미국 해안 경비대의 사각 범장 연습선 Eagle호

(자료 제공 : R.W. Paugh, 미국 해안 경비대 소속, 사진 촬영 : Robert Basten)

아래 : Lester Rosenblatt의 케치선 Rose II호가 항주하는 모습 (자료 제공 : M. Rosenblatt and Son, Inc.)

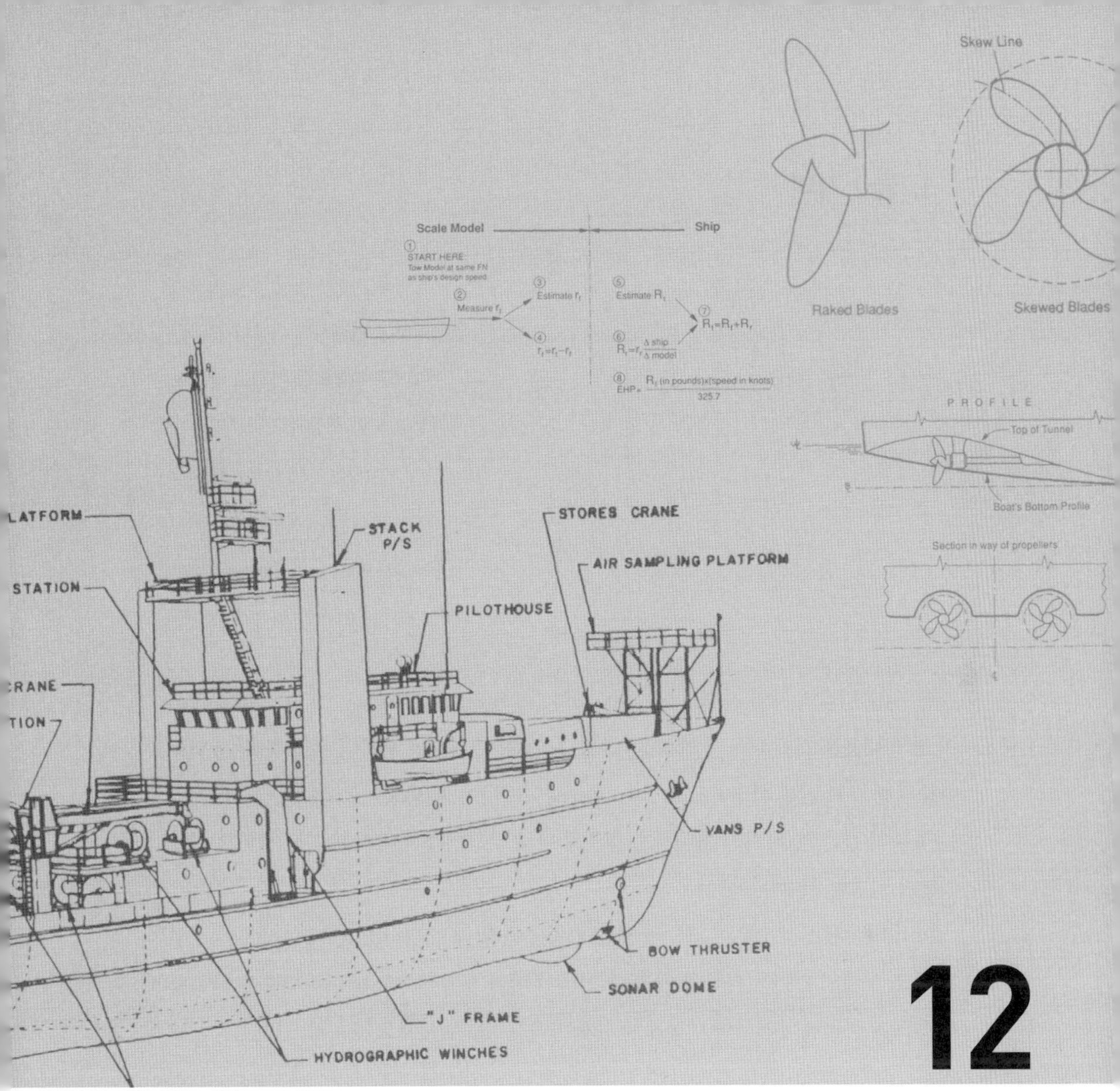

12

선체 강도의 요구 조건

1. 들어가며

똑바로 지어주소서, 주님이시여!
믿음직하고 탄탄하고 아름다운 배로,
어떠한 위험인들 기꺼이 맞으며,
그리고 파도와 폭풍과도 겨루리로다!
Build me straight, O worthy Master!
Stanch and strong, a goodly vessel,
That shall laugh at all disaster,
And with wave and whirlwind wrestle!

이 시는 미국의 시인 롱펠로(Longfellow)의 〈배 짓기〉의 일부이다. 이 시의 몇 구절은 이 장의 내용을 소개하는 데 안성맞춤으로 보인다. 여기서는 선박이 운항 중 받게 되는 하중의 종류에 관해 설명하고자 한다. 조선공학자들이 어떻게 이들 하중을 견딜 수 있는 충분히 튼튼한, 하지만 지나치게 튼튼해 너무 무겁거나 비싸지 않도록 선체를 확정 짓는지 설명할 것이다.

이어지는 제13장에서는 조선용 재료의 종류에 관해 설명하였고, 제14장에서는 선체 구조 부재의 기능을 다루었다. 또한 선박이 어떤 상황에서도 파도와 폭풍을 극복할 수 있도록 하려면 부재들이 어떻게 배치돼야 하는지를 알아보도록 하자.

2. 기능

2.1 국부 하중의 지지

보트나 선박을 살펴보면 언제나 국부 하중을 발견할 수 있다. 사람이 갑판 위에 올라서면 그 사람의 체중은 선박에 하중으로 작용한다. 그 하중은 선체 구조를 따라서 아

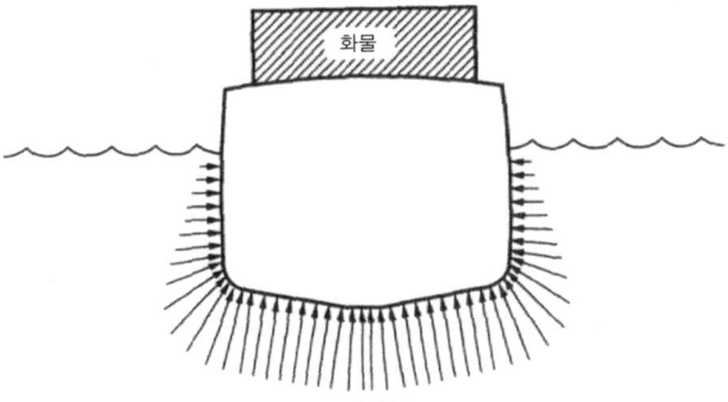

그림 12.1 화물 중량의 부력에 의한 지지

래로 전달되며, 그곳에서는 물에서 얻어지는 부력이 반대 방향으로 작용하는 하중이 돼 평형이 이뤄진다. 계류삭은 계류용 의장품에 하중을 발생시킨다. 돛대의 버팀줄들은 선박의 측면을 끌어올리는 힘을 주는 데 반해, 돛대 자체는 바닥을 밀어 내리는 역할을 한다. 그림 12.1에 보인 바와 같이 화물이 갑판을 밀어 내리는 데 대해 선체에 작용하는 수압은 화물의 중량을 받쳐주는 한편, 선체에 작용하는 하중이 된다. 선측에 작용하는 수압들은 서로 크기가 같고 방향이 반대이지만, 선체는 이들 수압으로 인한 하중을 받아줄 수 있어야 한다. 이런 것들이 우리가 국부 하중으로 이해하는 몇 가지 예들이다.

2.2 선박 길이 전체에 분포하는 반작용력

선박은 국부 하중에 견딜 수 있어야 할 뿐 아니라 두 동강 나지 않도록 하기 위해 충분히 강도가 높아야 한다. 이런 문제는 작은 선박에서는 두려울 것이 없으나 특정 규모의 선박에서는 중요한 관심 사항이 된다. 조선공학자들은 선체를 생각할 때 주강도 부재가 선저외판과 선측외판 그리고 최상층 전통갑판으로 이뤄지는 상자형의 거더라고 본다. 조선공학자는 운항 중인 선박의 하중 상태에서 점진적인 부식 현상과 안전을 염두에 두고, 규정된 철판이 여유 있게 충분한 강도를 갖출 수 있도록 가능한 한 최선의 추정을 해야 한다. 안전 여유를 줘야 하는 것은 오랜 기간에 걸쳐 선체에 작용하는 최대 하중을 정확하게 추정하는 것이 과학적으로 어렵기 때문이다.

그림 12.2는 단순한 사각형 상자 모양의 바지선이 갑판 위에만 화물을 적재한 상태에서 받게 되는 서로 다른 다섯 가지 종 방향의 하중을 나타낸 것이다. 앞의 세 그림은 바지선이 정수 중에 떠 있는 상태를 나타냈다. 그림 A에서는 갑판 위의 화물이 바지선의 길이 전체에 걸쳐 균일하게 분포된 경우이다. 이런 경우에는 하중과 이를 받쳐주는 부력이 모든 부분에서 엄밀하게 정렬된다. 따라서 국부 하중은 있으나 바지선을 끝에서 끝까지 변형시키거나 부러뜨리려는 경향은 나타나지 않는다.

그림 B에서는 화물이 둘로 나뉘어 바지선의 양단부에 하나씩 옮겨져 있다. 이 경우에는 중량과 받쳐주는 부력이 동일 직선에서 벗어나게 되고 선수부와 선미부를 가라앉혀서 중앙부가 올라오는 선체 중앙부 들어올림 현상이 나타나게 되는데, 이 상태를 호깅(hogging) 상태라 한다. 호깅 상태가 더욱 진행되면 그림의 우측에 과장되게 그려진 형태로 나타나 선박을 둘로 부러뜨릴 수 있는 상태가 된다.

그림 C는 화물이 바지선의 중앙부 1/2 길이에 걸쳐 집중적으로 분포된 경우를 나타

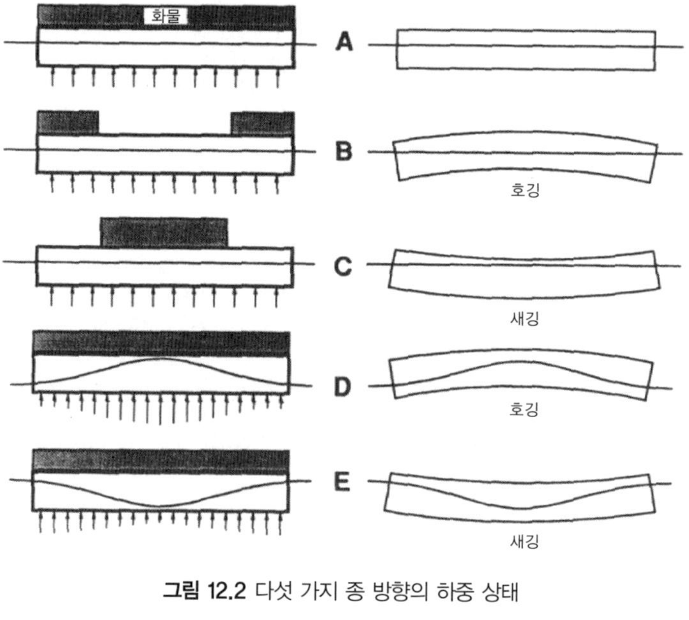

그림 12.2 다섯 가지 종 방향의 하중 상태

냈다. 이 경우에도 하중과 선박을 받쳐주는 부력이 동일 직선으로부터 벗어나며 선박 중앙부가 처져서 양단이 솟아올라 위쪽으로 오목해지는 선체 중앙부 처짐 현상이 나타나게 되는데, 이를 새깅(sagging) 상태라 한다. 여기서도 변형 상태를 과장되게 나타냈는데 선박을 완전히 손상시킬 수 있는 가능성은 충분히 있다.

처음의 세 그림에서는 바지선이 정수 중에 떠 있는 것을 가정했다. 이때 화물을 잘못 분포시키는 것만으로도 선박을 둘로 부러뜨릴 수 있음을 알 수 있다. 한편 바지선이 파도를 만났을 때를 생각할 수 있는데, 이때는 부력에 의해 받쳐지던 부분이 더 이상 일정한 것이 아니라서 중량과 받쳐주는 부력의 불평형 상황은 더욱 나빠지게 된다. 그림 D에서는 갑판 하중이 선박 길이 전체에 걸쳐 일정하게 분포돼 있고, 파정이 선박의 중앙부에 놓이며 파의 골이 선박의 양단에 놓이는 경우를 나타냈다. 선박의 중앙부에서는 과도한 부력이 작용하는 데 비해, 양단 부분에서는 부력이 부족하게 작용한다. 이런 조건에서는 호깅 상태가 나타난다. 만일 그림 B와 같은 하중 조건에 그림 D와 같은 파도 조건이 주어진다면, 선박의 상태는 보다 더 악화돼 호깅 상태에 이르게 될 것이다.

그림 D의 반대 경우인 그림 E는 파정이 양단에 놓이고 골이 선박의 중앙에 놓이는 상태를 나타낸 것이다. 새깅 상태가 나타나는 조건으로 그림 C와 같은 하중 상태가 중첩되는 경우에는 새깅 상태가 더욱 증폭될 것이다. 이런 상태들은 선박의 하중 분포와 받쳐주는 부력의 전체적인 종 방향 분포에 따라서 발생된다는 것을 알 수 있다. 이제 이런 하중을 받으며 선체의 완전 손상을 피할 수 있도록 설계하는 기법을 설명하기에 앞서 이론적 해석 방법 몇 가지를 간단히 소개하고자 한다.

3. 손상의 유형

3.1 굽힘

'보(beam)' 라는 용어에는 몇 가지 뜻이 함축돼 있다. 가장 보편적인 관점에서 보면 보는 부재의 지지점으로부터 벗어난 위치에 실리는 하중을 받을 수 있도록 마련된 부재이다. 보에 속하는 것으로는 갑판 빔, 외판 프레임, 격벽 보강재 그리고 각종 2차적 인 부재로 취급되는 거더, 특설 늑골 등과 같이 위치에 따라 설치되는 부재이다. 그림 12.3은 중앙부에 하나의 집중 하중이 작용하고 있는 양단 단순 지지 보의 한 예이다. 여기서 단순 지지라는 말은 보의 끝 부분이 그림에 나타난 것과 같이 지지점에서 자유롭게 기울어질 수 있다는 것을 뜻한다.

대부분의 하중 조건에서 보에 작용하는 최악의 응력 상태는 하중 방향에 대해 직교하는 방향으로 나타난다. 그 결과로 그림 B와 같이 손상이 일어난다. 보의 아래쪽 면에서는 과도한 인장으로 당겨져서 끊어지는데, 위쪽 면에서는 과도한 압축력이 작용해 찌그러진다. 이런 보의 손상은 과도한 굽힘 응력에 의해 발생된다. 굽힘 모멘트는 하중점과 지지점이 떨어져 있어서 그림 C에 나타낸 것과 같이 두 손으로 쇠막대를 구부러

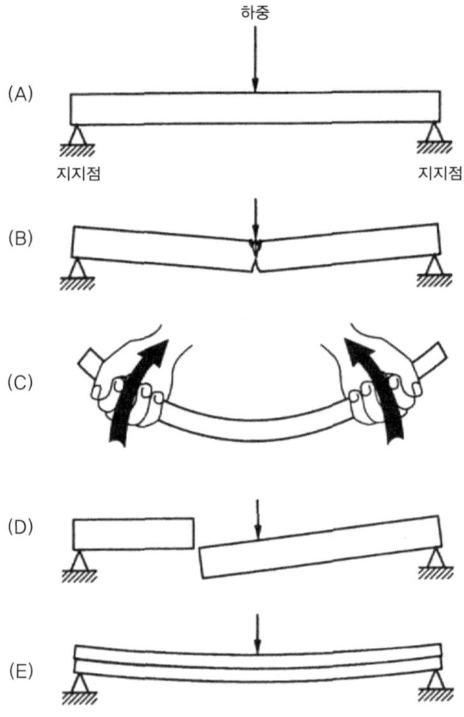

그림 12.3 양단 단순 지지 보

뜨리고 부러뜨리는 것과 같은 현상이다. 굽힘 모멘트는 2개의 하중 성분이 일정한 거리를 두고 작용하기 때문에 발생한다. 굽힘 모멘트는 흔히 영국식 단위계로는 피트(ft)−파운드(lbs)로 나타내고, *SI* 단위계에서는 뉴턴(N)−미터(m)로 나타낸다.

3.2 전단

파괴는 그림 D와 E에 보인 것과 같은 전단에 의해 두 가지 형식으로 일어난다. 그림 D는 통상적 전단에 의한 손상을 나타낸 것이고, 그림 E는 길이 방향 전단에 의한 손상을 나타낸 것이다. 전단에 의한 손상에 대해서는 더 이상 언급하지 않고자 하는데, 이는 그림 B와 C에 보인 손상이 선박 설계에서 주의해야 하는 지배적인 요소가 되기 때문이다.

3.3 응력과 변형

설명을 진행하기에 앞서 일상생활에서 흔히 사용하는, 혼동을 일으키기 쉬운 두 가지 용어에 대해 설명하고자 한다. 우선 응력은 인장이나 압축 또는 전단을 받는 상태에서 단면적에 작용하는 힘을 말한다. 영국식 단위계에서는 제곱인치당 작용하는 파운드(pounds per square inch : psi)로 나타내며, *SI* 단위계에서는 제곱미터당 작용하는 뉴턴으로 파스칼(Pa=N/m^2 : Pa)이라는 단위로 부르고 있다. 변형은 늘어나거나 줄어든 길이를 하중이 작용하기 전의 원래 길이로 나눠서 얻어지는 무차원 값이다.

4. 굽힘 하중

4.1 보 이론

보에 작용하는 응력을 추정하기 위해 조선공학자는 어떤 크기의 하중이 어떤 위치에 작용하는지를 우선 추정할 수 있어야 한다. 하중의 정보는 그로 인해 어떤 크기의 굽힘 모멘트가 작용할 것인지를 결정하는 데 쓰인다. 살펴보고자 하는 부재가 정해지면 추정 과정은 매우 간단할 수도 있으나 부재에 따라 매우 복잡할 수도 있다.

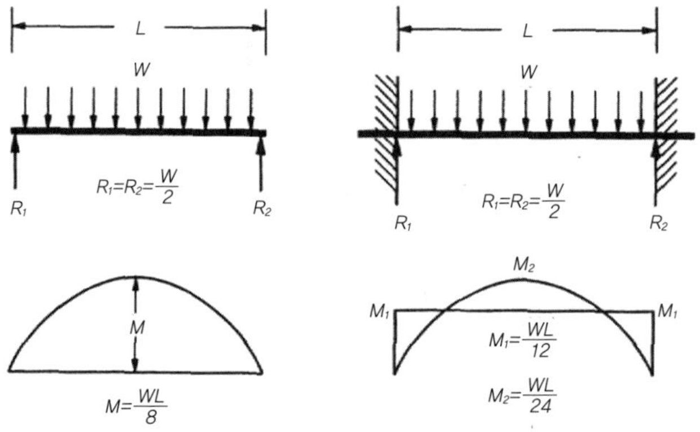

그림 12.4 보의 하중선도

그림 12.4에서는 양단이 지지되고 균일하게 하중이 분포하는 두 가지 경우를 나타냈다. 왼쪽 그림은 양단이 단순 지지인 경우이고, 오른쪽 그림은 양단 구속인 경우이다. 이와는 다소 다르지만 인접한 고정 구조물에 브래킷으로 고정된 보를 생각할 수도 있다. 그런데 엄밀히 따진다면 두 가지 경우 모두 실제 상황과는 다르다. 브래킷이 없는 경우일지라도 부재의 끝 부분은 다른 부재와 용접 결합돼 있어서 완전히 자유롭게 회전할 수는 없게 돼 있다. 또한 양단에 브래킷이 붙여진 경우일지라도 브래킷이 고정 구조물에 완전히 고정될 수는 없다. 왜냐하면 선박에는 그런 구조가 없기 때문이다.

그림 12.4에 W로 표시된 것은 보에 작용하는 전체 하중을 나타낸다. 흔히 보 자체의 하중은 단순화를 목적으로 무시하는 것이 상례로, R로 표시된 것은 지지점에 작용하는 반력을 나타낸 것이다. 대칭성으로 인해 양단에 작용하는 반력은 같으며, 이는 양단 단순 지지 보이거나 양단 구속인 경우 모두에서 성립한다.

방법 자체는 여기서 다루지 않으나 수학적 논리에 따라서 일관적인 해석 과정을 거치면, 최종적으로 얻어지는 이론 해석 식은 각각의 그림 아래에 표기한 바와 같다.

4.2 브래킷의 장점

그림 12.4의 하단에 있는 곡선을 보면 보에 작용하는 굽힘 모멘트는 보의 길이에 따라 변화하는 것을 알 수 있다. 양단 단순 지지 보인 경우, 양단부에서는 자유롭게 회전

이 허용되므로 굽힘 모멘트가 나타나지 않는다. 최대의 굽힘 모멘트는 보의 중앙 부분에서 나타나며, 이는 이 부분에서 손상이 일어날 가능성이 있음을 뜻한다. 양단이 브래킷으로 고정된 경우에는 양단부에서 최대 굽힘 모멘트가 나타난다. 이때 두 곡선을 비교한다면 매우 중요한 사실을 발견할 수 있다. 그것은 양단 단순 지지 보에서 발생되는 최대 굽힘 모멘트의 크기가 WL/8이었는데, 브래킷을 붙여줌으로써 브래킷이 붙여진 양단 구속 보의 양단부에서 발생되는 굽힘 모멘트가 WL/12로 줄어들어 최대 모멘트가 2/3 수준으로 떨어졌다는 것이다. 따라서 브래킷을 붙여주는 것으로, 부재를 만들어서 붙이고 용접하는 데 소요되는 노동 인건비 등의 비용을 상쇄하면서 동시에 선체 늑골부재의 중량과 비용을 줄여줄 수 있다.

5. 선체 거더

5.1 전형적인 손상 형식

그림 12.5의 그림 A는 파장이 선박의 길이와 같은 파도의 가장 높은 부분, 즉 파정이 선박의 중앙에 위치한 경우를 표현했다. 이런 상태에서는 호깅으로 인한 손상이 발생된다. 갑판 부분은 인장에 의한 손상이 일어나고, 선저 부분에서는 압축에 의한 좌굴

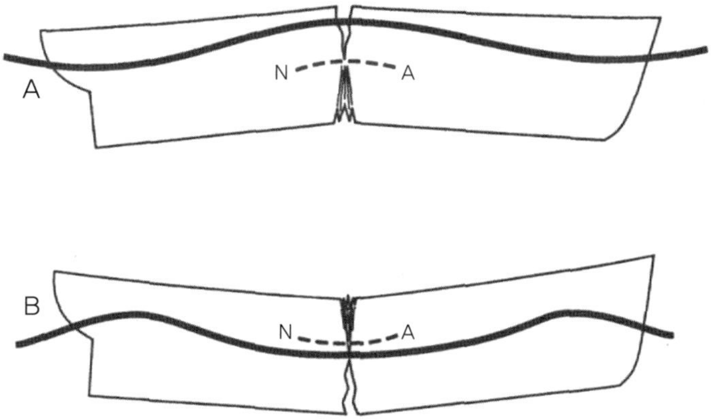

그림 12.5 과도한 굽힘 모멘트로 인한 전형적인 손상 형식

현상으로 손상이 일어난다. N과 A를 연결하는 점선은 인장을 받는 부재와 압축을 받는 부재의 경계를 형성하는 선으로서 중립축이라 부른다.

그림 B는 반대 양상으로 나타나는 전형적인 손상 형식이다. 여기서는 파정이 선박의 양단부에 위치해 새깅 현상에 의한 손상의 원인이 되었다. 이때는 갑판 부분에서 좌굴 현상으로 인한 손상이 나타나고, 선저 부분에서는 인장에 의해 벌어지는 손상이 나타난다. 손상의 위치는 호깅 현상이거나 새깅 현상이거나 상관없이 정확하게 같은 곳에서 발생한다. 중립축의 위치를 구하는 방법에 관해서는 6절에서 설명할 예정이다.

5.2 취성 파괴

제2차 세계대전 당시에 최초로 전체 용접 선박이 건조됐는데, 이때 예상하지 못했던 새로운 손상 형식이 알려졌다. 설계나 용접 작업의 결함으로 인해 심하지 않은 인장 하중 상태에서 상부 또는 선저 구조의 터짐(crack) 현상이 시작된 것이었다. 터짐 현상은 거의 순식간에 선박 전체로 퍼져 나가는데, 결과적으로 전 구간에 걸쳐서 인장에 의한 파괴가 일어나고 좌굴 현상으로 인한 손상은 전혀 나타나지 않았다. 이런 파괴 현상은 리벳 방식으로 건조한 선박에서는 드물게 나타나는 것으로서 터짐 현상이 판의 끝까지 전파됐을 때에는 다음 판과 연결되는 부분에서 응력이 몇 개의 리벳으로 분산되며 나타난다. 간단히 말하면 리벳 이음 부분이 충격 완화 구실을 한 것이었다. 반면에 전체 용접 선박인 경우에는 파괴 현상이 용접 이음선에 도달했을 때 다음 판으로 파괴가 전파되고, 이어서 전체로 전파되는 것을 막는 역할을 하는 장치가 아무것도 없다.

또 다른 요소는 인장에 의해 부재가 당겨져 파괴될 때 각각의 부재의 파괴 현상이다. 인장에 의해 과도한 응력을 받게 되면 일반적으로 끊어지기에 앞서 재료의 연성에 의한 단면적 감소 현상이 나타난다. 예컨대 엿을 당겨서 끊을 때를 연상하면 쉽게 이해할 수 있을 것이다. 이와 같은 연성 거동은 과부하가 걸린 부재의 응력을 완화시켜주며 부하의 일부를 인접 부재로 분산시켜주는 역할을 한다. 그렇지만 손상을 입은 전체 용접 선박에서 손상을 살펴보면 어디에서도 단면적 감소 현상을 찾아볼 수 없었다. 일단 파괴가 시작되면 파괴는 연성 변형을 일으킬 만한 시간이 없을 정도로 급속하게 전파

된다. 철판이나 형강들이 유리와 같이 취성 파괴를 일으키는 것이다.

그런데 취성 파괴는 이제 먼 과거의 문제가 됐다. 요즘에는 인성이 높은 강재를 사용하고 설계에도 보다 주의를 기울이기 때문이다. 작업면에서도 응력을 증가시키는 형태를 피할 수 있게 된 것이다.

6. 중립축

6.1 기본 개념

이론 해석에서 중립축의 위치는 단면의 면적 중심 또는 중량의 중심과 정확하게 일치한다. 이는 굽힘을 받을 때 무게중심의 한쪽에 놓인 모든 부재는 인장을 받고, 다른 쪽에 놓이는 모든 부재는 압축을 받기 때문이다. 그림 12.6의 그림 A는 I빔을 나타낸 것이다. 형상이 대칭형이므로 무게중심을 따라 중립축의 위치도 중간 위치에 놓이게 된다. 일반적으로 사용되는 앵글은 그림 B와 같은 형상으로 중립축의 위치도 아래쪽에 치우치게 된다. 벌브 앵글인 경우는 그림 C와 같으며, 중립축의 위치는 그림 B에 주어졌던 것보다 높아지게 되는데, 이는 벌브를 붙여줌으로써 중심 위치가 옮겨지기 때문이다.

6.2 판과 형강의 결합

그림 12.6의 그림 D는 판에 리벳으로 결합된 앵글을 나타낸 것이다. 판과 앵글이 합쳐져서 하나의 보 역할을 하면 중립축은 평판 쪽으로 조금 옮겨지게 된다. 이는 앵글의 짧은 다리 부분은 평판과 붙일 때만 쓰이고, 조립된 상태로 보의 역할을 할 때 강도를 높여주는 효과는 작다는 것을 뜻한다. 그림 E는 그림 D에 해당하는 것을 용접 구조로 바꾼 현대적인 구조의 예이다. 이 예에서는 앵글이 뒤집힌 상태에서 평판에 용접되었다. 이때는 중량 중심의 위치가 변경됨으로써 평판과 앵글의 짧은 다리 부분의 유효성을 높여준다. 이런 사실은 리벳 구조에 비해 용접 구조가 우수하다는 것을 나타내는 하

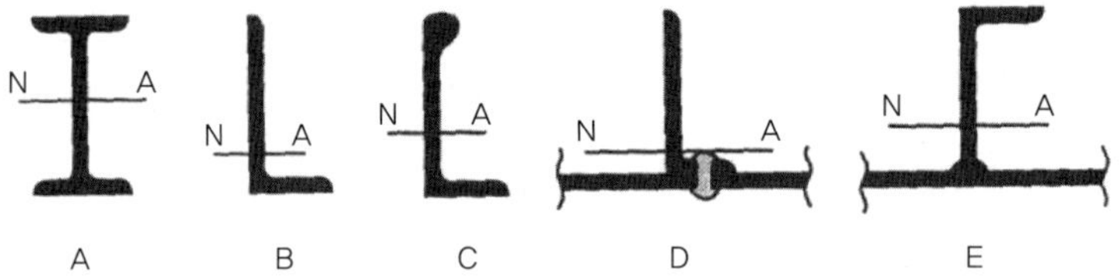

그림 12.6 중립축의 위치

나의 예가 될 것이다.

여기서 설명한 모든 내용은 하중이 보에 대해 직교하는 방향으로 작용하는 경우에 대한 것이었다. 하지만 방향이 바뀌더라도 같은 논리가 적용된다.

6.3 선체의 중립축

선체 구조에서 중립축의 위치를 알아보는 경우에도 조선공학자는 다시 한 번 중량 중심을 살펴보는데, 이때는 선택적인 요소가 있게 마련이다. 중량 중심이 의미하는 것은 무엇인지 생각해보자. 여기서는 선체 구조 요소 중에서 선체 구조의 굽힘 강도에 직접적으로 기여하는 부분만을 집중적으로 생각할 필요가 있다. 이때 포함돼야 하는 구조 부재는 선수로부터 선미까지 이어지는 부재여야 하며, 최소한 선체 중앙부에서 그림 12.9에 보인 것과 같이 선박 길이의 반 이상에 걸쳐 연속되는 부재를 포함해야 한다. 해석에서는 횡 방향으로 배치되는 모든 프레임은 생략되며, 화물 창구 전후의 갑판 종통 부재와 같이 불연속적인 종통 부재는 모두 생략된다.

이런 계산 방식은 원칙적으로 매우 단순하다. 조선공학자는 계산에 사용될 종 강도에 유효한 모든 구조 부재를 기록하고, 각각의 부재의 단면적과 단면적 중심이 기준선으로부터 떨어진 거리를 기록해야 한다. 해석하는 사람은 부재의 단면적과 중립축으로부터 떨어진 거리를 곱해 기준선에 대한 면적의 모멘트를 구한다. 그리고 모멘트 전체를 합한 값을 전체의 단면적으로 나눠주면, 종 강도에 기여하는 구조 요소들의 중심 위치를 구할 수 있다. 이 값이 중립축의 수직 위치를 나타내는 것이다. 다음 절에서 나오겠지만 이 과정은 선체 구조에 작용하는 선체를 부러뜨리려는 하중에 대해 선체 거더가 견딜 수 있는 능력을 평가하는 데 반드시 필요한 값이다. 물론 요즘은 이런 해석이 컴퓨터로 이뤄진다.

7. 강성

7.1 관성 모멘트

보의 강성은 횡단면의 형상 특성에 직접적인 영향을 받는다. 이를 단면의 관성 모멘트 또는 2차 모멘트라고 하는데, 간혹 반작용 모멘트라 하기도 한다. 주어진 하중 상태에서 얼마만큼의 변형이 일어날 것인가는 관성 모멘트에 직접적으로 비례한다. 그러나 그보다 더 중요한 것은 관성 모멘트를 추정하는 것이 선체 거더에 작용하는 굽힘 응력을 구하는 데 반드시 필요한 단계라는 것이다. 관성 모멘트를 구하는 기본적인 방법은 선체 구조 구성 부재에 대해 횡단면의 단면적과 중립축까지의 거리의 제곱을 곱해서 얻어지는 값들을 더하는 것이다. 이에 대해 보다 더 상세한 설명을 하지 않더라도 그림 12.7을 보면 횡단면의 형상이 관성 모멘트에 어떻게 영향을 주는지를 알 수 있을 것이

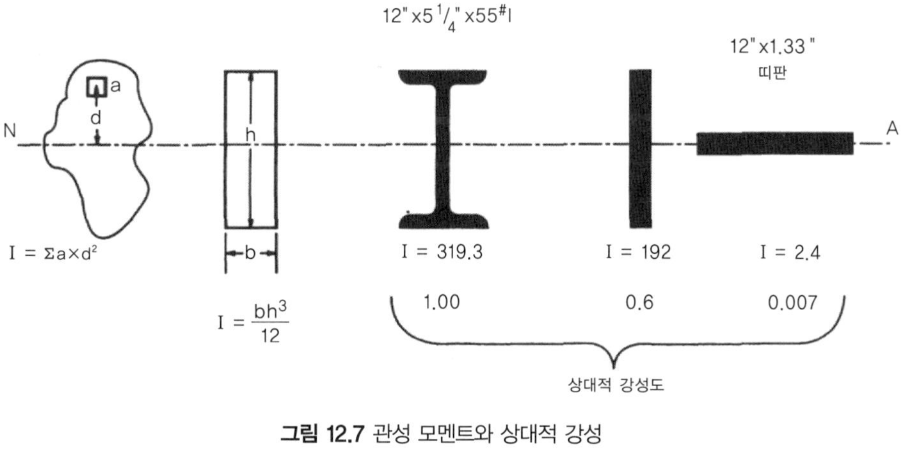

그림 12.7 관성 모멘트와 상대적 강성

다. 그림에 보인 I형 강재와 같은 압연 강재에 대해서는 강재나 알루미늄 회사의 표준 자료집에서 찾아볼 수 있다. 관성 모멘트를 나타내는 기호는 대문자 *I*를 사용하고 있으며, 같은 문자가 보의 단면 형상을 나타낼 때도 사용되고 있다.

7.2 선체 거더의 관성 모멘트

예전에는 조선공학자가 선박의 관성 모멘트를 구할 때 복잡한 과정을 거쳐야만 했다. 요즘에는 보통 컴퓨터로 선박의 관성 모멘트를 구하는데, 이때에도 중립축을 구하는 데 포함되는 부재들에 대해서만 적용하여 계산한다. 우선 각각의 부재의 횡단면적에 중립축까지의 거리의 제곱을 곱해준다. 그리고 선측외판과 같은 수직 부재들에 대한 자체의 중립축에 대한 관성 모멘트를 합해주면 된다.

7.3 재료의 강성

보가 얼마나 처질 것인가 하는 문제는 건조용 재질에 따라서도 달라진다. 이런 특성을 나타내는 성질을 과학 기술 용어로는 탄성 계수라 하며, 영률(Young's modulus)이라고도 한다. 이때 사용하는 계수 또는 율이라는 용어는 단순히 단위라는 의미만 갖는다. 탄성 계수는 어떤 부재를 당겨도 끊어지지 않는다고 가정할 때, 최초 길이의 2배가 되도록 당겼을 때 부재 내에 작용하는 응력을 뜻한다. 합금강일 때는 탄성 계수가 제곱인치당 2900만 파운드(200GPa)에 달한다. 알루미늄 합금인 경우에는 철강 재료의 1/3 정도가 되고, 유리 섬유인 경우에는 1/10 정도가 된다.

8. 단면 계수

8.1 기본 가정

강성은 대부분의 경우에 보의 장점이 되므로 높은 관성 모멘트를 가지는 것이 바람직하다. 그러나 그렇더라도 큰 관성 모멘트 값은 부재 내에 과다한 응력이 걸리지 않는 상태에서 얻어져야 한다. 그렇다면 어디서 가장 큰 응력이 작용할 것인가를 생각해보자. 그림 12.5로 되돌아가서 살펴보면, 중립축으로부터 가장 멀리 떨어진 위치에서 가장 큰 변형이 일어나므로 그 위치에서 가장 큰 응력이 발생할 것이다. 최대의 응력이 발생하는 부분을 최외곽 섬유 요소라 하고, 중립축으로부터 최외곽 섬유 요소까지의 거리는 간단히 y라는 기호로 표시한다. 보의 단면에 한정해 생각해보면 굽힘 모멘트에 견딜 수 있는 능력은 단면의 관성 모멘트 I에 직접적으로 비례하고, 중립축으로부터 최외곽 섬유 요소까지의 거리 y에 반비례하는 것을 알 수 있다. 이런 사실들로부터 보가 하중에 대해 견딜 수 있는 능력은 I와 y의 비로 정해진다고 할 수 있다. 이들의 비를 단면 계수라는 용어로 나타내는데, 단면 계수는 S로 표시하는 것이 보통이지만 I/y로 표기하고 'I 나누기 y' 라고 읽기도 한다.

8.2 단면 계수 알아내기

표준 압연 강재에 대한 단면 계수의 수치는 철강 재료나 알루미늄 재료를 공급하는 회사가 발간하는 자료집에서 찾아볼 수 있다. 표준 제품이 아니거나 복잡한 구조 부재에 대해서는 앞에서 설명한 대로 단면의 관성 모멘트를 구하고, 그 값을 거리 y로 나눠주면 얻을 수 있다. 이런 개념은 선체 단면에 대해서도 적용할 수 있다는 것을 누구나 쉽게 생각할 수 있을 것이다. 그런데 선체 단면의 중립축이 선체 단면 중심 위치에 놓이는 경우는 흔하지 않다. 따라서 조선공학자는 두 가지의 y값을 사용하게 되는데, 하나는 갑판에 대한 것이고 다른 하나는 선저외판에 대한 것이다.

8.3 발생 응력

보에서 발생하는 최대 굽힘 응력은 부재에 작용하는 굽힘 모멘트의 최댓값에 직접적으로 비례하며 단면 계수에는 반비례한다. 그렇다면 보에 발생하는 최대 응력은 보에 작용하는 최대 굽힘 모멘트를 단면 계수로 나눠주면 구할 수 있을 것이다.

최대 응력 = 최대 굽힘 모멘트 / 단면 계수

$$s = \frac{M}{I/y}$$

구조 해석에서 이 식은 가장 중요한 식이다.

9. 선체 거더의 해석

9.1 중앙 단면

선체 거더의 종 강도는 선체 중앙 단면도라는 설계 도면을 기준으로 한다. 이는 실제의 중앙 위치가 아니라 설계에서 검토해야 하는 2개의 취약한 단면을 함께 표기한 가상의 단면도이다. 이때 선체의 깊이가 최소가 되는 위치를 택하게 되는데, 흔히 이곳은 중앙 위치가 되며 전단력이 최소가 되는 위치가 되기도 한다. 이에 대해 상세 구조는 가장 취약한 부분을 택하게 되므로 흔히 화물 창구가 있는 위치를 생각할 수 있다. 다시 말하면 조선공학자는 바로 이런 도면을 선체 구조 설계 단계에서부터 우선 준비하여 생각하게 된다.

9.2 단면 계수 알아내기

선체 거더 전체의 강도를 평가하기 위해 조선공학자는 선체 중앙 단면도에 표시된 구조의 단면 계수를 알아내기 위한 원칙을 적용한다. 종 강도에 직접 기여하는 부재들만 선별해 고려하는데, 단계별 순서는 아래와 같다.

- 6절에서 설명한 바에 따라 중립축의 위치를 찾아낸다.
- 7절에서 설명한 바에 따라 관성 모멘트 I를 구한다.
- 8절에서 설명한 바에 따라 앞에서 구한 관성 모멘트를 중립축으로부터 최외곽 섬유 요소까지의 거리로 나누어 단면 계수를 구한다.

9.3 최대 굽힘 모멘트의 추정

이는 가장 복잡한 다단계 과정이다. 하중으로 선체를 눌러주고 부력으로 선체를 떠받쳐주는 가장 나쁜 하중 조건을 해석하는 것이다. 첫 번째 단계에서는 만재 상태에서 선박의 종 방향으로 단위길이당 하중을 나타내는 곡선을 그림 12.8의 그림 A에 보인 것과 같이 그린다. 두 번째 단계는 전통적인 방법에 의해 선박의 길이와 같은 길이를 가지며, 파정이 선수부와 선미부에 놓이고 선체 중앙 부분에 파의 골이 놓이는 파도를 그리는 것이다. 이때 표준으로 쓰이는 파도는 파장과 파고의 비가 20:1인 트로코이드 파형을 선박의 길이에 따라서 정한다. 이 파형을 사용해 조선공학자는 시행착오법으로 흘수와 트림을 바꿔가며 계산해, 중량과 부력의 크기가 같고 각각의 중심 위치가 일직선상에 놓이는 상태를 구한다. 이런 과정을 거쳐 최종적으로 얻어지는 부력 곡선을 중량 곡선과 같은 기준선에 그리면, 그림 12.8의 그림 B에 나타낸 것과 같은 부력 곡선이 얻어진다.

그림에서 확인할 수 있는 것과 같이 선체의 중앙 부분에서는 중량이, 선수부와 선미부에서는 부력이 크게 나타나는 것을 알 수 있다. 이와 같은 중량 분포와 부력 분포의 차이가 선박을 둘로 부러뜨릴 수 있는 모멘트를 형성한다. 좀 더 구체적인 설명을 남겨두기로 한다면 이어서 4단계의 계산이 남아 있으며, 이들은 실제로 컴퓨터의 도움을

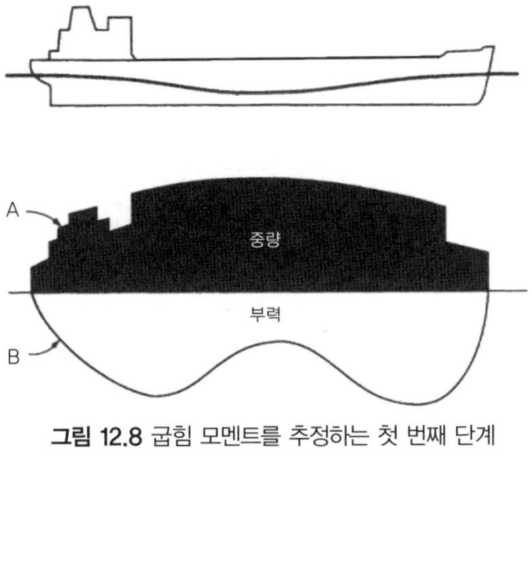

그림 12.8 굽힘 모멘트를 추정하는 첫 번째 단계

받을 수 있어서 그다지 힘든 것은 아니다. 조선공학자는 선박 전체 길이에 걸쳐서 굽힘 모멘트 곡선을 그림 12.9에 나타낸 것과 같은 형태로 나타낼 수 있게 된다.

이런 계산에 의해 선박이 운항하는 중에 만날 수 있는 최악의 새깅 상태를 믿을 만한 정도로 추정할 수 있다. 이어서 앞에서와 동등한 계산을 파정이 선체의 중앙부에 놓이는 경우에 대해서도 수행한다. 이로부터 최악의 호깅 모멘트를 신뢰할 만한 수준으로 추정할 수 있다. 세심한 조선공학자라면 앞에서와 같은 계산을 수없이 반복하며, 매번 선체에 분포하는 하중 상태에 대해 다른 조건을 가정해 사용한다.

그런데 앞에서 잠깐 언급된 트로코이드 파형이 어떤 것인지 궁금한 독자도 있을 것이다. 트로코이드는 원이 평면 위에 굴러갈 때 반경선상에 있는 한 점이 그리는 궤적으로 나타나는 곡선을 말한다. 그 곡선은 정현파에 비해 파정이 좀 더 날카로워지는 실제의 해양파에 가까운 파형이 된다. 정현파는 궤적을 그리는 관측점이 원의 테두리에 놓여 있을 때 얻어지는 곡선이다.

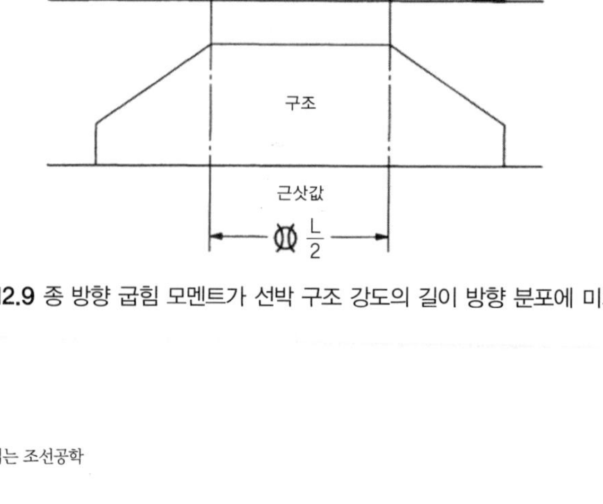

그림 12.9 종 방향 굽힘 모멘트가 선박 구조 강도의 길이 방향 분포에 미치는 영향

9.4 최대 응력의 추정

이쯤 되면 선박이 호깅 또는 새깅 상태에서 만날 수 있는 최대 굽힘 모멘트가 추정됐을 것이다. 또한 선체 거더의 단면 계수도 구했을 것이다. 그렇다면 이제 남아 있는 것은 최대 굽힘 모멘트를 단면 계수로 나눠주는 것이고, 그때 얻어지는 값은 선박의 수명 기간 중에 만날 수 있는 선체 거더에 작용하는 최대 응력으로 신뢰할 수 있는 추정값이 될 것이다. 조선공학자라면 어떤 하중 조건이나 파도 조건이 선박이 수명 기간 중에 만날 수 있는 최악의 조건일지 알 수 없다는 것을 겸손히 받아들일 것이다. 그러므로 조심스럽게 안전율을 고려할 필요가 있다.

보통은 추정되는 최대 응력값이 선체 구성 재료의 항복 응력보다 작은 값이 되도록 정해지며, 이에 관해서는 다음 장을 참조하기 바란다.

9.5 종 강도 부재의 이상적 배치

그림 12.9에서는 호깅 또는 새깅 모멘트가 선박의 길이 방향으로 어떻게 변화하는지를 나타내었다. 셋으로 나누어진 포락선이 작용하는 모멘트의 세기를 나타내기 위해 선정됐다. 일반적으로 규정한다면 최대 모멘트는 선체 중앙부에서 선박 길이의 1/2 범위 안에 어디엔가 있으며, 선수부와 선미부에서는 사라진다는 것이다. 이런 점은 조선공학자가 상세한 구조 설계를 하면서 확인해야 하는 사실이다. 종강도 부재는 선박 길이의 1/2에 걸쳐서 가장 튼튼하게 설계되며, 선수와 선미로 가면서 점진적으로 줄여준다. 그렇지만 이들 위치에서는 국부 하중의 영향이 지배적이기 때문에 양단 부분일지라도 구조 부재를 지나치게 얇게 만들지는 않는다. 그림 12.9의 아래쪽 선도는 선체 구조 부재의 강도가 선수부로부터 선미부까지 어떤 형태로 변화하는지를 나타낸 것이다.

앞에서 언급한 내용들을 종합해보면 종 방향 굽힘 모멘트를 가장 잘 견뎌내기 위해 선박의 구조 재료를 어떻게 분포시키는 것이 좋을지에 대해 다음과 같이 결론을 내릴 수 있을 것이다.

- 구조 부재 중에서 두껍고 튼튼한 부재를 최상층 전통갑판이나 선저외판과 같이 중립축으로부터 가장 멀리 떨어진 위치에 배치한다.

• 두껍고 튼튼한 구조 부재는 앞에서 뒤까지 연속해 배치한다.
• 선체 중앙부에서 선박 길이의 1/2 구간에는 표준이 되는 최대 강도를 일정하게 유지하고, 그 외 구간에는 점진적으로 줄여주지만 지나치게 줄이지는 않는다.

참고 문헌

Paulling, J. Randolph, "Strength of Ships," Chapter IV in *Principles of Naval Architecture*, Edward V. Lewis, Ed., Society of Naval Architects and Marine Engineers, Jersey City, N.J., 1989.

Beer, Ferdinand P. and Johnston, Russell, *Mechanics of Materials*, McGraw-Hill, New York, 1981.

사진 12.1 좌초한 소형선

이 알래스카 여객선은 만조 시기에 좌초하는 불운을 당했다. 이 선박은 그런 환경에 적응하도록 설계된 것이 아니어서 바닥에 심각한 손상을 입었는데, 다행히도 당시 경하 상태여서 선박이 두 동강 나는 것은 면할 수 있었다.

사진 12.2 조난당한 선박

이 사진은 충돌 사고를 일으킨 선박의 손상을 보여준다. 선체 구조가 그런 사고에 대비해 설계된 것은 아니었으나, 선수 근처에 충돌 격벽이 있어서 선수 탱크의 침수를 막을 수 있었다.

(자료 제공 : Newport News Shipbuilding and Dry Dock Co.)

사진 12.3 전쟁 중 두 선박의 손상 사고

위 : 유조선 Robert C. Tuttle호가 정박 중에 두 쪽이 난 모습이다. 어뢰의 피격이 있었던 것과 부주의한 밸러스트 배수 작업이 손상의 복합적인 원인이 됐다.

아래 : 기뢰에 피격돼 두 동강 난 유조선 E.H. Blum호의 모습으로, 취성 파괴의 사례이다.

(자료 제공 : Newport News Shipbuilding and Dry Dock Co.)

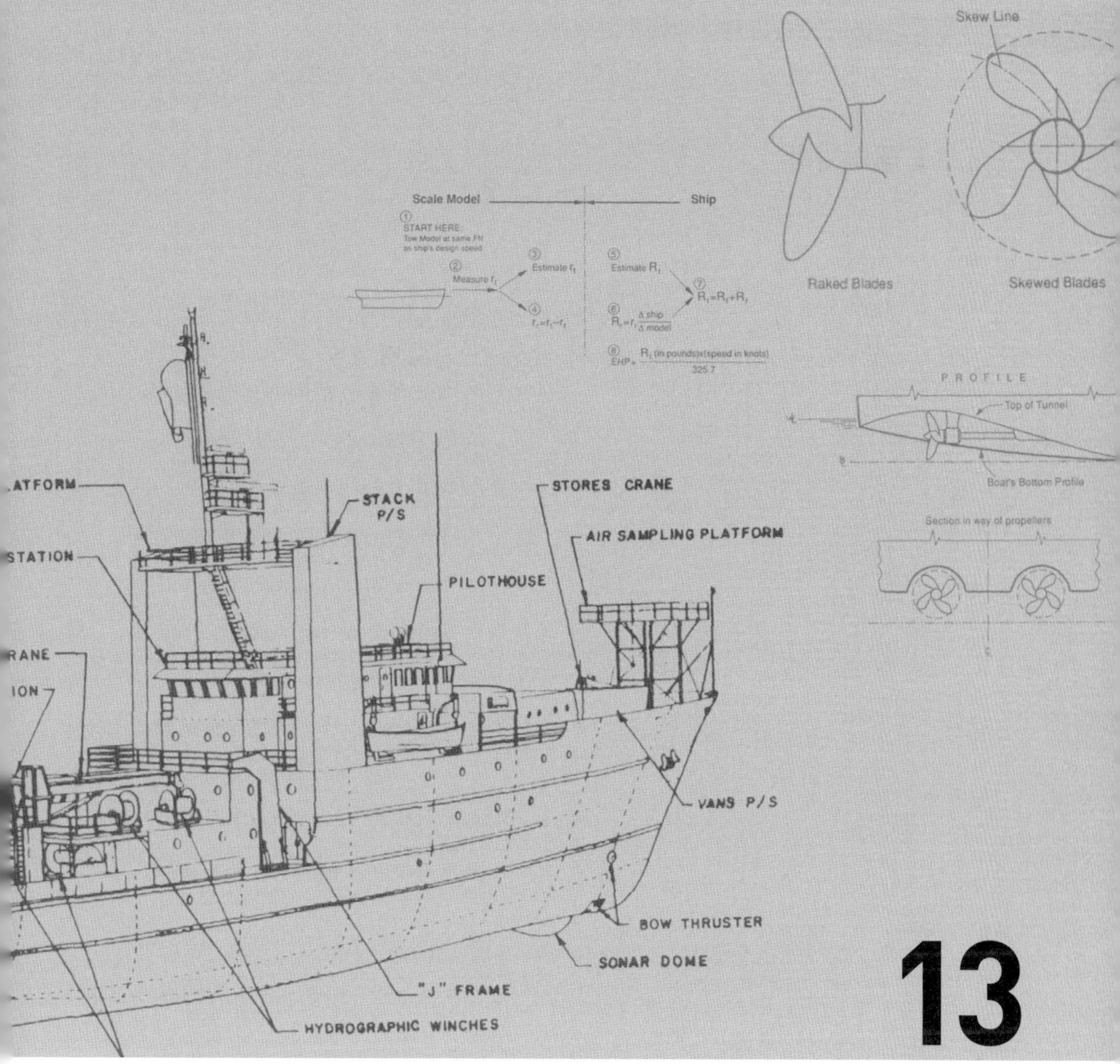

13

조선용 재료

1. 들어가며
2. 물리적 성질
3. 비금속 재료
4. 철강재
5. 알루미늄 합금
6. 동과 니켈의 합금
7. 전해 부식

1. 들어가며

아, 얼마나 경이로운 일인가!
그 수많은 어려움을 헤치고
뜻대로 명받아 움직일 수 있다니!
대양을 항해하는 배가 아니라면
어떤 기상 상태에서나, 어느 나라에서나
크거나 작거나 칭송을 받을 수 있었으리.
나무 벽을 쌓는 일을 한 것만으로도!

Ah! what a wondrous thing it is
To note how many wheels of toil
One thought, one word, can set in motion!
There's not a ship that sails the ocean,
But every climate, every soil,
Must bring its tribute, great or small,
And help to build the wooden wall!

이 시는 앞서 제12장에서도 소개한 바 있는 롱펠로의 〈배 짓기(The Building of the ship)〉의 일부이다. 롱펠로는 크기에 관계없이 선박에 사용되는 재료의 다양함에 감탄하였다. 선박 재료의 다양함은 의장품을 보면 특히 더 그러하다. 이 장에서는 우리가 이 책에서 주로 다루는 보통 크기의 선박에 한정해 요즈음 흔히 사용하는 재료에 관해 설명하고자 한다. 이외에도 다뤄야 할 부분이 상당히 많이 남아 있을 것이나, 이들에 관해서는 마지막 부분에 소개하는 참고 문헌을 참고하기 바란다.

선박의 기술적인 발전은 재료의 발전을 따라 이뤄졌다고 할 수 있다. 그러한 예로서 수중익선은 알렉산더 그레이엄 벨(Alexander Graham Bell)이 약 100년 전에 시도했으나, 가벼운 엔진과 가벼운 조선 재료가 나오기 전까지는 실용화되지 못했다. 조선공학자나 박용 기관 기술자는 재료 과학과 기술의 발전에 더욱더 가까이 따라가야 한다. 새롭게 개발되는 재료들이 새로운 설계의 가능성을 지속적으로 열어주기 때문이다.

2. 물리적 성질

2.1 가공과 조립

조선공학자가 선박을 건조하기 위해 재료를 선정할 때부터 가장 중요하게 생각하는 것은 공작하기 용이한지를 확인하는 것이다. 즉 재료를 2차원적으로 또는 3차원적으로 쉽게 성형할 수 있는지를 생각해야 한다. 만일 3차원적인 성형이 어렵다면, 예컨대 둥근 바닥 선형을 차인 선형으로 바꾸는 것과 같은 선형의 재설계가 가능한지를 생각해야 한다. 대부분의 재료는 폭과 길이가 제한된 상태로 공급되기 때문에 당연히 작은 부분들을 어떻게 결합시킬 것인지를 생각해야 하는 것이다.

2.2 인장 특성

인장 특성과 관련해 세 가지 용어를 정의하고자 한다. 구조물에 인장 하중을 증가시키면 그에 따르는 응력도 증가하며, 처음에는 하중에 비례해 늘어나므로 변형도도 함께 늘어난다. 이런 현상은 비례 한계에 도달할 때까지 일어나는데, 이를 탄성 한계라 한다. 만일 비례 한계를 넘어서지 않으면 하중이 제거됐을 때 재료는 원래의 길이로 되돌아가게 된다. 재료에 따라서는 응력이 비례 한계를 조금 넘더라도 이 관계가 성립된다. 그런데 어느 정도 더 높은 응력이 작용되면 재료에 하중을 증가시켜갈 때 증가하던 비율보다 빠른 비율로 늘어나지만, 하중을 제거하면 원래의 길이로 되돌아간다. 이와 같은 현상이 일어날 수 있는 약간 높은 한계를 항복 응력이라고 한다. 대부분의 실질적인 목적에서는 항복점 응력과 비례 한계에서의 응력을 같다고 본다.

항복점 응력에 도달한 이후에 점차적으로 하중을 증가시키는 경우를 생각해보자. 금속인 경우에는 단면 감소 현상(neck down)이 일어나는데, 재료가 상당히 빠른 속도로 늘어나다가 결국 끊어질 때까지 지속된다. 이처럼 파괴가 일어나는 하중을 극한 하중이라 한다. 어떤 재료의 극한 하중을 아는 것은 물론 흥미로운 일이지만, 설계에서 중요한 사실은 항복점 응력을 넘지 않아야 한다는 것이다.

2.3 인성

재료가 충격에 어떻게 잘 견딜 수 있는지를 생각해보자. 인성은 취성에 반대되는 성질로, 대부분의 실제 사례에서 가장 중요한 성질이다. 이런 성질은 제12장에서 설명했던 취성 파괴를 억제하는 성질이다.

2.4 강성

과도한 압축 응력을 받은 재료가 부스러지는 압축 파괴 현상은 드물게 나타난다. 오히려 구조물이 좌굴 현상을 일으키는 경우가 많다. 강성은 그와 같은 좌굴손상에 저항하는 능력을 나타낸다.

2.5 굽힘

선체의 많은 요소는 재료의 끝 부분을 몇 인치 정도만 90도로 굽혀서 플랜지(flange)를 만들어주는 것만으로도 강성을 크게 높여줄 수 있다. 따라서 부재의 강성을 높여줘야 하는 위치에는 접힐 수 있는 재질의 철판을 사용해야 한다. 그런데 어떤 재료는 굽힐 때 균열이 발생하기 때문에 이러한 재료의 특성을 숙지하고 있어야 한다.

2.6 내구성

부식은 특히 해수에서 전체 수명 기간 동안 사용해야 하는 기구일 때는 끊임없이 지속되는 문제이다. 어떤 재료는 다른 재료에 비해 그와 같은 피해를 덜 받으며, 똑같이 목재라 하더라도 다른 종류에 비해 상대적으로 잘 썩지 않는 목재가 있다. 지속적으로 보호 피복을 개선시킬 수 있다면 선체 재질을 선택하는 데 추가의 조건이 될 수 있을 것이다.

2.7 밀도

모든 선박은 중량 경감을 중요하게 고려해야 한다. 특히 배수량형 고속선, 수중익선, 공기 부양선 등에서는 중량경감은 주요한 문제이다. 따라서 이런 종류의 선형에서는 가벼운 구조 재료가 거의 필수적으로 요구된다.

2.8 그 외의 물리적 성질

위에서 언급한 것들 외에도 선박용 재료를 선정할 때 고려해야 할 물리적 성질들은 매우 다양하다.

- 재료의 대량 생산은 가능한가?
- 높은 온도에서도 물리적 성질이 유지되는가?
- 낮은 온도에서는 지나치게 취성을 띠지 않는가? (취성 문제는 극지 운항 선박이나 냉동 화물 운반선에서 매우 중요하다.)
- 재료는 지속적인 하중 변동에 대해서도 피로 현상을 일으키지 않는가?
- 불에 타는 성질은 없는가?
- 재료의 단열 효과는 어떠한가?
- 음향 차단 특성은 어떠한가?
- 강도는 철강 재료와 같이 균일한 성질을 띤다고 봐도 좋은가, 아니면 목재와 같이 상당한 범위에 걸쳐서 변화하는가?
- 재료가 본질적으로 따개비나 기타 해양 생물의 착상에 저항력이 있는가?
- 인접한 재료와의 물성 차이로 인해 나타나는 전해 부식 등과 같은 부식 현상에 어떤 특성이 있는가?
- 소해정과 같은 선박에서 문제될 수 있는 자성 특성은 어떠한가?
- 마모에 대한 적합한 내마모성은 있는가?
- 해외에서도 쉽게 수리할 수 있는가?
- 여객선이나 요트인 경우에는 외관이 미려하고 불쾌한 냄새가 나지는 않는가?

이와 같은 많은 점검에도 불구하고 사실상 최종 결정은 금전적인 측면에서 내리는 경향이 많다. 즉 재료 가격과 그 재료를 사용했을 때의 노동 인건비를 합한 것을 기준으로 재료를 바꾸었을 때의 비용을 비교해 결정한다.

3. 비금속 재료

3.1 목재

선박의 외형상 당연히 그 어떤 재료도 목재를 따를 수가 없다. 목재는 제재목과 합판으로 구분되는데, 제재목은 수백 년 동안 조선 재료로 사용돼왔다. 가공이 손쉬워 현재에도 여전히 전 세계적으로 일정 규모의 선박에서 사용되고 있다. 그런데 목재는 끝부분을 효과적으로 연결하기 어렵다는 단점이 있어서, 과거에는 목재의 크기가 선박의 크기를 결정하기도 했다. 왜냐하면 목재를 이용할 경우에는 선박의 길이를 키우는 것은 가능했으나, 강도를 유지하기 위한 비용이나 구조적 복잡성으로 제약이 따랐기 때문이다.

하지만 이 문제가 지금도 적용되는 것은 아니다. 지난날 목재의 접합 효율은 25퍼센트 정도에 불과했으나 현재는 85퍼센트에 이르게 됐다. 현대적인 결합 도구나 에폭시 수지, 레조르시놀 같은 접합 재료 덕분이다. 그럼에도 이제는 목재로 건조된 대형 선박을 찾아보기 어렵다. 그 이유는 목재를 사용하는 경우, 아무리 최선을 다하더라도 선박이 커질수록 중량이 무거워지고 비용도 증가하기 때문이다. 아울러 전 세계적으로 조선용 목재의 공급 또한 줄고 있어 적합한 목재를 얻기 어렵다는 문제도 있다.

목재의 또 다른 단점은 몇몇 종류를 제외하고는 대부분 썩는다는 것이다. 또한 여름에는 좀조개라는 연체동물이 목재에 기생하며 파고들어 시간이 경과할수록 선박 파손의 위험성을 더욱 증가시킨다. 더욱이 목재는 종류에 관계없이 물리적인 성질이 폭넓게 변동해서 부재의 치수를 자신 있게 선정할 수 없다는 문제점도 있다. 소음과 열을 잘 차단해주지만 불에 매우 잘 탄다는 점 또한 무시할 수 없는 부분이다.

선박용 내수 합판은 소형선에 흔히 사용된다. 튼튼하며 간결하여 갑판, 선각 및 격벽의 소재로 주로 사용된다. 합판을 재료로 사용하는 경우에는 선체 형상을 전개 가능하게 설계하는 것이 요구된다. 전개 가능한 면은 평면, 원추면, 원통면 등인데, 종이를 이용해 3차원 형상으로 물체를 나타내보면 쉽게 이해될 것이다. 전개 가능 선형을 설계하는 기법은 이미 잘 알려져 있는 내용이고 과정도 어렵지 않다. 주로 너클이나 차인 선형이 되는데, 실질적으로는 공급 가능한 합판의 크기가 설계의 제약 조건으로 작용한다.

곡률과 길이의 제한이라는 문제는 선박의 외판을 여러 층으로 나누고 얇은 합판과 접착제를 사용해 적층하는 구조를 취함으로써 해결할 수 있다. 하지만 그런 형태의 건조 방법은 작업량이 많아지고 원하는 형상을 얻으려면 형틀을 준비해야만 한다. 그래도 적절하게 건조가 이뤄질 수 있다면 예외적으로 강도와 중량의 비가 우수한 선박을 건조할 수 있다.

3.2 강화 플라스틱

최근에는 크기에 관계없이 섬유 강화 플라스틱(fiber reinforced plastic : FRP)으로 요트를 건조한다는 것을 다들 알고 있을 것이다. 가장 흔히 사용되는 종류로는 흔히 유리섬유 또는 GRP라 불리는 유리 섬유로 보강된 플라스틱이다. 강도를 뒷받침하는 주성분은 유리 섬유에서 얻어지며, 이들은 에폭시 수지, 폴리에스테르 수지 또는 다른 종류의 플라스틱으로 결합돼 있다.

유리섬유 가닥 하나하나는 철강재보다 튼튼하다. 이들은 임의의 방향으로 구성된 매트, 성글게 짜인 직포, 매끄럽게 직조한 크로스의 세 가지 형태로 공급된다. 크로스는 값이 가장 비싸고 모든 방향으로 강도가 가장 높다. 성글게 짜인 직포는 크로스 다음으로 가격이 비싸고 강도가 높지만, 원칙적으로 한쪽 방향의 강도가 가장 높다.

큰 선박에서는 선체 구조를 구성하는 패널을 샌드위치 구조로 보강한다. 흔히 스티로폼이나 발사와 같은 재료를 안쪽에 넣고 이를 둘러싸서 2개의 층으로 GRP를 분리시키는 것이 전형적인 방식이다. 한편 중량 분포가 매우 중요한 선박인 경우에는 유리섬유 이외의 섬유가 사용된다. 대표적인 것이 탄소 섬유이다.

섬유 강화 플라스틱 즉 FRP로 선박을 건조하는 것은 매우 간단하지만 많은 노동력이 요구된다. 그 대략적인 과정은 다음과 같다. 선박 건조자가 유리섬유를 종류에 관계없이 편리한 크기와 모양으로 자른다. 자른 조각을 형틀(mold)이라 부르는 3차원 형상에 배치하고 액상의 플라스틱을 이들 유리섬유 직포 위에 바른다. 이어서 적정한 두께가 될 때까지 적층 작업을 반복한다. 이 과정에서 가장 어려운 부분은 형틀을 준비하는 과정이다. 간혹 이미 건조된 선박을 활용하기도 하는데, 최상의 제품을 위해서는 오목한 형틀을 사용하는 것이 좋다. 오목한 형틀이 제품의 겉면을 얻는 데 유리하기 때문이다.

오목한 형틀을 얻는 방법은 우선 볼록한 형틀을 만들고, 이로부터 선박 건조에 사용할 오목한 형틀을 뽑아내는 것이다. 이 모든 과정에는 많은 노동력이 필요하기 때문에 하나의 형틀로 많은 선박을 생산해서 형틀 비용을 여러 척에 분산시키는 것이 좋다.

섬유 강화 플라스틱을 사용하는 것은 매우 보편화돼 있다. FRP 선박은 튼튼하고 인성이 높고 선체가 아름다우며 대부분 가격도 적당하다. 목선에 비해 유지 · 보수 비용 또한 매우 적게 든다. 다만 불에 탄다는 문제가 있다. GRP 선박은 기술적인 면에서는 크기에 제한이 없으나 길이가 75피트(22.86m)를 넘는 선박은 흔하지 않다. 작은 목선은 투명한 섬유 강화 플라스틱을 씌워 선체를 보호하기도 한다. 삼나무로 만든 카누에 GRP를 씌운 것은 예술품이라 할 만큼 아름답고 보수 문제가 없어서 선주의 만족도가 높다.

3.3 콘크리트

콘크리트는 포틀랜드 시멘트와 자갈을 혼합한 복합 재료이다. 가격이 싸고 내식성이 있으며 압축에 강한 장점이 있다. 단점은 인장에 약하다는 것인데, 이는 콘크리트 내부에 배치되는 철근으로 극복할 수 있다. 적당한 크기의 선박은 콘크리트로 건조하고 있으나 화물 운반용으로 사용하기에는 지나치게 무겁다는 문제가 있다. 하지만 중국에서는 수많은 바지선이 콘크리트로 제작돼 쓰이는 것을 볼 수 있다.

콘크리트선이 특별히 변화된 형태라 할 수 있는 것이 철망으로 보강된 시멘트 선박이다. 흔히 페로시멘트(ferrocement) 선박이라고 하는데, 조밀하게 짜인 철망을 여러 겹 가까이 배치해 선체를 보강한 시멘트 선박이다. 이와 같은 복합 재료로 선박을 건조했을 때에는 놀라울 정도의 유연성과 인성을 가질 뿐 아니라, 중량도 적합하고 부식에도 매우 강하다. 일반적으로 중간 크기의 어선에 적합한 것으로 알려져 있으나, 페로시멘트로 레저선을 만들지 못할 이유도 딱히 없다. 그러나 정박지에서 눈에 띄는 색다른 선박을 소유하고 싶다면 다른 재료를 찾아보는 것이 좋을 것이다.

페로시멘트 선박을 건조하는 첫 번째 작업은 철근을 선형에 맞춰 구부려 설치하는 작업이다. 철근들이 자리 잡히면 이들은 선체의 형상을 나타내게 된다. 그 후 보다 작은 치수의 철근들이 짜여서 고정되고 그 위에 철망을 씌우고 고정시킨다. 이때 사용하는 망은 인장 성형 철망 또는 닭장용 철망을 여러 층 덧씌운 것이다. 이와 같이 성형된 구조물을 뼈대라고 한다. 이 뼈대는 선박의 모양을 이룰 뿐 아니라 선체의 인장 강도를 받쳐주는 역할도 한다. 이처럼 철강재가 보강된 선체 형상의 골조가 준비되면 미장용 흙손으로 시멘트를 발라주는데, 이때 시멘트는 유리섬유 등을 섞어 보강시킨 모르타르를 사용한다.

특이한 점은 작업원이 2인 1조로 한 사람은 내부에서 작업하고, 다른 한 사람은 외부에서 동시에 작업해야 한다는 것이다. 그 이유는 작업원 둘이 흙손으로 서로 밀어 시멘트가 철망을 사이에 두고 밀착되게 하는 것이 중요하기 때문이다. 이 작업은 모두 연속적으로 이뤄져야 하는데, 만약 연속 작업이 되지 못하는 경우에는 후속 작업부와의 사이에 취약한 부분이 반드시 나타나게 된다. 시멘트 씌우기 작업이 끝나면 양생 기간이 필요하며, 온도와 습도를 적정 수준으로 유지해줘야 한다.

4. 철강재

4.1 제조 과정

선박에 쓰이는 철강 재료는 평로, 산화로, 전기로와 같은 용광로에서 생산된다. 재료는 적열 상태의 잉곳(ingot)이 냉각되기 전에 거대한 압연 롤러로 압연해서 철판, I빔, 앵글과 같은 형강으로 제작된다. 잉곳이 냉각되는 과정에서는 내부에 공동이 형성되려는 경향이 있다. 잉곳을 지속적으로 압연해 판이나 형강으로 만들면 결함 부분도 층상의 연약면으로 바뀌는데, 이는 재료의 사용 목적에 따라 결함이 될 수도 있고 아닐 수도 있다. 만약 이런 결함을 최소화해야 할 경우에는 잉곳을 냉각할 때 열처리를 하거나 화학적 첨가물을 넣어야 한다.

대부분의 선체 구조는 평판에 압연된 보강재를 붙여서 제작한다. 특별히 복잡한 구조인 선미 골재 등에서는 주강 제품이 사용되기도 한다. 선수 보강재처럼 형상이 비교적 간단한 부재인 경우에는 단조강을 사용하기도 한다. 철강재는 현재 선박 건조에 일반적으로 사용되는 재료로 자리 잡았다. 원래 재료 특성상 제품 규격의 제한은 없으나, 선박용으로는 흔히 50피트짜리가 많이 쓰인다.

4.2 표준

선박용 철강재를 선정할 때는 화학적 조성과 열처리 방법을 규정한 규격서를 참고한다. 상선을 건조할 때는 제1장 3절에서 언급했던 선급 기관이 제정해 배포한 표준이 있다. 미국에는 대표적인 선급으로 미국선급협회(American Bureau of Shipping : ABS)의 표준이 있고, 규격서로는 미국재료시험협회(American Society for Testing and Materials : ASTM)가 발간한 것이 있다. 해군 함정인 경우에는 군사 규격(the Milspecs)을 지켜야 한다.

4.3 선박용 일반 철강재

상선의 구조용 철강재로는 보통의 강도인 저탄소강이 사용된다. 미국선급협회에서는 이를 A, B, D, E, CS, DS의 6등급으로 나누며, 각 등급은 화학적 조성이 다르다. 이는 인성을 고려하는 데 따르는 것으로, 용도에 따라서 열처리를 하거나 하지 않도록 규정하고 있다. 이들 철강재는 일반적으로 제곱인치당 3만 4000파운드(240MPa)의 항복응력을 가진다. 다른 나라의 선급 기관들도 이와 유사한 규격을 제시하고 있다.

4.4 고장력 철강재

선급 기관은 강도와 중량의 비가 높은 중요한 곳에 한정해 보다 높은 강도의 철강재를 사용하는 것을 허용하고 있다. 예컨대 미국선급협회에서는 두 가지 특수 등급의 철강재를 허용하는데, 항복점 응력이 제곱인치당 4만 5500파운드(320MPa)인 철강재와 제곱인치당 5만 1000파운드(360MPa)인 철강재이다.

4.5 특수강

기존 철강재에 특수한 용도를 위한 조건이 더해지면서 선급 기관은 다양한 요구를 하게 됐다. 액화 가스를 운반하는 선박에는 극저온 상태에서도 심하게 취성을 띠지 않는 철강재가 요구된다. 해양 구조물과 같이 판에 수직 방향으로 큰 인장 하중이 걸리는 특수 구조물에는 해당 부분에 두께 방향으로 층상의 연약한 부분이 없는 철강을 사용할 것이 요구된다. 부식성 액체를 운반하기 위해 설계된 탱커에는 내식성이 강한 철강재가 요구되며, 이 밖의 선박에는 대개 내마모성이 강한 철강재가 요구된다.

4.6 가공

흔히 철판은 가스나 플라스마 아크로 절단해 원하는 형태로 만든다. 직선 부분은 절단기를 사용해 절단하기도 한다. 원통상의 철판은 간격 조절이 가능한 대형 롤러 사이를 반복 통과시켜 냉간 성형이 이뤄지도록 하고, 3차원적인 형상은 여러 가지 방법으로 성형한다. 곡률이 크지 않은 경우에는 조직적으로 가열과 냉각을 시키는 방법이 사용되는데, 반대로 곡률이 아주 큰 경우에는 철판을 적열 상태로 달구고 프레임으로 만들어진 형틀에 맞춰 변형시킨다.

4.7 용접

선체를 구성하는 각각의 부품들은 거의 대부분 철강재로 만들어져 전기 용접으로 결합한다. 용접의 종류에는 수동 용접과 기계적 용접이 있다. 수동 용접은 우선 특수 피복된 용접봉에 전류를 흘리고, 결합시키려는 두 부재와 용접봉 사이에서 아크를 발생시킨다. 이때 아크에서 열이 발생돼 모재(parent metal)라고 부르는 선체 부품과 용가재(filler metal, 熔加材)라 부르는 용접봉을 녹인다. 그러면 용착 금속이 모재에 녹아들며

두 부재를 하나로 결합시킨다. 용접봉이 가열됐을 때 용접봉의 피복재는 짙은 가스를 형성해 용융 금속을 공기와 접촉되지 않도록 보호해준다. 이와 같은 보호 조치를 하지 않으면 용융 금속이 공기 중의 산소와 반응해 강도가 떨어진다. 적절하게 보호 조치가 이뤄지면 용접 부분은 원칙적으로 모재와 동등한 강도가 되지만, 그와 같이 적절하게 용접된 용접 부분을 얻으려면 숙련된 용접공의 솜씨가 요구된다.

기계적 용접은 길고 직선적이며 수평한 부재의 용접에 주로 사용된다. 이 용접법에서는 용접하고자 하는 부분에 평행하게 설치한 이동식 궤도를 따라서 용접기가 이동하게 된다. 용가재는 코일 형태로 감겨진 와이어로서 적정한 속도로 공급된다. 이때에도 전류를 흘려 용가재와 모재를 녹여서 융합되도록 한다. 용접부의 용융 금속은 재사용이 가능한 플럭스로 덮어줘 공기와의 접촉을 막아준다. 수동 용접으로 하는 경우 몇 차례의 반복 용접으로 층을 이뤄 용접해야 하던 것을 기계적 용접은 대부분 한 번의 용접으로도 가능하다. 즉 기계적 용접은 작업 속도가 빠를 뿐만 아니라 균일하게 용접을 할 수 있다. 아울러 잘 보이지 않는 결함이 생길 가능성도 낮다.

5. 알루미늄 합금

5.1 등급

최근에는 선박용으로 사용할 수 있는 여러 종류의 알루미늄 합금이 공급된다. 이들 재료는 크게 두 가지로 분류될 수 있다. 하나는 열처리가 가능한 종류이고, 다른 하나는 열처리가 불가능한 종류이다. 열처리가 가능한 알루미늄은 열처리를 통해 강도를 높여준 재료이다. 따라서 용접 부분에 심각한 강도 저하가 일어날 수 있다. 열처리가 불가능한 알루미늄 합금 재료는 냉간 가공으로 강도를 높여준 것이어서 용접 후에도 강도가 유지된다. 따라서 선체용으로는 열처리가 불가능한 재료를 훨씬 더 많이 사용한다.

5.2 강도

열처리가 불가능한 알루미늄 합금에는 망간과 마그네슘이 미량 함유돼 있다. 이 종류의 대표적인 것은 최소 항복 응력이 제곱인치당 3만 1000파운드(218MPa)이다. 다른 종류로 최소 항복 응력이 제곱인치당 3만 4000파운드(240MPa)인 것도 있다. 열처리가 가능한 알루미늄 합금에는 몇 가지 종류가 있으며, 최소 항복 응력이 제곱인치당 3만 5000파운드(246MPa) 정도이다. 여기서 알 수 있는 것은 이들 알루미늄 합금의 인장 강도가 조선용 철강재의 강도와 비슷하다는 것이다. 그 외에도 선박에는 여러 종류의 알루미늄 합금이 사용되는데, 종류별로 독특한 특성과 선박용 재료로서의 가능성이 있다.

5.3 그 외의 중요한 성질

알루미늄 합금의 가장 탁월한 성질은 비중이 작다는 것으로, 철강재의 1/3 정도이다. 이는 알루미늄으로 건조한 선박은 철강으로 건조한 선박 중량의 1/3 정도가 된다는 뜻이다. 수명에 관해서는 간단히 말하기 어려운데, 제12장의 내용을 되새겨보면 알루미늄의 탄성 계수는 철강재 탄성 계수의 1/3 정도이다. 따라서 좌굴 현상으로 인한 손상에 견디는 능력이 철강재에 훨씬 못 미치게 된다. 그 결과 대등한 크기의 선박에서는 알루미늄 선체의 중량이 철강 선체 중량의 1/2 정도로 나타난다.

알루미늄 합금의 또 다른 단점은 철강재에 비해 가격이 비싸다는 점이다. 이 점이 알루미늄을 대형 선박에 흔히 사용하지 못하게 하는 저해 요인이다. 경량화의 중요성이 가격 문제를 극복할 수 있는 경우에는 알루미늄 합금 선체가 빛을 발할 것이다. 따라서 공기 부양선, 수중익선, 기타 고성능 선박에는 알루미늄 합금의 사용이 충분히 고려될 수 있다. 철강재인 경우와 마찬가지로 알루미늄 합금으로 건조하는 선박은 크기에 제한을 받지 않는다. 그렇지만 철강재를 대신하여 알루미늄을 사용하면 선체 중량 경감 효과는 있으나 가격이 상승한다는 점이 불리하다. 이를 극복하려면 선박의 크기는 대략 150피트(45.72m) 이하로 제한될 수밖에 없다.

5.4 다양한 성질과 응용

알루미늄 합금은 내식성이 강하고 액화 가스 화물 탱크와 같은 극저온 용도에서는 철강재보다 우수하다. 하지만 내화성 면에서 취약하다는 단점이 있기 때문에 화재 위험이 있는 곳에서는 철저한 단열 조치가 필요하다. 한편 탄성 계수가 낮은 것은 대부분 단점이 되지만, 여객선의 긴 갑판실 부분에 사용할 때는 장점이 된다. 긴 갑판실은 중립축으로부터 멀리 떨어져 있어서 선박이 호깅 또는 새깅 상태에 있으면 매우 높은 응력 상태에 놓이기 때문이다. 철강재를 사용할 때는 응력 수준을 낮춰주는 수단으로서 팽창 이음부를 두기도 하는데, 그 부분이 문제를 일으키는 경우가 종종 있다. 이에 비해 알루미늄 합금을 사용하면 탄성 계수가 철강의 1/3 수준이어서 철강재로 제작한 갑판실의 같은 위치에서 발생되는 응력을 1/3 수준으로 낮춰주는 효과가 생긴다. 알루미늄 합금의 가볍다는 특성은 갑판실을 두더라도 충분한 안정성을 확보하는 데 장점이 된다.

철판과 형강으로 만드는 철강 구조일 때와 마찬가지로 알루미늄 합금으로도 판재와 압출 성형한 형재를 사용해 복잡한 구조를 만들 수 있다. 압출 부재는 단면적에는 제한이 있으나 길이는 원하는 대로 길게 만들 수 있다. 압출 성형은 범선의 돛대를 제작하는 데 사용되는데, 이 방법으로는 속이 빈 형태로 만들 수 있을 뿐만 아니라 그림 13.1에 보이는 바와 같이 돛의 앞날을 끼울 수 있는 홈을 일체형으로도 제작할 수 있다.

5.5 공작과 용접

알루미늄 합금은 흔히 플라스마 절단법으로 절단하지만 절단기나 톱으로도 절단할 수 있다. 알루미늄 소재는 모두 불활성 가스 환경에서 소모성 전극을 사용해 용접할 수 있으며, 철강 재료에 직접 용접할 수는 없어서 경납땜으로 결합한다. 알루미늄 합금으로 갑판실을 갑판에 고정시킬 때는 그림 13.2와 같이 결합용 부재를 배치한다. 이때 사용하는 부재는 알루미늄과 철강재를 폭발 용접법으로 결합시킨 부재이다. 3차원 형상으로 이뤄진 곡면 형상으로 가공하는 것도 알루미늄이 철강에 비해 쉽다.

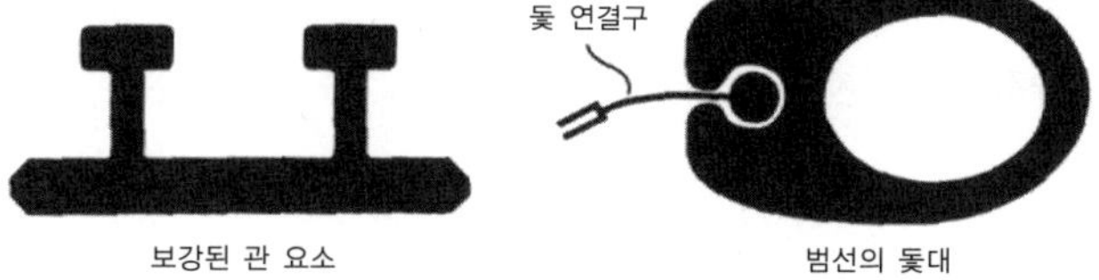

그림 13.1 압출 성형된 알루미늄 소재의 예

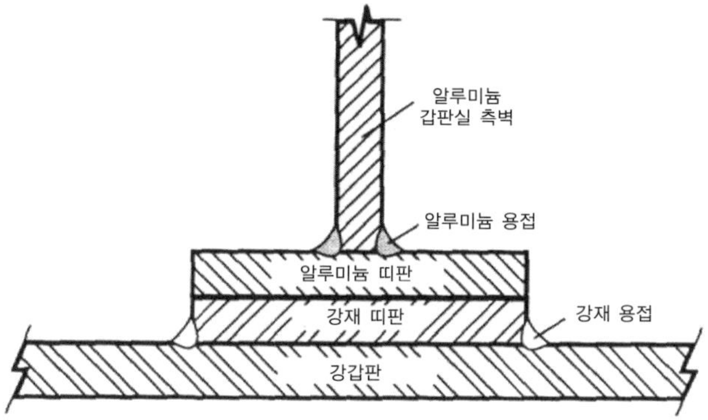

그림 13.2 알루미늄과 철강을 결합하는 한 방법
2개의 평평한 부재를 폭발 용접 기법으로 단단히 결합시켰다.

6. 동과 니켈의 합금

6.1 조성

동과 니켈의 합금으로는 동과 5~15퍼센트의 니켈, 그리고 일부 다른 원소가 포함된 합금이 선박용 재료로 사용된다. 대표적인 항복점 응력은 제곱인치당 1500파운드 (10.5MPa) 정도이다.

6.2 독특한 특성

동과 니켈의 합금은 철강재를 해수 중에서 사용할 때 골칫거리인 부식과 해양 생물 부착의 문제가 없다는 장점이 있다. 비중은 철강 재료에 비해 10퍼센트 정도 더 크지만, 철강 구조인 경우에는 쓸데없이 버려지는 여유 두께를 줘야 하는 데 반해, 동과 니켈의 합금에서는 그 부분을 고려할 필요가 없다는 점을 생각하면 비중은 그리 문제가 되지 않는다. 가격은 철강재에 비해 비싸지만 감당할 수 없을 만큼 비싸지는 않다.

6.3 응용

동과 니켈의 합금에는 두 가지가 있다. 선박을 건조하는 간단한 방법은 합금판으로 건조하고 철강재 늑골로 구조를 보강하는 것이다. 보다 정교한 방법은 통상적으로 선체를 건조하고 얇은 니켈-동 합금 박판을 씌우는 것이다. 이때 사용하는 방법은 박판의 둘레를 용접하고 나머지 안쪽 표면에는 누비듯이 플러그 용접을 하는 방법이 사용된다. 좀 더 구체적으로 설명하면, 길이 2인치(50.8m) 정도의 슬롯을 6~8인치(152.4~203.2m) 간격으로 배치하며, 용착 금속은 철판 내부로 녹아들게 된다. 이 피복 방법을 실시하면 작업량은 증가하지만 재료비는 줄일 수 있다. 이런 방법으로 보통 크기의 어선을 실험적으로 건조한 적이 있는데, 분명하게 성공을 거뒀다. 보다 큰 선박에서는 피복 방식이 유리할 것으로 판단된다.

성형을 하거나 용접을 시행하는 데에 극복할 수 없는 어려움은 없는 것으로 나타났다. 동과 니켈의 합금에 대해 보다 많은 경험이 쌓인다면 더 많은 선종과 크기가 다른 선박들에서도 활용도가 높아질 것으로 판단된다.

7. 전해 부식

조선공학자는 기타 종류의 재료가 바닷물에서 선체 재료로 사용될 때, 재료 사이의 상호 작용으로 선체 손상이 발생할 수 있음을 알고 있어야 한다. 바닷물은 전기적인 도체이므로 전해액이 되어 동합금 프로펠러와 강제 선체 사이에 전해 작용을 일으킨다. 이것이 그릇에 은도금을 하는 것처럼 바람직한 현상이면 좋겠지만, 프로펠러를 철로 도금하는 것과 같은 현상이 선체 쪽에 더욱 심하게 나타난다. 이런 현상을 전해 부식이라고 하는데, 이를 극복할 수 있는 방법은 다양하다. 우선 가장 좋은 방법은 전해 부식이 일어나는 재료를 사용하지 않는 것이다. 그와 같은 조치가 실질적으로 어려운 경우에는 전해 부식을 최소화하는 데 사용할 수 있는 두 가지 방법이 있다. 하나는 선체에 여러 개의 희생 양극을 붙여주는 방법이다. 희생 양극은 알루미늄, 아연, 마그네슘, 망가니즈(망간) 등으로, 이것들은 보호하려는 재질보다 먼저 소모된다. 따라서 주기적으로 교체해주는 것이 바람직하다. 이와 같은 보호 방법은 선체 외부뿐 아니라 탱커의 화물창 내부에도 흔히 사용된다. 또 다른 방법은 선체에 전류를 걸어줌으로써 음극화해 전해 부식의 가능성이 있는 재료를 보호하는 방법이다.

참고 문헌

Stern, Irving L., "Hull Materials and Welding," Chapter VIII in *Ship Design and Construction*, Robert Taggart, Ed., Society of Naval Architects and Marine Engineers, Jersey City, N.J., 1980.

Hamlin, Cyrus, *Preliminary Design of Boats and Ships*, Cornell Maritime Press, Centreville, Md., 1989.

Devoluy, Raymond P., "Hull Preservation and Maintenance," Chapter XIV in *Ship Design and Construction*, Amelio D'Arcangelo, Ed., Society of Naval Architects and Marine Engineers, Jersey City, N.J., 1969.

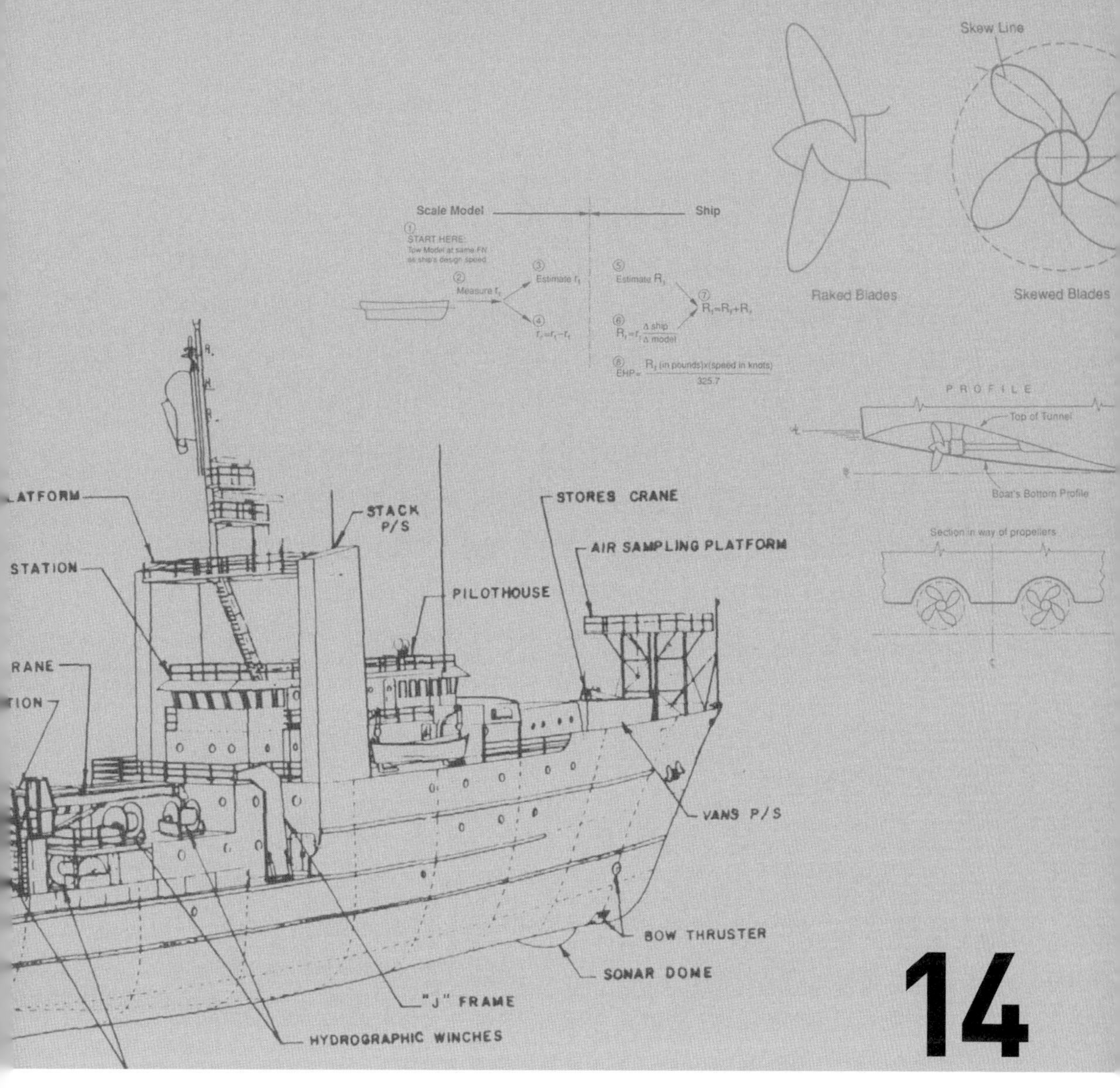
Skew Line
Raked Blades
Skewed Blades
Scale Model
Ship
PROFILE
Top of Tunnel
Boat's Bottom Profile
Section in way of propellers
STATION
STACK P/S
STORES CRANE
AIR SAMPLING PLATFORM
PILOTHOUSE
VANS P/S
BOW THRUSTER
SONAR DOME
"J" FRAME
HYDROGRAPHIC WINCHES

14

구조 배치

1. 들어가며

이 장에서는 조선공학자가 보트나 선박의 구조 배치를 계획할 때 가장 먼저 생각하는 실질적인 관점과 요점을 설명하고자 한다. 이어서 실제로 선박의 건조에 사용되는 재료와 선박의 종류에 따라서 구조가 어떻게 배치되는지를 알아본다. 끝으로는 선체의 구조 요소들에 적용되는 주요한 기술 용어들에 대해 설명하고자 한다.

이 장에서 설명하는 내용을 이해하게 되면 보트나 선박의 구조를 살필 때 왜 그런 구조가 필요하며, 각각의 구성 요소들이 어떻게 전체 구조를 구성하게 되는지를 다소나마 이해하고 살필 수 있게 될 것이다. 그렇지만 철판의 두께나 구조 부재의 구체적인 치수를 결정하는 것과 같은 세부적인 사항까지 다루지는 않았다. 더불어 구조 부재 요소의 내부에 발생되는 응력 상태를 추정하는 문제도 다루지 않았다.

2. 실질적 관점

2.1 일반 사항

제12장에서 살핀 것과 같이 전체적인 선체 구조의 종 강도는 선박을 두 쪽으로 부러뜨리는 힘에 지탱하도록 해주며, 주로 최상층 갑판과 선저외판으로부터 힘을 받고 있다. 모든 외판 요소는 내부에 보강재들이 붙여지는데, 이들을 늑골 또는 프레임이라 한다. 이 장에서는 주로 늑골을 구성하는 요소들에 관해 설명한다.

2.2 자체 보강

흔하지는 않으나 위에서 설명한 늑골에 관련된 내용이 맞지 않는 경우가 있다. 외판이 자체적으로 보강되도록 배치되는 경우가 있다. 둥근 바닥형 알루미늄 카누는 형상의 특성으로 인하여 내부 보강재가 아주 작거나 필요하지 않게 된다. 선박에서는 격벽에, 드물게는 갑판까지도 파형 철판, 접시형으로 접은 철판 또는 사다리꼴로 접은 철판

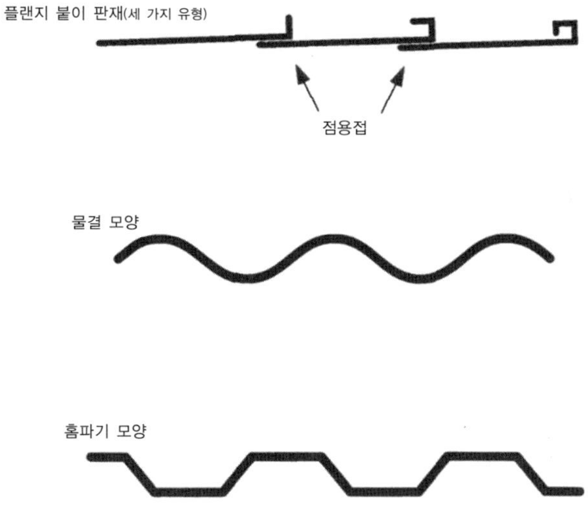

그림 14.1 세 가지 자가 보강판

등을 사용함으로써 보강재를 사용하지 않을 수 있도록 하고 있다. 간단한 구조의 칸막이벽에서는 그림 14.1에 보인 것과 같이 끝을 접어서 스스로 보강되도록 만든 판재가 사용된다. 오래전에 영국에서 선박 길이 전체에 걸쳐서 2, 3줄로 깊이 접은 선측외판을 가지는 선박을 건조했던 적이 있다. 이와 같은 방법을 사용하면 늑골을 사용할 필요가 거의 없어서 획기적으로 선체 중량을 줄여줄 것으로 기대할 수 있다. 그러나 매우 흥미로운 이 발상은 크게 인기를 끌지는 못했다.

2.3 평판과 형강

갑판이나 선각 또는 격벽에는 주로 판재가 사용되며 늑골로 떠받쳐져서 형상을 유지한다. 철강재나 알루미늄 선박에서는 대부분 표준화된 앵글을 그림 14.2와 같이 뒤집힌 방향으로 붙여서 늑골을 구성한다. 여기서 뒤집힌 방향으로 붙인다는 표현을 쓰는 것은 당초에 앵글을 제작할 때는 플랜지 부분을 활용해 철판에 앵글을 리벳으로 부착하는 방법을 사용했기 때문이다.

그 밖에 늑골을 구성하는 부재로서는 평철, 벌브 앵글의 플랜지를 자른 벌브판, T형

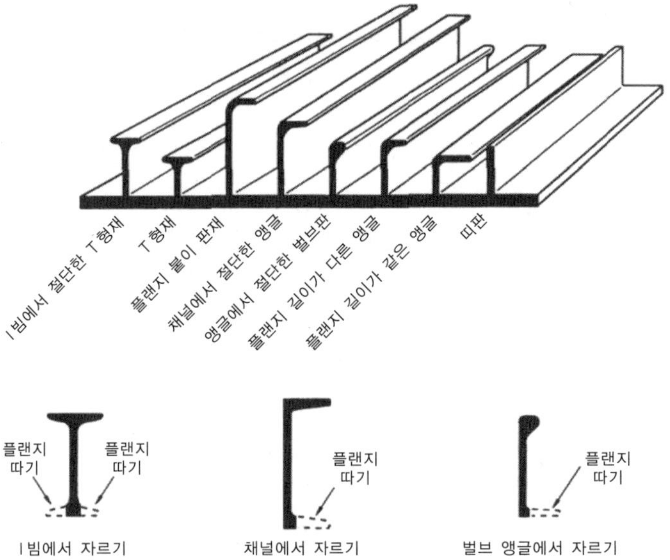

그림 14.2 늑골의 형식

강 등으로 그림에 보이는 것과 같이 사용된다. 좀 더 큰 부재가 필요한 경우에는 채널의 한쪽 플랜지를 잘라내서 사용하며, 좀 더 큰 늑골이 필요한 경우에는 판을 접어서 사용한다. 표준 형강으로 제작된 것에서 플랜지를 잘라내어 사용하는 것은 미국의 철강 회사들이 리벳 공법을 사용하던 시기에서 벗어나지 못하고 있기 때문이다.

압연 강재의 치수는 쉽게 이해할 수 있는 형식으로 규정되어 있다. 앵글인 경우에는 단순히 다리 길이와 두께로서 나타낸다. 예컨대 6×4×1/2(150×100×12)로 표기한 것은 단위가 인치(mm)라는 것만 염두에 두면 형상을 바로 이해할 수 있다. 그 외의 압연 강재인 경우에는 웹과 플랜지의 두께가 달라지기 때문에 두께를 표기하는 대신에 피트당 중량으로 나타낸다. 예컨대 5×3×10#I(125×75×15kg I)로 표기한 것은 높이가 5인치(125mm)이고 플랜지가 3인치(75mm)이며, 1피트당 중량이 10파운드(1mm당 중량이 15kg)인 I빔(beam)을 뜻한다. 평판인 경우에는 제곱피트당 중량으로 나타낸다. 두께가 1인치(25.4mm)인 철판 1제곱피트의 중량은 40.8파운드(199kg/m²)이다. 그러므로 만일 두께가 1/2인치

(12.7mm)인 철판이 있다면 그 중량은 20.4파운드(99.5kg/m²)가 될 것이다. 이런 식으로 철판 두께에 따르는 중량을 도면에 표기한다. 다만 일상 대화에서는 소수점 아래는 생략하고 말하게 되므로, 1/2인치(13mm) 두께의 철판은 20파운드(100kg/m²) 철판이라고 부른다.

늑골 방식으로는 두 가지 중 하나를 사용한다. 오래된 전통적인 방법은 목선 시대에 사용되던 방식으로서 늑골을 횡 방향으로 배치하는 것이다. 이는 사람의 갈비뼈가 배열되는 것과 같아서 미국에서는 소형 보트에서의 늑골을 갈비라고 부르기도 한다. 늑골에서 가장 주의해야 할 점은 늑골은 가능한 한 연속된 폐곡선을 구성해야 한다는 점이다. 이는 선저 늑골이 선측 늑골과 같은 선상에 놓여야 하고, 이어서 갑판 빔이 같은 선상에 놓여서 선체 전체를 두르게 되는 것을 뜻한다. 횡 늑골 방식은 프레임이 외판을 붙여주는 역할을 하기 때문에 목선에서는 대부분 이 방식을 사용하고 있다. 횡 늑골 방식은 다음에 설명하는 이유로 다른 재료를 사용하는 선박에서도 보편적으로 사용된다.

횡 늑골 방식을 대신해 사용하는 방식에는 선수부터 선미까지 보강재가 종으로 통하는 종 늑골 방식이 있다. 이 방법은 적절하게 설계해 건조할 수만 있다면 선박의 종강도를 직접적으로 높여준다는 중요한 장점이 있다. 왜냐하면 만약 종 늑골 방식의 선박이 둘로 부러진다면 이에 앞서 철판뿐 아니라 종 늑골들도 함께 파괴가 일어나야 하기 때문이다. 따라서 종 늑골 방식을 사용하면 횡 늑골 방식에 비해 선체 중량을 줄여줄 수 있다는 것이 장점이 된다.

일부 선박에서는 횡 늑골 방식과 종 늑골 방식을 혼합해 사용한다. 예컨대 여러 층의 갑판을 가지고 있는 선박인 경우 상층 주갑판과 선저 부분에는 종 늑골을 사용하고, 선측 부분에는 횡 늑골을 사용하는 방식이다. 이런 혼합 늑골 방식이 채택되는 이면에는 몇 가지 중요한 점이 있다. 하나는 늑골은 가능한 한 사각형 외판 부분의 짧은 치수 방향으로 배치돼야 한다는 것이다. 그 이유는 늑골의 길이를 최대한 줄여주면 작용하는 굽힘 모멘트도 함께 줄어들기 때문이다. 다층 갑판 선박인 경우 갑판 사이는 대체로 8피트(2.4m) 정도, 격벽 사이는 50피트(15m) 정도 떨어져 있어서 갑판과 격벽으로 받쳐지는 사각 외판을 받쳐주고 있다. 횡 방향으로는 위에서 아래의 갑판 사이를 선측 늑골로 연결하도록 배치하는 것은 아주 당연한 선택이다. 같은 선박의 선저 부분에는 이중저 내부의 횡 방향과 종 방향 거더로 둘러싸이는 사각 외판 요소가 있게 된다. 종 방향과 횡 방향 거더의 간격은 대체로 비슷하므로, 늑골은 종 방향으로 배치해 종 강도를 높여 주는 것을 선택한다. 같은 논리가 상층 주갑판에서도 성립하지만 세부 사항에 들어가서는 조금 차이가 있다. 또한 염두에 두어야 할 점은 선저외판과 주갑판은 중립축으로부터 상당히 떨어져 있어서 선체 거더의 강도를 높이기에 가장 좋은 부분이라는 점이다.

또 다른 혼합 늑골 방식은 대부분의 구간에 대해서는 종 늑골 방식을 택하고, 선수와 선미 부분에서는 횡 늑골 방식을 택하는 것이다. 세 번째 늑골 방식은 선수나 선미 부분에서 찾아볼 수 있는 방식으로, 양단 부분에서는 비스듬한 선체 형상대로 배치하는 것이 타당해 보이는 형상이다. 비스듬한 늑골을 사용하면 선체 외판 부분을 90도에 가까운 방향으로 받쳐줘 지지하는 힘이 최대가 되도록 할 수 있다.

그림 14.3은 비스듬하게 배치되는 늑골 방식을 보인 것이다. 이제는 사실상 흔하지

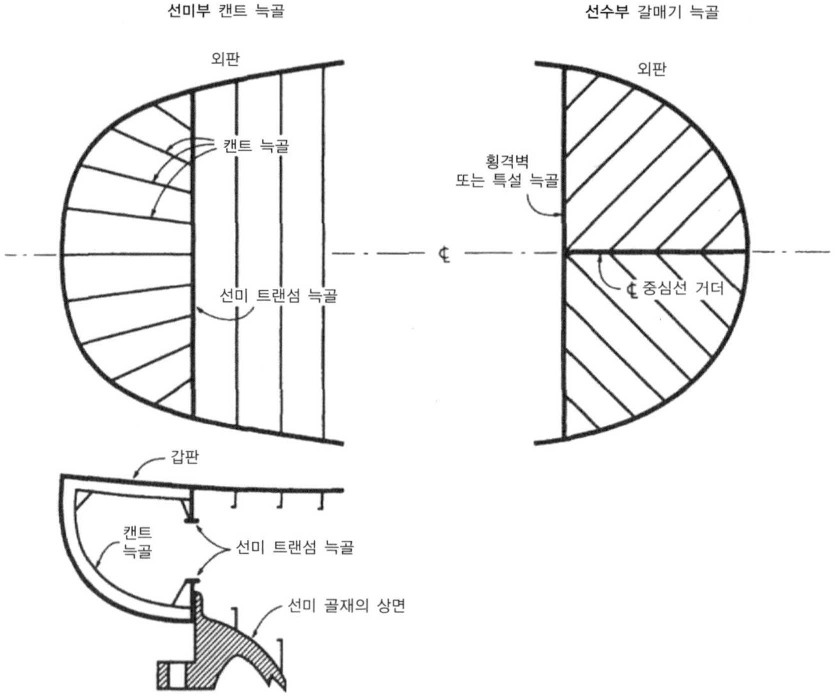

그림 14.3 선미부의 캔트 늑골과 선수부의 갈매기 늑골

않으나 둥근 선미 선형에서 전형적으로 채택하는 캔트 늑골(cant frame)과 갈매기 늑골이다. 이 늑골 방식은 미국 오대호 지역에서 사용하는 벌크선의 뭉툭한 선수 부분에서 찾아볼 수 있다. 특별히 알아두어야 할 점은 캔트 늑골 방식에서는 앞쪽에서 이들을 받아주기 위해 트랜섬 늑골이라 부르는 아주 튼튼한 횡 방향의 특설 늑골을 두어야 한다는 것이다.

구조 설계에서 핵심이 되는 것은 늑골 간격을 얼마나 둘 것인지를 결정하는 일이다. 어떤 환경에서는 이론적으로 중량을 최소화할 수 있는 최적의 늑골 간격이 존재한다. 하지만 실제로는 다른 간격이 흔히 선정된다. 최적 간격보다 넓은 간격을 잡으면 가공하고 붙이고 용접하는 부품의 숫자가 줄어들어 인건비를 줄일 수 있다. 또한 용접공이나 기계공들에게 작업 공간을 넓혀주는 이점이 있다. 횡 늑골 방식을 채택한 선박에서는 늑골 간격을 선박 길이 전체에 걸쳐서 일정하게 유지한다. 그러나 선수와 선미에서는 국부하중이 증가해 늑골 간격을 줄여주게 된다.

늑골 간격이 결정되면 정확하게 어느 위치에 늑골을 둘 것인지, 어디서 시작할 것인지를 결정해야 한다. 선박의 전후 위치 중에서 늑골을 반드시 두어야 하는 위치가 있다. 그 위치는 선미 골재의 중심선 어디엔가 있으며, 선미 골재를 내부에서 연장했을 때 그림 14.3에 보인 트랜섬 늑골과 단단히 결합되는 위치이다. 그러므로 트랜섬 늑골을 늑골이 시작되는 점으로 결정하고, 이 점으로부터 앞에서 결정한 늑골 간격을 따라서 각각의 늑골 위치를 정해야 한다.

2.4 특설 늑골

특설 늑골은 특별하게 튼튼한 구조로 형성된 늑골로, 영어로는 웹(web) 또는 웹 프레임(web frame)이라 한다. 앞에서 설명한 트랜섬 늑골이 특설 늑골의 한 예이다. 보통 특설 늑골은 일반 늑골에 대해 직교하는 방향으로 설치돼 이들을 받쳐준다. 주로 늑골길이의 중간 위치에 두거나 어떤 특정한 간격으로 배치해 늑골의 받쳐지는 길이를 줄어들도록 함으로써 작용하는 굽힘 모멘트를 줄여주는 역할도 한다. 기관실과 같은 특정한 위치에서는 강도를 높여주는 것이 필요하므로 일반 늑골 간격을 기준으로 해 특설 늑골을 두기도 한다. 예컨대 4개의 늑골마다 특설 늑골을 설치하는 것이다.

특설 늑골은 판을 접어서 만들거나 웹 부분과 면재(face plate)라 부르는 두꺼운 띠판으로 이뤄지는 2개의 부품으로 그림 14.4와 같이 용접해 제작한다. 특설 늑골이 일반 늑골과 교차하는 곳에서는 웹 부분을 따내어 일반 늑골이 잘려지지 않고 연속적으로 지나갈 수 있도록 한다. 홈을 따낼 때는 응력 집중이나 균열이 발생할 수 있는 예리한 모서리가 없도록 세심하게 형상을 설계해야 한다.

특설 늑골이라는 용어는 흔하게 쓰이지만, 특정 위치에서는 특별한 이름이 붙여지

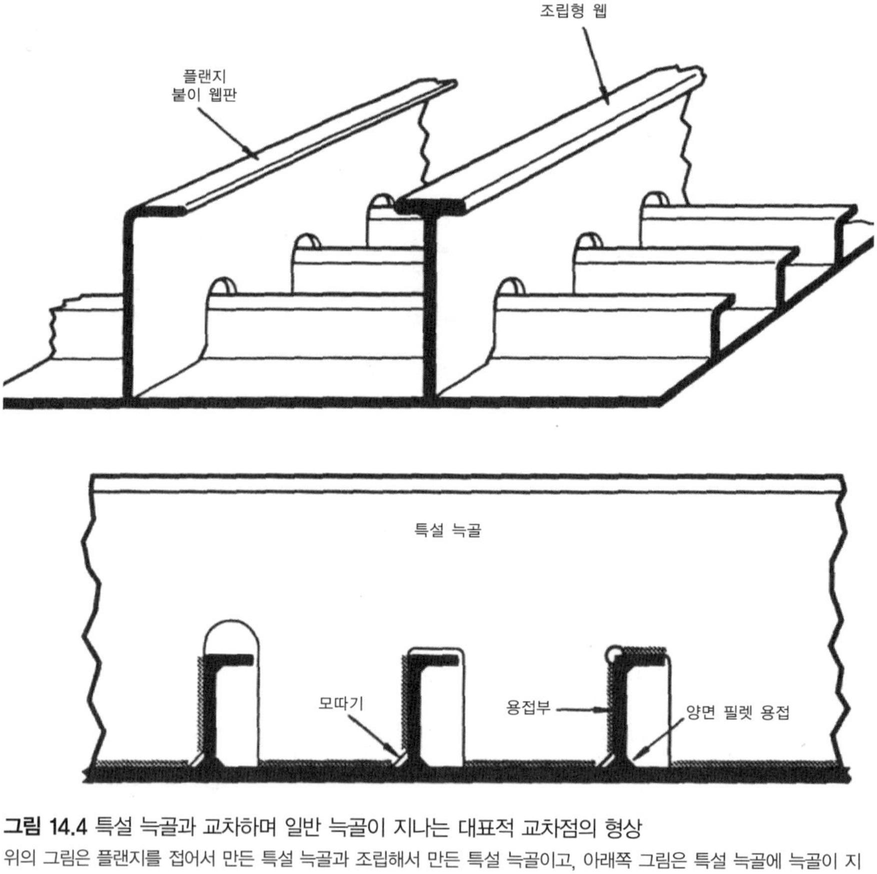

그림 14.4 특설 늑골과 교차하며 일반 늑골이 지나는 대표적 교차점의 형상

위의 그림은 플랜지를 접어서 만든 특설 늑골과 조립해서 만든 특설 늑골이고, 아래쪽 그림은 특설 늑골에 늑골이 지나도록 따내는 홈의 전형적인 형상이다. 모퉁이를 둥글게 한 것은 응력의 집중을 막기 위한 것이고, 모서리를 잘라낸 것은 늑골을 철판에 필렛 용접할 수 있도록 여유를 준 것이다.

기도 한다. 예를 들면 선측외판에 붙여지는 특설 늑골은 외판 보강재(shell stringer)라 하고, 갑판 밑에 붙여지는 특설 늑골은 갑판 거더라고 한다.

일반적으로 어떤 크기의 선박이거나 횡 격벽을 둔다. 횡 격벽은 침수를 막아줄 뿐 아니라 선박의 구조를 통합하는 역할을 한다. 아울러 선박의 횡단면 형상이 직교성을 상실하고 마름모형으로 찌그러지는 변형인 래킹 변형을 막아주며, 종 통재들을 받쳐주는 역할도 한다. 횡 격벽도 늑골 위치에 설치되므로 그 기능을 대신한다.

2.5 특이 사항

많은 보트나 선박은 자체의 기능을 발휘하기 위해 특별한 구조가 요구되기도 한다. 예를 들어 선미 트롤선을 살펴보면, 선미부에는 그물을 내리고 끌어올리기 위한 경사진 커다란 활강 통로가 있고 갤로(gallow)라고 부르는 커다란 크레인이 있다. 이들은 모두 예외적인 늑골 배치를 필요로 한다. 선수부에 달아올림식 문이 달려 있는 도선인 경우도 구조에 영향을 주는 다른 예가 된다. 또한 제2장에서 살펴본 것과 같이 화물 하역 시스템 역시 일반 배치에 특수한 구조가 필요하다. 하역 시스템의 설계까지 포함하면 조선공학자는 선체 구조 설계에서 수많은 점들을 고려해야만 할 것이다.

2.6 그 외의 고려할 점

선박의 구조를 배치할 때는 여러 부분을 조립하고 용접해야 하는 취부공이나 용접공의 작업조건을 반드시 염두에 두어야 한다. 예컨대 종 늑골 방식의 이중저에서는 그림 14.5와 같이 횡 방향 브래킷이 최외곽 종 늑골로 바뀌어야 한다. 만일 그림과 같이 선측 늑골로 횡 늑골이 사용되었다면 종 늑골 방식으로 적절한 변환이 이뤄져야 한다.

'2.3 평판과 형강'에서 설명한 것과 같이 늑골 부재는 가능한 한 고리 모양으로 연결되어 부재들이 완전한 폐곡선을 이루도록 해야 한다. 폐곡선을 이루는 것이 불가능한 경우에는 응력이 집중되어 균열 발생의 원인이 되는 응력 집중점을 피할 수 있어야 한다. 응력 집중점을 피하려면 그림 14.5나 그림 14.6에 나타낸 예와 같이 끝 부분에 테이퍼를 주거나 국부적인 보강을 하는 것이 필요하다.

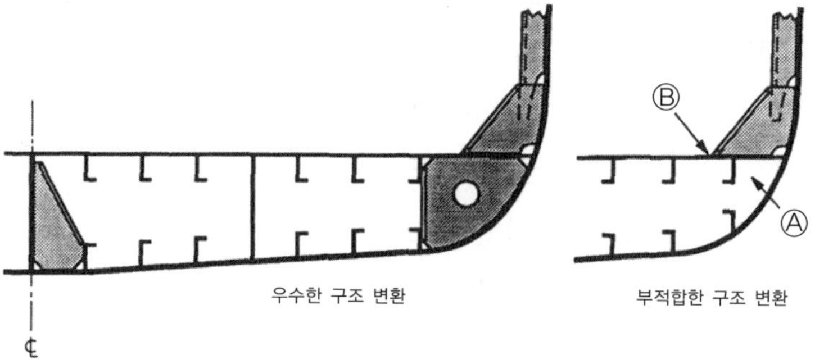

그림 14.5 횡 늑골 방식에서 종 늑골 방식으로 전환이 잘된 경우와 잘못된 경우
Ⓐ에서는 접근성이 없는 구간이 형성돼 취부와 용접, 보수가 불가능하다.
Ⓑ에서는 응력 집중이 일어나 균열 발생 가능성이 높아진다.

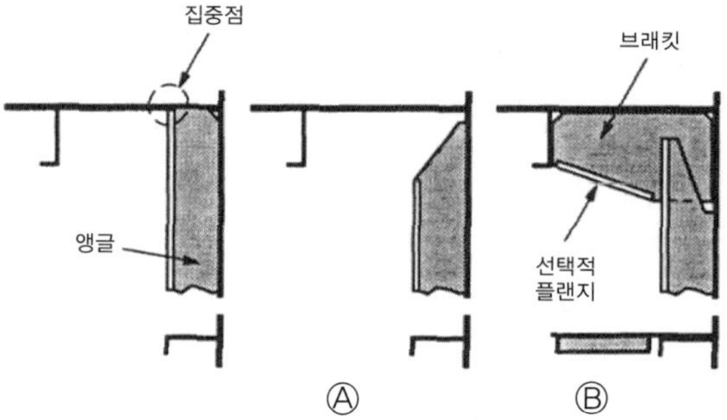

그림 14.6 응력 집중점에 대한 두 가지 해결 방법
Ⓐ는 문제 되는 부재의 끝을 잘라낸 것으로서 끝 부분을 완만하게 감소시켜 구조적 변화가 불연속적으로 급작스럽게 나타나는 것을 피한 것이다.
Ⓑ는 플랜지가 붙여진 브래킷을 두어 인접하는 부재로 하중을 배분시킨 경우이다. 수직 부재는 또 다른 응력 집중점이 나타나지 않도록 하고 동시에 브래킷과 충분한 용접 면적을 주기 위한 것이다.

3. 대표적인 구조

3.1 역사적 배경

선박 구조에 관련된 대부분의 어휘는 범선 시대에 사용되던 목선 건조방식에 근원을 두고 있다. 그림 14.7은 그와 같은 목선의 구조를 보인 것이다. 육중한 용골과 선저 구조는 당시 유행하던 설계 개념인 "선박은 선저 부분으로 인해 뜨며 용골은 선박의

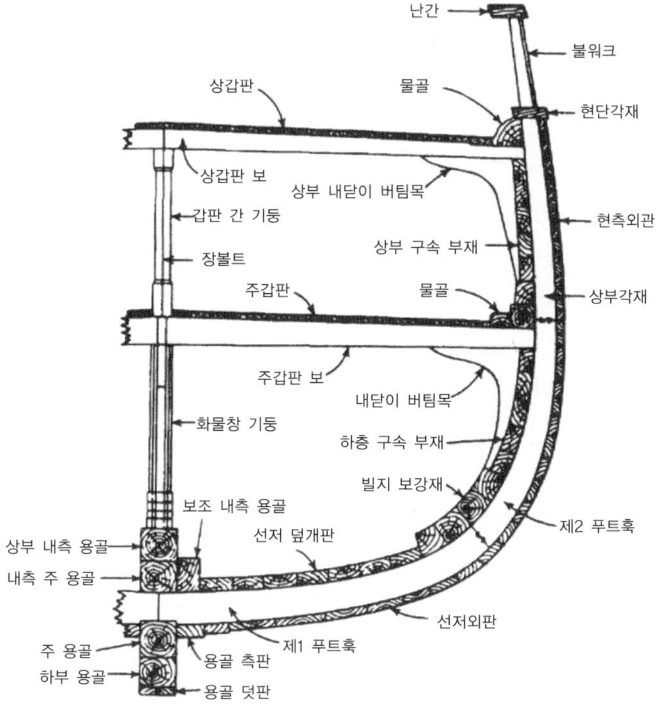

그림 14.7 목조 범선의 중앙 단면 (출처 : Stiansen, 1980)

척추가 된다."의 영향을 받은 것이다. 철을 조선 재료로 사용하면서 조선공학자들은 선박을 하나의 거대한 거더로 봐도 좋다는 것을 깨닫게 됐으며, 이는 상갑판이 선저외판만큼 중요하다는 것을 인지하게 됐다는 뜻이다.

3.2 소형선

그림 14.8은 실용형 강제 소형 작업선의 중앙 단면도를 나타낸 것이다. 이런 종류의 구조는 낚시용 선박이나 레저용 선박에서 찾아볼 수 있다. 이 경우 주 늑골은 종 방향으로 배치되는 평철로 만들어지고, 이들 종 늑골들은 대체로 4피트(1200mm) 정도의 간격으로 배치되는 횡 방향 특설 늑골로 보강된다.

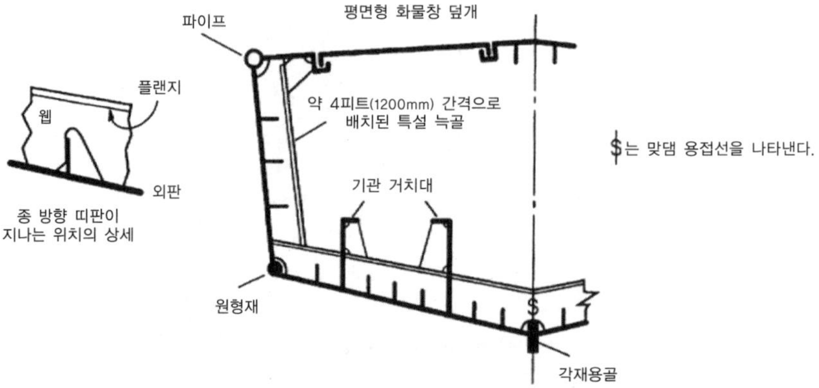

그림 14.8 실용형 강제 소형 작업선의 대표적인 중앙 단면도 (출처 : Graul and Fry, 1967)

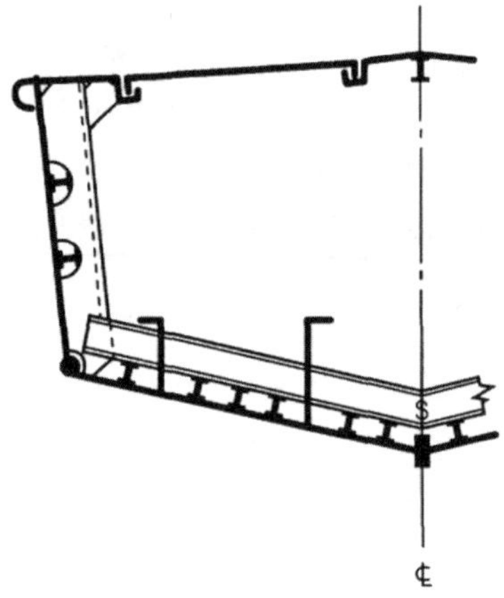

그림 14.9 실용형 알루미늄제 소형 작업선 (출처 : Graul and Fry, 1967)

그림 14.9는 앞에서 본 선박과 대등한 선박의 중앙 단면도로서 선체가 알루미늄이라는 것이 다르다. 이 경우에 주 늑골은 압출 성형한 플랜지가 넓은 형재를 사용해 종 방향으로 배치됐다. 아래쪽의 특설 늑골에는 종 통재가 지나갈 수 있도록 홈을 파지 않았으며, 단순히 종 통재 윗면에 올려놓는 구조를 택했다. 이 방식은 홈을 두는 구조에 비해 튼튼하지는 않으나, 결합하는 작업이 상당히 쉬워진다는 이점이 있다. 그림 14.10은 알루미늄 합금으로 만든 세일 보트의 중앙 횡단면을 보인 것이다.

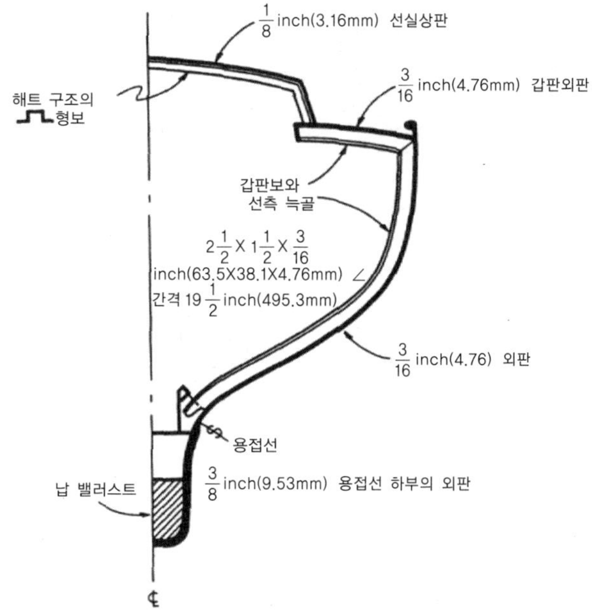

그림 14.10 LWL 30피트(9m)급 알루미늄 합금제 범선

3.3 소형 선박

그림 14.11은 중형 해양 조사선과 같은 선박 건조에 적합한 단저 구조를 보인 것이다. 이 경우에 늑골 방식은 횡 늑골 방식이고 선측 늑골로는 앵글을 뒤집어 붙인 것을 사용했다. 그러나 선저 부분에서는 큰 강도를 얻기 위해 플랜지를 붙여서 만든 플로어라는 부재로 앵글을 바꿔주도록 했다. 앞뒤 방향으로는 3개의 거더를 두었는데 플로어까지의 깊이를 동일하게 맞춰줬다. 중심선에 놓이는 거더를 중심선 용골(center keelson 또는 center vertical keel : CVK)이라 하고, 양쪽에 놓이는 거더는 그림에 표기된 것과 같이 선측 용골이라 한다. 이 선측 거더를 늑골 간 거더(intercostal girder)라고도 하는데, 이는 선측 늑골을 선저 플로어 사이의 간격에 맞춰 짧은 길이로 잘라서 만들어 조립한다는 것을 의미한다. 이에 대해 용골들을 연속해 제작하고 플로어를 거더 사이에 맞춰 제작해 조립하는 것도 가능하다.

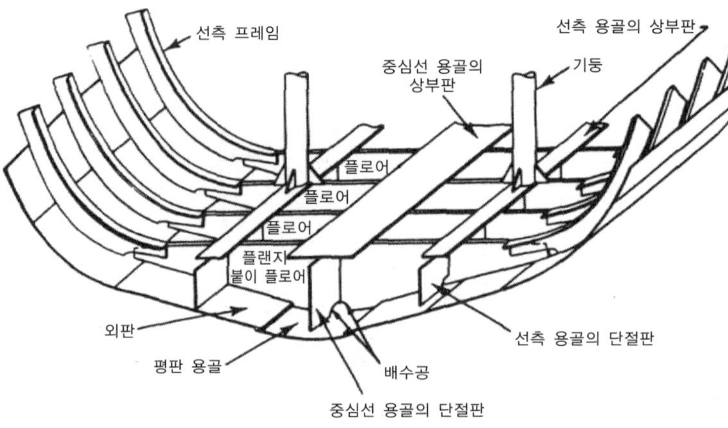

그림 14.11 소형 선박의 전형적인 단저 구조 (출처 : Stiansen, 1980)

그림 14.11에는 배수공을 보였는데 빌지 수를 중앙부로 모아서 펌프로 뽑아낼 수 있도록 하기 위한 구멍이다.

3.4 대형 선박

그림 14.12는 대형 컨테이너선의 중앙 횡단면 형상을 나타낸 것이다. 그림에서 알 수 있듯이 갑판은 하나이고 단면의 형상이 U형의 선체로 이뤄져야 하며 컨테이너를 컨테이너 위에 쌓아서 화물창을 채워야 하므로, 컨테이너를 넣고 꺼내는 데 편리하도록 갑판 대부분을 잘라내게 된다. 갑판 개구부는 튼튼한 해치 커버로 덮어주며 그 위에 다시 컨테이너를 4층 정도 쌓아준다. 갑판 전체가 열리는 전통 해치 구조임에도 선체 종강도를 확보하기 위해 충분히 효과가 있는 중후한 상자형 거더를 상층부 현측 부분에 그림에서와 같은 형태로 붙여준다. 거더를 구성하는 판재는 좁은 간격으로 배치된 종 방향의 평철들로 튼튼하게 보강된다. 이중저 부분은 종 늑골 방식을 택하고, 현측에 배치된 상자형 거더의 아래쪽으로는 횡 늑골 방식을 채택한다. 이 그림에는 해치 커버를 나타내지 않았으며, 컨테이너를 수직으로 정렬하기 위한 수직 구조물도 나타내지 않았다. 해치 위에 실리는 컨테이너들을 잡아주는 장치들도 그림에는 생략됐다.

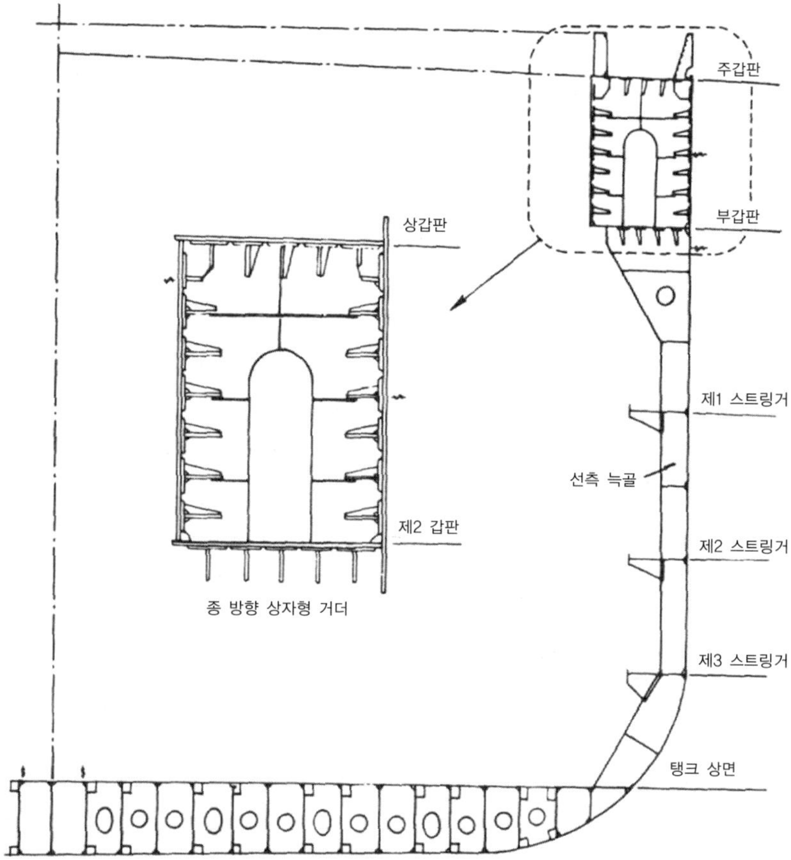

그림 14.12 대형 컨테이너선의 중앙 단면도 (출처 : Stiansen, 1980)

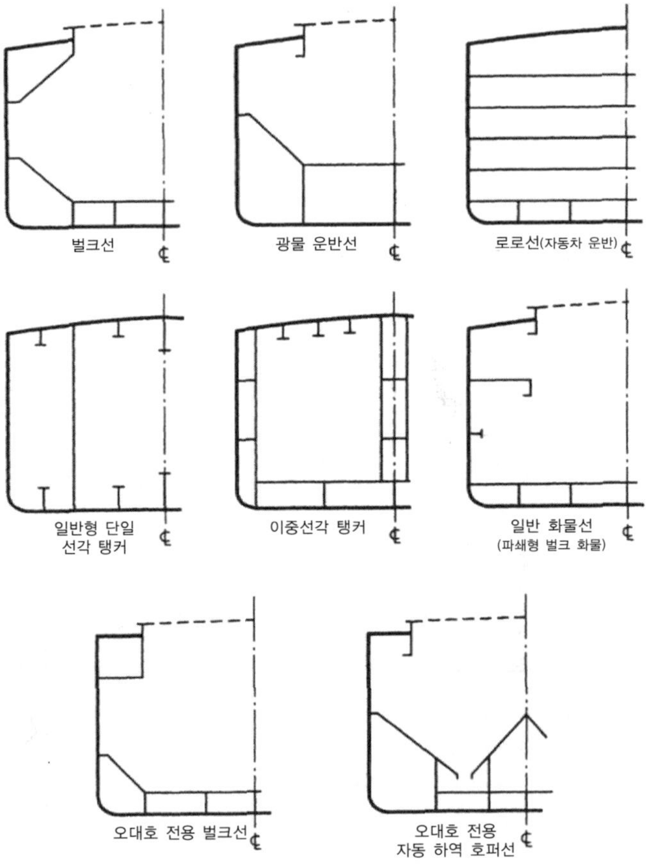

그림 14.13 다양한 화물선의 선체 구조 일반 배치

그림 14.13은 구조가 각각 다른 일반적인 대형 상선의 몇 가지 선체 구조이다. 이 그림에는 선박의 전후 방향으로 배치되는 판 요소만 나타내고 늑골 요소들은 나타내지 않았으나, 늑골들은 횡 늑골 방식이나 종 늑골 방식으로 배치될 것이다. 각각의 단면 요소들은 동일한 축척으로 그려진 것이 아니므로 주의할 필요가 있다.

참고 문헌

Stiansen, Stanley, "Structural Components," Chapter VII in *Ship Design and Construction*, Robert Taggart, Ed., Society of Naval Architects and Marine Engineers, Jersey City, N.J., 1980.

Graul, Timothy and Fry, E. D., "The Design and Construction of Metal Planing Boats" in *Proceedings*, Society of Naval Architects and Marine Engineers, Spring Meeting, Jersey City, N.J., 1967, pp. 8-1 to 8-24.

D' Arcangelo, Amelio M., *A Guide to Sound Ship Structures*, Cornell Maritime Press, Centreville, Md., 1964.

사진 14.1 건조 중인 Arco Alaska호
18만 8000중량톤인 유조선의 이중저 구조의 모습이다. 사진에는 2개의 종 격벽이 분명하게 나타나 있으며, 유조선에서 전형적으로 사용되는 종 방향 늑골 시스템이 잘 나타나 있다.
(자료 제공 : Peter E. Jaquith, National Steel and Shipbuilding Co.)

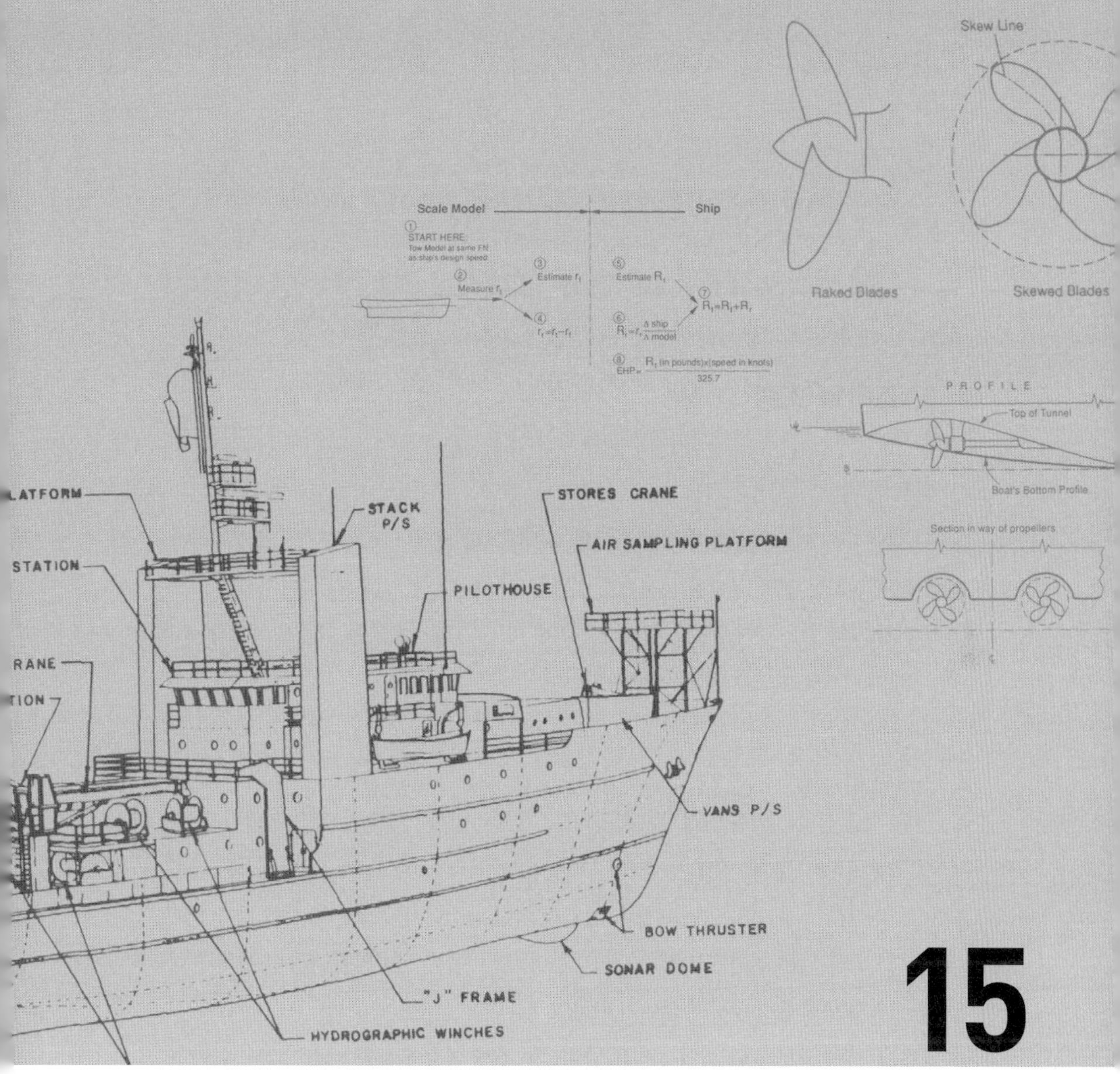

15

설계와 관련된 기타 사항

1. 조타와 조종
2. 진동
3. 적량 측도
4. 계류
5. 미관
6. 베네치아의 곤돌라
7. 맺는말

이 책을 어떻게 끝마쳐야 할까? 독자들이 궁금하게 생각할 만한 중요한 요소들이 아직도 많이 남아 있는데 어디에 기준을 두어야 할까? 결국 절충안으로 여섯 가지 요소를 선정해 몇 개의 문단 정도로 개념적 설명을 하고자 한다.

1. 조타와 조종

1.1 범위

이 장에서는 보트나 선박이 직선 항로를 유지하도록 하거나 또는 선회하고 정지하며 더러는 후진하는 것과 관련된 문제들을 설명하고자 한다. 한 걸음 더 나아가서는 조선 공학자가 그와 같은 문제점들을 해결하기 위해 타와 기계 장치들을 어떻게 설계하는지에 대해 개념적인 설명을 덧붙일 예정이다.

1.2 조타

많은 수상 선박은 방향 안정성이 불안하다. 여기서 말하고자 하는 것은 선박이 물 위에서 앞으로 나아갈 때, 진행 방향으로부터 약간만이라도 벗어나게 되면 선박은 더욱 돌아가려 한다는 것이다. 이런 현상은 선박의 회전 중심이 선수로부터 선박 길이의 20퍼센트를 조금 넘는 위치에서 간혹 나타나는데, 그 이유는 선박의 무게중심 위치가 대체로 선박의 선체 중앙 부근에 놓이기 때문이다.

그림 15.1에 보인 것과 같이 선박의 중심선이 진행 방향에 대해 약간이라도 돌아가면, 선박의 관성력이 회전 모멘트를 형성해 선박을 진행 방향에서 더욱 벗어나게 한다. 이에 더해 선박의 선회 운동을 더욱 증가시키는 유체력이 횡 방향으로 작용하기도 한다. 이런 현상은 선수부에서 파도를 비대칭적으로 받아서 선수의 한쪽은 파정 쪽에 놓이고, 반대쪽은 파저 쪽으로 놓이면 선수 파도가 비대칭으로 발생되며 선수 동요가 일어날 때 나타난다. 선박이 한쪽으로 돌아간 경우에도 선체 중량의 관성력은 최초의 방향을 유지하려 하기 때문에, 선박은 마치 게걸음 치듯이 옆으로 밀려가게 된다. 만약 이

런 현상에 대응하지 않고 내버려두면 선박의 중심선이 실제의 진행 방향과 일치될 때까지 선박은 방향 전환을 지속하게 된다. 그렇다면 횡 방향으로 어떤 힘을 가해줄 수 있다면 선박을 한쪽으로부터 반대쪽으로 돌아가게 할 수도 있을 것이다. 선박의 직선 항로를 유지하도록 하는 것은 타를 사용해서 선박이 침로를 벗어나지 못하도록 상쇄시키는 힘을 얻는 것이다.

앞에서 설명한 내용이 뜻하듯이 타의 주요한 기능 중 하나는 선박의 침로를 유지하는 것이고, 또 다른 기능은 선박을 침로에서 벗어나도록 하는 것이다. 선박과 타의 물리적 특성은 선회를 쉽게 하려는 것인데, 불행하게도 선회를 쉽게 하면 선박의 침로 유지가 어려워진다. 그러므로 절충점을 찾아야 한다. 대양을 항해하는 상선, 순항용 요트의

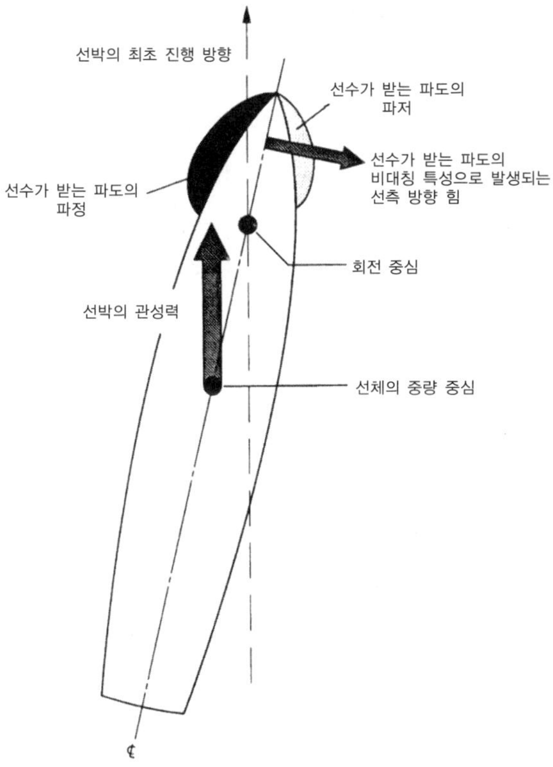

그림 15.1 선박의 방향 안정성을 불안정하게 만드는 힘

경우에는 직선 항로를 유지하는 것이 중요하고, 전투용 함정과 경주용 요트, 항만용 예인선의 경우에는 신속한 선회 능력이 중요하다. 조선공학자는 이 두 경우 모두에서 타를 사용할 경우 불가피하게 저항이 증가된다는 것을 잘 알고 있기 때문에, 적당한 조타 능력을 가지면서도 타로 인한 부가 저항의 증가가 적정 수준이 되는 선체와 타의 형상을 구해야 한다.

1.3 선형의 영향

침로 유지가 중요한 선박은 설계 단계에서부터 가능한 한 선미 트림이 지도록 해야 한다. 그 뒤 용골 단부를 잘라내고 선미 부분에서 데드우드(deadwood)를 충실하게 만들며, 선체 선도 형상을 날씬하게 만들어야 한다. 이런 조치들은 선박의 무게중심과 선체의 회전 중심 사이의 거리를 줄여주는 효과가 있다. 아울러 선수를 돌려졌을 때 선박을 진행 방향으로부터 벗어나게 하는 선회 모멘트의 발생을 줄여줄 수도 있다. 이와 같은 성질은 선박의 선회 반경을 키우는 효과가 나타나지만 이는 감내해야 하는 부분이다.

침로 유지를 위해 가장 노력해야 하는 상태는 선박이 앞이나 뒤에서 비스듬한 파도를 만나는 경우이다. 이때는 선수 동요를 일으키거나 선박이 파도를 옆 방향으로 받도록 돌려놓으려는 힘이 크게 작용한다. 이런 위험 요인을 최소화하는 가장 좋은 방법은 넓고 평평한 선미를 갖게 하거나 선저 앞머리 부분을 길어지지 않게 하는 것이다.

1.4 선회 궤적

그림 15.2는 타각을 최대 타각인 35도로 돌리고, 기관의 출력이 최대로 유지된 상태에서 얻어지는 선박의 선회 궤적이다. 이 그림은 전진 거리, 가로 거리, 전술 지름, 정상 선회 반지름을 정의하는 데 도움이 된다. 처음 타를 돌렸을 때 그림에서 0점으로 표기된 점을 살펴서 어떤 일이 일어나는지를 확인해보자. 타에서 좌현 방향으로 힘이 발생되므로 선박은 좌현 쪽으로 약간 밀려난다. 그러나 조금 지나면 타의 작용으로 선박의 중심선이 진행 방향에 대해 우현 쪽으로 돌아가 일정한 각을 가지게 된다. 그러면 선박에 유체력이 작용해 선박을 나선 궤도로 들어가게 제어하며 바로 정상 선회에 이르게

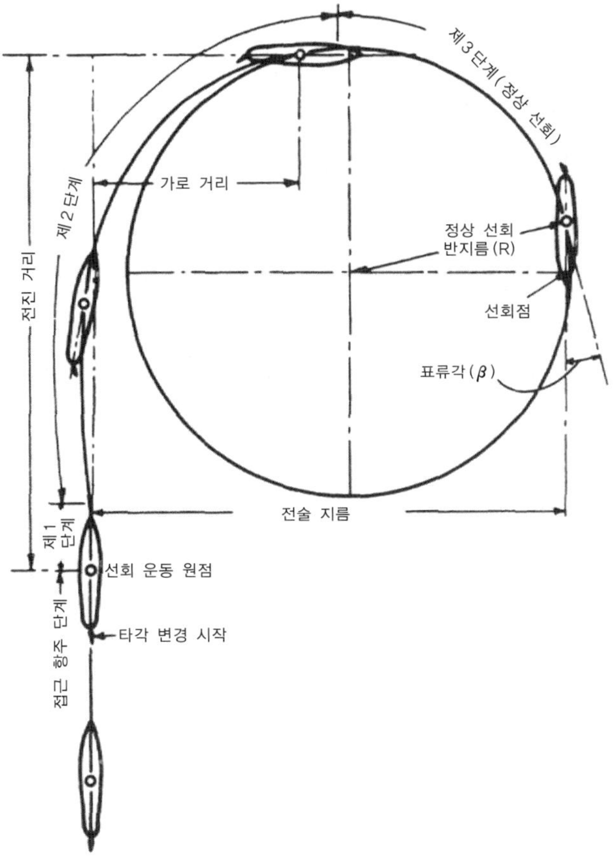

그림 15.2 선박의 선회 궤적 (출처 : Crane et al., 1989)

한다. 이때 주의할 점은 선박의 중심선이 선박의 진행 방향에 대해 돌아가 항상 선박의 선회 방향에 있다는 것이다. 이는 타에서 발생된 힘에 의한 것이라기보다는 선수 각으로 인해 발생된 유체력이 대부분의 선회력을 이루기 때문이다.

1.5 타

타는 왜 선미 쪽에 두어야 하는가에 대해 생각해보자. 선회 모멘트를 최대화하려면 타는 가능한 한 선체의 회전 중심으로부터 멀리 떨어뜨리는 것이 좋다. 앞에서 설명한 것과 같이 선체의 회전 중심이 선수로부터 선박 길이의 20퍼센트를 넘는 경우가 흔하지 않다는 것이 의문에 대한 답이 될 수 있을 것이다. 이는 또한 드물기는 하지만 선수쪽에 붙여진 타가 후진할 때만 유효하게 작용하는 이유를 설명해주기도 한다. 타의 유효성은 타를 프로펠러 바로 뒤에 둠으로써 크게 강화될 수 있다. 이는 프로펠러를 지난 물의 운동량이 커서 타가 돌려졌을 때 타에서 발생되는 횡 방향의 힘을 증가시킴으로써 선박이 바로 갈 수 없도록 선박을 돌리는 것을 돕게 된다. 한편 쌍축 추진 선박에서는 중심선에만 하나의 타를 두면 타각 변화에 대한 반응이 두드러지게 나빠진다.

타의 크기가 얼마나 커야 하는가에 대한 문제는 선박에서 조종 성능이 얼마나 유용한가에 따라서 달라진다. 타의 면적은 상당 부분 타의 형식과 위치에 영향을 받는데, 일반적으로 선박의 수면 아래 부분을 선체 중심선 면에 투영하여 얻어지는 투영 면적에 따라서 결정된다. 예컨대 요트인 경우에 타의 면적은 수면 아래의 선체 투영 면적의 8~11퍼센트 정도가 되고, 소형 요트인 경우에는 좀 더 넓은 면적이 적합하다. 대형 선박인 경우 투영 면적은 수면의 길이와 흘수를 곱해 얻어지는 면직과 거의 같은 값을 가진다. 이는 곱해서 얻는 면적이 실제 투영 면적을 구하는 것보다 쉽게 얻어지기 때문이며, 그 값을 기준으로 타의 면적을 구하게 된다. 흔히 쓰이는 비율로는 대형 단추진기 선박에서는 1.5퍼센트, 어선에서는 5퍼센트, 범선에서는 3퍼센트가 쓰인다. 우수한 조종 성능이 요구되는 수로 안내선이나 도선에서는 흔히 4퍼센트에 달한다. 모터보트에서는 4, 5퍼센트, 원양 예인선에서는 3~6퍼센트가 주로 사용된다.

그림 15.3은 단추진기를 사용하는 상선이나 소형선에 적합한 보편적인 타의 형식을 나타낸 것이다. 면적의 일부가 타의 축보다 앞쪽에 놓이는 타를 평형타라고 부른다. 평형타는 타각이 주어졌을 때 타에서 발생되는 횡 방향 힘의 중심 위치에 대해 타의 축이 조금 앞쪽에 놓이도록 설계된다. 타의 판에 작용하는 힘의 중심 위치는 항상 면적의 중심보다 앞쪽에 놓이며, 이는 선박이 선회할 때 선박에 횡 방향으로 작용하는 힘에 대해 살펴본 것과 동일하다. 그림 15.3에 보인 타에는 이런 점들이 반영된 것이다.

잠시 제11장으로 돌아가서 그림 11.6을 다시 살펴보면, 범선에 사용되는 전형적인 타의 배치를 살필 수 있다. 특히 제일 아래쪽에 있는 그림에서 타가 용골과 분리돼 있는

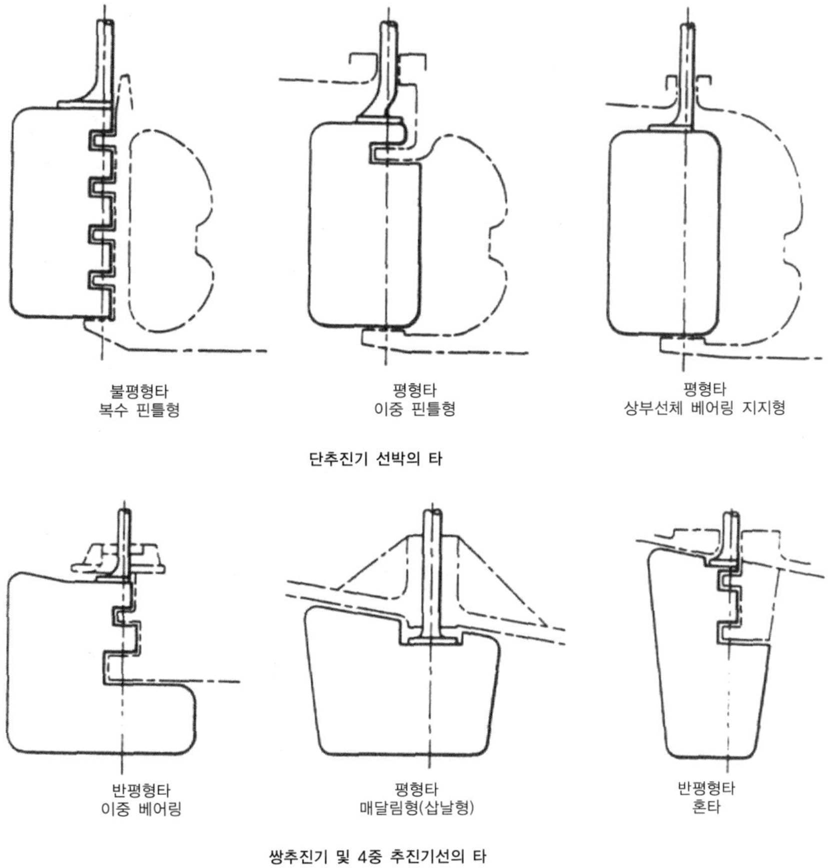

그림 15.3 여섯 가지 보편적인 타의 형식 (출처 : Hunley and Lemley, 1980)

것에 주의할 필요가 있다. 그림에서 보인 것과 같은 길이가 짧고 깊이가 큰 용골의 뒷날 부분에 타를 붙여주면 선박의 회전 중심에 지나치게 가까워서 타의 효과가 전혀 없어질 것이다.

소형 선박에서는 타 자루를 손으로 조작해 타를 조종하며, 조금 큰 선박에서는 조타륜을 사용해 타를 조종한다. 보다 큰 선박에서는 기계적 장치의 도움을 받는데, 이는 전기적으로 구동되는 유압기를 타 장치의 바로 위에 설치해 구동한다. 유압기는 조타실에서 원격으로 조종하지만 비상시에는 조타 기계실에서도 조종이 가능하다.

1.6 후진 운항

단추진기 선박에서는 후진하는 동안 조종하는 것이 좀처럼 쉽지 않다. 왜냐하면 역회전하는 프로펠러에서 뿜어져 나오는 물살이 선미에 직접 부딪치게 되는데, 일반적인 선미의 형상에서는 프로펠러축보다 위쪽의 선체에 부딪치는 물살이 아래쪽 선체에 부딪치는 물살보다 더 세기 때문이다. 그 결과 선미를 한쪽 방향으로 밀어주는 힘으로 나타나며, 흔히 좌현 쪽으로 나타난다. 그런데 이때 타의 효과는 현격하게 떨어지게 된다. 전진할 때 좋은 조종 성능을 줄 수 있을 것으로 사용하였던 모든 논리적 요소들이 후진할 때는 불리하게 작용하는 상태에서 조종해야 하기 때문이다.

수년 전 영국의 한 운하에서 좁고 긴 선박을 조종하는 것을 본 적이 있다. 그때 지금 소개할 후진하기 위한 비정상적인 조작법을 처음 접하게 됐다. 그 방법은 후진하는 선박에서 주기적으로 기관을 몇 초 정도 전속 전진 운전하는 것이었다. 그렇게 하면 잠시 동안 타로부터 선회력을 얻어서 선박을 원하는 방향으로 조종할 수 있었다. 그런데 이런 방법을 사용하기에는 불안스러운 요인도 관측할 수 있었다. 첫째는 당시 상황은 운하의 폭이 후진하려는 배의 길이 정도에 불과하였다. 다른 하나는 후진하는 동안에 선박이 운하의 중심선으로부터 벗어나 90도로 돌아가려는 성향이 매우 강했던 것이다. 따라서 이러한 후진 운항 방법을 모든 선박에 적용하는 것은 불가능하리라 생각한다.

1.7 그 외의 조종 장비

추가의 조종 능력이 요구되는 경우, 조선공학자는 몇 가지 기계적인 장비를 사용할 수 있다. 앞서 제9장 추진 장치에서 살펴봤던 연직축 프로펠러, 즉 사이클로이드 추진기를 기억할 것이다. 쌍추진기도 어느 정도 빠른 속도로 운항하는 경우에는 도움이 된다. 그러나 항만 내에서 조종할 때 아주 느린 속도에서 별도의 도움 없이 쌍추진기만으로 선회시키는 것은 어렵다. 항만 내에서 사용하기에 보다 좋은 장치로는 사이드 스러스터가 있다. 이는 선박을 횡 방향으로 가로지르며 양단이 바다와 연결된 원형 실린더가 용골 위쪽에 설치되고 그 내부에 역전 운전이 가능한 프로펠러가 설치되는 장치를 말한다. 대표적인 스러스터는 선수 부분에 설치되지만 선미 부분에도 설치될 수 있다.

경우에 따라서는 양단에 각각 2, 3개의 스러스터를 두기도 한다. 동력으로는 디젤 엔진이나 전기 모터를 사용한다. 스러스터로 좌현과 우현 어느 방향으로나 강한 횡 방향 힘을 발생시킬 수 있다. 조종은 조타실에서 한다. 상당한 속도로 운항하는 상태에서는 쌍추진기를 사용하는 것이 더 효과적이고, 스러스터는 매우 느리거나 전진 속도가 없는 경우에 효과적이다.

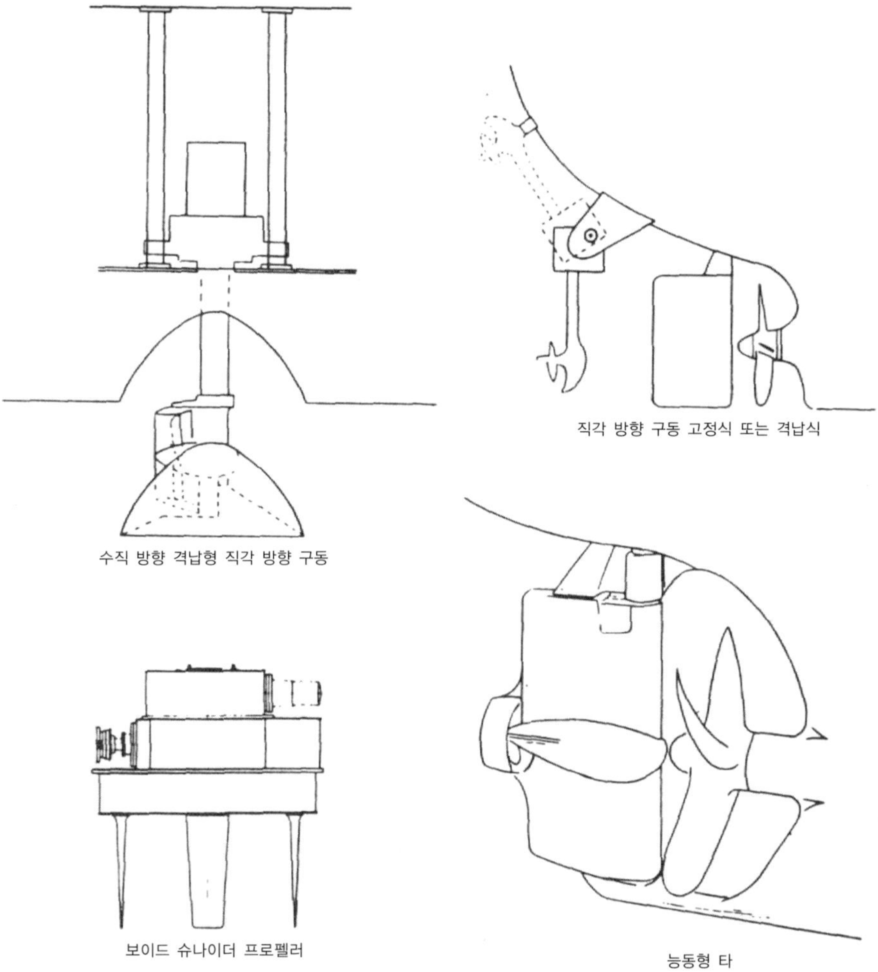

그림 15.4 조종 장치의 예 (출처 : Hunley and Lemley, 1980)

한편 선저에서 물을 끌어들이고 흐름을 변환시켜, 원하는 방향으로 추력을 얻는 발전된 추력 발생 장치도 있다.

독립적으로 운전할 수 있는 수차를 양현 측에 가지고 있는 선박인 경우에는 아무런 문제없이 제자리에서 선회가 가능하다. 독립적으로 운전이 가능한 수차를 4개 가진 경우로, 한 쌍은 현측에 두고 선미 부분에 다른 한 쌍의 수차를 나란히 배치하는 것이다. 이때는 이들을 서로 반대로 구동함으로써 선박을 선회시킬 수 있다. 이 외에도 그림 15.4의 네 가지 예와 같이 많은 조종 장치가 개발돼 있다.

1.8 정지

자동차와는 다르게 선박에는 제동 장치를 좀처럼 두지 않는다. 제동용 플랩이나 수중 낙하산 등의 장치들은 높은 속도로 전진할 때만 유효하다. 그러나 대부분의 제동 조작은 항만 내에서 필요한데, 이때 선박의 속도는 정상 속도의 반 정도에 불과하다. 따라서 선박 운항자는 기관을 역전시킴으로써 선박을 정지시킨다. 이 방법은 복잡한 수역에서는 조심스럽게 지시해야 하므로 다소 시간이 소요된다. 최대 정지거리라 불리는 정지거리는 초기 전진 속도에 대체로 비례한다.

넓은 바다에서 최대 전진 속도로 운항하다가 급정지하는 것은 최대 타각으로 급회전시키는 것보다 현명하지 못하다. 재화 중량 19만 톤인 유조선을 급제동시키는 경우 최대 정지거리는 2.8마일(5.186km) 정도로 나타났다. 다른 한편으로 선회 시험에서는 전진 속도가 없어질 때까지 당초 진행 방향으로의 전진 거리가 기관을 역전시켜 정지시킬 때의 정지거리의 1/5 정도로 줄어들었다.

선박의 정지에 영향을 주는 다른 요인은 기관을 빨리 역전시킬 수 있는 능력이다. 그런데 기관을 빨리 역전시켜도 증기 터빈과 같이 역전 상태에서는 최대 출력을 낼 수 없도록 설계된 것도 있기 때문에, 선박을 빨리 정지시키는 것은 그리 쉬운 일이 아니다. 디젤 기관은 역전 상태에서도 최대 출력을 낼 수는 있으나, 기관을 완전히 정지시키지 않은 저속 상태에서는 양방향 운전이 불가능하다는 단점이 있다. 이는 항만에서 운항할 때 기관을 재가동시키는 데 소요되는 압축 공기 때문에 어려움을 겪게 한다. 또한 항만 내에서의 운항을 더욱 어렵게 하는 요소에는 수심의 문제가 있다. 수심이 얕으면 선박을 정지시키기는 쉽지만 조종하기는 어려워진다. 선박이 정상 속도의 반 정도로 전진하는 상태에서 실험한 결과를 보면, 얕은 물에서는 선회 반경이 흘수의 120% 정도로 나타났으나, 깊은 물에서는 그보다 2배 정도가 넘는 것으로 나타났다.

소형 선박은 종류에 관계없이 앞에서 언급한 대형 선박에 비해 조종하기가 훨씬 쉽다. 소형 선박은 상대적으로 큰 타를 사용하고 있어서 보다 빠르게 선회시킬 수 있다. 또한 기관 출력이 배수량에 비해 상대적으로 훨씬 크기 때문에 제동시키는 것도 쉽다. 하지만 여기에도 관련되는 요소가 많고 복잡한 상호 작용이 발생하므로, 선박을 안전하게 운항할 수 있는 능력은 오로지 실제 경험으로 직접 익혀야 한다.

2. 진동

기계적 추진 장치는 수많은 장점이 있지만, 거의 대부분 진동과 소음 문제라는 단점을 동반한다. 특히 진동은 선박의 승선자에게 불쾌감을 줄 뿐 아니라 전기 기구나 기계 장치의 기능 장애나 손상까지 유발시킨다. 그래서 조선공학자들은 이론적 해석을 통해 수용 불가능한 진동을 피하는 방법을 설계 단계부터 적용하기 위해 오랫동안 노력해왔다. 이런 노력은 상당 부분 성공을 거두었으나 아직도 이론 해석이 미치지 못하는 부분이 많이 남아 있다. 그나마 다행스러운 점은 선박의 시운전 과정에서 진동 문제가 발생하면, 문제를 해결할 수 있는 실질적인 방법을 찾을 수 있거나 문제를 최소화할 수 있는 방법이 있다는 것이다.

이에 대해 설계 단계에서 사용되는 이론은 매우 복잡해 이 책의 수준에 적합하지 않다. 그러므로 여기서는 선박에서 발생하는 진동의 원인을 설명하고, 해석하는 사람이 무엇을 밝히려 하는지를 알아보고자 한다. 이어서 진동을 피하기 위해 실제 설계 단계에서 사용하는 방법과, 진동이 발생했을 때 이를 바로잡기 위해 사용할 수 있는 이론적 근거에 대해 살펴보기로 한다.

2.1 진동 이론

선박에서 발생하는 진동은 상하 방향, 선측 방향, 전후 방향, 비틀림 방향으로 나타날 수 있다. 이들 각각의 진동에는 소리굽쇠와 같이 최소한 하나의 고유 진동수가 존재한다. 물론 고유 진동수 자체에는 아무 문제가 없다. 그러나 진동을 일으키는 선체 구조 중 어떤 것이든지 하나라도 선박의 고유 진동수와 같은 진동수를 가지는 다양한 외부 기진력이 작용하면 문제를 일으킬 수 있다. 기진력이 작용하면 아무리 작아도 진동의 진폭을 결정하는 주요 인자가 된다. 이런 현상은 그네를 밀어줄 때도 경험할 수 있다. 아무리 살살 밀어줘도 매번 밀어주는 시간이 그네의 고유 주기와 일치하면, 그네는 보다 큰 진폭에 바로 도달하게 되는 것이다. 이와 같은 현상을 공진이라고 한다.

가장 심각한 선체 진동은 일반적으로 상하 진동에서 나타난다. 그림 15.5에 나타낸 것과 같이 상하 진동의 고유 진동은 한 개 이상이 존재하며 진동절 수가 다르게 나타난다. 여기서 진동절이란 다른 부분은 진동하며 위치가 변하더라도 위치변화를 일으키지 않고 일정 위치에 고정되어 있는 부분을 말한다. 진동수는 진동절 수에 따라서 달라지며, 진동절 수가 많아지면 진동수도 증가한다. 그러므로 조선공학자는 주로 진동과 진동을 회피하는 문제를 중요하게 생각한다.

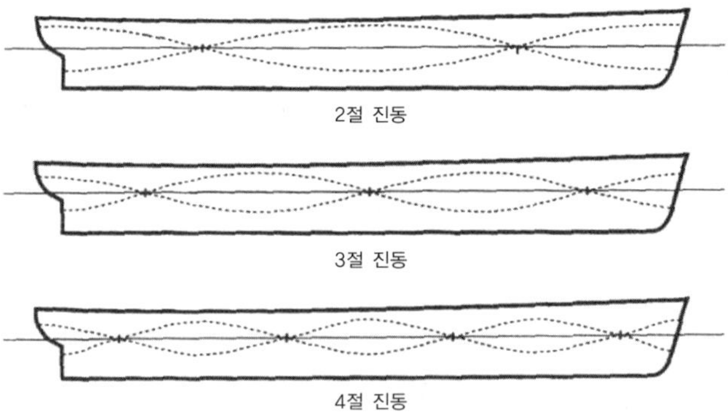

그림 15.5 세 가지 상하 진동의 형태

2.2 기진원

어떤 기진력은 외부로부터 선박에 작용한다. 예컨대 종 동요나 슬래밍 현상은 선체 전체에 휘핑 진동을 일으킨다. 그렇지만 더욱 흔한 경우는 진동 기진원이 선체 내부에 존재한다. 특히 디젤 엔진과 같이 왕복 운동을 하는 기계류가 진동의 원인이 될 수 있다. 프로펠러는 일정 방향으로 회전하지만 엄밀하게 균일한 물의 흐름 속에서 작동하지는 않으므로 가장 대표적인 진동원이 된다. 프로펠러 진동 문제는 일반적인 선미를 가지는 보편적인 단추진기 선형에서 가장 분명하게 나타난다. 그런 선형에서는 프로펠러 위쪽 부분에서 반류의 영향이 가장 크게 나타난다. 각각의 프로펠러 날개들은 지속적으로 방향과 속도가 다른 유체를 자르며 지나게 된다. 그리고 지속적으로 변동하는 반작용력이 프로펠러축을 통해 전체에 전달돼 선체 진동을 일으키게 된다. 그러므로 프로펠러 바로 위쪽의 선체에 작용하며 변동하는 힘도 진동원에 포함된다.

2.3 설계의 관점

이와 같은 관점에서 조선공학자는 선박을 설계할 때 선박의 상하 방향 고유 진동수를 추정하는 데 온 힘을 기울인다. 이를 바탕으로 설계자는 상하 방향 고유 진동수 어느 것과도 일치하지 않는 프로펠러 회전수를 결정한다. 설계에서 결정하는 프로펠러 회전수는 선체의 가장 낮은 고유 진동수(2절 진동수)보다 낮게 잡는 것이 이상적이다. 한편 프로펠러 날개가 불균일한 반류를 만나며 경험하는 주기도 주의할 필요가 있다. 이는 프로펠러 회전수와 프로펠러 날개 수를 곱해 얻어지는 값이 선박의 고유 진동수와 멀어져야 한다는 것을 뜻한다. 프로펠러 자체는 설치에 앞서 정적은 물론이고, 동적으로도 평형을 잡아줘야 한다.

고속 함정이나 많은 소형선은 평평하고 뒤쪽으로 가면서 높아지는 경사진 선미부에 1, 2개의 프로펠러를 두는 형상이다. 그와 같은 선미에서 프로펠러가 선저로부터 프로펠러 직경의 1/4 이상 떨어져 있으면 진동 문제는 별로 나타나지 않는다. 그러나 단추진기를 사용하는 일반 상선의 선형에서는 불균일한 반류 분포가 위협적인 진동원이 된다. 이런 문제를 최소화하려면 프로펠러와 선체 사이의 전후 방향 거리와 상하 방향 거리를 충분히 두어야 한다. 경험적으로는 상하 방향 거리로 프로펠러 직경의 15퍼센트를 두며, 전후 방향 거리로 프로펠러 직경의 30퍼센트를 프로펠러 앞쪽으로 둔다. 프로펠러 날개의 레이크는 이를 구현하기 쉽도록 형상의 변화를 주는 것이다.

프로펠러로 인한 진동이 발생했을 때, 그 진동은 선미 끝으로부터 선체 길이의 25퍼센트 되는 위치에서 가장 예민하게 느껴진다. 이런 점은 최근 대부분의 상선에서 거주 구획과 작업 구역을 선미 부분에 두고 있어 더욱 불편함을 느끼게 한다. 그러므로 진동을 제어하는 문제는 선박 설계에서 더욱더 중요해지는 경향을 띤다.

주기관에서 발생하는 진동은 기관과 기초 사이에 탄성 재료로 만든 받침을 끼워줌으로써 줄일 수 있다. 기관의 기초 자체는 충분한 강도를 가지고 있으며, 특별히 보강된 선체 구조와 연결돼 있다. 마찬가지로 축계에도 유연한 축이음을 채택할 수 있다.

승조원의 거주 구역에 대한 진동 회피는 특히 중요하므로, 조선공학자들은 갑판실 구역에 대한 고유 진동을 해석하는 데 특별한 노력을 기울여야 한다. 어떤 경우에는 갑판실 전체를 진동 흡수에 용이한 기초 위에 설치하기도 한다. 그러나 이 방법은 기관으로 인한 소음 발생을 줄이는 데는 효과가 있으나, 프로펠러로 인한 진동을 줄이는 데는 효과적이지 않다.

조선공학자는 이론적으로나 실제적으로나 진동을 100퍼센트 없앨 수 없다는 것을 잘 알고 있다. 이는 아무리 작은 구조 판재도 고유의 진동 주기가 있으며, 이들이 외부의 기진력을 증폭시킬 수 있기 때문이다. 한 예로 어느 선장이 침대 스프링이 지속적으로 진동하고 있다고 불평한 일이 있었다. 한동안 애쓴 끝에 겨우 원인을 찾아냈는데, 수백 피트(100mm 가까이) 떨어진 기관실 내부의 소형 펌프용 기관이 그 진동의 원인이었다. 이처럼 만약 어떤 진동이 도저히 불가피하다면, 과연 어느 정도가 허용 가능한 범위인가 하는 의문이 생긴다. 이 의문에 대한 답으로 진동의 주기와 진폭을 결합해 사람들이 견딜 만한 수준이라고 생각하는 진동에 대해 도표로 정리한 것이 있다. 궁금한 독자들은 보러스(Vorus, 1988)나 쉘런버그(Schelenberg, 1980) 등의 자료를 찾아보길 바란다.

2.4 시운전 후 수정

설계 단계에서 진동 문제에 관해 충분히 조심스럽게 해석했다 할지라도 시운전을 해보면 문제점이 어느 정도 분명하게 나타난다. 진동 수정을 위해서는 어떤 단계를 거치게 되는가? 만일 프로펠러에 원인이 있다면 프로펠러의 날개 수를 바꿔주거나 날개 끝을 다듬어줄 수 있다. 다른 방법으로는 프로펠러로 흘러드는 반류 분포를 보다 균일하게 만들어주거나 연돌 모양의 부가물을 프로펠러 상반부의 선체에 붙여 흐름을 가속시켜주는 방법도 있다. 그림 15.6은 그와 같은 장치를 붙여준 예를 나타낸 것이다.

만일 주기관에 진동 문제가 있다면 주기관 제작자는 기진력을 제거하는 방향으로 효과적인 수정을 가할 수 있다. 이때는 아마도 기관 기초와 관련된 선체 구조를 동시에 보강할 필요가 있을 것이다. 한편 선체 구조를 구성하는 특정한 판 요소가 어떤 기계 장치와 공진을 일으키는 것은 사실상 피할 수 없는 현상이다. 그러나 이 경우 보통 1, 2개의 보강재를 붙여주면 판 요소의 고유 진동수가 바뀌어 공진 현상을 예방할 수 있다.

2.5 소음

소음 문제를 최소화하는 유일한 방법은 승객이나 선원을 소음원으로부터 격리시키는 것이다. 또 다른 방법은 앞서 기계류 설치에서 언급했던 것처럼 탄성 소재의 받침이

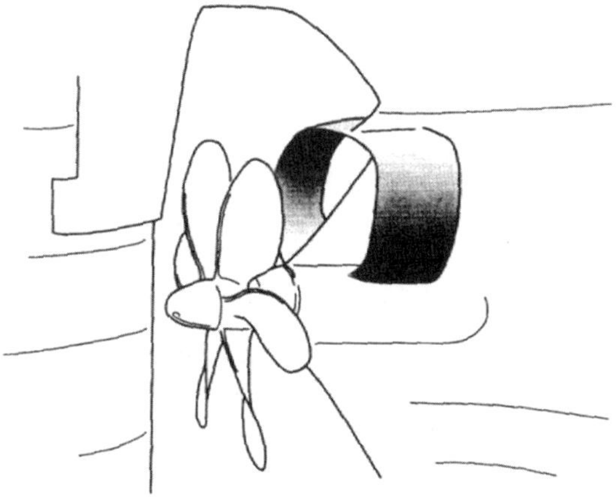

그림 15.6 Schneekluth의 반류 평준화 덕트

나 튼튼한 기초 위에 소음원이 되는 기기를 설치하는 것이다. 특히 소음이 많이 발생하는 소형 기기는 차음 상자로 감싸주는 것이 좋다. 소형 선박인 경우에는 습식 배기가 건식 배기보다 방음면에서 유리하다. 기관실 자체는 흡음 재료로 갑판과 격벽을 씌워주는 것을 생각할 수 있다. 환기 닥트나 배관은 유연한 슬리브를 붙여준다. 그러나 이와 같은 사전 방지 대책을 마련하더라도 일부 소음은 여전히 어느 정도 남아 있을 수밖에 없다. 이런 소음은 실내에 흡음 재료를 충분히 사용해 최소화해야 한다. 예컨대 바닥에 카펫을 깔거나 벽에 주름진 커튼을 치고 방음 타일을 붙이는 등의 방법이 있다.

3. 적량 측도

3.1 들어가며

우선 여기서는 중량에 관계되는 이야기를 하려는 것이 아니라는 점을 분명히 밝혀둔다. 그보다는 선박의 크기나 화물창의 용적을 법적인 단위로 나타내는 문제를 다루고자 한다. 이들 값을 등록 톤수라 하며, 이를 다루는 것을 적량 측도라 한다. 톤수에 관련된 법률은 대부분 여객이나 화물을 취급하는 상선에 한정해 적용된다. 세금, 항만 사용료, 독 사용료 등이 톤수에 따라 정해지고, 법률에서 승조원의 면허와 같은 문제를 취급할 때도 톤수를 하나의 기준으로 삼는다. 이처럼 많은 경제적 요인들이 톤수의 직접적인 영향을 받으므로, 선주나 조선공학자는 이 법률에 주의해야 한다. 선주는 조선공학자가 가능한 한 작은 톤수이면서도 원하는 일은 무엇이든 할 수 있을 만큼 충분히 크게 선박을 설계해주기를 바란다.

3.2 역사적 배경

이 문제는 역사적 문제와 관련된다. 톤수 관련 법률이 바뀌면 선주는 갑작스럽게 당면하는 경제적 불이익으로부터 자신을 보호하려는 노력을 한다. 이런 사실은 법률이 바뀌기 전에 상대적으로 작은 톤수인 선박은, 법률이 바뀌더라도 여전히 상대적으로 작은 톤수의 선박으로 남아야 한다는 것을 뜻한다. 그러므로 현재 적용되는 톤수에 관련된 법률을 이해하려면 지난날의 역사를 되돌아볼 필요가 있다.

15세기 무렵 영국은 주요 수입품이 포도주였다. 이에 영국 왕실에서는 국가 재정 소득을 높이기 위해 포도주에 대해 세금을 부과했다. 이때 밀수를 막기 위해 용량이 252갤런(1145.6리터)인 대형 통으로 포도주를 수송하도록 법률로 정했는데, 당시 그 통을 턴(tun)이라고 불렀다. 항만 사용료는 적재할 수 있는 턴의 수로 부과하여 하역할 때 쉽게 계량이 가능했다. 그런데 통이 아니라 다른 형태로 포장된 다른 화물이 문제가 됐다. 그래서 선박의 길이와 폭과 깊이를 곱해 얻어지는 용적을 턴의 수에 해당하는 값으로 나타낸 뒤, 이를 톤수(tunnage)라 했다. 나중에는 선박의 깊이를 재는 것이 불편해 깊이를 폭의 반으로 대체한 식을 만들어 공인 계량에 사용했다.

여기에서 연유해 선박의 적재량은 길이와 폭의 제곱을 곱해준 값에 비례하는 것으로 보게 됐다. 그런 계산 방식은 당시 모든 선박에서 합리적이라고 생각됐으나, 선주는 폭이 좁고 깊이가 깊은 새로운 선박을 만들면, 항만 사용료와 세금을 적게 낼 수 있다는 것을 금세 알아챘다. 하지만 이는 쉽게 짐작할 수 있듯이 충분한 안정성을 확보하지 못해 선박이 전복하는 등의 손실로 나타났다. 여기서 잠깐 제1장에서 설명했던 내용을 되새겨보면, 포도주가 252갤런(1145.6리터) 채워진 술통의 무게는 대략 2240파운드(1016kg)가 되며, 그 값이 영국식 톤의 근원이 됐음을 알 수 있다.

1854년에 영국의 조선공학자 조지 무어섬(George Moorsom)은 이러한 오래된 계측 방식의 결점을 없애주는 새로운 톤수 측정 방식을 제안했다. 그의 제안에 따르면, 총톤수와 순톤수를 구분하고, 선박 내부의 치수를 피트 단위로 계측한 뒤에 심프슨의 법칙을 활용하여 용적을 구하게 되었다. 이 방법으로 통상적인 선박에 대한 계산을 해본 결과, 내부 용적을 세제곱피트로 구하고 이를 100으로 나누면, 새로운 방법의 값이 기존의 방법에 의한 턴 수와 비슷하게 나온다는 걸 알게 되었다. 이러한 그의 제안은 세계적으로 받아들여졌다. 그래서 거대한 통의 수를 기준으로 톤수를 계측하던 방식이 그 뒤부터 100세제곱피트를 1톤(1m^3를 0.353톤 또는 2.83m^3를 1톤) 으로 간주하는 것으로 바뀌게 됐다.

무어섬의 방식에서는 이중저와 같이 접근하기 어려운 장소는 계측하지 않았다. 이런 장소는 기술적으로 제외 공간이라 정의하고, 남는 부분을 계측해 얻어지는 것이 총톤수가 됐다. 그리고 화물 운송으로 소득을 창출하지 못하는 공간을 총톤수에서 공제해 순톤수를 구했다. 그런데 이 방법은 이론적으로 매우 타당하다고 생각됐으나, 시간이 경과함에 따라서 많은 규정상의 맹점들이 나타나기 시작했고, 더러는 내항성을 손상시키는 원인이 되기도 했다. 이에 더해 나라별로 선주에게 경제적 부담을 가중시키는 더욱 엄중한 법률이 제정된 탓에 다시 한 번 법률 정비가 필요하게 됐다.

3.3 현행 법률

오랜 기간 논의를 거친 끝에 UN 산하의 해사협의기구(International Maritime Consultative Organization : IMCO)는 1969년에 새로운 적량 측도 제정에 나섰다. 그래서 1982년에 새로운 법률이 전 세계적으로 발효됐다. 선박의 총톤수는 선체 내부의 공간 전체를 계측해 구했는데, 달라진 점은 계측을 도면상에서 할 수 있었으므로 이중저와 같은 공간들도 총톤수에 쉽게 포함시킬 수 있었다는 점이다. 또 다른 변화는 계량 단위로 미터 단위계를 사용해 최종적으로 얻어지는 값은 100세제곱피트를 1톤으로 나타내던 결과와 대등해야 했다. 그래야 법률의 개정으로 인해 일어날 수 있는 총톤수의 변화를 최소화할 수 있었다. 새로운 적량 측도법에서 순톤수는 순수한 화물창의 용적을 구하고, 건현값이 유리하게 작용하는 수정 계수를 적용해 줄여주는 방식을 택하고 있다. 이로써 예외 공간이나 제외 공간이라는 것은 지난날에나 규정하던 내용이 됐다. 이 새로운 법률은 아직까지는 문제점이 발견되지 않았으므로, 앞으로 상당 기간 동안 사용될 것으로 보인다.

앞에서 설명을 하는 과정에서 주요하지 않다고 생각되는 몇 가지 상세한 사항은 임의로 생략했다. 그러나 선박의 등록에 사용하는 적량 측도 전반을 이해하는 데는 무리가 없도록 노력했다.

3.4 그 외의 톤수 규정

앞에서 대략적으로 설명한 톤수에 관한 국제 규정 이외에 파나마와 수에즈 운하 당국은 각자의 톤수 규정을 가지고 있다. 이들 규정은 해당 운하를 통항하는 선박의 운하 통항료를 부과하는 기준으로 사용된다.

4. 계류

선박의 계류 목적은 크게 두 가지이다. 하나는 선박을 부두나 안벽과 같은 고정 구조물에 나란히 붙들어 매는 것이다. 다른 하나는 얕은 물에서 닻을 사용해 선박을 붙들어 매는 것으로, 이때는 선박이 바람과 조류의 방향을 따라 돌아서는 것을 허용하게 된다. 이러한 두 경우 모두에 대해 조선공학자는 계류 기간 중에 받는 힘이나 적합한 기계 장치를 규정하는 데 필요한 하중을 추정해야 한다. 따라서 여러 선급 기관들에서는 계류 기기의 최소 요구 조건을 규정하고 있다. 이들 값은 대부분 과거의 경험에 기초를 둔 것이나, 일반 상선은 태풍과 같이 극단적인 상황에서 견딜 수 있는 것이 매우 드물다는 것을 염두에 두어야 한다.

4.1 고정 구조에 대한 계류

고정 구조물에 선박을 붙들어 맬 때는 적하 상태에 어떤 변화가 있더라도 조수 간만의 차이에 따라서 선박이 떠서 오르내릴 수 있어야 한다. 많은 경우에 계류 장치의 배치는 선박이 어떤 이유에서든 고정 구조물을 따라서 움직일 수 있으므로, 육상에 설치된 하역 기계와의 위치도 바뀔 수 있어야 한다. 계류 장치는 해류, 조류, 바람과 지나가는 선박의 영향에도 적절하게 버틸 수 있을 만큼 충분히 강력해야 한다. 선박과 육상을 연결하는 밧줄은 계류삭이라 하며, 이는 육상에 설치된 계선용 말뚝과 선박의 갑판 위에 설치되는 고정 구조물 사이를 연결한다. 소형선일 때는 선수와 선미부에 하나씩의 계류삭이 필요하다. 계류삭은 흔히 합성섬유로 만들어지는데, 가벼워서 사람이 다룰 수 있어야 한다. 매사에 절약이 미덕인 것은 당연하지만, 계류삭에 대해서만큼은 비용을 아끼지 말아야 한다. 계류삭은 항상 충분한 길이와 우수한 품질을 갖춰야 하기 때문이다. 5만 달러나 하는 많은 고속정들이 짧고 낡은 싸구려 밧줄로 매어 있는 것을 흔히 볼 수 있다는 사실은 놀라우면서도 안타까운 일이다.

선박은 크기에 관계없이 복잡한 계류 시스템이 필요하다. 합성섬유로 만든 로프나 와이어로프를 계류삭으로 사용할 때, 이들은 기계 장치로 조정된다. 합성섬유로 만든 로프를 사용할 때는 풀려나가는 속도를 줄여주기 위해 드럼에 몇 바퀴 감기며 풀리도록 하고 있다. 선박이 원하는 위치에 도달하면 드럼에 감긴 로프를 풀어내어 비트라 부르는 쌍주식 계선 말뚝에 8자 모양으로 감싸며 맨다. 한편 와이어로프는 대부분 동력구동식 와이어드럼에 감겨져 있다. 와이어로프의 끝이 육상의 계선 말뚝에 연결되면 로프에 장력을 걸어주어 선박을 부두에 가깝게 댈 수 있다. 선박이 정상 계류 위치에 도달하면, 와이어드럼은 와이어에 원하는 장력이 유지되도록 자동 제어한다. 예컨대 조류가 들어와 선박이 떠오르게 되면 와이어드럼은 줄을 풀어내어 일정한 장력이 유지되도록 한다. 다른 한편으로 합성섬유로 만든 로프를 사용하는 경우에는 그와 같은 변화에 대해 지속적으로 수동 조작해 장력을 맞춰야 한다.

그림 15.7에는 합성섬유 로프와 와이어로프를 사용하는 대표적 계류 배치를 나타내었다. 합성섬유 로프는 나일론, 폴리에스테르 또는 폴리프로필렌으로 만든다. 나일론은 가장 튼튼하고 탄성도 가장 높다. 폴리에스테르는 강도가 중간쯤이고 탄성이 가장 작으며 가장 무겁지만, 마모에 대해서는 강한 특성이 있다. 폴리프로필렌은 가장 약하지만 가장 값이 싸고 가장 가볍다. 합성섬유 로프는 땋기 방식이나 2중 꼬임 방식을 사용한 것이 좋다. 이들 방식을 사용하면 3중 꼬임 방식에서 문제 되는 엉킴 현상을 막을 수 있고, 동시에 유연성도 확보할 수 있다.

선박이 부두에 도착하면 히빙 라인(heaving line)이라 부르는 가벼운 로프를 선박에서 육상으로 던진다. 그러면 육상에서는 이를 당겨서 계류삭을 볼라드라는 계선 말뚝에 걸어준다. 이 작업은 흔히 장정 몇 사람이 달려들어야만 계류삭을 제자리에 걸 수 있다. 계류삭의 육상 쪽 끝은 커다랗게 고리가 지거나 접어서 꼬아 이음 방식으로 구멍이 만

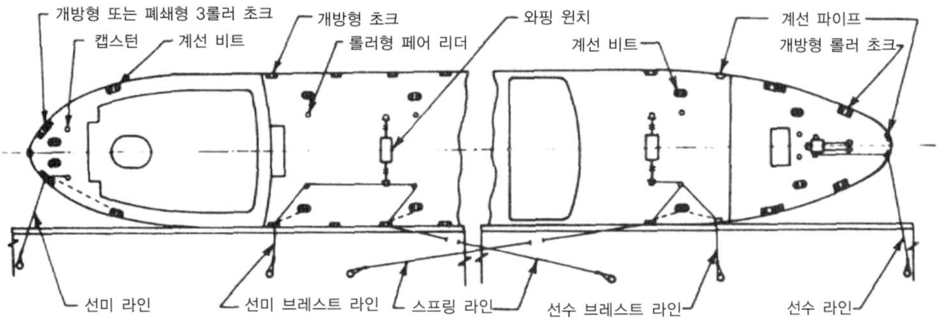

합성섬유 로프를 이용한 계류삭 배치

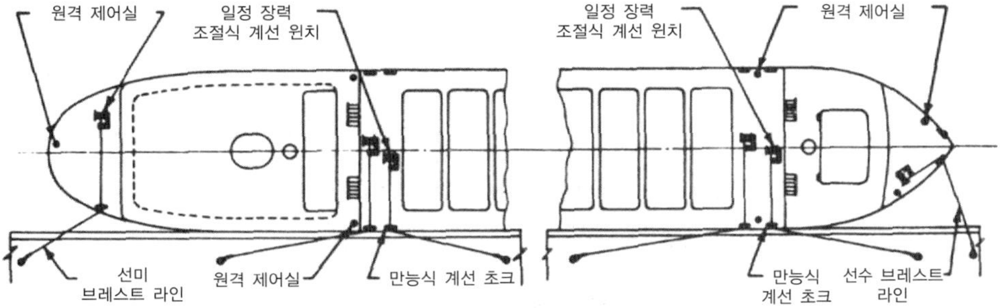

와이어로프를 이용한 계류삭 배치

그림 15.7 고정 구조물에 연해 계류시키는 대표적 방법 (출처 : Hunley and Lemley, 1980)

들어지도록 하고 이를 이용해 계류삭을 계선 말뚝에 걸면 반대편인 갑판에서 기계 장치를 이용해 계류삭을 단단히 끌어당긴다. 이 작업은 선박을 단단히 붙들어 맬 수 있을 때까지 여러 차례 반복된다. 선수부와 선미부에서 각각 계류삭 두 가닥씩 모두 네 가닥을 조심스럽게 순차로 걸어주는 데, 그림 15.7에 보인 바와 같이 전형적인 방법에서는 최소한 여섯 가닥의 계류삭이 사용된다.

계류삭이 선측을 지나는 곳에 사용하는 의장품들에 대해서는 특별한 주의가 필요하다. 계류삭을 선박 밖으로 내보내는 부분에 설치해 로프가 마모되거나 꺾이는 것을 막아주는 구조물로서 계류삭을 안내하는 것을 초크(chock) 또는 페어리드(fairlead)라고 한다. 이는 계류삭을 내보내고 끌어들이기 쉽도록 적절한 위치에 배치해야 한다. 와이어로프를 계류삭으로 사용하는 경우에는 와이어로프가 합성섬유 로프만큼 유연하지 않으므로 급격하게 접히지 않도록 특별히 주의해 초크를 설치해야 한다. 모든 방향으로 자유롭게 사용할 수 있도록 만든 것을 유니버설 초크라고 부른다.

4.2 투묘와 계류

닻의 주요 기능은 항만에 자리가 날 때까지 선박을 수동적 상태로 잡아매어두는 것이다. 이와 같은 계류 방법은 수백 년 전에 사용하던 방법과 같은데, 이는 이 분야의 발전이 매우 더디다는 것을 뜻한다. 물론 많은 부분이 다듬어졌고 규모도 크게 확대됐다. 하지만 아직도 선박을 투묘, 계류하는 방법에서는 엄청나게 큰 힘이 필요하므로, 바다의 신 포세이돈의 자비심에 지나치게 의존하고 있다고 할 수 있다.

갑판이 없는 소형 보트일 때는 납덩어리나 쇳덩어리를 긴 줄에 달아 내려서 닻의 중량을 대신하게 함으로써 선박을 일정 장소에 붙들어둘 수 있다. 만일 바닷가 마을의 어린이라면 그러한 목적으로 작은 콘크리트 블록을 달아 내려 닻의 역할을 하도록 만들 수 있을 것이다. 그러나 어느 정도 큰 선박은 형상이 복잡한 닻을 합성섬유 로프에 연결해 인력으로 다루어야 한다. 대형 선박의 닻을 달아 올리는 데에는 기계력이 필요하며, 합성섬유 로프 대신에 체인을 사용해야 한다. 대부분의 닻은 로프나 체인이 거의 바닥에 수평 방향으로 끌려질 때 가장 큰 힘을 발하게 된다. 그와 같은 효과를 얻으려면 로프나 체인의 길이가 물 깊이의 7배 이상이어야 한다.

대형 선박은 대부분 최소한 3개 이상의 닻을 가지고 다닌다. 2개의 닻은 선수부에, 나머지는 선미부에 둔다. 이들 닻은 모두 선박을 정지시켜 고정시키는 데 충분하도록 설계된 것이다. 각각의 닻에는 길고 무거운 체인이 양묘기에 연결되어 있으며, 체인은 선체 안으로 들어가서는 체인 로커(chain locker)라는 창고에 보관된다. 체인의 선체 쪽 끝은 보강된 선체에 붙여진 체인 결박 장치와 연결된다. 보통 기상 상태나 선박에 문제가 없을 때에는 하나의 선수 닻을 내리는 것만으로도 충분하다. 그러나 선수 동요가 문제 되는 경우에는 선수부의 닻 2개를 충분한 거리로 벌려서 내리기도 한다. 선미부의 닻은 스트림 앵커(stream anchor)라고도 하며, 선수부의 닻 1, 2개와 동시에 사용해 선박의 흔들림을 막아주기도 한다. 드물게는 선미부의 닻 하나만 사용하기도 하는데, 주로 선미 방향으로 물의 흐름이 있는 장소에 잠깐 정박할 때 사용한다.

번잡한 항만에서 배가 닻을 중심으로 방향 바뀜이 허용될 수 있는 공간이 충분하지 않은 경우에는 선박의 닻을 사용하기보다는 계류용 부이(buoy : 부표)에 계류시키는 방법을 쓴다. 각각의 계류용 부이는 여러 개의 닻을 사용해 한 위치에 고정시켜놓는다. 선박이 계류용 부이에 계류하는 경우에는 하나의 앵커 체인을 사용하도록 돼 있으나, 기상이 허용하는 경우에는 하나의 계류삭으로도 계류할 수 있다.

한편 극단적인 기상 상태가 예상될 때는 선박을 넓은 바다로 나가도록 하는 것이 낫다. 어중간한 상태에서 선박이 닻과 체인을 끌며 움직이고 있다고 판단될 때는 기관을 가동시켜 추진기로 닻에 작용하는 부하를 덜어주는 것이 필요할 수도 있다.

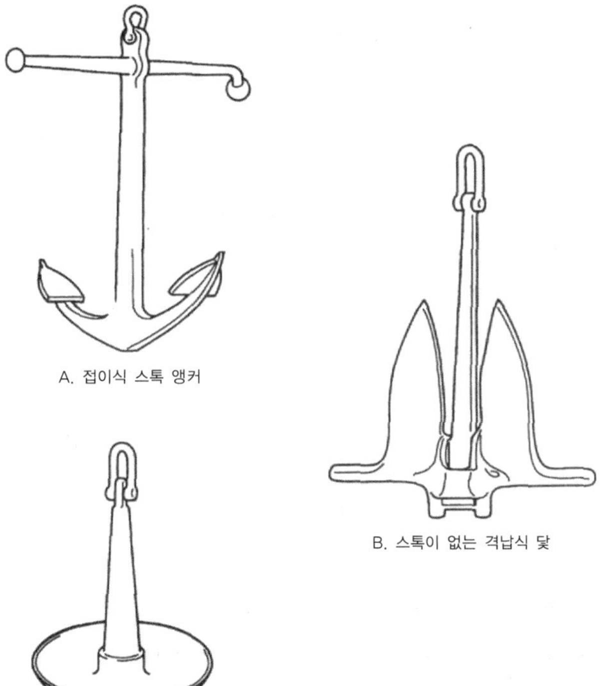

그림 15.8 대표적인 닻의 형상

그림 15.8은 세 가지 대표적인 닻의 형상이다. A형은 접이식 스톡 앵커로서 100년 전에 힘을 떨치던 닻의 형상이다. 여기에 보인 것은 변형된 것인데, 수평으로 걸쳐진 봉을 스톡이라 한다. 이는 닻 자루에 있는 구멍을 통해 밀어내고 90도 돌려서 접으면 닻을 갑판 위에 눕혀놓을 수 있다. B형은 대형 선박에서 가장 보편적으로 사용되는 대표적인 닻의 형상이다. 이 닻은 선체에 달아 올리기가 매우 용이하다는 장점이 있다. 닻 자루를 호즈 파이프(hawse pipe)라는 닻 구멍으로 끌어들이면, 나머지 닻 날이라고 부르는 삽 모양의 부분은 선체 바깥쪽에서 선체에 달라붙게 된다. C형은 흔히 영구적으로 계류되는 부이에 흔히 사용된다. 상대적으로 무겁지만 파지력은 매우 우수하다.

5. 미관

조선공학자의 안목은 얼마나 큰 역할을 할 수 있을까? 이 질문에 대해 한마디로 답할 수는 없다. 요트나 관광용 선박 그리고 유람선 등에서는 당연히 외관이 매우 중요하다. 그런데 선박의 외관과 실내 인테리어는 대중의 기호에 따라 때때로 바뀌어야 한다. 따라서 외관과 실내 인테리어가 모두 훌륭한 선박을 만들려면 막대한 비용이 소요된다는 데 대해서는 이견의 여지가 없을 것이다. 매력적인 요소는 형상과 색상의 순수한 아름다움에서 시작된다. 미시시피 강에서 운항하던 여객선에서 볼 수 있었던 추진용 수차, 높은 굴뚝 그리고 승조원들의 친절한 서비스 등은 눈에 보이는 매력적 요소로 작용한다. 항해용 요트에서는 아름다움을 직관적으로 인식할 수 있으나, 그 외의 선박들을 매력적으로 보이게 하려면 많은 비용이 들게 마련이다.

반면에 해사 산업 측면에서는 쓸데없이 바지선을 아름답게 꾸미는 데 비용을 들이자고 주장하는 사람은 없을 것이다. 그러나 운항되고 있는 대부분의 선박에서는 어떨까? 화물선에도 미학적인 손길이 필요할까? 이들 질문에는 논쟁의 소지가 있다. 사실 수십 년 동안 이들 선박의 설계에서 외관은 무시됐다. 조선공학자나 선주는 상선이 운송 수단일 뿐 해상 경관을 위한 요소는 아니라고 주장한다. 상선의 주요 목적은 물건을 생산지로부터 수요지로 운송해 사회적으로 유용한 일을 수행함으로써 부를 창출하는 것이다. 따라서 이러한 시장 논리로 본다면 수익성만이 상선 평가의 기준이다. 상선의 외관을 잘 꾸미기 위해 비용을 들이는 것은 연간 수송 능력을 높이는 것이 아니며, 운항 비용을 줄이는 것도 아니다. 오히려 경제적인 이윤을 감소시킬 뿐이다.

그러나 저자를 포함해 일부 다른 의견을 가지는 사람들은 금전으로 표시할 수 없는, 경제적 요소 이상의 것이 있다고 본다. 경제적 문제는 제한된 자원을 어떻게 현명하게 사용하느냐로 결정된다. 경제성 분석의 주요한 수단이 금전이라는 것은 분명하다. 다른 한편으로는 어떤 기업이든 최종적인 성공은 사람의 만족도로 평가해야 하며, 여러 각도에서 사람의 만족도는 금전적 단위로는 평가할 수 없다는 점 또한 사실이다. 그런 부류로서는 선박의 보유와 운항 그리고 아름다움에 대한 자부심이 있을 수 있다. 아름다운 선박의 승조원들이 선박의 유지에 더 힘쓸 것이라고 기대할 수 있지 않을까? 승조원들이 승선하며 무형의 만족을 느꼈다면 그들은 해상 근무를 지속하려는 성향이 늘어나지 않을까?

외관 개선은 적은 비용으로도 효과적일 수 있다. 적소에 배치한 파티션이나 아름다운 장식품 또는 적절한 색상 선택과 도장 계획만으로도 볼품없는 상자 모양을 사랑받는 당당한 모습으로 바꿀 수 있다. 심지어 이는 전체 건조 비용의 1퍼센트 미만으로도 가능할 것이다. 선주가 이 같은 투자를 결심할 수 있다면 그 선박은 많은 사람들의 호감을 살 수 있을 것이고, 보다 우수한 승조원을 확보할 수 있을 것이다. 직접적으로는 집이나 사무실에 장식용으로 좀 더 보기 좋은 모형선을 가질 수 있게 될 것이다. 조금 피상적인 측면으로는 세상에 보기 좋은 모습의 선박을 보여 주는 것이 해운 산업 종사자로서 사회에 대한 의무가 아닐까 싶다. 그런 의무감을 가질 수 있다면 해운 산업은 사회로부터 더 많은 지원을 받을 수 있을 것이고, 이는 해운 산업을 정책적으로 지원하는 요소가 될 것이다. 아울러 젊고 우수한 인재들이 해운 산업에 뜻을 두도록 하는 데에도 도움이 될 것이다.

잠시 외관상의 문제를 접어놓고, 선체 내부 실내 장식에 대해 생각해보자. 누구나 동의할 수 있는 것은 심사숙고해 선정한 색상과 조명은 선내 생활과 작업에 영향을 미친다는 것이다. 벽면의 문양과 구성은 중요하다. 심리학자들이 선박의 공용 구역에 장식용으로 걸어둘 그림을 선정하는 데에는 권고하는 사항이 있다. 해양 경관을 보이기보다는 산이나 농장 또는 양치기 목장을 소재로 삼은 것이 더 좋다는 것이다. 조선공학자들은 이런 분야에서는 외부 전문가의 도움이 필요하다는 사실을 잘 알고 실내 장식 단계에서는 전문가에게 의뢰한다.

6. 베네치아의 곤돌라

평소 좋아하던 베네치아의 곤돌라 이야기를 다룸으로써 이 책의 대미를 장식하고자 한다. 이 사랑스러운 선박은 앞에서 이야기한 모든 외형적인 요소가 가미돼 있으며, 조종과 추진 그리고 유체 역학에 관련된 호기심까지 유발시킨다.

6.1 역사적 배경

오늘날 사용되고 있는 베네치아의 곤돌라는 떠다니는 박물관이라 할 수 있다. 곤돌라의 설계는 수백 년에 걸쳐 조금 변화됐을 뿐 옛 모습 그대로다. 베네치아의 총독은 부유한 시민들이 곤돌라를 과시하기 위해 너무나 많은 국가의 부를 낭비한다고 지적한 바 있다. 그래서 표준 설계를 법령화하고 선체 색상을 검정색으로 지정했는데, 요즘 흔히 쓰이는 은색으로 도장한 전투용 도끼 모양의 선수재와 부드럽게 말려 올라간 선미는 남겨 두었다. 그 밖에 눈에 잘 띄지 않는 부분에도 변화가 있었으나 몇 가지에 불과하고, 그나마도 18세기 이후에 이뤄진 것이다.

6.2 비대칭의 극복

한동안 곤돌라를 두 사람 또는 그 이상으로 추진하던 시기가 있었다. 그러나 경제적인 이유에서 점차 한 사람으로 추진하는 것이 보편화됐으며, 운하의 좁은 폭에 적합한 형태로 변화됐다. 운하는 항상 혼잡했기 때문에 곤돌라는 충돌을 피할 수 있도록 앞을 내다볼 수 있어야 했다. 오랜 전통 때문에 노는 좌현 쪽에 두었는데, 그런 목적으로 사용하기 위해 단단한 목재를 조각해 만든 노걸이 부분이 있어야 했으며, 조각 자체가 흔히 예술품으로 인정받았다.

좌현 쪽으로 상당히 떨어진 위치에서 추력을 발생시켰을 때 곤돌라의 사공은 어떻게 선박을 바로 가게 할 수 있는지 의문을 가지게 한다. 이 의문에 대해서는 몇 가지 답이 있을 수 있다. 첫째는 그림 15.9에 나타낸 것과 같이 선체의 좌현 쪽이 수인치(5~10cm) 정도 넓은 비대칭형이라는 것이다. 둘째는 설계 조건으로 승객이 승선했을 때 좌현 쪽에서 부력을 좀 더 받게 해 선박을 우현 쪽으로 약간 기우는 조건을 사용한다. 동시에 약간의 선미 트림이 지도록 하는 것이다. 트림과 경사가 복합된 상태에서 곤돌라의 선저는 약간 경사진 수중 연과 같은 역할을 해 선수를 우현 쪽으로 돌리려는 힘을 발생시킨다. 셋째는 사공이 노를 물속에서 뒤쪽으로 되돌릴 때 노 날의 방향을 틀어서 선미를 좌현 쪽으로 밀어줘, 선수가 우현 쪽으로 돌아가려는 성향을 갖게 한다. 넷째로 사공은 진행하려는 방향에 따라 선수를 약간 우현 쪽으로 정렬할 수 있다. 그렇게 함으로써 곤돌라는 물에서 우현 쪽으로 돌아가려는 성향을 가지며 앞으로 나아가게 된다.

한편 우연히 관습적으로 사용하던 조각상이 달린 선수재 대신 강재 선수재를 사용했더니, 중량이 사공의 체중과 평형을 이뤄 적정한 트림이 확보됐다고 한다. 뿐만 아니라 상반된 위치에 있는 2개의 중량의 관성력으로 인해 선체 중심에서 벗어나 불규칙하게 움직이는 추력에도 선박을 바로 나아가게 하는 데 도움이 됐다. 곤돌라는 고전적 설계지만 요즘의 최신식 보트보다도 복잡하고 매력적인 요소를 가지고 있다.

7. 맺는말

조선공학자들에게 조선공학은 이 책에서 설명했던 것보다 분명히 더 넓고 깊은 의미가 있다고 생각한다. 부디 독자들이 이 책을 통해 조선공학에 대한 개략적인 지식을 얻었기를 바란다. 더 나아가서 조선공학자들이 자신의 일에 대해 어떻게 느끼고 무엇을 하고자 하는지를 다소나마 인식했기를 바란다. 전체적으로 바라본다면 조선공학자와

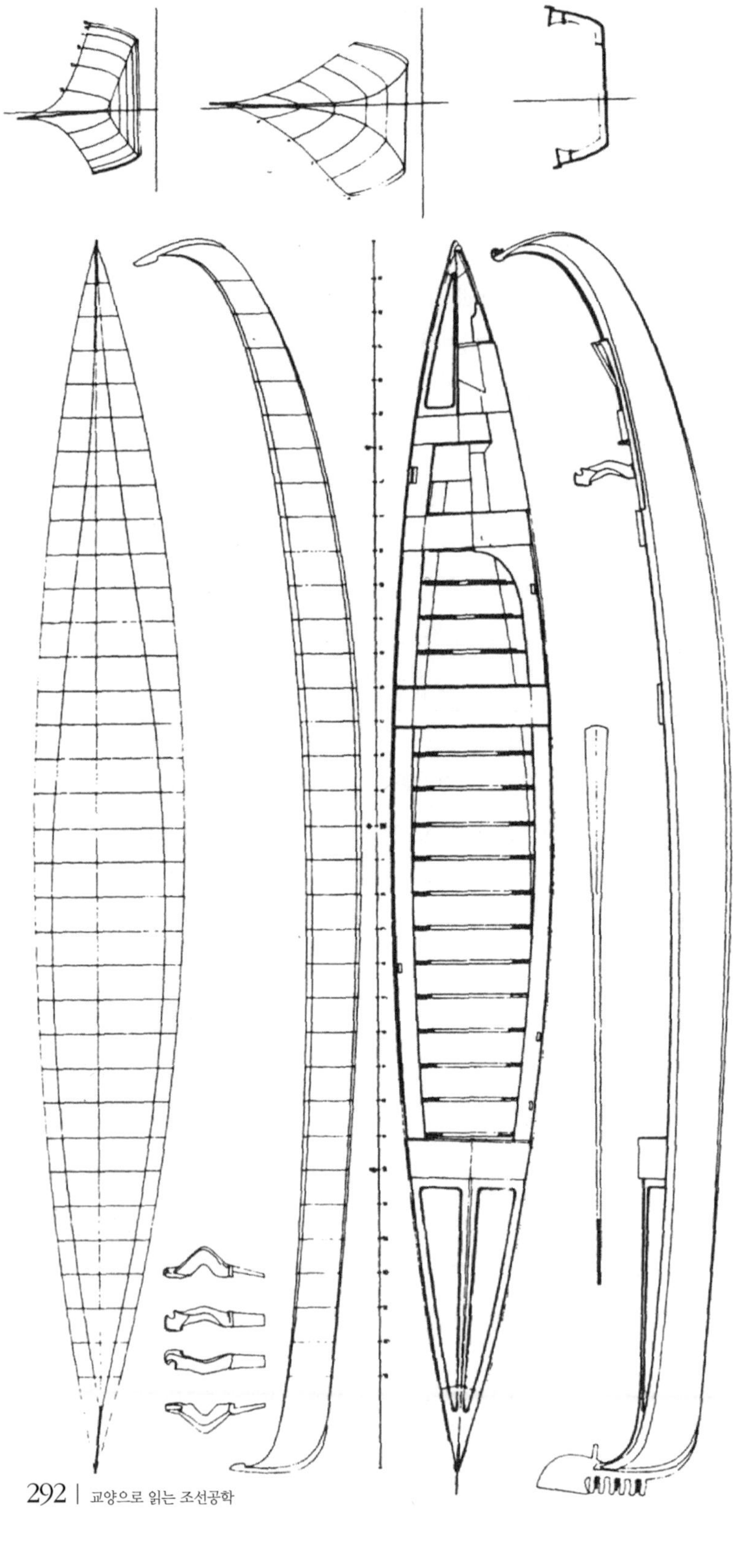

그림 15.9 베네치아 곤돌라의 선도 (출처 : Pizzarello and Pergolis, 1981)

같이 실무에서 즐거움과 만족을 느낄 수 있는 공학 분야는 없을 것으로 믿는다.

만약 특정 내용에 대해 보다 많은 것을 알고자 한다면 각 장마다 끝에 여러 책자를 소개했으니 이를 참고하기 바란다. 그리고 이에 더해 포괄적인 교육 프로그램으로 미국 해군과 해사청이 지원한 시청각 교재 《조선공학의 기초(*Basic Naval Architecture*)》가 국가 조선 연구 과제(National Shipbuilding Research Program)로 제작됐다. 만약 안내서가 필요하다면 미시간 대학의 수송기술연구소(Transportation Research Institute, University of Michigan, 2901 Baxter Rd., Ann Arbor, MI 48109-2150)로 연락하면 받아볼 수 있다. 끝으로 혹시 조선공학에 대해 더 알고 싶다면 미국조선학회에 문의하여 안내서를 받아보길 바란다. 주소는 다음과 같다.

99 Canal Center Plaza, Suite 310 Alexandria, VA 22314, USA.

※ 참고로 대한조선학회의 주소는 다음과 같다(옮긴이 주).

주소 : 서울시 강남구 테헤란로7길 22

과학기술회관 본관 508호

전화 : 02) 3452-2370, 2371

이메일 : snak@snak.or.kr

참고 문헌

Barnaby, Kenneth C., *Basic Naval Architecture*, Hutchinsons, Lodon, 1948.

Crane, C. Lincoln, Eda, Haruzo, and Landsburg, Alexander C., "Controllability," Chapter IX in *Principles of Naval Architecture,* Edward V. Lewis, Ed., Society of Naval Architects and Marine Engineers, Jersey City., N.J., 1989.

Cunningham, R. T. and Stitt, Phillips, "Tonnage Measurement," Chapter V in *Ship Design and Construction*, Robert Taggart, Ed., Society of Naval Architects and Marine Engineers, Jersey City., N.J., 1980.

Donatelli, Carlo : *The Gondola : An Extraordinary Naval Architecture*, translated by de Felice and Luzzatto, arsenale editrice, Venice, 1994.

Hamblin, Dora Jane, "Delicious! Ah! What Else Is Like a Gondola?" *Smithsonian*, Vol. 18, No. 4, July 1987, pp. 96-105.

Hamlin, Cyrus, *Preliminary Design of Boats and Ships*, Cornell Maritime Press, Centreville, Md., 1989.

Hunley, William H. and Lemley, Norman W., "Ship Maneuvering, Navigation and Motion Control," Chapter XII in *Ship Design and Construction*, Robert Taggart, Ed., Society of Naval Architects and Marine Engineers, Jersey City., N.J., 1980.

Muller, W. H., "Some Notes on the Design of Crew Accommodations for Merchant Vessels," *Transactions*, Society of Naval Architects and Marine Engineers, Vol. 67, Jersey City, N.J., 1959, pp. 715-756.

Pizzarello, Ugo and Pergolis, Riccardo, *The Boats of Venice*, translated by Coales and Pergolis, L'Altra Riva, Venice, 1981.

Schellenberg, Victor R., "Control of the Ship's Interior Environment," Chapter XIII in *Ship Design and Construction*, Robert Taggart, Ed., Society of Naval Architects and Marine Engineers, Jersey City., N.J., 1980.

Vorus, William S., "Vibration," Chapter 7 in *Principles of Naval Architecture*, Edward V. Lewis, Ed., Society of Naval Architects and Marine Engineers, Jersey City., N.J., 1988.

사진 15.1 복고형 외관

근래에 건조된 여객선 Pilgrim Belle(현재는 Spirit of '98)호는 초기의 여객선 외형으로 설계됐다. 내부 배치는 모든 점에서 최신 기술을 채택했으나, 외형적인 호소력을 따르지는 못했다.

(자료 제공 : John W. Gilbert Associate, Inc.)

사진 15.2 Lester Rosenblatt의 케치형 범선 Rosa II호
훌륭한 외관으로 잘 설계됐으며, 다루기 좋은 범선이다. (자료 제공 : M. Rosenblatt and Son, Inc.)

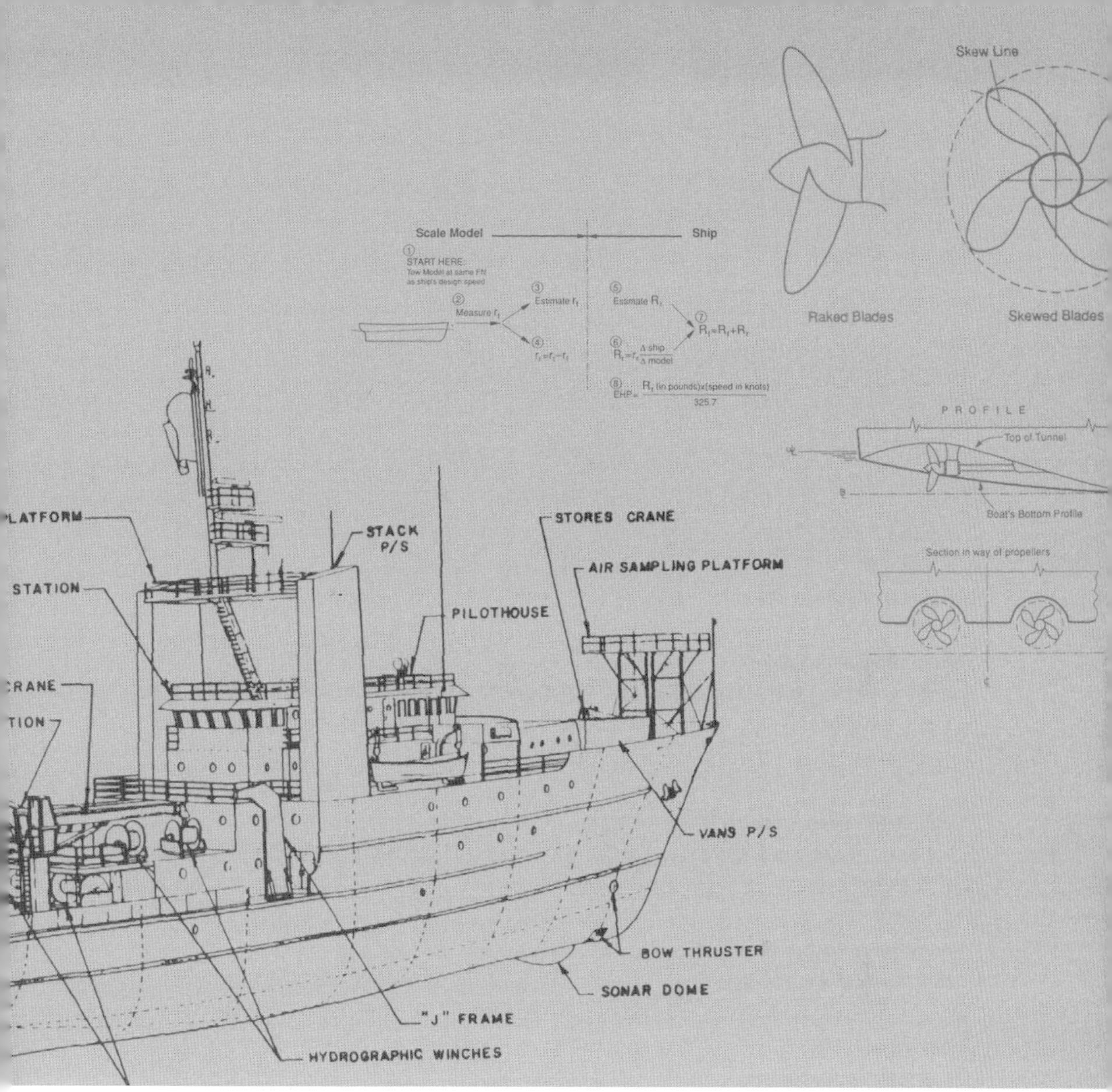
Scale Model
Ship
START HERE:
Measure r_t
Estimate r_f
Estimate R_f
Raked Blades
Skewed Blades
Skew Line
PROFILE
Top of Tunnel
Boat's Bottom Profile
Section in way of propellers
STACK P/S
STORES CRANE
AIR SAMPLING PLATFORM
STATION
PILOTHOUSE
VANS P/S
BOW THRUSTER
SONAR DOME
"J" FRAME
HYDROGRAPHIC WINCHES

용어집

용어집 Glossary

여기에 인용된 용어는
《*Ship Design and Construction*》(Robert Targgart, Ed., SNAME, Jersey City, N. J., 1980.)으로부터
추출한 것이다.

Abaft(선미 방향)

1. 선미 방향
2. 선상의 특정 위치로부터 선미 쪽 방향

Accommodation ladder(현측 사다리)

선박에서 승선 또는 하선을 위한 출입구 부분의 뱃전에 붙여지는 플랫폼에 힌지로 연결된 경사진 사다리. 선박과 부두를 연결하는 통로가 되며, 현측 사다리는 작은 선박이나 육상으로부터 선박에 승선할 수 있도록 설치한다.

Adjustable-pitch propeller(피치 조절 프로펠러)

각각의 프로펠러의 날개를 필요에 따라서 피치를 바꿔 고정시키거나 피치가 다른 날개로 바꿔 붙일 수 있는 프로펠러

Admeasurement(측도)

국제 톤수 등을 계량 및 측정함

Advance(전진 거리)

1. 프로펠러에서는 너트 안에서 회전하는 나사가 전진하는 것과 같이 프로펠러가 물속에서 전진하는 이론적 거리
2. 조종 운동에서는 선박의 타를 최대 타각까지 돌려 급선회시킨 후 선수가 90도 돌아갈 때까지의 선체 중심이 원래 침로 방향으로 이동한 거리

Aft(후방)

선미 근처의, 선미에서의, 선미 방향으로의

Afterbody(후반부)

선체 후반부. 선체 길이의 중앙부보다 뒤쪽의 선체 후반 부분

Afterpeak(선미 피크)
선체 최후방 수밀 격벽보다 뒤쪽에 있는 갑판 아래 구획

Afterpeak bulkhead (선미단 격벽)
선미재의 맨 앞에 위치한 주요 횡 격벽. 선미 탱크 앞쪽 벽을 형성하는 격벽이다.

After perpendicular(선미 수선, 뒷수선)
계획 만재 흘수선과 타주의 후면과의 교점을 지나는 연직선. 타주가 없는 선박에서는 타두재(rudder stock)의 중심선을 지나는 연직선을 선미 수선으로 한다.

Air-cushion vehicle(공기 부양선)
선체 하부 가장자리에 스커트(flexible skirt)를 장비하고 스커트 안쪽으로 높은 압력의 공기를 불어넣어 선체를 부상시키고 달리는 선박

Air port(공기구)
1. 디젤 기관에서 공기를 빨아들이거나 배출하는 구멍. 2행정 디젤 기관의 소기구(scavenging air port)를 단순히 공기구라고 부르기도 한다.
2. 선박의 선측 또는 갑판실에 채광이나 환기를 위해 붙여지는 힌지가 달린 창. 흔히 원형 창으로서 현창(porthole, portlight, scuttle)이라고도 한다.

All-hatch ship(무갑판선)
상갑판의 대부분을 없앤 뒤, 넓은 화물창을 두고 화물창 덮개를 씌우는 선박

Alternator(교류 발전기)
전자기 유도를 이용해서 교류 전류를 발생시키는 기계

Amidships(선체 중앙)
1. 선수 수선과 선미 수선의 중앙점. 단순히 선박의 중앙부를 선수 부분 또는 선미 부분과 구분하기 위해 선체 중앙이라 부른다. 엄밀하게는 선수 수선과 선미 수선 사이의 정중앙 위치를 말한다.
2. 타가 선박의 중심선에 일치하게 놓이는 것을 나타내도록 타각을 조정하는 것

Anchor(닻)
물 바닥에 가라앉혀서 파지력을 발생시키도록 하는 주물 또는 단조(forge)해 만든 무거운 물체. 체인, 케이블 또는 로프로 선박이나 해양 구조물을 원하는 위치에 계류하거나 고정시키는 역할을 한다.

Anode(양극)
양전하(+)를 띠는 전극

Apparent wind(겉보기 바람)
움직이는 선박에서 관측되는 바람의 방향

Appendage(선체 부가물)
수선 아래쪽 선체에 부착되는 부가물. 빌지 킬, 프로펠러, 프로펠러축, 스트러트, 축 브래킷, 타, 보싱 등이 있다.

Arc welding(아크 용접)
용접봉과 모재 사이에 전류에 의한 아크를 발생시켜서 얻어지는 고열로 용접봉과 모재의 일부를 녹여서 부재와 부재가 용착되도록 하는 방법. 탄소 아크 용접법과 금속 아크 용접법이 있으며, 흔히 금속 용접봉에 여러 가지 물질을 혼합한 피복재를 입힌 피복 용접봉이 사용된다.

Armature(보강 골격)
페로시멘트 선박의 형상을 구성하는 금속제 골격

Athwartship(옆 방향)
선측에서 반대쪽 선측으로 선체를 가로지르는 방향

Automation(자동화)
사람이 직접 하기보다는 자동적으로 제어하는 시스템

Auxiliary machinery(보기)
선박에 장비된 주기 외의 모든 보조 기계. 크게 갑판 보기와 기관실 보기로 분류한다.

Balanced rudder(평형타)
타를 회전시키는 데 필요한 모멘트를 줄이기 위해 타 판의 회전축을 타의 압력 중심과 가깝게 설치해 회전축보다 전방에도 타 판의 상당 부분이 놓이는 타

Bale cubic(포장 화물 용적)
잡화나 컨테이너와 같은 포장 형태의 화물을 적재할 수 있는 화물창 내의 용적. 배튼(batten)의 안쪽이나 프레임 안쪽과 갑판 보 아래쪽으로 둘러싸이는 화물창 내의 용적을 말한다.

Ballast(밸러스트)
선박의 흘수와 트림을 조정하거나 안정성을 조절하기 위해 바닥짐으로 적재하는 고체 또는 물

Ballast tank(밸러스트 탱크)
흘수를 조정하기 위한 밸러스트 수를 적재하기 위해 마련된 수밀 공간

Bar keel(방형 용골)

용골 익판(garboard strake)으로 양쪽에서 고정되는 직사각형 단면의 용골. 목선에서 쓰이는 용골 모양을 그대로 받아들인 용골이다. 대형선에는 부적합하나 구조가 간단하며 선박의 횡 동요를 억제하는 효과가 있어서 소형선, 범선, 어선 등에 채택되고 있다.

Baseline(기선)

선체 치수들의 기준선. 선체 중앙에서 용골의 윗면을 지나는 수평선

Batten(배튼)

1. 화물창에 적재되는 포장 화물이 선체 구조에 부딪쳐 손상되는 것을 막아주기 위해 늑골 안쪽으로 붙여주는 목재 또는 내장재
2. 선박 건조에 필요한 실물 크기의 도면을 수작업으로 작성하며 곡선 부분을 그릴 때 사용하는 가늘고 긴 각재. 곡선의 곡률에 따라 치수를 달리한다. 현재는 전산화돼 거의 사용하지 않는다.

Beam knee(빔니)

갑판 보와 늑골을 연결하는 브래킷. 갑판 브래킷 또는 빔 브래킷이라고도 한다.

Beam seas(횡파)

선박의 진행 방향과 직각인 방향으로 진행하는 파도, 즉 파정의 선이 선박의 중심선 방향에 평행한 파도

Bearding line(비어딩 라인)

1. 목선에서 선수재, 용골, 선미재 등과 프레임의 교점을 이은 선
2. 선수재 또는 선미 골재가 선체외판의 내면과 교차하며 얻어지는 선

Below(아래)

갑판 아래

Bending moment(굽힘 모멘트)

지지점으로부터의 거리와 힘의 곱으로 표시되는 물체를 굽히려는 힘의 모멘트

Bermuda sail(버뮤다 세일)

끝이 뾰족한 삼각돛. 마르코니 세일과 동의어

Berth(선대)

선박을 입거시키거나 계류하는 장소 또는 정박하는 장소

Between decks(갑판 간 공간)

상층 갑판과 하층 갑판 사이의 공간

Bevel(각도기)
각도를 재는 기구 또는 어느 각도로 경사진 면

Bevel(교차각)
늑골의 플랜지 부분과 만나는 부재의 플랜지가 이루는 각도. 각도가 90도 이상일 때를 벌림 교차각이라 하고, 90도보다 작은 경우를 오므림 교차각이라 한다.

Bilge(선저 만곡부)
선저 부분과 선측 부분이 교차하는 부분. 일반적으로 둥글게 구부러져 이어지지만 차인형 선형일 때는 각을 이루며 이어진다. 화물창이나 탱크 또는 기계실에서는 발생된 오수가 고이는 부분을 말한다.

Bilge and ballast system(빌지 및 밸러스트 장치)
일반적으로 펌프와 연결돼 있고 선박의 화물창이나 선저의 구획에 설치하는 배관 시스템. 밸러스트 탱크에 밸러스트를 채우거나 비우는 데 사용하며, 선박 내 낮은 구획에 고인 물을 선박 밖으로 퍼내는 목적으로도 사용한다.

Bilge bracket(빌지 브래킷)
이중저 탱크 상판 또는 마진판을 빌지 부분에서 늑골과 용접 연결하기 위해 수직하게 배치하는 평평한 판

Bilge diagonal(빌지 대각선)
선체를 절단하는 가상의 경사진 평판. 정면도에서는 직선으로 나타내며, 그 면으로 절단되는 선체 형상은 대체로 반폭도에 함께 표기된다.

Bilge keel(빌지 킬)
선저 만곡부 외판에 바깥쪽으로 수직하게 붙이는 띠 모양의 부재. 선박의 동요를 감쇠하는 효과가 있다.

Bilge strake(빌지 후판)
선저 만곡부의 외판으로 강도를 높이기 위해 사용하는 후판

Bilge water(빌지 수)
선저에 고이는 오수. 빌지라고도 한다.
Billboard(앵커 격납대)
선수루에 경사진 선측외판에 닻을 달아 올려 격납하는 격납대. 이 위에 닻 날(bill)이 밀착 · 고정되며 바로 닻을 풀어 내릴 수 있다. 앵커 베드(anchor bed)라고도 한다.

Binnacle(비너클)
자기 컴퍼스의 수평 상태를 유지시켜주는 현가 장치, 수정 장치, 조명 장치 등을 내장한 스탠드. 비너클 스탠드라고도 한다.

Bitter end(닻줄 말단 고정구)
선박의 앵커와 연결된 케이블의 안쪽 끝을 체인 로커에 고정시키는 끝 부분

Bitumastic(역청질-)
역청 성질의

Bitumastic cement(역청질 시멘트)
역청질 유제(油劑)를 쇄석과 혼합해 만든 도로포장 등에 쓰이는 시멘트

Blade area ratio(날개 면적비)
전개 면적이나 확장 면적의 원판 면적에 대한 비. 뜻을 명확히 하기 위해 확장 면적비나 전개 면적비를 사용하는 것이 바람직하다.

Bleeder(블리더)
컨테이너나 배관 시스템으로부터 적은 양의 유체를 빼내기 위한 작은 초크, 밸브 또는 플러그 등의 총칭

Block coefficient(방형비척 계수)
선체의 수선 아랫부분의 날씬한 정도를 나타내는 계수. 선체의 수선 아래에 잠긴 부분의 용적과 그 선박의 (길이)×(너비)×(흘수)로 이뤄진 직육면체의 용적의 비

Boat chock(보트 초크)
구명보트를 위한 받침대 또는 지지대

Body plan(정면도)
일정한 간격으로 자른 선체 횡단면의 윤곽을 선미 방향으로 투영시켜 그린 곡선도. 정면도의 오른쪽에는 선수로부터 선체 중앙까지의 횡단면 형상을 나타내고, 왼쪽에는 선체 중앙으로부터 선미까지의 횡단면 형상을 그려넣는다.

Bollard(볼라드)
선박을 계류할 때 로프를 걸어 붙들어 매기 위해 갑판 위에 설치하는 기둥. 일반적으로 기둥이 2개인 것은 볼라드라 하고, 1개인 것은 비트라고 한다.

Bolster(볼스터)
앵커를 선박 내로 끌어들이거나 내릴 때 체인이 지나는 관. 호즈 파이프(hawse pipe)라고도 한다.

Bonjean curves(본진 곡선)
선박의 길이를 등분해 얻은 스테이션 위치에서 해당하는 횡단면의 흘수에 따른 면적 변화를 나타내는 곡선을 포개어 그린 곡선

Booby hatch(갑판 출입구)
노천갑판에서 갑판 하부의 거주구로 통하는 독립된 소형 출입구

Boom(붐)
1. 돛의 밑부분에 붙여 돛을 펼치는 데 쓰는 장대
2. 화물을 적재하거나 양육할 때 짐을 달아 올리거나 내리는 데 쓰는 둥근 장대의 총칭
3. 아라비아나 아프리카의 동해안에서 무역용으로 사용하는, 돛대가 2개인 큰 삼각돛을 다는 선박

Boom crutch(붐 고정대)
붐을 정해진 위치에 격납할 때 붐의 끝을 받쳐주는 받침대. 붐 거치대(boom rest), 붐 지지대(boom support)라고도 한다.

Boom table(붐 테이블)
돛대에 데릭 붐을 연결하기 위해 돛대 밑에 붙이는 브래킷 모양의 쇠붙이. 기둥받침(mast table)이라고도 한다.

Boottop (or boottopping)(수선부)
선박의 만재 상태의 흘수선과 경하 상태의 흘수선 사이의 선체 외면

Bossing(보싱)
프로펠러축이나 선체 바깥쪽의 장비를 둘러싸며 선체와 매끄럽게 이어지도록 만든 선체의 부풀려진 부분. 프로펠러 보싱에는 선미단 베어링을 둘러싸며 선체와 매끄럽게 이어지도록 만든 짧은 보싱과, 선체와 프로펠러 사이에 놓이는 축과 축 베어링 전체를 둘러싸며 선체와 매끄럽게 이어지도록 만든 긴 보싱이 있다. 보스(boss)라고도 한다.

Boundary layer(경계층)
레이놀드 수가 큰 흐름에서 점성의 영향이 나타나는 물체 표면 근처의 얇은 유동층. 경계층 바깥쪽의 유동 현상은 포텐셜 이론으로 해석되며, 경계층 안쪽의 유동 현상은 내비어-스톡스(Navier-Stokes) 방정식의 근사해로 해석된다.

Bow(선수)
선저로부터 선체 최상층까지에 이르는 선체의 앞쪽 끝 부분. 선수 형상에는 클리퍼형, 직립형, 경사형, 구상 선수형 등이 있다.

Bower anchor(선수 닻)
선수에서 장착되는 닻

Box girder(상자형 거더)
횡단면이 직사각형의 형태로 정렬돼 있는 4개의 판으로 구성된 커다란 구조의 보

Bracket(브래킷)
2개 또는 더 많은 수의 구조물, 예를 들면 갑판 보, 늑골, 격벽 보강재 등을 갑판이나 탱크 윗부분에 견고하게 연결하기 위해 사용되는 판으로서 대개 삼각형 모양이다.

Brake horsepower(제동 마력)
기계식, 유압식 또는 전기식 제동 장치를 사용해 기관 후단에서 측정한 마력 단위의 동력

Braking flap(제동 플랩)
타에 경첩으로 붙여지는 보조 날개 중에서 선박을 제동시키는 데 도움을 받을 수 있는 큰 각도로 회전시킬 수 있는 보조 날개

Break(갑판 단락)
선미루, 선수루, 선교루 등의 끝 부분에서 갑판이 연속되지 않고 하층 갑판으로 이어지는 단락

Breakwater(차수벽)
노천갑판 위에 경사지게 설치하는 물막이 벽. 갑판 위로 넘쳐 들어온 물을 받아내어 뒤쪽으로 보내는 역할을 한다.

Breast hook(브레스트 훅)
선수 부분에서 좌현과 우현의 선측 스트링거를 수평하게 연결해 보강해주는 삼각형의 수평 브래킷 판

Breast line(브레스트 라인)
선박을 안벽에 평행하게 계류할 때 선수와 선미에서 대체로 선박과 안벽에 직각 방향으로 매어지는 계선줄. 주로 선박이 안벽에서 떨어져나가는 것을 막아주는 역할을 한다.

Bridge(선교루)
상갑판 위 선체의 중앙부 또는 선미부에 설치된 선루로서 조타실, 해도실, 무선실, 사관 거주구, 객실 등이 배치되는 곳. 항해 선교(navigating bridge)라고도 한다.

Brittle fracture(취성 파괴)
재료가 뚜렷한 소성 변형 없이 깨지는 형식의 파괴

Broaching(브로칭)
대개 선미로부터 오는 파랑을 받을 때 선박이 항로로부터 벗어나 선수가 90도 회전을 일으키는 현상

Broken stowage(손실 공간)
화물을 화물창에 적재하는 경우에 화물과 화물 사이, 화물과 선측 사이, 그리고 화물과 갑판 아랫부분의 사이 공간. 화물의 형태나 포장 상태, 적재 방법에 따라서 달라진다.

Brow(전환부)

1. 빗물이 들어오지 않도록 환기구를 덮어주는 양쪽으로 경사진 덮개
2. 화물창의 코밍부나 격벽 출입구의 문지방을 사람이나 트럭이 통과할 수 있도록 도와주는 작은 경사로

Buckler(호즈 파이프 덮개)

호즈 파이프로부터 해수의 침입을 방지하는 덮개

Building basin(대형 건조 독)

드라이 독과 동일한 구조물. 1척 이상의 선박 또는 선체의 일부를 동시에 건조할 수 있으며, 별도의 진수 작업이 필요하지 않고 구조물 내에 물을 채워서 선박을 띄운다.

Bulb angle(벌브 앵글)

긴 변의 가장자리 부분에 둥글게 부풀려준 모양의 벌브를 달아 보강시켜준 L형 재료

Bulb plate(벌브판)

한쪽 변에 벌브가 달린 띠판

Bulk cargo(벌크 화물)

가루나 낟알로 이뤄져 있으며, 포장하지 않고 그대로 수송하는 화물

Bulkhead(격벽)

선박 안을 구획하는 칸막이. 목적에 따라 수밀, 유밀, 비수밀 격벽이 있고, 배치에 따라 횡 격벽, 종(통) 격벽, 위벽, 부분 격벽 등으로 나뉜다.

Bulkhead deck(격벽갑판)

선수미 격벽 이외의 수밀 횡 격벽의 상단이 연결되는 최상층의 전통갑판

Bulwark(불워크)

건현갑판이나 선루갑판의 돌출된 부분의 현측을 통행할 때 안전을 도모하기 위해 설치하는 양 현측 외판을 연장하여 노천갑판에 세우는 울타리 판. 사람이나 화물이 선박 밖으로 떨어지거나 파랑이 갑판 위로 넘쳐오는 것을 방지하며, 실질적으로 건현을 높이는 효과가 있다.

Bunk(침상)

선박 내의 침상

Bunker(벙커)

석탄, 중유 등의 연료를 저장하는 곳

Bunkers(연료)
연료

Butt(버트)
외판 또는 갑판의 이음매 중에서 선수 · 선미 방향에 대해 수직한 방향으로 배치되는 이음매

Buttock(버토크)
선체 중앙 종 단면에 평행한 연직면과 선체 외곽면이 만나 이뤄지는 형상

Calk (or caulk)(코크)
선박의 목갑판 등의 인접한 목재 사이의 틈새에 뱃밥 등의 물질을 두들겨넣어 물이 새지 않도록 만들어주는 것. 또는 강판의 이음새를 끌 등으로 때려 밀착시키는 것

Camber(캠버)
노천갑판의 강도를 높여주는 동시에 배수를 원활하게 하기 위해 갑판 중앙부를 볼록하게 만든 것. 선박의 중앙에서 이 볼록한 높이의 표준은 선박 폭의 1/50이다. round of beam이라고도 한다.

Camel(방현재)
선체나 부두에 손상이 가는 것을 막고자 부두로부터 선박이 떨어져 있도록 하는 일종의 완충 장치. 주로 거대한 충전재를 밧줄이나 끈으로 묶어서 만든 부유체를 말한다.

Cant beam(캔트 빔)
선미부 갑판을 아래쪽에서 받쳐주기 위해 부챗살 방향으로 배치하는 갑판 보

Cant frame(캔트 늑골)
가로 또는 세로 방향에 대해 비스듬하게 배치하는 선수 또는 선미부의 늑골

Capacity plan(용적도)
선박의 선창, 탱크, 창고 및 각 구획의 용적, 용적의 중심 위치 등을 나타낸 도면. 조선소는 건조되는 선박에 대해 용적도를 작성해 선주에 공급해야 한다.

Cap rail(난간 손잡이)
난간의 평평한 맨 윗부분

Capstan(캡스턴)
수직축 드럼. 계류용 로프를 감는 기계

Cargo battens(화물창 배튼)

화물창에 적재된 포장 화물이 선체 구조와 부딪쳐 손상되는 것을 막기 위해 늑골 안쪽에 붙이는 목재. 화물창 보호재(sparring)라고도 한다.

Cargo port(하역문)

화물을 싣고 내리는 데 사용하기 위해 선측에 설치한 출입구로, 덮개 또는 문이 수밀을 유지할 수 있는 구조로 돼 있다.

Catamaran(쌍동선)

2개의 선체를 평행하게 나란히 배치하고 상갑판으로 연결해 일체로 만든 선박

Cat boat(쌍돛배)

미국 지역에서 흔히 쓰이는 선수부와 선미부에 돛을 다는 범선

Cathode(음극)

음전하(−)를 띠는 전극

Cathodic protection(음극 방식)

전해질 중에서 부식이 일어나는 물체를 음극화해 부식을 방지하는 전기 화학적 부식 방지법

Caught in stays(돛 걸림)

범선에서 원하는 방향으로 나아가기 위해 돛의 방향을 바꿔줄 때 돛이 돌아가지 못하고 마치 맞바람을 받는 상태로 멈춰 서는 것을 가리키는 말

Cavitation(공동현상)

유체의 속도가 증가함에 따라 유체에 닿아 있는 물체 표면 근처의 압력이 낮아지게 되면 유체 상태로부터 수증기로 바뀌게 되는데, 수증기의 밀도는 물의 밀도에 비해 무시할 정도이므로 마치 물속에 빈 공간이 만들어진 것과 같은 물리적 변화 현상. 선박 프로펠러가 고속 회전할 때 발생한다. 이런 공동현상이 발생하면 보통 효율 감소, 날개 침식 위험 증대, 진동 · 소음 증가 등의 문제가 생긴다.

Ceiling(천장 내장)

방이나 통로의 천장에 붙이는 내장판

Centerboard(센터보드)

요트 등에 쓰이는 선저 아래로 돌출된 용골판

Center girder(중심선 거더)
이중저 구조에서 선체 중심선을 따라 평판 용골로부터 내저판에 이르는 수직 판재. 중심선 수직 용골(center vertical keel : CVK) 또는 중심선 내용골(center keelson)이라고도 한다.

Centerline(중심선)
선박의 중심을 지나는 선

Center vertical keel(중심선 용골)
용골의 수직한 웹 부분

Chafing plate(마모 방지 덧판)
다른 물체와 빈번하게 스쳐 마모되는 선체 부분에 구부려서 특별히 덧붙이는 판. 창구 연재(hatch coaming)의 하부, 닻줄이 스치는 부분과 같은 장소에 덧붙인다.

Chain locker(체인 로커)
앵커 체인을 격납하는 공간

Chain pipe(체인 파이프)
갑판에서 체인 로커로 앵커 체인이 통하는 관

Chain stopper(체인 스토퍼)
앵커 또는 체인 케이블을 일정 위치에 잡아두는 장치. 양묘기로 닻을 달아 올려 닻 자루를 호즈 파이프 내에 격납한 상태에서 체인을 잡아줘 양묘기에 부하가 직접 걸리지 않도록 하기 위해 사용한다. 상선에서는 와이어로프를 사용해 한쪽 끝을 비트에 걸고 다른 쪽에 나사를 붙여 조인다.

Chamfer(모따기)
90도를 이루는 날카로운 모서리를 깎아서 다듬는 것

Channel(채널)
구조용으로 사용하기 위해 양단에 플랜지를 붙여 ㄷ자 모양으로 압연한 강재

Chevron frame(V형 늑골)
V자 모양의 배치로 정렬된 부재들을 사용하는 선체 보강 시스템

Chine(차인)
1. 모가 진 목선의 빌지 부분 바깥쪽에 모서리를 따라 붙여지는 종 통재

2. 선체의 상당한 구간에 걸쳐서 선저와 선측이 각을 이루며 만나는 부분. 활주형 선형에서 쓰이며 모서리를 둥글게 한 것을 '순한 차인' 이라고 하고, 날카롭게 한 것을 '급한 차인' 이라고 한다.

Chock(초크)

1. 선박이 동요할 때 선상의 물체가 이동하지 못하도록 받치거나 고정하는 데 쓰이는 나뭇조각
2. 노천갑판으로부터 계선 밧줄이나 와이어로프를 안벽 또는 부두로 유도해 내보낼 때 로프나 선체의 손상을 막기 위해 부드러운 곡면이 되도록 금속으로 보강해 만든 테두리

Classification society(선급협회)

선박의 구조나 설비에 관한 규칙을 제정하고 그 규칙에 따라 선박을 검사하고 선급을 부여하며, 선급 원부 등록이나 선급 증서 발행, 등록한 선박의 선명록 발행 등의 업무를 하는 법인. 현재 12개의 주요 선급이 국제선급연합회(IACS)를 조직해 상호 업무 협조를 하고 있다.

Clearwater stern(매달림 선미)

타를 밑에서 받쳐주는 부분이 없는 선미 골조로 이뤄진 선미

Cleat(클리트)

줄을 걸거나 매기 위해서 돛대, 갑판 등에 부착시킨 금속재 부품

Coast guard(해안 경비대)

밀무역 또는 밀항 단속, 해난 구조, 안전 항해 지원 등을 임무로 하는 해상 경비 부대

Cofferdam(코퍼댐)

두 인접 구획 사이에 마련하는 좁은 공간. 손상 등이 발생하더라도 기름이나 물이 인접 구획으로 전파되는 것을 막기 위한 2중 칸막이 구획

Collision bulkhead(or forepeak)(선수 격벽, 충돌 격벽)

관련 규정에 따라 선박의 제일 앞쪽에 설치하는 수밀 격벽. 선수로부터 선박 길이의 1/20 이상 떨어진 위치에 설치하도록 돼 있다. 선박이 충돌 등에 의해 선수에 손상이 생기더라도 침수가 발생하는 것을 방지하는 역할을 한다.

Companionway(승강구실)

노천갑판으로부터 아래 구획으로 통하는 출입구를 보호하기 위한 풍우밀문(비바람막이문)이 달린 작은 갑판실

Compartmentation(구획 분할)

선박의 특정 구획에 침수가 일어나더라도 선박이 물 위에 떠 있도록 수밀 횡 격벽으로 선체의 구획을 나누는 것

Containership(컨테이너선)
규격화된 컨테이너를 운송하기 위한 선박. 화물선 중에서 가장 빠른 종류이며 화물의 안정성이 높고 기상 조건에 관계없이 하역할 수 있어 수송과 하역이 신속하다. 종류로는 건화물 컨테이너, 액체 화물 컨테이너, 벌크 화물 컨테이너, 냉동 화물 컨테이너 등이 있다.

Contraguide propeller(역유동 유도 프로펠러)
선박의 선미 형상을 비틀어주거나 부가물을 설치해 프로펠러를 지나 흘러나가는 유체의 회전 유동 성분을 정류하고, 회전 유동으로부터 에너지를 추출해 추력의 도움을 받으려는 프로펠러

Controllable-pitch propeller(가변 피치 프로펠러)
프로펠러가 작동 중일 때에도 프로펠러 날개가 허브에서 반경 방향 축을 중심으로 회전할 수 있도록 함으로써 모든 부하 상태에서 가장 높은 효율을 내도록 유효 피치를 바꿔줄 수 있는 프로펠러. 피치 조절 범위를 크게 잡아주면 축의 회전 방향이 바뀌지 않은 상태에서도 역방향의 추력을 얻을 수 있다.

Counter(선미 돌출부)
선미 중에서 타주보다 후방에 놓이는 돌출 부분

Counterrotationg propellers(상반회전 프로펠러)
동심축에 2개의 프로펠러가 설치되고 이들이 서로 반대 방향으로 회전하도록 계획된 프로펠러

Cowl(고깔형 통풍구)
바람이 공기를 트렁크 안으로 끌어들이거나 밖으로 불어나가도록 입구 방향을 회전시켜 바꿔줄 수 있는 자연 환기 트렁크의 고깔 모양을 한 윗부분 또는 끝 부분

Cowl ventilator(고깔형 통풍통)
주로 화물창이나 기관실의 통풍에 사용되는 대형 통풍통. 고깔 입구를 바람 방향으로 향하게 하면 흡입구가 되고, 바람 반대 방향으로 향하게 회전시켜 설치하면 배출구가 되므로 통풍에 유리하다. 그냥 cowl이라고도 한다.

Crown(크라운)
노천갑판의 배수를 원활하게 하기 위해 갑판 중앙부를 볼록하게 높여준 것. 선박의 중앙에서 이 볼록한 높이의 표준은 선박 폭의 1/50을 표준으로 한다. 캠버(camber)라고도 한다.

Crow's nest(망대)
포어 마스트나 데릭 포스트 등에 붙인 망대

Cruiser stern(순양함형 선미)
형상이 스푼 또는 카누 모양에 가까운 선미. 침수 길이를 최대로 할 수 있어 상선과 고속 함정에서 흔히 채택한다.

Cryogenic(극저온의)
극도로 낮은 온도에서 존재하는

Cubic number(용적수)
선박의 길이와 너비 그리고 깊이를 곱해 얻어지는 용적을 100세제곱피트 단위로 나타낸 값

Curtain plate(커튼 판)
1. 갑판의 내다지 끝에 붙이는 테둘림 판
2. 방화벽 상부의 연기 유출을 막아주는 강제 칸막이 판

Curves of form(배수량 등곡선도)
각 흘수에서의 배수량, 부심 위치, 센티미터당 트림 모멘트, 메타센터 높이 등을 나타내는 곡선도

Cycloidal propeller(연직축 프로펠러)
선박 밑면의 원판에 연직하게 붙여진 타 모양의 날개가 원판이 회전함에 따라 같은 방향의 추력을 내도록 날개의 받음각 변화를 일으키는 만들어진 프로펠러. 원판은 중심축에 대해서 회전하고, 각각의 날개는 자체의 연직축에 대해서 회전한다. 날개 각각의 축은 원형의 궤적을 그리고, 날개의 운동은 회전축에 수직한 평면에서 원하는 방향으로 추력을 발생시키도록 조절할 수 있다. 수직축 프로펠러(Vertical axis propeller)라고도 하며, 우수한 조종 성능이 필요한 선박에 주로 사용된다.

Davit(대빗)
선박에 장비하는 단정이나 앵커 등을 달아 올리는 굽은 팔

Day sailer(주간용 범선)
주간에만 잠깐씩 사용할 목적으로 제작된 범선

Dead cover(창 덮개)
현창이 파손되는 것을 막기 위한 금속 덮개. 고정식 현창(deadlight)이라고도 한다.

Dead flat(중앙 평행부)
선체 중앙부 근처에서 횡단면 형상의 변화가 없는 부분. 중앙 평행부(Parallel middlebody)라고도 한다.

Deadlight (or fixed light)(고정식 현창)
열리지 않는 현창

Deadrise(선저 구배)
선측 방향으로 선체 바닥의 상승 구배

Deadweight(재화 중량)
만재 배수량으로부터 경하 배수량을 뺀 중량

Deadwood(데드우드)
1. 강선의 선미재와 용골이 연결되는 선체가 좁아지는 부분
2. 목선의 선수부에서 용골의 끝과 선수재가 만나는 부분 또는 용골의 끝 부분이 선미재와 연결되는 부분에서 연결에 쓰이는 각재

Deck(갑판)
선체의 수직 방향에 대해 수평으로 설치된 판자 모양의 구조물. 선체를 수밀하게 하며 구조 강도를 높이는 동시에 승객, 승조원의 주거, 화물의 적재, 선체의 각종 기계 장치 설치에 필요한 면적과 구획을 형성하는 데 사용된다.

Deck beam(갑판 보)
일정 간격으로 마주보며 배치되는 양 현측의 늑골을 연결하는 부재. 갑판 아랫부분을 받쳐주는 수평 구조 부재이며, 주로 압연 강재로 만든다.

Deck girder(갑판 거더)
갑판 아래 붙여진 큰 종 통재

Deck height(갑판 높이)
갑판의 수직 높이

Deckhouse(갑판실)
상갑판 또는 선루갑판 위에 설치되는 작은 구획. 선박의 전폭에 달하지 않는 가벼운 구조로 된 구획이다.

Deck machinery(갑판 기계)
갑판 위에 설치하는 윈치, 양묘기, 조타기 등의 기계 장치

Deck stringer(갑판 스트링거)
갑판을 이루는 강판 중 가장 현측 외판과 접하는 보강된 강판. 갑판 전체를 강갑판으로 덮는 경우는 물론,

일부분만 덮는 경우 또는 목갑판으로 덮는 경우에도 특별히 갑판 스트링거만은 갑판면 전체 길이에 걸쳐서 설치한다. 갑판 스트링거는 선체의 종 강도를 높여줄 뿐만 아니라 현측부의 강도를 증가하는 역할을 한다.

Declivity(선대 경사)
진수 시 선박이 타고 내려가는 선대의 기울어진 경사

Deep tanks(딥 탱크)
주로 물, 기름 등의 액체를 싣기 위해 창내 또는 갑판 간에 선체 구조의 일부로 구성된 탱크. 창내 딥 탱크, 선수미 피크 탱크, 트리밍 탱크 등이 있다.

Derrick(데릭)
선박에 화물을 적재하거나 양륙하는 작업에 쓰는 하역 장치

Developable surface(전개 가능 곡면)
한쪽 방향으로는 곡률이 변화하지만 직교하는 방향으로는 직선으로 이뤄져 있어서 국부적 가열이나 압력을 가하지 않고 평판을 굽혀서 얻을 수 있는 곡면 형상

Devil's claw(데블 클로)
체인이나 케이블의 고리에 걸기도 하고 스토퍼로도 사용되는, 끝이 두 갈래로 갈라진 강력한 갈고리

Diesel engine(디젤 기관)
1897년 독일인 디젤(R. Diesel)이 발명한 내연 기관. 흡입 공기를 압축해 고온을 발생시키고, 중유 또는 경유를 그 속에 분사해 등압 연소시킨다.

Dished(주름보 강판)
하나 이상의 얕은 주름을 잡아서 보강한 판

Displacement-length ratio(배수량 – 길이 비)
선박의 배수량을 Δ, 길이를 L이라 할 때, $\Delta/(L/100)^3$으로 표시된 값. 배수량에 대한 선박의 길이, 즉 선형을 나타내는 하나의 척도가 된다.

Dock(독)
1. 선체의 건조, 수리, 청소, 도장, 검사 등을 위하며 선박을 넣고 물을 빼거나 넣어서 선박을 바닥에 앉히거나 띄울 수 있도록 만든 시설
2. 수위를 유지하도록 축조된 선박의 계류장

Dog(도그)
1. 돌쩌귀식의 수밀문에 사용되는 죔쇠. 스니브 또는 클립이라고도 한다.

2. 양 끝을 직각으로 구부려서 뾰족하게 한 꺾쇠
3. 일단은 뾰족하게 하고, 타단은 로프를 잡아매는 구멍을 가지고 있는 철제의 목수용 공구
4. 물에서 물체를 끄집어내는 데 사용하는 짧은 기역 자 모양의 쇠붙이

Doublebottom(이중저)
이중으로 구성된 선저

Double chine(이중차인)
선저로부터 선측으로 바뀌는 데 선체의 길이 방향으로 2개의 너클로 이뤄진 차인이 채택된 선체 단면 형상

Double-skin(이중선각)
선각이 두 겹으로 구성된 선각 구조

Doubling(doubler) **plate**(이중판)
판재를 보강하기 위해 덧대는 판

Draft(흘수)
선저로부터 수면까지의 연직 거리

Draft marks(흘수 표지)
흘수를 읽기 위해 선수와 선미, 선체 중앙부 양 현측에 그려진 눈금

Drag(항력)
유체 속에서 움직이는 물체가 유체로부터 받는 힘. 물체의 운동 방향과는 반대 방향이 되며 일반적으로 저항이라고 한다.

Drift angle(편류각)
선체 중심선과 선체 운동 방향이 이루는 각

Dry-bulk cargo(벌크 화물)
액체 상태가 아닌, 별도의 포장 없이 수송이 가능한 원자재. 석탄, 곡물, 그 외의 다양한 광석 등이 있다.

Dry dock(드라이 독)
선박의 건조, 수리, 도장 또는 검사를 위해 만들어진, 연직벽으로 둘러싸이고 갑문이 달린 콘크리트 구조물

Dunnage(화물 깔개)
화물을 적재할 곳, 화물들 사이 또는 화물과 선체 사이에 끼워넣는 판재, 각재, 죽재 또는 매트 등의 총칭. 화물이나 선체의 손상 방지, 화물의 통풍 등의 목적으로 쓰인다.

Dutchman(끼움쇠)
대개 서투른 작업 기술로 인해 생긴 틈새나 벌어진 연결 부위를 메우기 위해 사용하는 작은 쇳조각의 총칭

Dynamic positioning(동적 위치 제어)
자동적으로 선체의 위치를 유지하는 것

Dynamic stability(동적 복원력)
선박을 어떤 각도로 기울이기 위해 외력이 하는 일

Effective length(유효 길이)
선박의 속도와 소요 동력 사이의 관계를 계산할 때 사용하는 선박의 길이. 이는 흔히 순양함 선미 또는 트랜섬 선미를 갖춘 단축선의 선미 부분에서 나타나는 후미에서의 단면적 곡선의 급격한 변동 부분을 제외하고 결정한다. 다축선일 때는 만재 흘수선의 길이에 해당하지만, 순양함형 선미나 트랜섬 선미 선형의 단축선에서는 선수 수선으로부터 프로펠러 애퍼처의 중간 정도까지의 길이가 된다.

Elastic limit(탄성 한계)
가해지던 힘이 제거됐을 때 영구 변형을 일으키지 않고 원래의 상태를 회복할 수 있는 응력의 최대 한계. 비례 한도(proportional limit)라고도 한다.

Electric arc welding(전기 아크 용접)
접합시키고자 하는 두 조각의 금속과 용접봉 사이에 전기적 아크를 발생시켜 얻어지는 고열로 용접봉과 모재의 일부가 녹아서 용착되도록 하는 접합 방법

Electrolysis(전기 분해)
전류가 흐름으로써 용액이 분해돼 가스가 발생하거나 전극에 금속이 석출되는 현상

Engine and boiler casing(기관실 케이싱)
기관실과 보일러실로부터 갑판까지 연결되는 격벽으로 에워싸인 큰 수직 통로. 보일러나 터빈과 같은 대형 설비를 설치하거나 제거할 때 들어내거나 반입하는 통로의 역할을 한다.

Engine casing(기관실 위벽)
기관실로부터 수직하게 위로 연결되는 통풍 통로. 이는 배기가스 시스템, 통풍관, 배관, 배선, 사다리 등으로 접근하기 위한 통로로 쓰인다.

Ensign staff(선미 깃대)
선미에 세운 깃대

Entrance(물가름부)
선박이 전진할 때 유선을 좌우로 갈라치는 선수 근처의 부분

Epoxy resin(에폭시 수지)
에폭시 화학 물질의 중합 반응으로부터 생성되는 종류의 물질

Erection(탑재)
선체의 조립된 부분을 각각의 해당 위치에 들어올려 조립 · 용접해 마감하는 작업

Ergonomics(인간 공학)
사람과 기계가 함께 일하는 것을 연구하는 학문

Escape trunk(탈출 통로)
비상시에 선박 밑에서 노천갑판으로 빠져나오기 위한 통로. 또는 비상시에 축로나 기관실로부터 노천갑판 위로 직접 탈출할 수 있도록 마련된 수직 통로

Even keel(등흘수)
선수 흘수와 선미 흘수가 같은 상태. 하천 등 수심이 얕은 수로를 항해할 때, 독으로 들어갈 때, 항해 중 청수나 연료의 소비로 선미 트림이 예측될 때 등 출항에 앞서 조정한다.

Expanded metal(인장 철망판)
금속판에 프레스로 규칙적인 구멍을 내고 양 끝을 잡아당겨서 만든 철망판

Expansion tank(팽창 탱크)
온도 상승에 따른 액체의 팽창으로 인한 사고를 막기 위해 최상부가 대기와 접하는 상태가 되도록 설치한 탱크

Expansion trunk(팽창 트렁크)
액체 화물을 적재하는 데 사용하는 공간의 위쪽으로 연장된 트렁크

Extrusion(압출 성형)
열간 프레스 온도까지 가열한 동, 알루미늄, 마그네슘 등의 재료를 다이스 구멍을 통해 밀어내어 필요로 하는 단면 형상을 가진 봉이나 관 등을 제조하는 방법

Fabricate(가공)
조립 또는 선대 조립에 앞서 공장에서 선체와 관련한 자재를 처리하는 과정. 선체 작업에서 제조 과정은 절단 가공, 성형 가공, 녹 제거 작업, 면 맞춤 작업, 용접 준비 홈 파기 작업 등으로 구성된다.

Face plate(면재)
부재의 웹 가장자리에 직각 또는 직각에 가까운 각도로 붙여진 보강용 띠판

Fair(순정)
선도의 곡선들을 무리한 점이 없도록 수정하는 작업. 또는 선도의 곡선들을 매끄럽게 수정하는 작업

Fairlead (or fairleader)(페어리드)
1. 선박으로부터 계선용 로프나 그 외의 로프를 선박 밖으로 내보내는 부분에 설치해 로프가 마모되거나 꺾이는 것을 방지하기 위한 구조물
2. 로프를 필요한 방향으로 돌려주기 위한 링 볼트나 아이 패드
3. 당김줄이 지나가도록 구멍이 뚫린 판

Fairwater(정류판)
선체의 물의 저항을 줄이기 위한 목적으로 고안해낸 유선형 구조. 선미관 주위, 스트러트 주위 등에서 유선의 급격한 변화가 나타나는 것을 피할 수 있도록 하는 역할을 한다.

Fall(폴)
태클을 만들기 위한 블록과 함께 사용되는 로프. 블록에 고정된 끝은 고정부라고 하고, 그 반대쪽 끝은 유동부라고 한다.

Fantail(선미)
선미 부분 중에서 타주보다 후방으로 돌출되는 부분. 상갑판 하부에 형성되는 원형 또는 타원형 형상으로 이뤄진다. 카운터(counter)나 스턴(stern)이라고도 한다.

Fashion plate(화장판)
선수재의 상단부 근처의 벌어진 외판. 선박의 선명 상호 등을 표시하는 부분으로 돋보이도록 장식이나 특수 도장을 하기도 한다.

Fathom(패덤)
영국이나 미국에서 수심과 로프 등의 길이를 재는 데 사용하는 단위. 1패덤은 6피트 즉 1.829미터이다.

Fathometer(측심기)
선박에서 내보낸 음파가 해저면에 반사돼 돌아오는 시간을 측정해 수심을 재는 기구

Faying surface(접합면)
서로 접한 부분 사이의 공유하는 면

Fender(방현재)
안벽이나 선박 등에 접촉할 때 선체의 손상 방지나 충격 완화를 위해 양쪽 현에 붙이는 완충재. 안벽 측면에 붙이는 것도 있다.

Ferrocement(페로시멘트)
철봉과 철망으로 강화한 상대적으로 얇은 콘크리트 구조 재료. 바지선 등의 재료로 사용된다.

Fiber glass(유리 섬유 강화 플라스틱)
유리 섬유로 강화한 합성수지로 성형한 구조 재료. 흔히 FRP라고도 부른다.

Fidley(천창)
노천갑판 위에 위치한 기관실과 보일러실의 케이싱 끝. 대개 굴뚝 주위로 엔진과 보일러 케이싱 위로 부분적으로 올라온 갑판

Filler metal(용가재)
용접 부분을 메우는 용착 금속

Fillet weld(필렛 용접)
교차하는 면 사이의 구석진 곳을 결합하는 용접. T자 이음, 겹이음 또는 모서리 이음 등으로 판을 잇는 용접 방법으로, 수밀이나 유밀 구조에 쓰이는 연속 용접 방식과 단속 용접 방식이 있다.

Finger pier(부두)
연안에 수직한 방향으로 평행하게 배치되는 좁고 긴 부두

Fitter(취부공)
선박의 구조 부재를 용접할 수 있는 상태로 정렬하는 작업을 담당하는 작업원

Fixed-pitch propeller(고정 피치 프로펠러)
날개가 허브에 고정돼 피치 각이 바뀌지 않는 프로펠러

Flange(플랜지)
1. I빔, H빔 등에서 위아래의 넓은 부분
2. 판의 끝 부분을 90도 접어준 부분
3. 관과 관 또는 관과 타 부재를 연결하기 위해 관 끝에 형성한 컬러
4. 축을 연결하기 위해 축 끝에 붙인 칼라

Flank speed(최고 속력)
함정의 가장 빠른 속력

Flare(플래어)
1. 선수부를 이루는 선체외판이 수면 위치로부터 갑판 상면의 난간 위치까지 올라가며 벌려지는 것
2. 조난 시 야간에 사용하는 불꽃 신호

Flat(평판)
1. 평평하고 작은 판 또는 대
2. 내수면용 평저선
3. 평강

Flat bar(평강)
단순한 직사각형의 단면을 지닌 구조 부재

Flat plate keel(용골 하판)
중심선 용골의 아래쪽에서 플랜지를 이루는 선저부의 두꺼운 외판

Flexplate(유연판)
기계류를 설치할 수 있는 판. 한쪽 변은 고정되고 다른 변은 받쳐지지 않는 판

Floodable length(가침장)
어떤 구획이 규정된 침수율로 침수되더라도 그 선박의 침하가 한계선 이상으로 일어나지 않을 구획의 최대 길이

Floor(늑판)
선저부의 늑골과 같은 간격으로 선저에 수직하게 가로 방향으로 설치되며 양 현측의 늑골과 연결되는 판

Flukes(플루크)
닻이 바닥에 파고들도록 하기 위해 만든 닻의 날 부분. 닻 날(anchor bill)이라고도 한다.

Flush-deck ship(평 갑판선)
선루가 없이 갑판 전체가 전통갑판으로 만들어진 선박

Fluted(접이판)
여러 개의 너클이 이뤄지도록 접어서 보강한 판

Flying bridge(도선 선교)
도선사실 상부를 구성하는 플랫폼

Fo' c' s' le(선수루)
Forecastle을 축약해 표기한 것

Fore(선수부)
선체 중앙보다 앞쪽에 놓이는 선체의 총칭

Fore-and-aft(길이 방향으로)
선박의 길이 방향으로의

Fore-and-aft sail(세로돛)
돛 앞의 끝 부분에 고정된 돛. 종범(縱帆)이라고도 한다.

Forebody(선수부)
선체의 중앙보다 앞쪽에 놓이는 선체의 총칭

Forecastle(선수루)
선수부에 설치한 선루. 보통 선박에는 선수루를 설치하는 것이 요구 사항이 되고 있으나, 건현이 큰 선박이나 선수의 현호가 큰 선박에 대해서는 설치하지 않는 것을 허가할 수 있다. 유조선이나 목재 운반선에서는 선박 길이의 7퍼센트 길이와 표준 높이 이상의 선수루를 설치해야 한다. 내부는 갑판부 창고 등으로 이용한다.

Forefoot(용골 단부)
용골의 앞쪽 끝 부분. 여기서 선수재와 용골이 접속된다.

Forepeak(선수 단부)
1. 선박 가장 앞쪽의 수밀 구획
2. 선박 앞쪽의 트림 조절용 탱크

Forward(선수 방향으로)
선수 방향으로의

Forward perpendicular (or fore perpendicular)(선수 수선)
계획 만재 흘수선과 선수재 전면의 교점을 지나는 연직선. 선수 수선으로부터 선미 수선까지의 수평 거리를 수선 간 길이라고 한다.

Foundation(기초)
선박에 기계류를 설치하기 위한 지지대. 보일러, 주기관, 터빈 또는 감속 장치 등의 핵심 기계류를 지지하기 위한 기초를 주기 기초라고 하고, 기관실의 보조 기계를 지지하기 위한 기초를 보조 기계 기초라고 한다. 갑판 기계 기초 중에는 조타기 기초, 양묘기 기초 등이 있다.

Founder(침몰)
선박이 손상을 입어 가라앉는 것

Four-stroke engine(4행정 기관)
흡입 행정, 압축 행정, 팽창 행정, 배기 행정으로 구성되는 4행정이 반복적으로 이뤄지는 왕복동 기관

Frame(늑골)
외판 안쪽에 일정 간격으로 가로 또는 세로 방향으로 배치되는 골재

Frame spacing(늑골 간격)
늑골과 늑골 사이의 간격

Framing(늑골)
일반적으로 외판의 안쪽에서 가로 방향 또는 세로 방향으로 지지하는 외판 보강 부재

Freeboard(건현)
선체 중앙부 건현갑판의 현측 상면으로부터 만재 흘수선까지의 연직 거리

Freeboard deck(건현갑판)
건현 측정의 기준이 되는 최상층의 전통갑판. 보통은 상갑판이 건현갑판이 된다.

Freeing port(방수구)
노천갑판에 넘쳐 들어온 해수 또는 우수를 현측으로 방출하기 위해 불워크 하단에 뚫어놓은 구멍. 방수구 중에는 힌지가 달린 문이 있어서 안의 물은 밖으로 내보내지만 바깥의 바닷물이 안으로 들어오는 것은 막아주는 것도 있다.

Free surface(자유 표면)
공기와 접하는 수면과 같이 자유롭게 변형하는 유체 표면. 탱크 안의 물이나 기름 또는 빌지, 갑판에 고인 해수 등은 선체의 동요에 따라 경사를 일으키므로 무게 중심의 이동이 일어나서 복원력에 영향을 준다.

Frictional resistance(마찰 저항)
선박이 전진할 때 선체 표면과 물 사이의 점성 마찰로 인해 생기는 저항

Froude number(프루드 수)

유동의 관성력과 중력의 비를 나타내는 무차원 수. $v/\sqrt{gL}$으로 정의되며 g는 중력 가속도, v와 L은 물체 또는 유동의 특성 속도와 길이이다. 표면파에 의한 물리적 특성은 주로 프루드 수에 따라 지배된다.

Full scantling ship(중구선)

최상층 전통 노천갑판을 국제만재흘수선협약에 따라 선박의 최소 건현을 결정하는 폐쇄된 갑판으로 보고 선체 구조 치수를 결정한 선박

Funnel(연돌)

연로, 배기가스관 등을 내장한 통 모양의 구조물. 치장 연돌 또는 연돌 외통이라고도 한다.

Furnaced plate(가열 성형 판)

가열해 모양을 잡은 판

Gaff(개프)

위 아래로 긴 사각형 돛의 위쪽 가장자리를 달아매기 위해 돛대로부터 내뻗쳐진 붐 또는 그것에 다는 돛

Gaff sail(개프 세일)

개프에 다는 돛

Galley(갤리선)

고대, 중세에 지중해에서 사용하던 보트. 10~12명의 인원이 노를 저을 수 있고, 길이는 28~36피트이다. 갑옷식 외판 씌움 방식이 사용되며, 1층 갑판이 있다.

Galley(주방)

선박에서 음식을 조리하고 급식을 준비하는 부엌

Gallows(갤로)

오터 트롤선(otter trawler)에서 오터 보드(otter board) 또는 어망을 내리거나 올릴 때 쓰이는 고정식 아치형 데릭. 최근에는 이동식도 쓰이고 있다.

Gangway(현문)

선박의 승 · 하선을 돕기 위해 선측에 마련한 문. 이곳에서 사다리로 육상과 연결된다.

Gantry crane(문형 크레인)

컨테이너 화물 등의 취급에 적합한 이동식 기중기. 레일 상면을 따라서 이동하며, 레일에 직교하는 방향으로 높이 설치된 거더를 따라서 화물을 레일에 직교하는 방향으로 이동시킬 수 있다.

Garboard strake(용골 익판)
1. 상자형 용골에 길이 방향으로 나란하게 연결되는 인접한 외판
2. 중심선 용골에 나란히 배치돼 직접 결합되는 선저외판으로, 강력한 종 통재이다.

Gasket(개스킷)
1. 파이프 플랜지 등에서의 누설을 막기 위해 이음 사이에 끼우는 칼라 또는 라이너
2. 수밀문이나 현창 등에서 누설을 막는 데 사용하는 얇은 고무
3. 돛을 접어 야드나 붐, 개프 등에 잡아매는 데 사용하는 작은 줄 또는 캔버스 드롭

Gas turbine(가스 터빈)
연료를 연소시켜서 얻는 고온 · 고압의 가스를 터빈에서 팽창시켜 동력을 얻는 원동기

General cargo(일반 화물)
운송, 보관 또는 하역 작업상 특별한 설비나 취급을 요하지 않는 화물의 총칭. 위험물, 고가품, 동식물, 기타 특수 화물 등은 일반 화물에서 제외된다.

Generator(발전기)
기계 동력을 전기 동력으로 변환하는 회전 전기 기계의 총칭

Girder(거더)
길이 방향으로 설치되는 대형 구조 부재. 갑판 아래에 설치되는 거더는 여러 개의 갑판 보를 받쳐주는 역할을 한다. 갑판 보는 기둥으로 일정 간격마다 받쳐진다. 이중저 구조나 단저 구조인 선박에서는 길이 방향으로 연속된 수직판을 선저 구조로 배치해 거더 역할을 하도록 한다.

Girth(표면 길이)
선체의 표면을 따라 잰 두 점 사이의 최단 거리

Gooseneck (or Pacific iron)(거위목)
1. 붐을 마스트나 돛대 테이블에 연결할 때 붐이 회전할 수 있도록 하기 위해서 사용하는 회전 부품. 이는 붐이 마스트를 중심으로 어느 각도로 회전하더라도 붐을 최고 높이까지 달아 올릴 수 있게 해준다.
2. 노천갑판에 설치되는 통풍통. 통로의 단면 형상은 직사각형이고 갑판 아래서 올라온 통풍관은 180도로 굽어져 출구가 아래쪽으로 향하게 돼 있다. 출구에는 스크린과 힌지 붙이 덮개가 달려 있다.

Grain cubic(그레인 용적)
외판과 갑판 아랫면으로 측정되는 화물창의 용적량

Graving dock(독)

선박의 건조, 수리, 도장, 검사 등을 위해 만들어진 연직벽으로 둘러싸이고 갑문이 달린 콘크리트 구조물

Grimm propeller(그림 프로펠러)

상반회전 프로펠러의 한 종류로, 앞쪽에 놓여 있는 프로펠러로부터 회전 성분을 가지고 흘러나오는 회전 유동에서 에너지를 추출하도록 계획된 프로펠러. 프로펠러를 지난 유동은 피치가 반대이고 직경이 커진 뒤쪽 프로펠러의 날개로 유입되도록 돼 있다.

Grommet(그로멧)

1. 수밀 유지를 위해 볼트나 너트 등의 밑에 끼우는 부드러운 재질로 된 받침
2. 캔버스에 뚫린 구멍을 보호하는 고리

Gross tonnage(총톤수)

법령이 정하는 바에 따라 선박의 총적량을 계산하고, 용적 2.83세제곱미터를 1톤으로 환산한 톤수. 선박의 크기를 나타내는 데 사용한다.

Ground-level building site(육상 건조장)

경사진 선대를 만들지 않고 수면과 평행한 지면상에서 선박을 건조하는 육상 건조 시설. 완성된 선박 또는 초대형 블록을 옮겨서 진수시키는 물리적 수단이 강구돼야 한다.

Ground tackle(정박 용구)

선박을 정박시키는 데 필요한 닻, 닻줄, 양묘기, 삭구류의 총칭

Ground ways(진수대)

선박을 건조하며 진수할 때 선박이 미끄러져 내려가도록 계획된 경사대

Gudgeon(거전)

핀틀을 끼우기 위한 힌지 쇠붙이

Gusset plate(거싯판)

1. 골재 등의 끝을 다른 부재에 연결하는 데 쓰이는 브래킷 모양의 판
2. 수평하게 배치되는 브래킷 판

Guy(가이)

붐의 상단 부분과 불워크 또는 갑판과의 사이에 매는 줄. 상단 당김줄과 함께 붐을 소정의 위치에 고정시키거나 붐을 선회시키는 데 사용한다.

Gypsy head(집시 헤드)
윈치나 양묘기 축 끝에 설치된 실린더 모양의 드럼. 드럼에 로프를 몇 바퀴 감아주고 한쪽 끝을 손으로 당기며 이를 돌려서 양묘기나 윈치로 작업을 한다.

Half beam(반보)
해치 사이드 거더와 현측 사이에 걸쳐지는 보

Half-breadth plan(반폭 선도)
선체 선도에서 수선면 형상의 반쪽만 모아서 그린 부분

Half siding(평저부 반폭)
임의의 횡단면에서 측정한 기저면에 접하는 부분의 반폭

Halliard (or halyard)(핼리어드, 핼야드)
돛, 신호용 기기, 항해기 등을 올리고 내리는 데 사용하는 로프. 마룻줄이라고도 한다.

Hard spot(응력 집중점)
구조 치수의 차이가 큰 두 구조 부재가 만나서 교차하는 지점

Hatch (or hatchway)(화물 창구)
화물이나 저장할 물품을 싣고 내리는 데 사용하기 위해 갑판에 설치한 개구부의 총칭

Hatch coaming(창구 연재)
선박의 화물창 덮개를 덮어주고 고정시킬 수 있도록 화물창 입구 주변을 따라서 갑판에 수직하게 설치하는 수직 테두리 판

Hawse pipe(호즈 파이프)
앵커 체인을 갑판 위로 올리거나 내릴 때 체인이 지나는 관. 갑판에는 체인을 끌어들이거나 선박 밖으로 내보내기 위해 체인 홈 바퀴가 붙어 있는 양묘기가 사용된다. 호즈 파이프의 끝 부분은 둥글게 처리해 갑판이나 외판이 손상되지 않도록 하며 닻 자루는 호즈 파이프 내에 격납한 후 고정시킨다.

Head(수두)
1. 물속의 어떤 점에서 자유 표면까지의 거리
2. 압력을 유체의 비중량으로 나눈 양. 길이의 차원을 가진다.

Headlog(헤드로그)
하천에서 사용하는 직사각형의 소형선에서 경사진 선수부 외판과 갑판을 연결해주는 앞쪽 끝 부분을 이루

는 선수부 수직 부재. 운항 중에 손상받기 쉬운 부분이므로 적절한 두께의 수직한 판을 사용한다.

Headreach(최대 정지 거리)
1. 직선 항로를 따라 정상 상태로 전진하던 선박을 비상 역추진시켜 정지시킬 때 정상 전진 상태로부터 정지 상태까지의 항적에서 직선 항로에 평행한 성분
2. 직선 항로를 따라 정상 상태로 전진하던 선박의 타를 최대 타각으로 전타한 후 선박이 선회 운동을 일으켜 90도 회전하기까지 최초의 직선 항로에 평행한 방향으로 선박이 진행한 거리

Heat exchanger(열 교환기)
고온 유체에서 저온 유체로 열을 전달하는 장치. 가열기, 냉각기, 증발기, 응축기 등이 일종의 열 교환기이다.

Heat-treatable aluminum alloys(열처리 알루미늄)
열처리를 해 강도를 높이는 알루미늄 합금

Heaving(상하 동요)
선체의 연직축 방향으로의 병진 상하 왕복 운동

Heaving line(히빙 라인)
계류용 로프를 건네주기 위해 선박에서 육상으로 먼저 던져주는 줄

Heel(횡 경사)
선체가 길이 방향 축을 중심으로 회전했을 때 선체의 기울어짐. list라고도 한다.

High-performance craft(고성능 선박)
예외적으로 우수한 능력을 갖춘 소형 선박. 흔히 소형 고속선을 칭한다.

Hogging(호깅)
선체의 중앙부가 선수, 선미부에 비해 더 떠올라서 선체 중앙부가 볼록한 꼴로 구부러지는 상태

Hold and tanktop ceiling(화물창 천장 내장)
탱크나 화물창의 윗부분을 보호하기 위해 설치하는 나무로 된 내장재

Holds(화물창)
화물 적재를 위한 갑판 아래의 공간. 가장 아래에 위치한 화물 구획이다.

Hull(선체)
선체를 구성하는 구조 부재의 총칭. 외판, 늑골, 갑판, 격벽 등을 포함하며 주기관 등 기계류는 제외한다.

Hull efficiency(선체 효율)
유효 동력과 추진 동력의 비

$$n_H = \frac{P_E}{P_T} = \frac{R_T V}{T V_A} = \frac{1-t}{1-w}$$

P_E : 유효 동력, P_T : 추진 동력, R_T : 전저항, V : 선속,
T : 추진기 추력, V_A : 추진기의 전진 속도, t : 추력 감소 계수, w : 테일러의 반류 계수

Hull engineering(선체 의장)
기관실 이외의 곳에 설치되는 기계 · 장비 등의 총칭

Hull girder(선체 거더)
선체를 하나의 상자형 보로 나타낸 것

Hydrodynamics(유체 역학)
유체의 유동 현상을 해석하는 학문

Hydrofoil boat(수중익선)
선저의 좌우로 뻗은 특수 날개를 장치한 선박. 속력을 내면 선체가 수면 위로 부상하고 선미 쪽의 프로펠러만 수중에 잠겨 있어서 저항이 작고 추진 효율이 좋다.

Hydroplane(활주정)
바닥이 평평하고 주로 추진기만 수면 아래에 있어서 선체가 수상을 활주하는 형식의 선박. 활주선(planing boat)이라고도 한다.

Hydrostatic curves(배수량 등곡선도)
흘수에서 따라서 배수량, 부심 위치, 센티미터당 트림 모멘트, 메타센터 높이 등이 변화하는 상태를 나타내는 곡선도. curves of form이라고도 한다.

I-beam(아이 빔)
단면이 I형인 보. 상하 플랜지와 중앙부의 웹으로 구성된다.

Inboard(선내의)
선체 중심선 쪽으로의, 선체 안쪽으로의

Inboard profile(선내 측면도)
선체 중심선을 포함하는 연직면으로 선체를 절단해 나타낸 도면

Inclining experiment(경사 시험)
선박 위에서 중량물을 옮기거나 밸러스트 탱크에 물을 넣어 선박을 경사지게 해 선박의 중심 높이를 측정하는 시험

Innerbottom(내저판)
이중저 구조의 위쪽을 구성하는 판. 탱크 탑(tank top)이라고도 한다.

Insert plate(국부 보강판)
많은 하중이 작용하는 위치에서 강도를 향상시키고자 보통 두께의 철판에 덧대거나 용접하는 두꺼운 판

Intangible factors(감성 인자)
경제적 가치로 계량할 수는 없으나 결정에는 영향을 주는 인자

Intercostal(단절 부재)
층과 층 사이, 늑골과 늑골 사이, 보와 보 사이에 절단해 조립하는 부재. 절단하지 않고 연속해 사용하는 부재와 대비되는 부재이다.

Inverted angle(역 앵글)
긴 변을 판에 용접해 사용하는 앵글

Isherwood system(이셔우드 구조 방식)
종늑골식 선체 구조 방식

Jack staff(선수 깃대)
선수에 세운 깃대. 선주기를 게양한다.

Jacob's ladder(줄 사다리)
2줄의 밧줄에 적당한 간격으로 디딤판을 묶어서 만든 사다리

Jib(지브)
범선에서 포어 마스트의 앞쪽으로 펼치는 삼각돛

Jib-headed sail(삼각돛)
삼각형의 세로돛

Joiner work ceiling(천장 돌림대 공사)
벽과 천장이 만나는 위치에 돌림대를 붙이는 작업

Joint efficiency(결합 효율)
두 부재의 이음 부분의 강도와 모재 부분의 강도의 비

Keel(용골)
선저의 중심선을 종통하는 강력 부재. 그 종류로는 방형 용골, 측판 용골, 평판 용골 등이 있다.

Keel blocks(용골 받침목)
선대 또는 독 안에서 선체를 지지하기 위해 용골 밑에 배열하는 받침목

Keel draft(흘수)
수면으로부터 용골 하면까지의 연직 거리

Keel drag(트림)
선미 흘수와 선수 흘수의 차이. 선미 흘수가 선수 흘수보다 클 때를 선미 트림, 선수 흘수가 선미 흘수보다 클 때를 선수 트림이라고 한다.

Keel rider(용골 상판)
단저 구조 선박에서 중심선 용골의 상부 플랜지를 이루도록 길이 방향으로 수평하게 놓는 종통 보강 판재

Kerf(커프)
1. 기계 가공으로 생긴 홈 자국
2. 기계 가공으로 발생된 부스러기

Ketch(케치)
2개의 돛대를 가진 종 범선

Kingposts(킹포스트)
하나의 돛대를 사용하는 하역 방식 대신에 2개의 하역용 붐을 설치해 하역 작업을 하기 위한 밧줄 등을 거는 데 사용하는 2개의 수직 기둥. 삼손 포스트(Samson posts) 또는 데릭 포스트(derrick posts)라고도 한다. 이 방식을 사용하면 하역용 붐의 내뻗침 거리(out reach)를 키워줄 수 있어서 하역 능률이 향상된다.

Knight's head bow(선수문)
선수부에 붙여지는 달아올림식 문. 흔히 차량용 출입문으로 사용된다.

Knot(노트)
선속이나 풍속의 단위로서 시간당 이동 거리를 해리로 나타낸 것. 1해리는 1852미터이다.

Knuckle(너클)
외판, 늑골, 용골, 갑판 또는 그 밖의 선체 구조의 윤곽선이 급격한 방향의 변화를 일으키는 형상변화

Kort nozzle(코트 노즐)
추력을 높이거나 프로펠러를 보호하기 위해 프로펠러를 둘러싸는 원통형 보호 노즐

Lap(겹침 이음)
어느 한 부재의 일부가 다른 부재의 일부와 겹쳐지게 이어지는 것

Lateen rig(라틴형 범선)
돛대의 윗부분과 아랫부분에 원통형 목재를 나란히 붙인 돛을 다는 범선

Launching ways(진수대)
선박을 건조하며 진수할 때 선박이 미끄러져 내려가도록 계획된 경사대

Laying down(현도 작업)
현도장에서 선박의 형상을 실제 크기로 작성하는 작업

laying off(본뜨기 작업)
현도장에 그려진 실물 크기의 선도로부터 작업에 필요한 본을 떠내는 작업

Lee(풍하)
바람이 불어가는 방향

Lee boards(리 보드)
선저가 편평하고 흘수가 작은 선박이 바람에 밀리는 것을 막기 위해 선측에서 수면 아래로 내리는 판

Lee helm(리 헬름)
항해 중 선수가 바람에 밀리는 경향이 있을 때 침로 유지를 위해 타를 바람 방향 쪽으로 타각 조정하는 것

Leeward(바람 그늘 쪽)
바람을 맞는 쪽의 반대, 즉 바람이 불어가는 방향(lee)과 동의어

Leeway(풍압 변위)
선박이 바람으로 인해 침로에서 옆으로 밀리는 것. 선박의 침로와 실제 운동 방향이 이루는 각으로 나타낸다.

Left-hand propeller(좌회전 프로펠러)
선미 후방에서 봤을 때 반시계 방향으로 회전하는 프로펠러

Length between perpendiculars(수선 간 길이)
선미 수선(AP)으로부터 선수 수선(FP)까지의 수평 거리

Length overall(전장)
선체에 고정적으로 부착된 돌출물을 포함해서 선수의 최전단으로부터 선미의 최후단까지의 수평 거리

Lifeboat(구명정)
해상에서 조난 시 본선을 버리고 탈출하는 경우에 사용하는 자항(自航) 능력을 갖는 보트. 내부에는 신호 장치, 의약품, 비상식량 등의 비품을 의무적으로 비치하여야 한다. 구명정의 종류로는 부분 폐쇄형 구명정, 완전 폐쇄형 구명정, 공기 자급식 구명정, 내화 구명정 등이 있다.

Life raft(구명 뗏목)
선박이 조난한 경우, 해상에 투하하고 사람이 그 위에 올라타서 구조를 기다리는 목적으로 사용되는 자항 능력이 없는 구명설비. 내부에는 신호 장치, 의약품, 비상식량 등의 비품이 의무적이 비치돼 있으며, 팽창식과 고체식이 있다.

Light displacement(경하 배수량)
선체, 기계류, 의장, 장비류 내의 액체 등을 포함한 완전한 선박의 무게

Lightening hole(무게 줄임 구멍)
중량을 줄이기 위해 구조 부재에 뚫는 구멍

Light ship weight(경하 배수량)
선체, 기계류, 의장, 장비류, 기계류 내의 액체 등을 포함한 완전한 선박의 무게. light displacement라고도 한다.

Limber hole(림버 구멍)
빌지 수를 흐르게 하기 위해 늑판이나 중심선 거더 또는 중심선 내용골의 아래쪽에 뚫는 작은 반원형 구멍

Liner(정기선)
특정 항로에서 정기적으로 운항하는 선박

Line shafting(추진축계)
선미관으로부터 주기관 사이의 주 추진축계 부분

Lines(plan)(선도)
선체의 표면 형상을 나타내기 위해 횡단면, 수평면 및 연직면으로 선체를 절단했을 때 나타나는 선들을 나타낸 도면. molded lines라고도 한다.

Liquefied-gas carrier(액화 가스 운반선)
가스를 압축하고 냉각해 얻어진 액화 가스를 수송하기 위해 특별히 설계된 선박. 액화하는 방법으로는 상온에서 가압하는 가압식, 상온에서 온도를 내리는 저온식, 양쪽의 절충인 가압 저온식의 세 가지 방식이 있다.

List(횡 경사)
어느 한쪽의 중량이 다른 한쪽의 중량에 비해 크거나 작아서 선체 중심면이 수직을 이루지 못하고 한쪽으로 기울어진 상태

Liverpool head(연돌 정부)
주방과 같은 곳에 물의 유입은 최소화하고 연돌 내의 배기는 향상시키기 위해 연돌 끝에 설치하는 금속 장치. 더러는 강제 송풍 방식을 택하기도 한다.

Loaded displacement(만재 배수량)
선박이 최대 흘수로 물 위에 떠 있을 경우의 배수량. 이 값은 물에 잠긴 선박 부피만큼의 물의 무게와 같고, 경하 배수량과 재화 중량의 합과도 같다.

Load line(만재 흘수선)
계절이나 해역에 따라서 안전 항해를 보장받기 위해 허용할 수 있는 최대의 흘수선. 선박만재흘수선규정에 따라 정해진다. load waterline과 동의어이다.

Loadline mark(만재 흘수선표)
선박만재흘수선규정에 따라서 선박에 적재할 수 있는 최대 흘수를 나타내는 표지. 일반적으로 플림솔 표지(plimsoll mark)라고도 부른다.

Lock(갑문)
어느 한 수면에 있는 선박을 다른 수위의 수면으로 옮기기 위해서 사용되는, 양단에 수문을 설치한 토목 공학적 구조물

Lofting(현도)
선체의 모양을 실제의 치수로 그려서 수정하고, 그것으로부터 실물 크기로 전개하거나 가공용 본을 뜨기도 하는 작업

Longitudinal center of flotation(종 부면심)
선박의 자유수면 형상의 세로 방향 중심 위치

Longitudinal framing(종 늑골)
길이 방향으로 배치된 늑골

Longitudinal loading(하중 분포)
부력 분포와 선박 길이에 따른 무게 분포 차이로 인해 선체 구조에 작용하는 길이 방향 하중 분포

Longitudinal prismatic coefficient(주형 계수)
선체의 배수 용적을 그 흘수에서의 최대 횡단면적과 같은 횡단면적을 가지며, 선박의 길이와 같은 길이를 갖는 주상체의 체적으로 나눈 값

$$C_p = \frac{\nabla}{A_X L}$$

C_p : 주형 계수, ∇ : 배수 용적, A_X : 최대 횡단면적, L : 선박의 길이

Longitudinals(종 부재)
종 늑골식 구조에서 갑판 하면, 내저판 하면, 외판의 내면에 종 방향으로 배치되는 구조 부재. 이때 함께 사용하는 횡 방향 구조 부재는 넓은 간격으로 배치된다.

Longitudinal stability(종 안정성)
선체의 수평 가로축 둘레의 회전 운동, 즉 트림이나 피칭으로 인한 안정성

Long-tail boat(장축 선외기선)
이례적으로 긴 프로펠러축을 장착한 가솔린 엔진을 선외기로 사용하는 소형 선박

Long tons(영톤)
영국에서 사용하기 시작한 무게 단위로 2240파운드를 1톤으로 정의하며, 이는 *SI* 단위계에서는 1016.05킬로그램에 해당한다.

Louver(루버)
환기 시스템에서 외기와 직접 통하는 위치에 설치하는 덮개 판. 45도 하향으로 경사진 날개가 비늘 모양으로 배치돼 빗물이나 뱃전으로부터 튄 물방울들이 선내로 들어가는 것을 막아준다.

Magnetohydrodynamic propulsion(전자식 추진)
종 방향의 관으로 해수를 이동시키기 위해 전자기적 힘을 사용함으로써 추력을 생성하는 추진 기술로, 아직은 개발 단계에 있다.

Manhole(맨홀)

1. 사람이 출입하기 위해 갑판, 탱크의 윗부분, 격벽 등에 설치한 뚜껑이 붙은 작은 구멍
2. 사람이 지나갈 수 있도록 실체 늑판에 뚫은 구멍

Marconi sail(마르코니 세일)

돛의 앞자락이 돛대의 뒷면에 파여 있는 홈을 따라서 오르내리도록 돼 있는 삼각형 세로돛

Margin bracket(마진 브래킷)

빌지 부분에서 선측 늑골과 마진판을 연결하는 브래킷. 빌지 브래킷이라고도 한다.

Margin line(한계선)

격벽갑판의 선측 상면과 선측외판의 바깥 면이 교차하여 얻어지는 선으로부터 아래쪽으로 적어도 76밀리미터의 위치에 선에 대하여 평행하게 그은 선. 구획의 가침장 계산에 사용하는 가상선이다.

Margin plate(마진판)

선측외판과 연결되는 내저판의 좌우 양 현측의 판. 이중저 상면을 이루는 내저판이 선측 부분과 만나는 종통하는 판으로 종 강도 부재가 된다. 보통 내저판을 빌지 부분에서 굽혀서 빌지 만곡부의 외판에 직각이 되도록 붙인다.

Marine engineer(선박 기관사)

선박의 기관 업무를 담당하는 사관. 1등 기관사, 3등 기관사 등이 있다.

Marine railway(인양 선대)

선박을 육상으로 끌어올리는 선대. 레일이 수면 아래쪽으로 깊이 깔려 있어서 선박을 대차에 실어 끌어올릴 수 있으나 상대적으로 작은 선박에서만 가능하다.

Mast(마스트)

선박의 갑판 위에 수직하게 또는 약간 뒤로 기울어지게 세워진 기둥. 본래는 돛을 다는 기둥이었으나 현재는 하역 장치의 일부로 쓰이며, 신호기 게양이나 항해등 부착, 안테나 지지 등에도 사용되고 있다.

Mast step(기둥 받침)

마스트 하단을 받치는 부분

Mast table(기둥 받침)

마스트에 데릭 붐을 연결하기 위해 마스트 밑에 붙여진 브래킷 모양의 쇠붙이. 붐 고정대(boom table)라고도 한다.

Maximum section coefficient(최대 횡단면적 계수)
선박의 폭이 가장 넓은 부분에서 선체 횡단면의 수선하 면적을 선박의 형 폭과 형 흘수의 곱으로 나눈 값. 일반적으로 중앙 횡단면적 계수와 일치한다.

Mechanical door(전동문)
동력을 이용해 기계 장치로 여닫는 문. 대개 원격 제어가 가능하다.

Mensuration(측정법)
평면 또는 3차원 형상을 측정하는 방법

Merchant ship(상선)
영리를 목적으로 수송, 운송 또는 그 밖의 업무에 종사하는 선박의 총칭

Messroom(식당)
선박 승무원들이 모여서 식사하는 장소. 2등 항해사, 2등 기관사 이하의 직원들이 식사하는 장소

Metacenter(메타센터)
선박이 작은 각도로 경사졌을 때 새로운 부심을 지나는 연직선과 선체 중심선이 만나는 점

Metacentric height(메타센터 높이)
선박의 중심으로부터 메타센터까지의 연직 높이

Metacentric radius(메타센터 반경)
부심으로부터 메타센터까지의 거리

Midship(선체 중앙부)
선체 수선 간 길이의 중앙부

Midship coefficient(중앙 횡단면 계수)
선체 중앙 횡단면의 수선 아랫부분의 면적을 그 단면을 둘러싸는 직사각형의 면적으로 나눈 값

$$C_M = \frac{A_M}{B_M T}$$

C_M : 선체 중앙 단면적 계수, A_M : 선체 중앙 단면적, B_M : 선체 중앙의 선박 폭, T : 선박의 흘수

Midship half-length(반 길이)
중심이 길이의 중앙에 있는 선박일 때 선박 길이의 반

Midship section(선체 중앙 단면)
선체 중앙을 지나며 만재 흘수선에 수직한 횡단면

Mizzen mast(미즌 마스트)
돛대가 3개 이상인 범선에서 가장 뒤쪽의 돛대

Mock-up(목업)
실물 크기의 3차원 모형. 흔히 사용하는 본(템플레이트)만 사용해서는 제작하기 어려운 선체의 특정 부분을 실물 크기로 제작한 3차원 목제 모형으로, 3차원 부재를 배치할 때 상호 간섭을 피할 수 있도록 확인하는 데 사용한다. 제한된 공간에 많은 부재를 배치해야 하는 잠수함 구조나 기관실 구조 등에서 매우 중요하게 사용된다.

Model basin(모형 시험 수조)
모형을 이용해 실제 크기의 선박의 저항 특성을 예측하고, 다른 해양 유체 역학적인 연구나 설계를 수행하기 위해 이용되는 실험실

Modulus of elasticity(탄성 계수)
탄성 범위 내에서의 응력과 그에 따른 변형도 사이의 비례 상수

Molded beam(형폭)
좌우 양 현측의 선측외판 안쪽 표면 사이를 측정한 선체의 최대 폭

Molded breadth(형폭)
선측부 외판 안쪽 표면 사이를 측정한 선체의 최대 폭

Molded depth(형 깊이)
수선 간 길이의 중앙점에서 용골의 윗면으로부터 건현갑판 보 윗면까지의 연직 거리를 선측에서 측정한 값

Molded displacement(형 배수량)
수선 아래에 잠긴 선체의 배수량으로부터 수면 아래 잠긴 외판의 부피를 제외한 가상의 배수 용적

Molded lines(기준선도)
두께 없는 외판으로 둘러싸인 선체의 표면 형상을 나타내는 선도. 이 선도는 각종 설계 계산과 구조 부재의 형상을 결정하는 기준면이 된다.

Mold loft(현도장)
현도 작업을 하는 장소

Moment of inertia(관성 모멘트)
물체의 요소 질량에 해당하는 요소가 기준 축으로부터 떨어져 있는 거리의 제곱을 곱하고 모든 요소에 대해 적분해 그 물체 전체에 대한 값을 구한 것

Monohull(단일 선체)
쌍동선이나 삼동선과 다르게 동체가 하나인 선체

Moon pool(문풀)
주요 시추 작업을 위해 선체 중앙에 갑판으로부터 드릴십 바닥을 관통하는 커다란 구멍

Mooring(계류)
선박을 언제라도 운항할 수 있는 상태로 일시적으로 묶어두는 것

Mooring bitt(비트 계류)
선박을 계류시킬 때 로프를 걸어 붙들어 매기 위해 갑판 위에 설치하는 기둥. 일반적으로 기둥이 2개인 것은 볼라드라 하고, 1개인 것은 비트라고 한다.

Mooring buoy(계류용 부이)
계류용으로서 항구 내에 띄워두는 부유체

Mooring ring(계류삭 보호링)
계류삭이나 계선용 밧줄이 통과하는 불워크 판에 끼워주는 원형 또는 타원형의 주물. 밧줄의 손상을 줄이는 역할을 한다.

Mooring winch(계류 윈치)
횡축 드럼으로, 계류용 밧줄을 조작해 선박을 부두에 잡아매는 역할을 하는 윈치

Moorsom system(무어솜 방식)
공인된 톤수를 정의하던 이전의 방법

Mushroom(버섯형 통풍통 덮개)
환기 장치의 환기구 위에 영구적으로 설치한 덮개. 대개 환기 장치보다 더 큰 지름에 둥근 형태를 띤다.

Mushroom anchor(버섯꼴 닻)
버섯 모양의 닻

Nautical mile(해리)
선속이나 풍속의 단위로서 시간당 이동 거리를 해리로 나타낸 것. 1해리는 1852미터이다.

Naval architect(조선기사)
조선에 관한 전문 지식과 기술을 가진 사람

Navigating bridge(항해 선교)
선박이 운항할 때 선장이 조종을 지휘하는 곳

Negative stability(음복원성)
부유체가 경사를 일으켰을 때 원래의 직립 위치로 되돌리지 못하고 더 경사지게 해 전복을 일으키려는 성질

Net tonnage(순톤수)
총적량으로부터 승조원실, 해도실 밸러스트 탱크, 기관실, 갑판부 창고, 기타 항해에 필요한 장소의 용적을 뺀 용적(순적량이라고 함)을 1000/353세제곱피트를 1톤으로 해 표시한 톤수

Network flow(네트워크 흐름)
선박의 생산 계획 과정에서 관련된 업무들이 효과적으로 연계되고 순차적으로 이뤄지도록 업무를 통괄하는 기술. 원칙적으로는 이를 각 과정에서 효율화하기 위해 컴퓨터 프로그램의 도움을 받는다.

Neutral axis(중립축)
굽힘 하중을 받는 부재의 중립면과 횡단면의 교선. 중립축은 단면의 도심을 지나는 직선

Neutral helm(중립 타각)
키의 손잡이를 선체 중심선에 일치하게 두고 범선이 예정된 직선 항로로 항해하는 것

Neutral stability(중성 안정성)
부유체가 경사를 일으켰을 때 경사된 상태를 유지하는 성질

Node(절점)
1. 연속체를 이산화하는 과정에서 연속체 자체의 기하학적 형상을 표현하고 원하는 물리량을 계산하기 위해 설정하는 대표점
2. 진동하는 물체에서 진폭이 0인 점

Numerical analysis(수치 해석법)
복잡한 물체의 형상을 수학적으로 나타내지 않고, 물체를 구성하는 요소들의 상관관계로부터 복잡한 형태의 물체에 관해 분석하는 수학적 방법

OBO(다목적 화물선)
원유, 벌크 화물 또는 광물을 운송하도록 설계된 선박을 나타내는 약어

Offsets(형상 치수표)
선박의 크기와 형상을 나타내기 위해 정해진 기준면으로부터 선체 표면까지 잰 값들로 나타내는 표. 정해진 위치에서의 반폭과 높이로 나타낸다.

Oil stop or water stop(유밀 또는 수밀 이음)
유밀 또는 수밀이 요구되는 부재를 연결할 때 교차 부분의 작업 방법을 지정하는 세부 사항, 유밀 또는 수밀이 요구되는 부재의 이음부를 따라서 반원형의 홈 파기를 실시하고, 경계를 이루는 용접선 전체에 대해 연속적인 용접을 실시해 용융된 금속이 홈을 메우도록 하는 이음 방법

One-compartment subdivision(단일 가침 구획 분할)
선박이 손상돼 어느 한 구획이 침수되더라도 선박이 물 위에 계속 떠 있을 수 있도록 횡 격벽 위치를 결정해 선박의 구획을 분할하는 것

Open floor(조립 늑판)
연직 판재가 없는 늑판

Open-water efficiency(프로펠러 단독 효율)
프로펠러가 균일 흐름 속도 V_A로 단독으로 작동하는 경우, 추진에 이용한 동력 P_T와 프로펠러가 흡수한 동력 P_D와의 비

$$n_0 = P_T = P_D = TV_A / 2\pi Q_0 n.$$

T : 추력, Q_0 : 단독 작동 시 토크, n : 회전수

Outboard(선외)
중앙선으로부터 나란히 떨어진, 또는 선체 바깥쪽의

Outfitting(의장)
선박이 완성된 후로부터 취항 가능 상태로 인도될 때까지의 기간 중에 선체에 붙이는 각종 기기의 총칭 또는 같은 기간 중에 이뤄지는 공사의 총칭

Overhang(수선 위 돌출부)
선체 형상을 수면에 투영했을 때 설계 만재 수선면보다 위쪽에 놓이는 돌출부. 흔히 선미 수선보다 뒤쪽에 놓이는 돌출부와 선수 수선보다 앞쪽에 놓이는 돌출부가 가장 대표적이다.

Padding(가스 충전)
액체 화물이 공기와 접촉하는 것을 막기 위해 화물창에 불활성 가스를 충전하는 것. 흔히 질소 가스가 사용된다.

Pad eye(아이 패드)
와이어로프 또는 합성섬유 로프 등을 걸기 위해 블록에 붙이는 구멍이 뚫려 있는 부품. 아이 플레이트라고도 한다.

Panel line(패널 라인)
외판에 늑골이나 특설 늑골 등을 용접해 블록을 형성하는 조립 생산 라인으로 의장품을 함께 조립하기도 한다.

Panting(팬팅)
선박이 거친 바다 위를 항해할 때 파도가 선수, 선미부에 부딪쳐 나타나는 국부적인 충격

Panting frames(팬팅 늑골)
팬팅으로 인한 충격에 견디게 하기 위해 특별히 설치된 늑골

Parabolic(포물선형)
포물선의 형상. 비전문적인 용어로는 곡률 반경이 일정하게 변화하는 곡선을 말한다.

Paragraph ship(법정 한계선)
관습, 조약, 법령, 규정 등을 적용받기 위해 적용 한계가 되는 총톤수보다 약간 작게 설계한 선박. 여기서 '항(paragraph)' 이라는 단어는 총톤수를 법령의 조항으로 적용한 데서 연유하고 있다. 예컨대 우리나라에서는 소형 어선의 크기가 5톤, 10톤을 경계로 규제 조건이 달라지고 있다.

Parallel middlebody(선체 중앙 평행부)
선체의 중앙 부분에서 단면의 모양이 일정한 부분

Paravane(파라베인)
1. 선박이 끌고 가면 연처럼 선박으로부터 벌어지려는 수중 날개
2. 바닷속에 설치된 기뢰에 선박이 충돌하는 것을 방지하고 그것을 떠오르게 해 소해하는 데 쓰이는 기구 선수로부터 양 현으로 낸 밧줄 끝에 파라베인을 붙여 기뢰의 밧줄을 절단하거나 또는 기뢰가 부상하도록 한다.

Peak(피크)

1. 선수 또는 선미의 끝 부분
2. 일정 기간 내 변동값의 최고치

Peak tank(피크 탱크)

선미부 최후방 또는 선수부 최전방에 설치되는 탱크

Period of roll(횡 동요 주기)

한 주기의 완전한 동요가 일어나는 데 소요되는 시간. 좌현으로 최대한 경사졌던 선박이 우현까지 최대한 경사진 후 다시 좌현으로 되돌아오기까지 소요된 시간

Permeability(침수율)

침수된 구획에서 물이 차지하는 용적과 그 구획의 전체 용적의 비

Perpendiculars(수선)

선수 수선과 선미 수선의 총칭

Petty officer(하사관)

해군 하사관. 장교와 수병 사이의 직급을 가지는 승조원

Pier(부두)

해안에 수직한 방향으로 설치된 고정식 선박 정박 시설. 수중에 세워진 지주나 안벽 위에 콘크리트 슬래브를 얹은 것이 많다.

Pillar(기둥)

선창이나 갑판 사이에 설치해 빔을 받쳐주는 구조물. 필러 또는 스탠션(stanchion)이라고도 한다.

Pintles(핀틀)

타 축의 하단을 선미재의 후단 위에 지지하는 쇠붙이

Pitch(피치)

1. 나사를 1회 틀었을 때 이동하는 거리
2. 프로펠러가 가상적으로 고체 속에서 1회 회전할 때 전진하는 거리
3. 리벳 이음의 1줄에서 리벳들의 간격
4. 선박의 중심을 지나는 횡방향 수평축 둘레의 회전 운동
5. 원유나 석탄으로부터 기체와 액체 성분을 분류하고 남은 물질

Pitch angle(피치 각)
베벨 기어에서 피치 원추의 꼭지각의 반각. 베벨 기어는 교차하는 두 축 사이에 회전을 전달하는 치차 장치인데, 기어의 피치 면은 두 축의 교점을 꼭짓점으로 하고, 이빨의 접촉점을 지나는 원추면이 된다. 그 원추 면을 피치 원추라고 한다.

Pitching(종 동요)
선체의 횡방향 수평축 둘레의 회전 동요

Pitch poling(피치 폴링)
공중제비 돌듯이 앞뒤 방향으로 회전하며 선박이 전복되는 것

Planimeter(면적계)
도형의 면적을 재는 기계

Planing hull(활주형선)
어떠한 속도로 항해할 때 바닥면에 작용하는 수압으로부터 양력을 얻는 선박

Planking(목갑판)
나무로 씌운 갑판 또는 갑판을 목재로 덮는 것

Plasma-arc cutting(플라스마 절단)
절단할 금속과 토치 안에 삽입된 전극 사이에서 아크를 고속으로 분출시켜 얻는 고온의 화염으로 절단하는 방법. 극도로 높은 열은 금속을 녹이고, 이 용융된 금속은 토치로 불어내는 강력한 가스의 제트 흐름에 의해 연속적으로 제거된다.

Platform(플랫폼)
평평하고 작은 판 또는 대, 내수면용 평저선, 평강

Platform deck(플랫폼 갑판)
상갑판 아래쪽에 있는 갑판 중에서 종 강도에 기여하지 않고 단순히 화물을 적재하는 선반 역할의 갑판

Plimsoll mark(플림솔 표지)
만재 흘수선표에 대한 일상적인 표현. 1872년 영국의 하원의원 새뮤얼 플림솔(Samuel Plimsoll)이 제안한 데서 국제만재흘수선규정이 제정돼 플림솔 표지가 사용되기 시작했다.

Plug weld(플러그 용접)
포개진 두 모재의 한쪽에 원형이나 타원형의 구멍을 뚫고, 여기에 용착 금속을 녹여 넣어 두 모재판을 용

접하는 방법

Pontoon(상자형 선박)
물 위에 떠 있는 직육면체 모양의 구조물. 선착장, 기중선 등으로 이용된다.

Poop(선미루)
선미부의 상갑판 위에 설치된 선루. 선박에 내파성을 줌과 동시에 조타 기어를 보호하는 것이 주된 목적이다. 또한 선미 기관선에서는 기관실을 보호한다.

Porthole, Portlight(원형창)
1. 디젤 기관에서 공기를 빨아들이거나 배출하는 구멍. 2행정 디젤 기관의 소기구(scavenging air port)를 단순히 공기구(air port)라고 부르기도 한다.
2. 선박의 선측 또는 갑판실에 채광이나 환기를 위해 설치하는 힌지가 달린 창. 흔히 원형인 창으로서 현창이라고도 한다.

Port side(좌현)
선박에 탄 사람이 선수를 향했을 때 왼쪽에 놓이는 뱃전. 우현(starboard side)의 반대이다.

Potable(포터블)
마시기에 적합한

Prime mover(원동기)
연료, 수력, 원자력 등을 이용해 동력을 발생시키는 기계

Prismatic coefficient(주형 계수)
선체의 배수 용적을 그 흘수에서의 최대 횡단면적과 같은 횡단면을 가지며, 선박의 길이와 같은 길이를 갖는 주상체의 체적으로 나눈 값

$$C_p = \frac{\nabla}{A_X L}$$

C_p : 주형 계수, ∇ : 배수 용적, A_X : 최대 횡단면적, L : 선박의 길이

Propeller(프로펠러)
날개를 축 주위로 회전시킴으로써 추력을 발생시켜 선박을 추진시키는 장치. 때때로 스크루(screw) 또는 휠(wheel)이라고도 한다.

Propeller boss(프로펠러 보스)
프로펠러축이 관통하는 선미재의 불룩한 부분

Propeller disk(프로펠러 원판)
프로펠러 날개 끝이 그리는 궤적을 축에 수직한 평면에 투영해 얻어지는 원

Propeller guard(프로펠러 보호구)
충돌이나 외부의 충격 등으로부터 스크루 프로펠러를 보호하기 위해 설치하는 보호 장치

Propeller pitch(프로펠러 피치)
프로펠러가 움직이지 않는 가상적인 유체 속에서 1회전할 때 전진하는 거리

Propeller post(프로펠러 포스트)
추진축을 지지하기 위한 선미재의 일부분

Propeller shaft(프로펠러축)
프로펠러를 붙이는 축

Propeller tunnel(프로펠러 터널)
프로펠러와 선체가 간섭을 일으키지 않도록 하기 위해 선저 형상을 오목하게 위로 파준 부분. 프로펠러 터널의 가장 높은 위치는 정수면보다 높아질 수 있다.

Proportional limit(비례 한도)
영구 변형이 생기지 않는 응력의 최대 한도. 탄성한계라고 부르기도 한다.

Propulsive coefficient(추진 계수)
유효 출력과 전달 출력의 비. 추진 효율이라고도 한다.

Propulsor(추진기)
추력을 전달하기 위한 기계적 장치

Quartering sea(빗긴 파도)
선수나 선미로부터 선체 중심선에 대해 45도 비스듬한 방향으로 전파돼 들어오는 파의 종류

Quarters(숙소)
생활하거나 취침할 수 있는 방

Quarter wheels(선미 외륜)
선미 부분에 짝지어서 설치된 한 쌍의 추진용 외륜. 동시 구동이 가능할 뿐 아니라 독립적으로도 구동이 가능하다.

Quay(안벽)
대개 해안을 따라 건설된 석조로 된 선박 계류 구조물

Quenching(담금질)
변태점 온도 또는 포화 용해 온도 이상으로 가열된 금속의 냉각 속도를 조절해, 냉각된 후 금속 조직 내부에 변태 조직이나 석출 조직을 적당히 남게 해 필요한 금속 재료의 성질을 얻는 열처리 작업

Rabbet(래빗)
선수재나 선미재와 같이 두꺼운 부재에 얇은 판을 접합할 때 두꺼운 부재에 홈을 파서 끼워 맞추는 공작

Radius of gyration(관성 반경)
물체의 관성 모멘트를 질량으로 나눈 값의 제곱근. 물체의 질량을 M, 관성 모멘트를 I, 관성 반경을 k라 하면 $I=Mk^2$의 관계가 있다. 선체의 동요 주기를 계산할 때 동요 축 둘레의 겉보기 회전 반지름이 된다.

Rail(난간)
불워크의 윗부분 모서리에 붙이는 둥그란 부재, 또는 불워크 대신에 설치된 울타리와 비슷한 모양의 철책의 상단을 구성하는 수평 파이프나 체인

Rake(레이크)
1. 프로펠러 평면으로부터 날개의 제작 기준선까지의 축 방향 거리. 날개 끝이 하류 방향으로 후퇴한 거리를 양(+)의 레이크로 잡는다.
2. 경사

Raked blades(경사 날개)
측면으로부터 봤을 때 뒤쪽으로 기운 프로펠러 날개

Range of stability(복원성 범위)
선박의 직립 상태부터 복원력 멸실각까지의 경사 범위. 정적 복원력 곡선에서 원점으로부터 복원 팔 GZ 곡선과 기선의 교점까지 정의 복원력을 가지는 경사각의 범위를 말한다.

Rating(승조원)
선박에 근무하는 하급 직원 또는 함정의 수병

Rating(정격)
당해 기기에 대해 제작자가 보증하는 사용 한도. 보통 출력 또는 용량으로 표시한다.

Reduction gear(감속 장치)
주기관과 추진기 사이에서 주기관 축의 회전 속도를 감소시켜 추진기 축에 전달하는 장치. 감속 장치에는 액체식 감속 장치, 전기식 감속 장치, 기어식 감속 장치가 있다.

Reefer(냉동)
'냉각 장치' 또는 '냉장한' 에 대한 일상적인 표현

Registered tonnage(등록 순톤수)
선박법, 선박 톤수 측정에 관한 규칙 및 선박법 시행 규칙에 의해 측정된 순톤수. 선박을 등록할 때 쓴다.

Residual resistance(잉여 저항)
선체의 전저항에서 마찰 저항으로 정의될 수 있는 부분을 제외한 저항 성분

Resistance(저항)
1. 선박이나 항공기가 유체 속을 움직일 때 그 유체로부터 받는 항력
2. 전기 회로의 물성을 나타내는 상수의 하나로, 리액턴스와 마찬가지로 전류의 흐름을 저해하는 정도를 나타내는 양. 유효 전력을 소비하는 점이 리액턴스와 다르며 단위로는 Ohm(Ω)을 사용한다.

Resonance(공진)
물체의 고유 진동수와 강제 외력에 의한 진동수가 같을 때에 동조를 일으켜 발생하는 심한 진동. 이때 진폭이 최대가 된다.

Resorcinol(레조르시놀)
특정 수지의 합성에 사용되는 화학 물질

Reverse frame(부늑골)
이중저 구조에서 내저판 밑에 붙여 조립 늑판을 구성하는 형재

Reversible-pitch propeller(가역 피치 프로펠러)
선박 내에서 조절해 프로펠러 날개의 피치 각을 정해진 전진 전용 피치 각과 후진 전용 피치 각으로 전환할 수 있는 스크루 프로펠러

Ribband(안내목)
1. 선박 조립 시 늑골이나 구조물이 선형 곡선을 따라 매끄럽게 놓이도록 하기 위해 사용하는 목재 배튼
2. 진수 활대의 안쪽에 활대가 조정대 위에서 옆으로 밀리는 것을 막을 목적으로 붙이는 보조재. 조선소에 따라 활대의 바깥쪽에 붙이는 경우와 고정대의 바깥쪽에 붙이는 경우가 있다.

Rider plate(라이더 판)
단저 선박에서 용골을 구성하는 부재로서 용골 상면에 붙여져서 내저판의 일부를 이루는 좁고 길며 두꺼운 수평판

Rigging(삭구 장치)
하역이나 돛대에 쓰이는 로프, 활차와 그 부속품으로 이루어진 장치의 총칭

Right-hand propeller(우회전 프로펠러)
선미 후방에서 봤을 때 시계 방향으로 회전하는 프로펠러

Rise of floor(선저 구배)
선저외판의 가로 방향 기울기. 선저 기울기라고도 한다.

Rivet(리벳)
금속판 2장 이상을 겹쳐서 접합하는 데 사용하는, 머리가 달린 막대 모양의 금속성(강철, 알루미늄, 구리 등) 체결 부품

Roll(횡 동요)
1. 선체의 길이 방향 축을 중심으로 하는 회전 동요
2. 재료를 압연하기 위해서 사용하는 주철, 주강, 단강제 등의 원통형 쇠뭉치

Rolled shapes(압연재)
붉게 달궈진 동안에 특수한 롤러 사이에서 밀어내어 얻어지는 일정 형상의 금속 부품

Roll on/roll off ship(롤온/롤오프선)
차량이나 트레일러 또는 지게차 등으로 화물을 싣고 내리는 선박

RO-RO (or RO/RO)(로로선)
화물을 실은 차량이 직접 선내로 드나드는 하역 방식으로 설계된 선박의 총칭. 자동차 운반선에서와 같이 화물이 자력으로 오르내리는 것을 특히 드라이브 온/드라이브 오프라고 한다.

Rudder(타)
선박의 방향을 바꾸기 위해 사용하는 것으로 판 모양으로 된 것. 러더 또는 키라고도 한다. 선미에 수직하게 설치된 타 판이 흐름 방향에 수직으로 양력을 발생시킨 뒤, 그 양력이 선체를 선회시키는 모멘트를 형성해 선박의 조종에 이용한다.

Rudder horn(혼)
타주가 없는 선미재에서 타의 상단을 지지하기 위해 선체에 붙이는 부분

Rudder pintle(핀틀)
러더 포스트에 끼워서 맞물려지는 러더의 앞쪽 부분을 받쳐주며 힌지를 이루는 받침. 타는 핀틀을 중심으로 회전하게 된다.

Rudderpost(선미재)
타 등을 지지하는 선미 부재. 스턴포스트(sternpost)라고도 한다.

Rudderstock(타두재)
타의 윗부분에 붙이며, 타를 회전시키는 동력을 전달하는 축

Rudder stop(타 멈추개)
타의 과대한 회전을 방지하기 위해 러더 스톡, 러더 포스트 혹은 이들 양쪽 모두에 설치하는 회전 멈추개

Run(선미부)
물에 잠긴 선박의 선체 중앙 평행부보다 후방에 놓이는 부분. 선미부가 시작되는 부분에서는 단면적 곡선의 기울기값이 0이 된다.

Running rigging(동삭)
당기면 풀려나가는 밧줄

Sacrificial anode(희생 음극)
선체가 전해 작용으로 부식되는 것을 막기 위해 음극 작용을 해, 먼저 부식되도록 선체에 설치하는 금속 덩어리

Sagging(새깅)
선체의 중앙부가 선수, 선미부보다 더 가라앉아 선체가 오목한 꼴로 구부러지는 상태

Sailboard(세일보드)
앞뒤로 유연하게 경사지게 할 수 있는 돛대에 돛을 달아 타 없이도 조종이 가능하게 만든 서핑보드

Samson post(삼손 포스트)
2개의 하역용 붐을 설치해 하역 작업을 하기 위한 밧줄 등을 거는 데 사용하는 2개의 수직 기둥. 킹포스트(kingposts) 또는 데릭 포스트(derrick post)라고도 한다. 이 방식을 사용하면 하역용 붐의 내뻗침거리(out reach)를 키워줄 수 있어서 하역 능률이 향상된다.

Scantling draft(구조 흘수)
선각 구조 계획의 기초가 되는 흘수

Scantlings(구조 치수)
선박의 프레임, 거더, 판 등의 단면 치수

Scarf(스카프 이음)
부재의 단부를 비스듬히 깎아 그 부분을 서로 엇갈리게 끼워서 잇는 방법

Schilling rudder(실링 러더)
특수한 형상의 타 단면을 갖춘 선박 조종 장치. 넓은 타각 범위에서 회전할 수 있도록 설계되었으며, 특허 등록이 돼 있다.

Schneekluth duct(슈니클로스 덕트)
프로펠러로 들어오는 반류 분포를 평준화시키고자 단일 스크루 프로펠러의 앞부분에 설치하는 선체 부가물

Schooner(스쿠너)
2~6개의 돛대가 있으며, 종범을 다는 범선

Screen bulkhead(칸막이 격벽)
구획과 구획 사이의 칸막이 역할을 하는 경구조의 격벽. 보일러실과 주기실 사이에 설치되는 칸막이. 보일러실에서 석탄을 취급할 때 생기는 먼지가 주기실에 들어오는 것을 막는 것이 목적이다.

Screw propeller(나선 프로펠러)
선박용 추진기로서 가장 흔히 쓰이는 고정식 날개가 달린 프로펠러. 고정식 날개는 나선면의 일부를 이루도록 만들어졌다.

Scullery(식기세척 건조장)
식기를 닦고 말리는 장소

Scuppers(배수구)
갑판이나 외판에 설치하는 배수에 사용하기 위한 구멍

Scuttle(탈출구)
갑판에 설치되는 원형 또는 타원형 구멍. 평상시에는 덮여 있으나 비상시에는 신속하게 열고 탈출할 수 있어야 한다.

Scuttle(현창)
채광과 통풍을 위해 선측에 설치하는 원형 창

Scuttlebutt(식수대)
식수를 담는 컨테이너

Sea chest(해수 흡입구)
주기관과 보조기관용 냉각수를 흡입하기 위해 선저에 설치한 구조물. 해수함이라고도 한다. 입구에는 거름망을 두며 결빙을 막기 위해 압축 공기 또는 증기관을 배치한다.

Sea-kindliness(친항성)
거친 해상 환경에서도 상대적으로 편안한 상태를 유지하는 선박의 특성

Seam(이음매)
부재와 부재를 연결한 부분. 길이 방향의 외판 연결부

Sectional area curve(단면적 곡선)
횡축을 선체 길이로 하고, 각 종선에서 설계 수선까지의 횡단면적을 종축에 그린 곡선. 길이는 선체 길이 L로, 면적은 중앙 횡단면적으로 무차원화해 나타낸다.

Section modulus(단면 계수)
단면의 중립축에 관한 2차 모멘트를 중립축으로부터 가장 먼 곳까지의 거리로 나눈 값

Sections(단면)
선박이나 어떤 물체를 임의의 평면으로 잘랐을 때 나타나는 절단면

Settling tank(세틀링 탱크)
연료에 섞여 있는 물을 분리하는 데 사용하는 연료 탱크. 연료유를 채운 후 물이 바닥에 가라앉을 때까지 수 시간 동안 기다린 후 분리된 물을 뽑아낸다.

Shaft bearings(축 베어링)
회전 운동 또는 직선 운동을 하는 축을 지지하는 베어링

Shaft horsepower(축 마력)
축 동력. 추진 기관으로부터 축계에 전달되는 동력으로, 축계의 후단에서 계측한다.

Shaft strut(추진축 브래킷)
다축선에 쓰이는 축 브래킷. 축계의 선외 돌출부가 길어 프로펠러축의 후단을 고정시키기 위하여 설치하

는 축 브래킷으로, 주로 해수 윤활 방식을 채용하며 다축선에 많다.

Shaft tunnel, Shaft alley(축로)
추진축계 장치를 보호하기 위해 기관실 후단으로부터 선미까지 터널 모양으로 설치된 수밀 구획. 이 터널의 한쪽 끝은 기관실로 이어지며 선미 쪽 끝은 선미 트렁크로 상층부 갑판에 연결돼 기관실로부터 탈출용 통로 역할을 하기도 한다.

Shank(닻자루)
앵커에서의 닻가지와 체인 부가 장치 사이의 직선 부분

Shape(형재)
앵글, 벌브 앵글, 채널 등 압연해 만든 구조용 부재

Shear(전단)
1. 물체의 어떤 단면을 따라 한쪽 면이 상대면에 대해 미끄러지는 변형 양식
2. 서로 반대 방향으로 작용하는 평행한 힘

Sheer(현호)
현측에서 갑판 하면선의 선수미 방향의 휘어짐

Sheer plan(측면 선도)
선체 중심면과 그에 평행한 종단면들이 선체 표면과 교차해 얻어지는 곡선들을 모아서 그린 선도

Sheer strake(현측 외판)
강력 갑판과 접하는 1줄의 두꺼운 선측 외판재. 현측 후판이라고도 한다.

Sheet(시트)
돛 아래쪽 모퉁이에 양쪽으로 붙여지는 돛을 조종하기 위한 로프나 체인

Shell expansion(외판 전개도)
선체 외판의 내면을 선박의 전장에 걸쳐 기선에 수직인 방향으로 전개하고, 외판의 세로 이음, 가로 이음, 판 두께와 외판에 접하는 구조 부재의 배치 등을 나타내는 도면

Shell landings(외판 위치)
외판의 모서리 부분이 만나는 프레임 위의 지점

Shell plating(외판)
선체의 바닥과 옆쪽의 외피를 구성하는 판

Shell stringer(선측 스트링거)
선측외판에 길이 방향으로 설치된 특설 늑골. 대개 현측 늑골들을 지지하는 역할을 한다.

Shelter deck(차랑갑판)
선수부터 선미까지 완전히 상갑판을 덮고 있는 전통 경구조 갑판. 상갑판과 이 갑판 사이의 공간은 여객이나 가벼운 화물을 싣는 장소로 이용된다.

Shelter deck ship(차랑갑판 선박)
선박의 맨 위층 전통갑판에 감톤 해치를 설치해, 그 아래 갑판과의 사이의 용적이 총톤수에서 제외되도록 한 선박

Shifting boards(시프팅 보드)
화물 이동 방지판. 선창 내에 적재된 화물, 특히 곡물이 선박의 동요에 따라 이동되지 않도록 막는 판

Ship's service(운항 장비)
선박을 운용하는 데 필요한 엔진 이외의 모든 설비를 총칭하는 말

Shoal water(천수역)
얕은 수심의 해역

Shoe(슈)
타의 하단부를 지지하기 위해 선저로부터 길이 방향으로 연장된 무거운 버팀대

Shore(지주)
독 안에서 선박을 건조하거나 수리하는 동안 선저나 선측을 지지하는 목재 또는 강제 버팀재

Short ton(숏톤)
2000파운드와 동일한 무게 단위

Shot(숏)
15패덤이나 90피트와 동등한 앵커 체인의 길이

Shroud(슈라우드)
1. 마스트, 데릭 포스트 등이 옆으로 기울어지는 것을 막기 위해 지지하는 결박 시스템

2. 터빈 날개의 선단을 고정하기 위해 설치한 링 형상의 것
3. 프로펠러의 손상을 막기 위해 프로펠러 주위에 설치하는 보호구

Side keelson(측 내용골)
단저 구조 선박의 선저 양쪽에 길이 방향으로 배치되는 종 통재 중에서 중심선 내용골과 선체 만곡부 내용골 사이에 배치되는 내용골

Side thruster(사이드 스러스터)
선수부 또는 선미부의 선체 수선 아래에 옆 방향으로 원통형 관통부를 만들고, 여기에 옆 방향의 추력 발생 장치를 단 것

Sight edge(윤곽선)
선체를 바깥으로부터 봤을 때 선체 윤곽으로 나타나는 선체외판의 모서리

Simpson's multipliers(심프슨 계수)
심프슨의 법칙을 사용해 수치 계산을 할 때 치수들에 순차적으로 곱하는 계수

Simpson's rule(심프슨의 법칙)
기선을 등간격으로 분할하고, 분할된 곡선 부분을 근사적으로 2차 곡선 또는 3차 곡선이라고 가정해 기선과 곡선으로 둘러싸인 부분의 면적을 구하는 근사 수치 적분 계산법. 제1법칙, 제2법칙 등이 있고, 선박 계산법에서 주로 이용하고 있다.

SI units(SI 단위계)
현재 세계적으로 사용되고 있는 국제 표준 단위계. 관련 깊은 오래된 미터 단위계를 대체했다.

Skeg(스케그)
1. 침로를 안정시키기 위해 선미부에 붙이는 지느러미꼴 부재. 동복원력을 증가시키며 횡 동요 감쇠력을 증가시키는 효과가 있다.
2. 목선의 선미재를 용골에 고착시킬 때 쓰는 굽은 부재
3. 타를 받치며 프로펠러를 보호하기 위해 용골 후단부에 연장해 붙이는 부재

Skewed blades(스큐)
프로펠러축에 수직한 평면에 투영시켜 봤을 때, 반경이 커질수록 프로펠러의 날개가 뒤쪽으로 굽혀지는 프로펠러 날개

Skids(스키드)
구조물을 지면 위로 떠받쳐 지탱하는 데 사용하는 뼈대

Skin tank(스킨 탱크)
하나 또는 그 이상의 벽면이 선측외판이나 선저외판으로 된 액체 화물 탱크 또는 밸러스트 탱크

Skylight(천창)
채광과 통풍을 위해 노천갑판에 설치하는 지붕 모양의 창문

Slamming(슬래밍)
선박이 거친 바다 위를 항해할 때 선체와 파도의 상대 운동으로 인해 선수부 바닥이나 선측에 심한 충격이 생기는 현상

Sliding ways(진수 미끄럼대)
선박을 진수시킬 때 쓰이는 목재로 만든 미끄럼대

Slip(슬립)
프로펠러의 피치에 회전수를 곱해 얻은 가상의 선박 전진 거리와 실제로 프로펠러가 물속에서 전진한 거리의 차이

Sloop(스룹)
돛대가 하나인 범선

Smokestack(연돌)
선박의 굴뚝. 연로, 배기가스관 등을 내장한 통 모양의 구조물. 치장 연돌 또는 연돌 외통이라고도 한다.

Snipe(스닙)
모서리 일부를 잘라낸 것

Solid floor(실체 늑판)
중심선 거더에 연결되는 늑판 중에서 선저외판과 내저판 사이를 연직 판재로 연결하는 늑판

Sounding tube(측심관)
빌지의 바닥, 이중저, 창내 탱크, 배수 우물, 화물창, 또는 선체 내 구획 등으로 이어지는 파이프. 그 안의 액체 상태와 깊이를 측정하는 측연선, 테이프, 막대 등을 삽입하는 데 이용된다.

Spar deck(벽체갑판)
오대호에서 사용되는 벌크선의 노천갑판이나 상부갑판을 지칭한다. 전통적으로 오대호에서 사용하는 벌크선의 화물 공간은 개방돼 있고, 선측에 나란히 배치된 사이드 탱크의 윗부분만 좁은 주갑판의 역할을 하는 데서 용어가 유래됐다.

Spectacle frame(안경형 선미재)
주 선체 바깥쪽으로 붙여지는 다축선에서 프로펠러 축의 끝을 지지하기 위한 거대 주물 구조물. 보싱을 구성하는 외판이 축을 감싸고, 그 뒤쪽 끝 부분에 안경형 선미재기 붙여진다. 축 스트러트를 붙이던 곳에 붙인다.

Speed-length ratio(속도-길이 비)
선박의 속력과 선체 길이의 제곱근의 비($V/\sqrt{L}$). 선박의 속력을 비교할 때 사용되며 속장비라고도 한다.

Spot welding(점 용접)
얇은 판의 가장자리를 겹쳐놓은 뒤 전극봉으로 누르며 전기를 통해 저항열로 판과 판 사이를 용융시켜 접합시키는 용접법

Spray strip(물보라 막이띠)
물보라의 발생을 막거나 선체외판 표면을 타고 오르는 얇은 층의 물의 흐름을 밖으로 되돌리기 위해 선수부 선체 표면에 붙이는 단면적이 작은 띠

Spring bearing(장축 베어링)
섭동 운동을 일으키는 장축 축계를 지탱하는 유동 베어링

Springing(스프링잉)
파장 하중과 선체 구조의 탄성 특성이 상호 작용을 일으켜 선박 전체에 유기되는 진동. 길이가 길고 깊이가 작은 선박일수록 심하게 나타난다.

Spring line(스프링 라인)
선수에서 선미 방향 또는 선미에서 선수 방향으로 매는 계류용 로프

Square propeller(스퀘어 프로펠러)
피치가 직경과 동일한 프로펠러

Squatting(스쿼트)
운항하고 있는 선박의 선미 트림이 정지 상태에서의 트림에 비해 증가하는 현상

Stability(복원성)
1. 선박이 외력에 대항하면서 직립 자세를 유지하려는 성능
2. 물체의 평형 상태가 교란됐을 때 원래의 평형 상태로 되돌아가기 위한 힘과 모멘트를 발생시키는 성질

Staging(발판)
선체 안쪽 또는 바깥에서 작업할 수 있도록 수평하게 설치하는 작업용 발판. 선체에 임시로 붙인 부재를 이용해 설치하거나 이동 가능한 목재 또는 철재로 수직하게 조립한 구조물에 설치한다.

Stanchion(기둥)
갑판, 평판, 거더 등을 지지하는 수직 기둥. 필라(Pillar)라고도 한다. 난간이 붙여진 수직 기둥을 난간 붙이 기둥이라 한다.

Standard section(표준 단면 형재)
공업 규격 등에 의해 정해진 단면의 형상과 치수로 압연하거나 압출해 만든 구조용 형재

Standard series(표준 계열)
형상 치수를 체계적으로 변경시킨 선박 모형 또는 프로펠러 모형. 모형 시험 결과들을 사용해 선박의 설계에 필요한 유체 역학적 성능을 추정하는 데 사용한다.

Standing rigging(고정 줄)
돛대, 굴뚝 등을 고정하는 당김줄. 하역, 범장 등에 쓰이는 속구를 돛대에 고정하는 데 사용한다.

Starboard side(우현)
선박 위에서 선수 쪽을 향했을 때 선체 중앙 종단면으로부터 오른쪽

Starting air(시동 공기)
내연 기관을 시동시키기 위해 사용하는 압축 공기

Static stability(정적 복원력)
정수 중에 선박이 직립 상태로부터 어떤 각도로 경사졌을 때 직립 상태로 되돌아가려고 형성되는 모멘트

Station(종선)
선체 여러 부분의 형상과 위치를 정의하는 데 쓰기 위해 기준선에 수직하게 세운 가상의 평면

Stays(지주)
돛대, 기둥 등의 부재가 넘어지는 것을 막기 위해 매는 줄이나 버팀재의 총칭

Steady bearing(고정 베어링)
섭동 운동을 일으키는 장축 축계를 지탱하는 고정 베어링

Stealer(스틸러)
선박의 양단 부근에서 2개의 좁은 판을 맞댐 이음으로 모아 붙이는 데 쓰이는 넓은 외판

Steaming profile(연비 곡선)
대표적인 운항 기간 중에 소요되는 동력 변화를 나타내는 추정 곡선

Steam reciprocating engine(증기 왕복동 기관)
실린더 내에서 증기를 팽창시켜 피스톤의 직선 운동을 얻은 뒤 회전 운동으로 변화시키는 고전적 증기 기관

Steam turbine(증기 터빈)
증기가 노즐과 고정 날개 사이를 통과할 때 증기를 팽창하게 하고, 팽창된 증기가 가지고 있는 운동 에너지를 회전 날개에서 회수해 회전 동력을 얻는 기계 장치

Steering gear(조타 장치)
타를 조종하는 장치. 조타륜의 동작을 조타 기관에 전달하는 텔리미터와 조타 기관의 동작을 타에 전달하는 기계 장치로 구성된다.

Steering nozzle(조종용 노즐)
추력을 향상시킬 뿐 아니라 조종 성능까지 얻기 위해 방향을 바꿀 수 있도록 고안된 프로펠러 보호 노즐

Stem(선수재)
선체의 최전단부를 구성하는 뼈대. 선측외판이 여기에 모아 붙여진다.

Stern(선미)
용골 상면으로부터 선체 최상단까지 이르는 선체 후반부. 트랜섬 선미, 순양함형 선미가 있고 선미 끝의 갑판 모양에 따라 타원 선미, 원형 선미, 각형 선미 등의 명칭이 있다.

Stern frame(선미 골재)
선박의 후단부를 구성하는 구조 부재. 용골과 연결되며 단축 선박에서는 축계를 지지하는 동시에 타가 장착돼야 하므로 강력한 구조이다. 대형 주강 제품이나 단조강 또는 용접 구조 방식으로 제작한다.

Stern gland(선미관 밀봉 장치)
추진축이 선체를 관통하는 선미관 내에 수밀을 유지하기 위해 사용하는 밀봉 장치

Sternpost(타 주재)
타를 달기 위해 선미 골재에 일체로 붙여서 제작하는 수직 부재. 선박에 따라서는 선미단의 강력 부재가 되기도 한다.

Stern tube(선미관)
축이 선체를 관통하는 장소에 장비하는 원통형 구조물. 내장된 축지지 쇠붙이와 축 밀봉 장치를 포함해 총칭할 때도 있다.

Stiff, Stiffness(경두선)
선박의 메타센터 높이가 비정상적으로 커서 횡 동요 주기가 지나치게 짧아져 승선자가 동요에 견디기 어려운 선박. 텐더(tender)의 반대이다.

Stiffener(보강재)
판 부재가 하중을 받아도 쉽게 변형되지 않도록 강성을 높이기 위해 붙이는 부재

Stock anchor(스톡 앵커)
스톡이 붙어 있는 닻

Stopwater(물막음)
1. 리벳 이음부의 수밀을 확실하게 하기 위해 이음부에 끼우는 페인트를 칠한 마포
2. 목선에서 용골과 외판 사이의 수밀을 유지하기 위해 사용하는 연질 목재로 만든 충전재

Stow(적재)
화물창 내에 화물을 쌓아두는 것

Stowage factor(재화 계수)
단위중량의 특정 화물을 적재하는 데 소요되는 용적

Strain(변형률)
물체에 발생되는 변형을 단위길이당 크기로 나타낸 것. 길이 비로 표현되는 연신율과 각도로 표현되는 전단 변형률로 구분된다.

Strake(스트레이크)
선체의 외판이나 갑판 또는 격벽 등을 구성하는 세로 방향으로 연결된 판재의 열

Stream anchor(중형 닻)
선수 닻의 보조로서 사용하며, 선미에 배치해 선박이 옆 방향으로 회전하는 것을 막는 닻

Strength deck(강력갑판)
선박의 중앙부에서 선박 길이의 반 이상에 걸쳐 선체의 주요부를 구성하는 최상층 갑판. 보통의 선박에서는 상갑판이 강력갑판이 된다.

Stress(응력)
물체가 외력을 받을 때 물체 안의 임의의 단면에 발생하는 내력. 단위면적당 힘의 세기(kgf/cm², kgf/mm², lb/in2, N/mm², MPa 등)로 표시한다.

Stringer(스트링거)
1. 갑판을 구성하는 외판 중에서 현측 외판과 접하는 종통 후판
2. 선측외판에 수직하게 붙여지는 종통 거더
3. 계단을 구성하는 부재로서 발판을 고정시키는 배면 부분 또는 측면 부분

Stringer plate(갑판 스트링거)
갑판을 구성하는 판재 중에서 선측외판에 접하는 가장자리에 종통하며 붙이는 두꺼운 판재

Strongback(뒷댐)
1. 두 부재를 맞댐 용접할 때 용접 작업을 쉽게 하며 높은 정도를 얻기 위해 부재를 고정시킬 목적으로 용접부에 임시로 붙이는 쇠붙이
2. 구명정에 덮개를 씌우기 위해 선수로부터 선미에 걸쳐놓는 착탈 가능한 버팀재
3. 재화문의 안쪽에 채우는 빗장

Strut(스트럿)
1. 이중저 안의 위아래 늑골이나 탱크 안의 뼈대들 사이를 연결하는 지지 부재
2. 다축선에 쓰이는 축 브래킷
3. 축계의 선외 돌출부가 길어 프로펠러축의 후단에 설치하는 축 브래킷. 주로 해수 윤활 방식을 채용하며, 다축선에 많이 쓰인다.

Stuelcken gear(스틸켄 하역 장치)
현측으로 기울어진 한 쌍의 마스트 사이 선체 중심선에 힌지가 달린 하역 붐을 두고, 하역 붐을 앞쪽 또는 뒤쪽으로도 기울여 하역 작업을 할 수 있도록 설계된 중량 화물용 하역 장치

Subdivision(구획)
선체외판에 손상을 입었을 때 침수 구간이 전파되는 것을 억제하기 위해 수밀 격벽을 배치해 선박의 공간을 구분하는 것. 갑판으로 구분되는 것을 포함해 생각한다.

Submerged-arc welding(잠호 용접)
용접선상에 플럭스를 뿌리고 플럭스 속에서 모재와 용접봉 사이에 아크가 발생되는 자동 용접. 용접봉의 공급과 이동이 자동으로 이뤄지고 아크가 노출되지 않아 작업 능률을 높일 수 있다.

Summer load line(하기 만재 흘수선)
국제만재흘수선협약에서 규정한 하계 구역의 해상에서 유지할 수 있는 최대 흘수

Supercavitating propeller(완전 캐비테이션 프로펠러)
아주 낮은 캐비테이션 수에서 작동돼 프로펠러 날개의 뒷날까지 캐비티가 완전히 형성되는 상태에서 효과적으로 쓰일 수 있도록 설계된 프로펠러. 프로펠러의 앞날은 공동현상이 잘 일어나도록 날카롭고, 뒷날은 강도를 주기 위해 두껍다.

Superconducting(초전도 장치)
극저온 상태에서 전기 저항을 줄여 효율이 높아지는 것을 이용하는 전기 시스템

Superstructure(선루)
선박의 상갑판보다 위에 있고, 상부를 덮는 갑판이 좌우 선측외판까지 연장된 구조물. 상부의 갑판이 선측에서 선측까지 이르지 않는 것은 갑판실이라고 한다. 선수루, 선미루, 선교루의 3종류가 있다.

Surging(전후 동요)
선체의 길이 방향 수평축에 연한 병진 운동

Swash bulkhead, Swash plate(제수 격벽)
탱크 안에 적재된 액체의 심한 출렁임을 막기 위해 설치하는 칸막이 중에서 탱크 바닥까지 연장되어 있지 않은 칸막이

Swaying(좌우 동요)
선체의 좌우 방향으로의 병진 동요

Systems analysis(시스템 분석)
제약조건 안에서 목표값을 최적화하는 설계 방법론으로서 필요한 소프트웨어 시스템의 기능에 대한 조사와 필요한 정보의 종류에 대한 분석을 하는 소프트웨어 개발 주기의 한 단계

Tack, Tacking(택)
1. 범선이 바람을 거슬러 항진하기 위해 주기적으로 바람을 받는 현이 바뀌도록 선수를 풍상 측으로 회두시켜서 침로를 변경하는 범선 조종 기법
2. 용접 작업 중에 열 변형으로 모재가 이동하는 것을 방지하도록 임시로 용접해 정 위치에 고정시키는 것

Tactical diameter(선회 지름)
선박을 급선회시키기 위해 타를 최대 타각으로 돌려준 뒤 선수가 180도 돌아갔을 때 선박이 최초 직진 항로로부터 직교하는 방향으로 선체 중심의 이동 거리

Tailshaft(프로펠러축)
선박의 추진 축계 중에서 프로펠러가 장착되는 최후방 축. 단축 선박일 때는 선미관에 끼워지며 다축 선박일 때는 스트러트에 끼워져 조립된다.

Tanker(흘수)
특정 액체 화물을 선내의 탱크에 적재해 수송하는 전용 화물선. 오일 탱커, LPG 탱커, 당밀 탱커 등이 있으나, 보통 탱커라 하면 오일 탱커를 가리키는 경우가 많다.

Tanktop(내저판)
탱크로 사용하는 이중저 구조의 위쪽을 구성하는 판. 이 판은 화물창의 바닥판이 되기도 하므로 내저판(innerbottom)이라고도 한다.

T-bar(T 형강)
단면이 알파벳 T 자 모양을 한 보강재

Telegraph(전신기)
선교로부터 조타실, 기관실 등 선박의 필요 위치에 지령을 전달하는 기계 장치 또는 전자 장치

Telemotor(텔리모터)
조타실에서 조타기를 원격 제어하는 기계. 유압식 또는 전동식이 사용되고 있다.

Tempering(뜨임 처리)
담금질로 생긴 철강 조직을 변태 또는 석출이 진행되게 해 안정된 조직으로 접근시키고 원하는 성질을 띠게 하기 위해 변태점 혹은 용해도선 이하의 온도에서 적당히 가열한 후 적절한 온도로 냉각시키는 조작. 경도를 감하고 인성을 증가시킨다.

Template(실물 본)
곡면부재 등의 가공에서 작업의 치수 정도 확인에 사용하기 위해 판자 등으로 만든 실물 크기의 본

Tender(보급선)
1. 메타센터 높이가 비정상적으로 작아서 횡 동요 주기가 긴 선박. stiff의 반대어이다.
2. 큰 선박과 육지 사이를 오가며 통선, 보급, 하역 등의 일에 종사하는 작은 선박.

Tensile(인장)
잡아당겨지는 상태에 놓인 것

Teredo(선식충)
목선이나 바닷속의 목재 구조물에 붙어살며 목재를 잠식하는 벌레. 동물학적으로는 두엽조개의 일종으로, 동물체는 백색의 끈 모양이고 백색 통 모양의 껍질이 있다. 목재에 구멍을 뚫어 그 구멍에서 살면서 성장한다.

Test head(시험 수두)
시험 목적이나 조건에 따라 성능 시험에서 사용하도록 지정된 수두

Three-watch system(3교대 방식)
승조원을 세 집단으로 나누어 하루에 8시간씩 번갈아가면서 일하는 선박 근무 방식의 하나

Thrust deduction(추력 감소)
프로펠러 작동으로 인해 발생하는 선미 부분에 음(-)의 압력이 형성돼 추력이 감소 효과를 일으키는 것

Thruster(스러스터)
선박을 접안하거나 이안할 때 선박의 조종 성능을 향상시키기 위해 선측 방향으로 추력을 발생시킬 수 있도록 장비하는 보조 추력 장치. 사이드 스러스터(side thruster), 바우 스러스터(bow thruster), 스턴 스러스터(stern thruster) 등이 있다.

Thrust recess(축로실)
축로의 앞쪽 끝과 주기관의 뒤쪽 끝이 이어지는 곳에 두는 작은 구획으로, 스러스트 축과 스러스트 베어링이 설치되며 이들에 대한 유지 보수와 축로에 대한 접근이 편리하도록 설계된다.

Tie plate(타이 플레이트)
강도를 높이기 위한 목적으로 목갑판 아래에 선수 · 선미 방향으로 연속 배치하는 판. 갑판 보와 연결되는 판이다.

Tiller(타 자루)
타에 회전력을 전달하는 부재. 타두재에 붙어 있으며 이를 돌리면 타의 방향이 바뀐다.

Ton(톤)
보통 2240파운드의 롱톤 또는 미터법 기준의 약 2205파운드의 무게 단위

Tonnage opening(감톤 구멍)
차량갑판선의 최상갑판에 임시 폐쇄 장치로 덮어둔 구멍. 이것을 두면 적량 측정 시에 상갑판과 차량갑판 사이의 용적을 톤수에서 제외할 수 있다.

Tonne(톤)
미터법 기준의 톤

Topping lift(토핑 리프트)
데릭 붐을 일으켜 세워 필요한 각도가 유지되도록 잡는 데 사용하는 로프

Topside tank(톱 사이드 탱크)
단면의 형상이 삼각형인 탱크. 대개 벌크선에서 밸러스트 탱크로 사용된다. 위쪽 면은 갑판을 이루고 현측 외판과 화물 창구보다 선측에 배치되는 45도 경사진 종통 세로 격벽으로 세 변이 이뤄진다.

Total displacement(총배수량)
수면 아래 잠긴 선체의 부피와 같은 부피의 물의 무게. 형 배수량에 외판의 배수량을 더해준 것과 같다.

Toughness(인성)
충격에 버티는 물질의 특성

Tramp ship(부정기선)
부정기 항로에 취항하며 특정 하주의 용선 계약에 따라 배선되는 선박

Transfer(선회 가로 이동 거리)
선박이 선회하기 위해 타를 돌린 후 선체 중심이 원래의 침로로부터 가로로 이동한 거리

Transformation temperature(변태 온도)
조선용 철강 재료의 금속 결정 조직의 형태가 페라이트 조직으로부터 오스테나이트 조직으로 바뀌거나 환원되는 온도. 철강 재료의 결정 조직은 변태 온도를 경계로 변화한다.

Transmission system(동력 전달 장치)
원동기로부터 추진 장치에 동력을 전달하는 데 사용되는 장치

Transom beam(선미 보)
선박의 횡 방향 갑판보 중에서 가장 뒤쪽에 놓이는 보. 이보다 뒤쪽에서는 캔트 빔이 사용되며, 이들의 끝은 선미 골재에 연결된다.

Transom frame(트랜섬 늑골)
선박의 선측 횡 늑골 중에서 가장 뒤쪽에 놓이는 늑골. 이보다 뒤쪽에서는 캔트 늑골이 사용된다.

Transom stern(트랜섬 선미)
끝이 잘린 것처럼 평면으로 된 선미. 선미 부분의 공간과 갑판 면적을 늘리기 위해 고안된 선미 형상으로, 고속 선형 중에서는 저항 절감 효과가 나타나기도 한다.

Transverse(트랜스버스)
선체 중심선 면에 수직으로 설치되는 특별히 큰 치수의 부재. 선저 종 늑골, 선측외판, 종 방향 갑판 보 등을 지지한다.

Transverse framing(횡 늑골식 구조)
횡 방향으로 다수의 보강재를 촘촘하게 배치하는 구조 방식

Transverse stability(횡 복원력)
선박이 직립 평형 상태로부터 횡 방향으로 경사졌을 때 발생되는, 선박을 바로 세우려는 횡 방향의 복원 짝힘

Trawler(트롤선)
어망을 해저에 늘어뜨린 뒤 선미 또는 선측에서 로프로 끌어 고기를 잡는 어선의 총칭

Trim(트림)
선미 흘수와 선수 흘수의 차이. 선미 흘수가 선수 흘수보다 클 때를 선미 트림, 선수 흘수가 선미 흘수보다 클 때를 선수 트림이라고 한다.

Trimaran(삼동선)
3개의 분리된 동체를 갑판으로 연결한 선박. 중앙의 동체가 양 현측의 동체에 비해 크다.

Trimming tank(트리밍 탱크)
선수미 탱크만으로 용량이 부족할 경우 트림 조정을 신속히 하기 위해 선수미 부근에 설치한 탱크. 주로 쇄빙선에 설치된다.

Tripping bracket(트리핑 브래킷)
1. 거더나 웹 부분이 옆으로 변형되는 것을 막기 위해 붙이는 브래킷
2. 보의 플랜지 부분이 압축력을 받아 변형되는 것을 막기 위해 붙이는 작은 브래킷

Trochoid(트로코이드)
원이 굴러갈 때 반경선 상에 놓인 특정 점이 그리는 궤적

Trunk(트렁크)
둘레가 위벽으로 둘러막힌 구조

Tumblehome(텀블홈)
선박의 현측이 상갑판 근처에서 안쪽으로 기울어진 것. 텀블홈의 크기는 현측 흘수선에서 연직 수직을 세웠을 때 이 수선과 상갑판의 연장선이 만나는 점으로부터 상갑판의 현측 끝점까지의 거리로 나타낸다.

Tumble shore(진수 지주목)
진수대에서 진수 직전의 선박을 활주대 면에 수직으로 지지시키는 버팀 부재. 선저와 지면 또는 활주대 사이에 설치된다. 진수대에 윤활제를 발라주고 선박이 활주대에서 미끄러져 내리기 직전까지 선박 중량의

일부를 받아주는 역할을 한다. 진수 지주목을 떨어뜨리거나 넘어뜨리면 선박은 진수대에서 미끄러져 내리기 시작한다. 일반적으로 하나 또는 그 이상의 진수 지주목을 진수가 끝나는 해안가에 면해 용골 부분에 설치한다.

Tunnel stern(터널형 선미)
하나 또는 그 이상의 프로펠러 터널을 갖춘 선박의 선미 부분

Turbine(터빈)
가스 또는 증기의 분출 속도 변화로 인해 발생되는 동압력을 회전 날개에 작동시켜서 동력을 발생시키는 원동기

Tween deck(갑판 간)
2개의 인접한 갑판 사이의 공간

Twist lock(트위스트 록)
화물 컨테이너의 구석에 있는 기계적 잠금장치. 수직축을 기준으로 회전시키면 컨테이너 위에 적재되는 컨테이너를 짝지어 고정시킬 수 있고, 반대로 회전시키면 고정된 컨테이너를 풀어낼 수 있다.

Two-stroke engine(2행정 기관)
내연 기관에서 2행정, 즉 1회전 동안에 흡입, 압축, 폭발, 배기의 모든 행정이 이뤄지는 형식의 기관

Two-watch system(맞교대 방식)
선박을 운항할 때 승조원들을 두 집단으로 나누어 12시간마다 교대하며 근무하는 방식

Universal chock(유니버설 초크)
계류삭이 지나는 갑판 끝 부분에 설치하는 부품. 계류삭이 원활하게 공급되고 방향 전환이 무리 없이 이뤄지도록 돕는 역할을 한다.

Uptake(연로)
보일러의 연소 가스를 기관실 밖으로 배출하는 통로. 연돌 내에 포함한 부분을 연돌 내통이라고도 한다.

Vang(당김줄)
하역용 붐의 끝에 붙여지는 삭구. 아래쪽 끝은 갑판이나 불워크 또는 현측에 별도로 세워진 기둥에 고정시키는 데 사용한다. 하역 붐을 원하는 각도로 선회시켜 고정시키는 데도 사용한다.

V-bottom(V형 선저)
선저 구배가 매우 큰 선체의 가장 낮은 부분

Viscosity(점도)
모양이 바뀌는 것에 저항하려는 액체의 성질. 점도의 단위에는 절대 점도(poise), 동 점도(stocks) 및 공업 점도의 단위가 있다.

VLCC tanker(초대형 유조선)
15만 중량톤이 넘는 매우 거대한 원유 운반선

Voith Schneider wheel(보이드 슈나이더 휠)
연직축 프로펠러(cycloidal propeller)의 한 종류에 대한 상표 등록 명칭

Wake(반류)
선박이 진행할 때 선체 주위의 유선 변화, 마찰이나 파도 등으로 인해 선미 부근을 따라 생기는 물의 흐름. 관측점을 지구 고정 좌표계에 두었을 때는 물이 선박을 따라 흐르는 것으로 관측되므로 반류라 하며, 선박과 함께 이동하는 이동 좌표계에서 관측했을 때는 동일한 방향으로 흐르는 것으로 관측되는 유동 현상을 후류라고 부른다. 추진 효율과 깊은 관계가 있으며, 특히 추진기 면에서의 반류 분포는 중요하게 취급된다.

Waterline(수선)
선체 표면과 수면의 교선

Waterlines plan(수선 면도)
수선면의 모양을 보여주는 선을 그려놓은 부분

Waterplane(수선면)
선박의 어떤 흘수 상태에서 그때의 수면으로 절단한 선체의 수평 단면

Waterplane coefficient(수선면적 계수)
선체 수선면의 날씬한 정도를 나타내는 계수. 선체 수선면의 면적 및 그 선박의 길이와 폭의 곱으로 이뤄진 직사각형의 면적과의 비

$$C_W = \frac{A_W}{L \times B}$$

C_W : 수선면적 계수, A_W : 수선면의 면적, L : 선박의 길이, B : 폭

Waterway(현측 물고랑)
목선의 갑판 끝 둘레에 배치되는 물받이 배수로

Wave-making resistance(조파 저항)
선박이 전진할 때 수면을 교란시켜 파도를 만들어서 생기는 저항

Ways(진수 활대)
선박이 진수되는 때에 지나는 경로. 또는 선박을 진수시킬 때 쓰이는 목재로 만든 미끄럼대

Weather deck(노천갑판)
상부에 덮개 없이 대기에 노출돼 비나 바람을 직접 받는 갑판. 상갑판에서 선루나 갑판실이 없는 부분, 선루의 최상부 갑판이다.

Weather helm(웨더 헬름)
항해 중인 범선의 선수가 바람 방향으로 돌아가는 경향을 보일 때 원하는 침로를 유지하기 위해 타각을 바람이 불어오는 쪽으로 조작하는 것

Weather routing(웨더 루팅)
예측되는 기후 조건에 따라 유리한 방향으로 항로를 정하는 것

Weathertight(풍우밀)
비바람을 맞아도 수밀이 되는 것

Web(웹)
구조용 형재의 높이 방향을 구성하는 부분

Web frame(특설 늑골)
횡 방향으로 배치되는 큰 늑골

Weedless propeller(위드리스 프로펠러)
날개의 스큐가 극도로 큰 프로펠러

Well(오수 고임 통)
선박의 이중저에 있는 공간으로 선내에서 발생된 오수가 고이는 통. 이곳에 오수를 빼내어 처리한다.

Well(웰)
선루와 선루 사이의 공간

Wetted surface(침수 면적)
선체의 수면 아래의 표면적

Wharf(부두)
선박의 접안, 계류, 하역, 화물의 저장 등을 위한 하역 설비가 갖춰져 있는 장소

Wheel(휠)
대개 비공식적으로 프로펠러를 뜻함. 또한 스티어링 휠을 가리키기도 한다.

Wheelhouse(조타실)
조타수가 조타하는 방

Whip(솔기 묶기)
로프를 절단하면 그 끝 부분에 소선(strand)이 풀려서 흩어지므로 끝 부분을 가는 로프로 묶어주는 것. 절단하는 곳의 양쪽 두 곳을 철사 또는 가는 로프로 묶은 다음에 절단하는 것이다. 로프의 방향을 바꿔주기 위한 고정 활차에 로프를 끼우기 쉽도록 한다.

Wide flange(에취 빔)
웹에 넓은 플랜지가 붙여진 구조용 부재

Wildcat(체인홈 바퀴)
앵커 체인 모양의 홈이 파인 바퀴. 닻을 끌어올리거나 내릴 때 속도를 늦춰주는 효과가 있다.

Winch(윈치)
체인이나 로프를 감아올리고 내리는 데 쓰는 갑판 기계. 체인이나 로프를 감기 위한 드럼이 달려 있다.

Windlass(양묘기)
닻 케이블을 감아올리고 내리는 데 쓰는 갑판 기계. 워핑 엔드를 이용해 계선줄을 감는 데도 사용한다.

Wing keel, Winglets(윙렛)
요트의 용골 하단에 역V 자형으로 붙여지는 작은 날개 모양의 고정 부가물

Wing tank(현측 탱크)
현측에 선측외판과 가깝게 설치되는 탱크. 이중저 구조를 선측으로 연장해 갑판 구조에 이어지는 구조를 흔히 택하고 있다.

Yacht(요트)
경기나 오락용으로 사용되는 가벼운 소형 범선 또는 동력선. 갑판이 없는 작은 주정부터 호화로운 대형 범선, 길이 60미터의 디젤 기관선 등에 이르기까지 다양한 크기와 규모가 있다. 항해, 경주, 대양 횡단 경기, 유람 등에 이용된다.

Yawing(요잉)
선체의 연직 축을 중심으로 한 회전 동요. 선수 동요라고도 한다.

Yawl(욜)

앞쪽에 큰 돛대, 뒤쪽에 작은 돛대가 있는 소형 범선으로서 종범을 다는 선박. 함선 내에 싣고 다니는 잡용정인 졸리보트(jolly boat)를 지칭하기도 한다.

Yield stress(항복 응력)

물체의 항복점에서의 응력 크기. kg/cm^2 또는 lb/in^2로 표시한다.

Young's modulus(영률)

탄성 영역 내에서 법선 응력(normal stress) σ와 그 방향의 변형도 ε 사이의 비례 상수. $\sigma = E \cdot \varepsilon$가 되며, 탄성 계수(modulus of elasticity)라고도 한다.

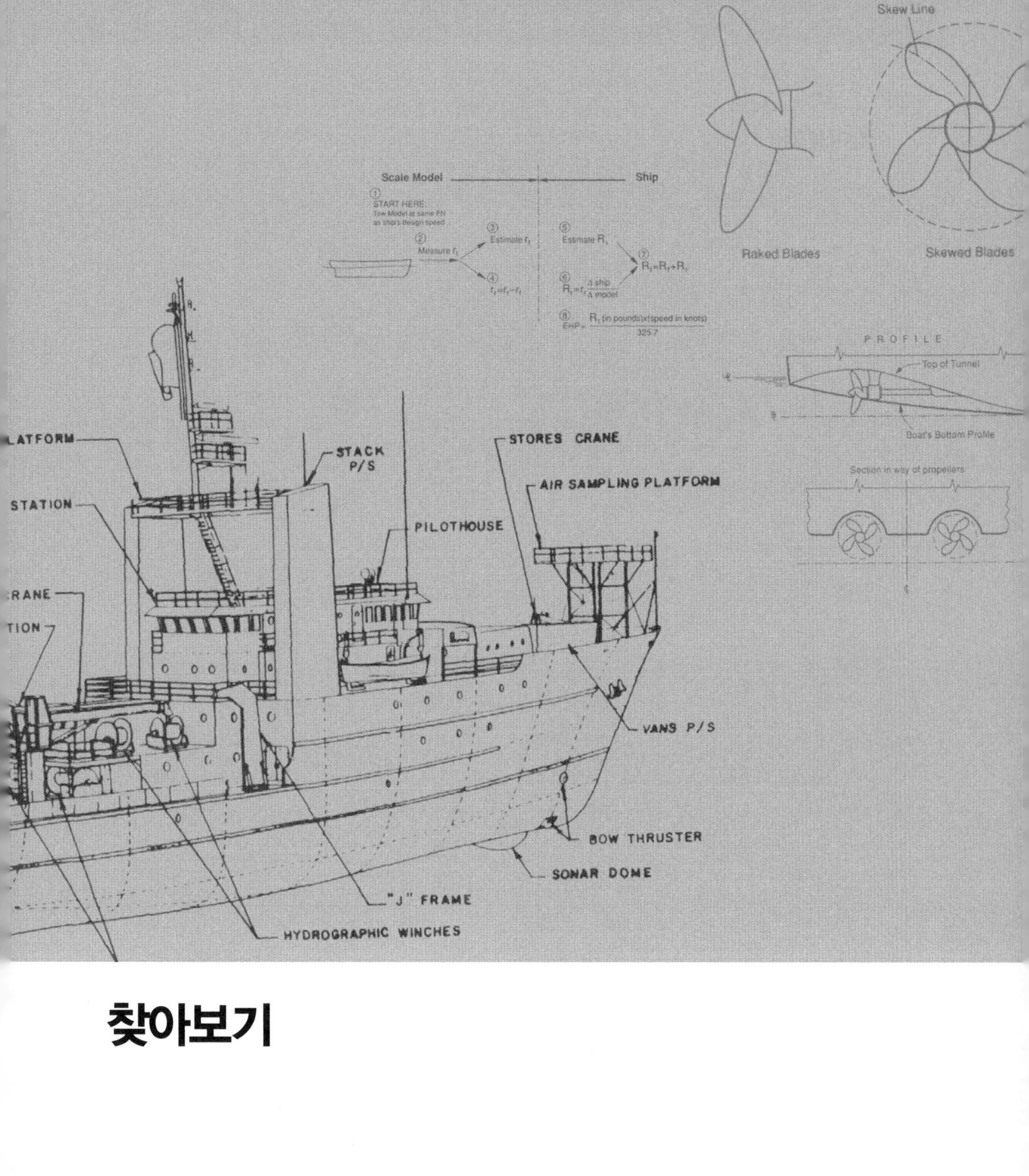
Scale Model
Ship
Raked Blades
Skewed Blades
Skew Line
PROFILE
Top of Tunnel
Boat's Bottom Profile
Section in way of propellers
STACK P/S
STORES CRANE
AIR SAMPLING PLATFORM
PILOTHOUSE
STATION
VANS P/S
BOW THRUSTER
SONAR DOME
"J" FRAME
HYDROGRAPHIC WINCHES

찾아보기

찾아보기 Index

한글

ㄱ

ㄴ

ㄷ

ㄹ

ㅇ

ㅈ

ㅊ

ㅋ

ㅌ

ㅍ

영문

L

M N

T

V W Y